本书获西安交通大学"人文社会科学学术著作出版基金"、教育部人文社科重点研究基地重大项目"开放条件下西部环境治理与经济社会发展理论及方略"(03JAZJD790007)等资助

基于资源开发的区域环境治理与经济社会发展研究

JIYU ZIYUAN KAIFA DE QUYU HUANJING ZHILI YU JINGJI SHEHUI FAZHAN YANJIU

冯宗宪 姜 昕等 著

中国社会科学出版社

图书在版编目（CIP）数据

基于资源开发的区域环境治理与经济社会发展研究/冯宗宪等著.
—北京：中国社会科学出版社，2015.4
ISBN 978 – 7 – 5161 – 6005 – 3

Ⅰ.①基…　Ⅱ.①冯…　Ⅲ.①区域环境—综合治理—关系—区域
经济发展—研究—中国　Ⅳ.①X321.2 ②F127

中国版本图书馆 CIP 数据核字（2015）第 081343 号

出　版　人	赵剑英
责任编辑	卢小生
特约编辑	林　木
责任校对	李　超
责任印制	王　超

出　　版	中国社会科学出版社
社　　址	北京鼓楼西大街甲 158 号
邮　　编	100720
网　　址	http://www.csspw.cn
发 行 部	010 – 84083685
门 市 部	010 – 84029450
经　　销	新华书店及其他书店
印　　刷	北京君升印刷有限公司
装　　订	廊坊市广阳区广增装订厂
版　　次	2015 年 4 月第 1 版
印　　次	2015 年 4 月第 1 次印刷
开　　本	710×1000　1/16
印　　张	27.25
插　　页	2
字　　数	461 千字
定　　价	78.00 元

目　　录

第一章 绪论

第一节 本书的研究背景

2000 年年初，西部大开发正式拉开帷幕。2000 年 10 月，中共十五届五中全会通过的《中共中央关于制定国民经济和社会发展第十个五年计划的建议》强调："实施西部大开发战略、加快中西部地区发展，关系经济发展、民族团结、社会稳定，关系地区协调发展和最终实现共同富裕，是实现第三步战略目标的重大举措。"此后，党的十六大以来，党中央多次强调要积极推进西部大开发，促进区域协调发展。党的十七大则明确提出，要继续实施区域发展总体战略，深入推进西部大开发，使得西部在十年来全国区域发展总体战略布局中占有十分突出的重要位置。

十二年前开始的西部大开发，是在我国经济社会发展水平最低的西部地区展开的，需要发挥当地优势，实施资源开发战略，走自然资源集约化大规模开发之路，尽快变资源优势为经济优势，使人民生活水平得以迅速提高。然而，在相当长一段时间内，由于自然生态环境、气候变迁、人的经济社会活动对西部脆弱的生态环境的无序干扰和政策的盲目干预，相当多地区生态环境已遭到不同程度的破坏，环境污染正在加剧，发展与保护的潜在矛盾相当突出。在这种情况下，西部大开发的难度和艰巨性可想而知。因此，一个严峻的课题摆在人们面前，就是如何在西部大开发过程中转变传统的以掠夺资源、牺牲环境为代价的发展方式，探索出区域生态环境与经济社会协同发展的"双赢"方略和模式。

本书是笔者在承担完成教育部人文社会科学重点研究基地项目、世界银行子项目和陕西省哲学社会科学基金项目等①基础上进一步提炼、修改完善形成的最终成果。在项目研究期间，课题组成员对新疆、宁夏、青海、甘肃、云南、贵州、四川、陕北、陕南等地进行了调研，并对相关地区如东北的吉林、辽宁，中部的山西、河南、江西、湖南等地进行资源开发等专题调研；对当地生态环境状况、经济社会发展有了直接感受，走访了多家研究机构，掌握了第一手资料和情况。为了项目的完成，笔者还做了大量理论研究的准备，阅读了大量国内外相关研究文献，并结合我国区域实际，进行比较、评价和实证研究。这些都为完成本书研究做了重要的前期准备工作。鉴于本书研究是站在全国环境治理和可持续发展角度来审视西部发展，因此，大多数研究内容对于全国和地区来说，都带有相当大的普遍性，并且书中的分析评价内容也是面向全国的，因此笔者把书名定位于区域环境治理与经济社会发展是合理也是贴切的。作为切入点，当然分析中并不妨碍笔者用更多的事件和案例着墨于西部地区。

一　西部大开发的区域范围

中国西部地区包括重庆、四川、贵州、云南、广西、陕西、甘肃、青海、宁夏、西藏、新疆、内蒙古 12 个省、直辖市和自治区，土地面积 538 万平方公里，分别占全国陆地面积的近 70%，占全国国土面积的 56%；目前有人口约 2.87 亿，占全国人口的 22.99%。

西部地区疆域辽阔，人口相对稀少，是我国少数民族聚集的地区，也是我国经济欠发达、需要加强开发的地区。全国尚未实现温饱的贫困人口大部分分布于该地区。从地形地貌看，西部海拔 4000 米以上的高原和高山有 193 万平方公里，戈壁 56 万平方公里，流动沙丘 45 万平方公里，共有 294 万平方公里，占我国陆地国土面积的 30.6%，也就是说西部地区近一半多的国土属于生态环境恶劣、不适于开发利用，也不适宜人们生活居住和生产的空间。

中国西部地区的内蒙古、新疆、西藏、云南和广西地处西部边疆，分别与蒙古、俄罗斯、哈萨克斯坦、吉尔吉斯斯坦、塔吉克斯坦、阿富汗、巴基斯坦、印度、尼泊尔、不丹、越南、泰国、老挝、缅甸等多个亚欧国家接壤；土地面积广阔，约 675.46 万平方公里，占全国总面积的 71%；

① 教育部人文社科重点研究基地重大项目"开放条件下西部环境治理与经济社会发展理论及方略"（03JAZJD790007）、世界银行第五期技术援助"中国经济改革实施"子项目和陕西省哲学社会科学基金项目"西部大开发中的环境保护和环境管理问题研究"（XJTUKJC18）。

区域内维吾尔、哈萨克、回族、藏族、壮族等少数民族人口占总人口的17.5%，是我国主要的少数民族聚居区之一。民族众多、民族地区集中、边境线长、地理位置重要是西部的显著特点。

二　西部大开发中的重大课题

西部大开发前十年的目标，是在21世纪的前10年，力争使西部地区基础设施和生态环境建设取得突破性进展，科技教育、特色经济、优势产业有较大发展，改革开放出现新局面，人民生活进一步改善，为下一步西部大开发奠定坚实基础。

长期以来，由于自然、经济、社会等多方面的交织影响和历史积淀，致使我国西部地区生态环境不断恶化。水土流失、土地沙化、洪涝灾害、地质灾害以及城市环境污染等生态环境问题日益严重，不仅阻碍了西部自身社会经济发展，而且对大江大河流域中下游地区甚至全国可持续发展构成严重威胁。由于西部地区的生态环境的脆弱性，在西部经济社会发展中如果不能很好地处理资源开发与环境保护方面的问题，则不仅生态环境有进一步恶化的趋势，而且会使当地人民生存条件和正常的生产、生活受到严重影响。由于地理环境的特殊性和历史原因，生态环境过于恶劣，经济社会发展落后，使得西部地区聚居了全国最大数量的贫困人口。而且贫困人口成因复杂。因此，西部地区要摆脱贫困，就需要大力发展本地经济，尽快改善民生。但是生态环境的脆弱，又使得对贫困地区的开发困难重重，事倍功半。近代及新中国成立后，特别是西部大开发以来，凭借丰裕的资源优势，西部地区在区域经济分工体系中扮演着资源产品和其他初级产品供应者的角色。对西部的矿产资源区而言，大力开发资源，充分利用资源，从而尽快富裕起来。这本来是题中应有之义；但是，由于资源产品受国际价格影响较大，初级产品收入弹性较低，西部地区来自资源产品的贸易收入和经济增长福利不稳定。在长期资源开发中，由于高度依赖资源开采，西部资源富集区和资源型城市在开发过程中，因矿丰而兴，因矿竭而衰，在资源枯竭期到来前后相继出现了"资源诅咒"现象和严重的环境问题，部分导致和加剧了城市贫困，形成了新的贫困问题。

因此，在经济社会发展过程中减少生态环境成本支出，在保护环境和加强生态建设中持续扩大经济社会效益，使资源合理开发利用，实现生态环境与经济社会良性循环机制下的可持续发展，成为摆在西部大开发面前亟待解决的重大课题。

第二节　区域开发与生态环境的修复治理

当代世界的生态环境问题是一个具有普遍性的问题，区域地质、地貌、气候、植被和土壤等自然地理条件，是构成区域生态环境的基础，它是产生生态环境问题的决定性因素。但西部各地区因地理位置、自然环境上的差异而具有不同的表现形态。就我国的西北地区而言，生态环境问题主要表现为干旱和沙漠化，其中黄土高原地区则是植被稀少和严重的水土流失；而地质结构复杂的西南地区，更多地呈现为荒漠化和石漠化。

为了实现西部和全国的可持续发展，在西部大开发中的一个重要任务，是需要对被人的不当经济社会活动破坏了的生态环境进行修复和重建。然而，由于人口的膨胀和为自身生存而蹂躏自然的行为难以遏制，全球相当一部分地区的生态重建无法达到原有的自然组织状态。因此，实践中正在探索的这条生态"重建"之路，并非简单的"复原"，鉴于此，当地产业的选择和培育对于保障生态环境的可持续支持和经济的有序发展尤显重要与迫切。

中国科学院从地质历史、近两千年和近五十年三个不同时间尺度进行的研究发现，近两千年来，人类活动对我国西部生态环境的影响是显著的，气候的干暖化过程也表现为生态环境退化，尤其是西北地区环境恶化提供了自然驱动力；近五十年西部地区冰川、冻土、湖泊、湿地、草原、森林、荒漠化、水土流失等生态环境要素总体上处于恶化；20 世纪 80 年代中后期以前生态环境恶化速度较快，80 年代以后总体上生态环境恶化速度有所减缓，有些环境要素甚至出现逆转，但西部生态环境局部治理、整体恶化的趋势还没有得到根本抑制；以传统农业为主体、以牺牲生态环境为代价的发展模式至今已成为西部经济全面飞跃发展的桎梏。①

西部区域的地质、地貌、气候、植被和土壤等自然地理条件是构成区域生态环境的基础和产生生态环境问题的决定性因素，但长期的、不断强化的人类活动作用，使区域生态环境不堪重负，造成的恶果难以修复，故其作用也不可忽视。一方面，西部地区经济发展长期处在全国相对落后的

---

① 中国科学院西部行动计划项目（群）执行情况汇报。

水平,当地居民和政府都有尽快发展经济,摆脱落后面貌,走上繁荣的内在动力;另一方面,西部地区也是中国矿产资源最丰富和尚处在开发和待开发阶段的地区,富饶的资源开发如果能带来相应的产业发展和当地生活水平的改善,且对环境不形成破坏,它对当地人民就是福音;如果资源开发带来的是产业结构的扭曲,环境的破坏,且发展水平和生活水平的改善收益抵消不了对生态环境破坏造成的损失,它对当地人民而言无异于诅咒。

一 环境人为破坏现象严重,生态功能不强

在我国,除个别省份外,大多数省直辖市自治区均有不同程度的荒漠和风沙土地的分布,面积达600多万平方公里,其中大部分分布于西部地区。全国60%贫困县在西部的沙漠化地区,受灾害影响的人口1.7亿。由于沙化,1亿公顷草原牧场严重退化,数以万计的水库和灌溉水渠因风沙侵蚀、水土流失、泥沙淤积,排灌能力减弱,有的甚至废弃。有数百公里的铁路和数千公里的公路修建在沙漠地带,因荒漠化的危害造成的维持、修复费用及经济损失,每年高达540亿元。

我国森林覆盖率从新中国成立初期的8.6%到"九五"末的16.55%,第七次全国森林资源清查结果显示,截至2008年,我国森林面积1.95亿公顷,森林覆盖率已提高到20.36%。但其中人工林和中幼龄森林占多数,林相单一,森林生态效益下降。另外,破坏森林、挤占林地的现象屡禁不止,每年有200万公顷有林地逆转为无林地、疏林地和灌木林地。水生态系统大量失衡,水环境安全度下降。旱涝灾害频发,河流断流现象加剧;不少湖泊萎缩;天然绿洲消失;现有水库蓄水量减少;湿地破坏严重;一些地区由于严重超采地下水,造成地下水位下降,形成大面积漏斗区。农村环境问题日渐突出。农田、农村饮用水遭受不同程度的污染,农产品质量安全不容忽视;生物多样性锐减。野生动植物丰富区面积不断减少,栖息地环境恶化,乱捕滥猎和乱挖滥采现象屡禁不止,野生动植物数量和种类骤减,生物多样性受到严重破坏;有害外来物种入境增加,生物安全面临威胁。所以,人既是污染的产生者,也应当是污染的治理者;是生态环境的破坏者,也应当是生态环境的恢复者。

二 资源开发中的跨境污染问题日益突出

对西部资源的开发,东部部分产业向西部转移,虽然为西部产业结构调整和升级提供了契机,有利于提高西部产业的科技总水平和形成产业规模经济，缓解西部产业趋同现象，但也给西部带来了一些负面影响，跨境污染就是之一。

第一，西部地区最大的优势是自然矿产资源优势。所以，西部大开发首先要利用的就是当地的资源优势。而资源和能源开发对于当地生态环境而言是一种污染很强的生产活动——开采煤炭会对地表植被造成损伤，对地下水形成污染，利用煤炭火力发电会向大气中排放二氧化硫和粉尘，开采和运输石油和天然气也会对土地资源和地表及周边环境造成污染；此外在资源开发活动中，又要占用大量土地资源，例如采油的钻台、设备，占地往往是自身设备的几十倍，对土地的毁坏是不可逆的；农业种植占用过量土地时会引起水土流失，盲目开发的旅游业也可能会破坏生态平衡。

第二，西部大开发中需要大量资金，西部在一些产业上具有一定的优势基础，如资源型产业、劳动密集型产业、初级加工工业、高能耗工业等。为此，国家除了投入大量基础建设基金以外，还制定了优惠的财税、投融资和产业政策以吸引国外及东部的资金到西部。与此同时，20世纪90年代后半期以来，东部地区也在寻求向外围地区转移产业的内在动力。生产力和污染治理成本的上升，再加上东部资源匮乏，是导致东部企业西移的主要因素。十年来，东部向西部地区的投资达3万亿元人民币。由此引起的区际产业转移在一定程度上拉动了经济增长，解决了西部劳动力就业问题，但是在产业转移的过程中，受地方利益的驱动，也有东部某些地区把一部分污染相当严重的高能耗、高污染企业，如小电镀、小皮革、小造纸、小染织等小企业转移到西部，加剧了本来就相当脆弱的西部生态环境的严峻问题。

三 生态环境修复重建问题突出

在自然地理上，西部地区生态条件复杂，几乎包括中国所有的陆地生态系统；具体而言，西北地区地处欧亚大陆腹地，降雨稀少（年平均降雨量多者不足400毫米，少者低于40毫米），以干旱半干旱气候条件为主，并形成了广阔的草原和山地牧场，宜农耕地少，历史上一直是游牧民族的主要活动区域，也是我国最重要的畜牧业生产基地；西南地区气候温和，雨量充沛，河川面积大，水资源丰富，山地、丘陵多，境内拥有我国分布最广泛、最集中的喀斯特地貌，也是世界上集中连片最大的喀斯特地貌分布地区之一；青藏高原区寒冷少氧，拥有大量的高寒草甸和地热资源，是藏、羌等少数民族的主要聚集地。

　　生态恢复和重建实质上是一个系统的发展及其系统环境改善之间的关系问题，因此不能仅仅就环境退化问题来孤立地进行修复，而必须考虑当地经济社会发展条件与可能，进行恢复重建和区域脱贫与持续发展。对于西部这一个生态环境脆弱、高肥力的土地资源稀缺，而人口仍在迅速增长、经济发展水平、科技、教育文化水平相对较低的地区而言，生态恢复重建必须同时考虑生态学和经济学原则，必须同时考虑人类经济社会发展愿望和环境治理的现实，兼顾生态和经济社会效益。与此同时，西部大开发面对如此复杂的生态环境问题，如不抓紧时间采取积极措施，保护和改善日益恶化的生态环境，不仅发展难以起步，甚至会导致西部大开发的目标落空，导致西部地区各民族人民及其子孙后代的生存空间受到更严重的威胁。

第三节　环境治理与经济社会发展问题的提出和辨识

一　生态环境治理

（一）环境治理

　　区域的经济社会发展不是建立在空中楼阁之上，而是牢牢植根于当地生态环境之中。英语中的治理（governance）一词源于拉丁文和古希腊语，原意是控制、引导和操纵，主要用于与国家的公共事务相关的管理活动和政治活动中。但是，自20世纪90年代以来，西方政治学和经济学家赋予governance以新的含义，不仅其涵盖的范围远远超出了传统的经典意义，而且其含义也与government相去甚远。它不再只局限于政治学领域，而被广泛作用于社会经济领域。本书中的"环境治理"并非是在中文语境中通常理解的对环境污染进行治理的技术性概念，而是一种公共政策和管理概念。根据1995年联合国全球治理委员会发表的报告《我们的全球伙伴关系》对"治理"的界定，我们可以从中引申出"环境治理"的定义：环境治理是各种公共的或私人的机构和个人管理其共同环境事务的诸多方式的总和。它是调和在解决环境问题时可能发生的冲突或不同利益，并且采取联合行动的持续过程。

（二）中国的环境治理结构和法律体系的沿革

改革开放 30 多年来，中国从中央到地方建立了系统化的环境保护机构。在横向权力结构上，从全国人民代表大会到国务院环保权力都不断得到加强。与此同时，中国基本上建立了比较完善的环境法律体系。

首先，环境保护权力的提升。1994 年 3 月 22 日，第八届全国人大第二次会议决定成立的全国人民代表大会环境与资源保护委员会，成为全国人民代表大会在环境和资源保护方面行使职权的常设工作机构，受全国人民代表大会领导。该委员会的设立，使环境与资源保护在国家的最高权力机关有了专门的负责机构。2008 年 3 月 27 日，中华人民共和国环境保护部揭牌成立，标志着环保部门由国务院直属单位变为国务院组成部分。与此同时，全国各地区省、市、县三级政府都成立了职能健全的环境保护机构，一些省、市人民代表大会也相应设立了环境与资源保护机构，形成了从中央到地方环境行政执法监督完整体系。

其次，在法律体系建设方面，除了《宪法》中关于环保的原则性规定之外，自 1979 年以来中国相继制定和实施了《环境保护法》、《环境影响评价法》、《海洋环境保护法》、《大气污染防治法》、《水污染防治法》、《环境噪声污染防治法》、《固体废弃物污染环境防治法》、《放射性污染防治法》以及《土地管理法》、《水法》、《野生动物保护法》、《矿产资源法》、《森林法》、《草原法》、《渔业法》、《防沙治沙法》、《水土保持法》、《清洁生产促进法》、《节约能源法》、《循环经济促进法》等近 30 部与环保相关的法律，约占全国人大及其常委会立法总数的 1/10。同时，为了细化法律或者填补法律的模糊地带，国务院还制定了 60 多部环保方面的行政法规；为实施国家环保法律和行政法规，国务院有关部门、地方人民代表大会和地方人民政府依照各自职权也制定和颁布了 600 多部环保规章和地方法规。为配套法律法规的实施，中国也制定了大量的环境标准，截至 2008 年 8 月 31 日，包括国家环保行业标准在内，中国已累计颁布各类国家级环境标准达 1200 多项，其中含现行国家环境标准 1100 多项。

（三）区域资源开发中的环境治理

西部 12 个省、自治区、直辖市资源丰富，市场潜力大，战略位置十分重要。但由于自然、历史、社会等原因，西部地区经济发展相对落后，人均国内生产总值仅相当于全国平均水平的 2/3，不到东部地区平均水平的40%，发展仍然很艰巨。东部经济的快速发展离不开西部的支持，包括资源、能源和人才等方面的支持，与此同时，"西电东送"、"西气东输"、"西煤东运"等大型工程都说明，东部是西部主要的能源资源需求市场，西部的大力开发同时是对东部经济发展的巨大支持。但是资源开发与外送所带来的巨大外部性收益并未被西部地区人民有效分享，反而被伴之出现的巨大外部性成本侵蚀。这就是在西部大开发中凸显的环境治理成本的空间内置和其产生的社会效益的空间外置问题，由此不但引发了一系列经济社会问题，在部分地区还引发了严重的政治问题，甚至民族冲突问题，必须引起高度重视。

二　经济社会发展方略

进入21世纪初以来，西部大开发、东北老工业基地振兴、中部崛起和东部率先发展，构成了中国区域发展的总体战略的主要组成部分。这也体现了与20世纪实施的一部分地区率先发展的战略，如沿海发展战略等有着明显区别的相对均衡的发展战略。然而在总体区域发展战略格局里，西部大开发具有非常重要的作用。因为西部大开发是我国实现区域协调发展的重点，也是难点。为此，中央高层多次强调要坚持西部大开发政策的连续性，深入地推进西部大开发，实现西部地区经济又好又快发展。

中国在推进西部大开发战略、全面建设小康社会、构建和谐社会与倡导和谐世界进程中，需要注意生物多样性是维护生态平衡的自然基础，文化多样性是维护民族和谐的社会基础。中国是一个幅员辽阔的多民族国家，1.1亿少数民族人口虽然只占全国人口总数的9%，但是他们分布聚居的自治地方却占国土总面积的64%左右。同时，少数民族聚居分布的地区基本属于中国的西部地区，即经济社会欠发达地区，这是中国最重要的国情之一。

所谓方略：是指全盘的计划和策略，通俗地讲，经济社会发展方略，是指一个国家或地区对其较长期经济社会发展总目标以及如何实现这一总目标作出的总体筹划和决策。与具体的经济计划和经济政策相比，经济社会发展方略具有全局性、长期性和根本性三大特征。与战略相比，方略既有与之相同的地方，即在全局上的筹谋规划；也有与之不同的，是在层次上较为具体和具有针对性，即还包括策略部分内容。所以，为了与一般战略相区别，本书在此主要将方略作为研究对象。

三 资源开发、生态环境与反贫困问题

（一）资源开发问题

自然资源包括土地资源、矿产资源和能源、旅游资源和水力资源等。西部大开发的重要一环就是对当地丰富的自然资源的开发，以充分利用资源，加快人民生活的改善，促进本地和全国的发展。然而资源开发又不能摆脱生态环境的硬约束。矿产资源开发过程具有双重属性，一是其自然属性，即资源的稀缺性、赋存条件差异性、开发的周期性和可耗竭性；二是其经济社会属性，是一定的社会组织下的经济行为，需要根据一定的法律法规和制度，在一定的操作规程下进行。二者不是相互独立的存在，而是在开发过程中并存且相互影响。因此在开发过程中，如果不注意科学、合理地开发，不注意当地经济社会的可持续发展，就可能出现"荷兰病"的产业单一化路径依赖，甚至导致矿竭城（区）衰、"资源诅咒"的结果，因此深入地、而不是表面地、肤浅地进行对这一问题的机理的研究，并且进行科学的评价和估计，提出相应的规避措施就成为本书研究的一个重要任务。

（二）环境污染和生态破坏问题

污染是违反公共利益向共同的环境排放有害副产品和废弃物质。从经济学角度看，污染是对环境质量的损耗，换句话说，由于环境是一种稀缺的资源，污染实质上是对这种稀缺资源的一种消耗。对经济增长过程中产生的环境问题及其控制，在我国长期以来一直被认为仅仅是一个企业、一个地区的孤立问题，在经济运行过程中，又往往以发展经济为由而排斥对生态环境的管理、保护与建设。由于理论研究与政策措施落后于形势发展，而且比较偏重于事后控制、终端控制和浓度控制，对发达国家已经实行的产权制度、交易费用、源控制与过程控制、总量控制等理论与措施了解不够。实际上，从发达国家工业化过程看，经济增长的过程中具有很强的空间外部负效应，即会产生环境污染、资源滥用等生态环境问题。这种外部不经济已不再是市场运行的偶然"失灵"，而是变成了经常的、普遍的现象。这种空间外部效应在一定条件下可以类似或等价于自然科学中的某种"空间场"状态，通过空间场的联系和作用，使经济增长和生态环境的变化相互影响，因而探索、认识并逐渐掌握其运行规律，度量其作用程度并加以转化，以消除或减少这种负效应，实现外部效应的内部化就显得非常重要。对环境污染及对生态破坏的治理及其与经济社会发展关系及

其态势的分析，也成为本书研究的又一个重要任务。

（三）反贫困问题

西部地区经济社会发展的特殊之处在于资源开发摆脱贫困与保护生态环境之间存在很大的矛盾关系。贫困问题是一个经济社会发展问题，只有通过发展才能摆脱贫困。环境问题既是与人类文明的出现和经济社会发展相伴产生的，同时又只能通过可持续发展来缓解环境恶化，实现人类与自然的和谐相处。西部的贫困问题又因其与生态环境交织，突出表现为生态贫困，因而西部的反贫困突出表现为反生态贫困。1980年以来，中国已经使4亿多人口脱离了贫困线，脱贫人数占发展中国家脱贫人数的75%，取得了举世瞩目的成就。但是贫困标准是一个动态的、绝对与相对并存的标准。由于西部地区特别是老、少、边、穷地区所处的恶劣、脆弱的地理环境，在全国区域反贫困中使得当地的脱贫异常艰难，续贫、返贫却相对迅速。因此，将反生态贫困作为解决西部当地民生的优先问题，非常必要。

第四节　本书研究的意义

一　本书研究的科学意义

本书研究的科学意义主要表现在以下几个方面：

（一）区域开发中生态环境问题具有基础性和复杂性

我国幅员辽阔，人口众多，各地区自然生态条件和经济发展水平差异很大，环境问题本身就复杂多样；加之最近20多年我国经济快速和不平衡的增长，发达国家近50—100年逐步出现的环境问题，在比较短的时间内集中暴露出来，使环境污染问题与资源短缺、生态破坏问题，地区性问题与全球性问题交织重叠，更加剧了环境问题的复杂性。与此同时，随着环境保护形势的变化和可持续发展战略的逐步实施，环境与资源保护从单纯的污染治理和生态保护的技术层面，逐步扩展到了调整产业结构和消费方式的宏观经济层面，以及改变人对自然道德观念的社会文化层面。从这些情况来看，环境保护和治理已经从一个传统的技术加政府行政管理的问题，转变成为一个涉及经济、社会、政治、文化等广泛领域的复杂问题。

（二）认识和探索解决西部大开发中的生态破坏与环境污染问题的综合性

西部生态环境问题主要表现为资源开发中的生态环境的破坏、水土流失，草场退化和森林植被破坏．土地荒漠化，水体污染和水资源短缺，大气污染、固体废弃物增加，乱排乱放。引发西部生态环境问题的主要原因之一是人为因素，归纳起来主要是滥垦、滥牧、滥樵、滥采、滥用水资源。人为因素背后的社会根源是人口急剧增加及其导致的扩张性经济发展要求使当地生态环境承载力过大，政策误导和决策失误，生产技术和生活方式落后，反贫困与西部环境治理的脱节。

从东部沿海地区开放的历程来看，改革开放初期，曾把国外所淘汰的部分技术、设备以及不生产的能耗高、污染重的产品转移到我国沿海地带，使那里的经济增长梯度增大的同时，也带来了污染的梯度扩大；而今由于吸纳产业转移的需要，在西部大开发中又会出现国内外的产业通过不同方式将其污染产业转移到西部地区。因此，西部大开发不仅要吸取东部经济发展的经验，更要吸收其教训，避免走先污染后治理的老路，从一开始就要注重环境的改善和生态保护问题。因此，西部大开发中应注意大力引进先进技术，尽量避免污染转移，应着力利用大开发的大好机遇抢占世界高新技术制高点，实现一定的战略跨越。同时要考虑西部现有的经济社会发展水平、技术能力和各地区急于改变落后面目，尽快富裕起来的愿望，这就不可避免地遇到资源开发促进经济发展与环境治理的两难困境。

（三）区域生态环境治理与经济社会发展既密不可分又有一定的矛盾，需要在发展过程中动态协调

具有增长型机制的经济社会系统对生态环境资源需求的无限性与具有稳定型机制的生态系统对资源供给有限性的矛盾，是生态环境与经济社会系统的基本矛盾。经济发展和生态建设之间关系从表面上和短期讲，两者之间在一定时期有着一定的矛盾，但从深层次和长期来讲，两者之间又是可以耦合发展的。这就是尊重自然，尊重科学规律，同时科学地、更有效率地开发资源，呵护、保护生态环境，以维持人类的经济社会可持续发展。具有生产、消费和分解功能的广义生物系统和人口经济社会系统，既依托资源环境"场"进行各自的生存和繁衍，又因资源环境约束而滋生冲突，彼此依赖和产生交织共存的关系。

在西部大开发所伴随的对内对外开放日益扩大的作用进程中，西部的

企业、产业和区域经济受到国际、国内环境因素（如环境标准）双重影响。在不同的环境标准规则下，我国区域经济的不平衡增长引起了各地污染排放强度的不同变化与地区间污染产业和污染品的空间梯度转移。此外，发达国家也正通过贸易与投资渠道将本国所禁止的污染品和污染产业转移到我国国内，使我国的可持续发展面临着来自国内、国际两方面的挑战。如果缺乏必要的、科学的制度安排，这种经济空间的增长梯度就会和当地乃至更大范围环境污染的梯度及生态环境破坏梯度成正比；而与环境污染的治理、生态环境治理和修复梯度成反比。从空间场的角度去认识、研究和解决这些问题，并应用于我国实践，就显得非常重要。

（四）西部大开发中凸显环境治理成本的空间内置其产生的社会效益空间外置的矛盾

特定区域的环境保护和对资源开发的节制，减少了本地区的现实利益，但避免了生态环境恶化带来的隐形成本，同时增加了相关地区的净外部收益。因此，公共产品的正外部性能否得到补偿，这是关系西部地区能否具有可持续提供生态公共产品的能力和积极性的关键所在，也是西部地区可持续发展的核心问题。为此，需要认真考虑在西部地区建立起有效、完善的环境保护与经济发展的补偿机制和制度安排。

二　本书的现实意义

正是因为对区域的环境保护和对资源开发的节制方面的研究较少甚至为空白，研究深度也还不够，停留在事物表面而缺乏对事物之间内在机理和相互影响的分析，难以为政府科学决策提供科学的综合性的理论依据和决策支持。因此研究西部大开发中生态环境的保护、治理和经济社会发展具有重大的理论意义与现实价值。

通过本书的研究，有助于从实际出发，从整体上把握处于与大开发初期阶段的西部地区经济社会结构和发展环境、治理模式的变化趋势和特征，有助于了解我国区域层次，特别是西部大开发中的突出问题，外部性成本收益的空间异置及其解决思路和实施路径；通过对西部自然资源禀赋的了解，认清资源开发、利用和经济增长、社会发展之间的关系，有助于更深层次地把握自然资源对经济增长的作用，同时还有助于了解一个地区的发展环境系统中的其他要素的作用及相互配合；通过对"资源诅咒"评价体系的建立与评价，有助于深刻认识和揭示资源开发与经济社会发展中遇到的"资源诅咒"问题及其严重程度，以及对其规避的机制；通过对我国西部地区贫困的地理分布、城乡贫困的不同影响的深入分析，有助于认识西部贫困地区形成的特殊成因；通过生态反贫困模式、路径的讨论，有助于把握西部反贫困的主攻方向，保证其措施的针对性和实效性；通过结合西部特殊的资源开发、生态保护治理成本与收益的外置现象内在化的讨论，有助于明确不同政策工具手段和路径等的应用；通过对可耗竭资源价格问题的具体分析，探讨资源价格的定价改革思路；通过对资源开发中要素收入的分配关系及其协调的讨论，有助于更深刻地认识国家与西部地区之间的财政转移支付、资源税、环境税，生态补偿机制等政策制度调整改革的方向问题；通过西部环境治理与经济社会发展的方略及模式比较研究，有助于总结西部大开发十年来治理模式的经验、成效和不足，并在此基础上，进一步把握西部大开发的深入进行和未来的新发展方略和模式。

第五节 本书研究的目标、思路和方法论

在我国经济社会发展与生态环境治理之间的协调变得极为重要的背景下，面临国家西部大开发战略实施的重要机遇和挑战，深入探讨西部大开发中的环境治理和经济社会发展方略显得尤为突出，本书研究的理论出发点是针对目前研究的薄弱环节，主要针对资源开发、环境治理与经济社会发展进行深入的分析，同时还要从系统和系统环境分析角度，对西部大开发中经济社会系统与发展环境的相互影响、相互联系、相互作用的机理和实施过程进行研究。

本书研究的现实出发点是直面我国区域经济社会发展过程特别是西部大开发中的环境污染治理、生态修复重建与经济社会协调发展等现实问题，抓住核心问题和难题，探讨其形成的机理、影响和治理的制度安排以及形成并可能影响未来的模式和方略。由于这方面的问题很多，千头万绪，在这样一本书中是无法回答和解决的。本书着重研究在开放经济条件下，如何进行科学有序的开发，如何通过合理公平的制度安排，才能使丰富的能源矿产资源成为资源富集地区，特别是西部的老区、贫困地区和民族地区、边疆地区经济繁荣的福音而不是诅咒；如何对开发和开放中出现的生态环境问题进行有效治理，才能使生态环境成为当地人民赖以持续发

展的依托，而不是持续贫困乃至重新返贫的源头；如何从可持续发展的代际角度，不仅在地区资源丰裕的今天，有效地开发和利用资源；不断改善民生、提高当地人民的福祉；还要预见到地区资源耗竭的时候，以便进行科学合理的开发，提高资源开发的质量，而不是一味提高资源开发强度，还要尽早找到提高当地人民生活水平的新的来源，前瞻性地进行长远的战略安排。

从理论方法来说，本书综合使用了系统与场分析、增长与发展经济学、环境经济学、开放经济学、产业经济学、计量经济学、制度经济学以及博弈论等多学科理论和研究方法；在分析手段上采用了如文献分析，区域比较、国际比较、案例分析、指标评价、实证分析等多种分析手段。

从大系统角度来说，将西部地区视作中国经济社会系统的重要组成部分，也是中国国土资源系统的一个重要组成部分。同时，它也位于中国与外部世界，特别是周边国家的边界，从开放的意义和发展的角度来说，西部地区既是整个中国发展的辽阔腹地，也是中国沿边开放的战略前沿，而且其中的某些城市有可能在不远的将来会成为某些区域的经济中心。与此同时，从场的角度来说，这里是一个有着巨大和漫长边界（国界和区界）的空间场；系统边界的开放、闭合效应可以具体地通过场效应传递。同时，由于其生态的特性，对全国其他地区的生产者、消费者，可以产生远超过本地的重大的外部性影响。例如三江源、长江、黄河、汉江和青藏高原、黄土高原、秦岭等。从场源、汇角度来说，就是要找到和明确导致生态环境破坏、环境污染、贫困问题的根源，同时，也要找到使得这些得以消失或平衡的手段和措施。

从生态与人类生存角度来说，西部是中国贫困人口最集中、贫困程度最深、脱贫难度最大、脱贫和返贫之间状态最不稳定的地区，同时，西部生态脆弱地区是中国贫困人口集中分布的典型区域，在地理空间布局上西部贫困地区与生态与环境脆弱地区、边疆地区、民族地区和革命老区有着高度的相关性、重叠性和一致性。因此，如何在西部大开发中"以人为本"，实施反贫困方略，使资源的开发、生态的维护、修复与当地的经济社会发展和人民生活的改善相结合，并结合得更好，是一个值得深入研究的大方略，否则其他事情做得再多再好，还是不利于资源的有效开发和环境治理，达不到使当地人民享受大开发带来的成果，也达不到共同富裕的和谐发展目标。因此提高和改善西部地区人民的生活水平，特别是改善那里的革命老区、贫困地区、民族地区和边疆地区的民生状况，提高这些地区可持续发展的能力，是本书的着眼点与落脚点。

从制度建设角度来说，西部辽阔的土地、丰富的资源、多民族的聚居形成了我国丰富的生物资源多样化和生态文化的多样化，这是中国极其重要的公共产品所在，不仅是当地人民，而且是西部地区乃至全国人民的共同财产，有着巨大的外部性，需要共同维护，使之得以续存下来，发扬光大。这就从客观上需要从国家利益、公共利益、社会利益角度来协调企业、地方、国家的分配关系，使得资源与环境造福于当地人民、造福当地社会和全国人民与全社会，而不能使之仅仅成为一部分个体或群体致富的源泉。因此需要总体上，同时又应该从现实出发，考虑利益相关方的竞争与合作关系，提供分析框架。

第六节　本书主要内容和研究框架

本书共分14章，各章内容如下：

第一章主要阐述研究背景、研究的理论意义和现实价值。另外，对西部大开发中的环境治理与经济社会发展问题的辨识。从现实问题出发找出科学问题所在，特别是其中的难点和重点所在。提出本书所研究的问题、思路及方法。

第二章对相关文献进行介绍和分析。在客观仔细对比分析国内外研究现状基础上，对有关理论研究的现状及存在的问题进行了深入分析，并指出了研究的不足，为本书的研究找到理论基础和突破点。

第三章包括从生态、环境、经济社会系统角度、建立发展环境、环境治理与经济社会可持续发展的经济学分析框架。

第四章首先分析地区的自然资源赋存，对基本状态和地位有所了解；其次，分析各地区的自然资源禀赋与经济增长的关系。

第五章首先提出资源开发、生态保护与环境治理中的特殊命题；其次，基于生态足迹和环境容量理论，分析生态足迹和环境容量，讨论了基于生态赤字和环境容量的我国和西部地区主体功能区的划分；最后，从空间梯度场角度，对区域产业及其形成的空间梯度转移进行分析。

第六章首先根据环境成本内在化的理论，结合资源开发、生态保护成本与收益的外置现象，从三个方面探讨如何进行环境成本内在化及其手段和路径等；最后，讨论可耗竭资源价格问题，具体分析和探讨能源资源价格的定价。

第七章讨论西部大开发中可耗竭资源开发的最优条件，基于环境约束的资源开发的适当强度确定，并且进行相关案例分析。

第八章探析资源区域"荷兰病"的机理。阐述资源型产业的生命周期及其不同阶段的产业转型、接替产业形成和成长问题。

第九章针对资源开发可能引发的地区"资源诅咒"现象建立指标体系，进行省域层面空间"资源诅咒"的评价与规避讨论。通过研究，试图回答在西部大开发中是否存在"资源诅咒"问题，如何确立评价和预警的主要指标，如何未雨绸缪，主动规避和减少因资源耗竭和"资源诅咒"造成当地经济社会不可持续发展的状况。提出资源区发展过程中的转型、接替产业的选择与发展方略。

第十章首先结合环境EKC曲线分析，讨论西部经济发展与工业三废排放和治理的关系，以及与全国和东部地区的差异。其次，探讨人口、经济和环境污染重心在同属性和不同属性条件下的联系，特别在全国跨省域经济、环境污染重心中，对重心轨迹进行了空间变动差和斜率分析，对重心移动的影响因素，结合区域产业和污染转移，并作实证分析。此外，进一步分析了西部12省区市跨省域重心，把握西部重心变动的空间轨迹基本趋势。

第十一章讨论资源开发中要素收入在中央与地区之间、东西部之间、西部地区内部之间的利益分配关系及其协调，以及国家与地区之间的财政转移支付、资源税、环境税的改革，生态补偿机制等问题。

第十二章在总结西部大开发前十年经验基础上，重点讨论西部重点地区如能源、资源开发基地开发与输出模式，边疆地区、民族地区的开发和援助模式；生态补偿和转移支付模式，贫困地区的生态脱贫模式；西部集中连片特殊困难地区的援助与开发模式，资源富集区和资源型城市的接续产业发展模式、西部发展循环经济和低碳经济模式等等，并使用逻辑分析框架法对退耕还林工程和扶贫项目进行定性评价。

第十三章，总结研究所取得的主要进展以及研究中的不足，提出"资源诅咒"的破解思路和规避的路径选择，并对今后的研究进行展望；结合西部大开发具体的经济社会发展与环境治理战略目标，提出今后环境治理与经济社会发展的新方略以及相关模式的政策建议。

本书的分析又可分为四个层次，第一层次，提出本书研究目的和研究框架，主要部分为绪论；第二层次，进行相关文献回顾和讨论理论框架的建立，主要包括第二章和第三章；第三层次，进行资源开发与区域经济增长、环境治理问题及其评价，包括第四章到第六章以及第十、第十一章等；第四层次，分析资源区开发的利益分配、开发治理模式，包括第七、第八、第九、第十三、第十四章。

本书研究思路框架如图1-1所示。

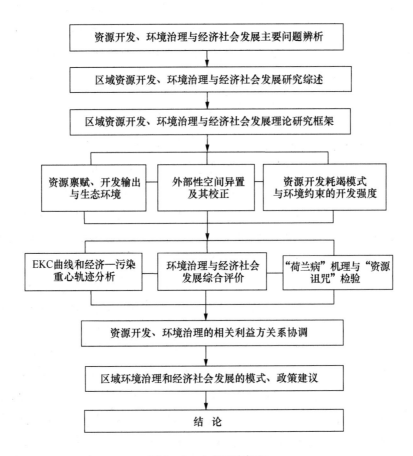

图1-1　本书研究框架

第二章　相关文献研究综述

第一节　环境与资源开发

一　环境与资源

在传统经济学界，资源和环境只是"自然要素"，是经济的外在变量，甚至是与经济无多大关联的外部因素。直至 20 世纪五六十年代，人们还毫无疑问地认为经济的增长是无限的。1968 年，美国经济学家保尔西首先提出把生态学与经济学结合的经济思想，但真正引起人们普遍关注的是 1972 年罗马俱乐部发表的研究报告《增长的极限》。在这个由美国麻省理工学院丹尼斯·梅多斯（Dennis L. Meadows）教授等撰写的报告中，用"世界末日模型"向人们做出惊人的预测：人类经济增长在 2100 年以前将达到极限，并下了定论："世界体系的基本行为方式是人口和资本的指数增长和随后的崩溃。""世界末日模型"虽然因其研究的偏颇致使人们恐慌和忧虑，但也引起人们重新审视和更改传统经济发展模式的思考和研究。

可以说，环境中的一切，包括环境本身，几乎无一不是人类开发和利用的资源。环境之所以是资源，一是因为作为人类生存环境来说，阳光、水、空气、土壤等环境要素为人类提供了赖以生存的物质资源，而且这些环境要素的质量是人类生存的必需资源。二是作为物质资料再生产的条件，环境为人类提供了获得生活资料和生产资料的物质资源。三是环境的一切要素随着科学技术不断进步，将会越来越多地以资源形式呈现在人们面前。

二　环境容量、生态足迹和生态价值

美国经济学家肯尼思·鲍尔丁于 1966 年发表了题为《一门科学——

生态经济学》的重要论文，开创性地提出了生态经济的概念和生态经济协调发展理论。这一概念和理论的提出，大大促进了人类对自身文明进程的新理解。20 世纪 80 年代末，50 多位科学家成立了国际生态经济学会（ISEE），创立了生态经济学，并在 1989 年编辑出版了《生态经济》（Ecological Economics）杂志，从此生态经济的研究方兴未艾。在这些理论和观点的指导下，人类在解决人口膨胀、粮食短缺、能源紧张、资源枯竭、环境恶化等问题上取得了较大的实践效果。那么，是牺牲生态环境以换取经济增长，还是放慢经济发展速度谋求生态平衡，在目前经济和社会发展形势下，这两种做法均不可取，唯一出路就在于如何实现二者在本质上的耦合。

保罗·哈肯等人所写的《自然资本论》是一本为 21 世纪工业发展指明方向的书，作者认为，人类社会需要创造一种新型的工业系统，它的哲学目标和基本过程与现今标准的工业系统不同。该书描述了一种新型的、物质循环利用的、稳定的服务和流通经济模式，提出了新工业革命中的四项战略，为人与自然协调发展的行动提供了有益的参考素材。

美国生态经济学家布朗在其《生态经济——有利于地球的经济构想》一书中提出了以下观点和结论：

第一，对现行发展模式提出质疑，并指出，一种经济只有尊重生态学诸原理才是可持续发展的，今日的全球经济是受市场力量所左右，并非受生态学原理所制约。生态经济则是一种遵循生态学规律的经济，也就是能够满足我们的要求而又不会危及子孙后代的经济。

第二，他认为，中央计划经济崩溃于不让价格表达经济学的真理，自由市场经济则可能崩溃于不让价格表达生态学的真理。所以，用生态中心论取代经济中心论，宛如当年"日心说"取代"地心说"一样，将在人类史上留下重重的烙印，并成为人类发展的一个里程碑。

第三，生态系统为我们提供服务比为我们提供的产品更有价值。为了更好地利用生态系统的价值，必须发展生态经济。此外，推动生态经济发展还需要进行价格改革，使市场价格包括生态成本；进行税收改革，损害环境者必须纳税；调整财政补贴政策，使生态建设者获得转移支付。

目前国内外关于恢复生态学的定义很多，尚未取得共识，归纳起来主要有三类观点。第一类观点强调恢复的最终状态。如凯恩斯（Cairns，1995）认为，生态恢复是使受损生态系统的结构和功能恢复到受干扰前状态的过程；伊根（Egan，1996）认为，生态恢复是重建某区域历史上有的植物和动物群落，而且保持生态系统和人类的传统文化功能的持续性的过程（Hobbs and Notorn，1996）。事实上，上述定义的理想（最终）状态是很难实现的。第二类观点强调恢复的生态学过程。如布拉德肖（Bradshaw，1987）认为，生态恢复是有关理论的一种"严密验证"（acid test），它研究生态系统自身的性质、受损机理及修复过程；哈珀（Harper，1987）认为，生态恢复是关于组装并试验群落和生态系统如何工作的过程。第三类观点强调恢复的生态整合性。国际恢复生态学会曾先后提出三个定义：生态恢复是修复被人类损害的原生生态系统的多样性及动态的过程；生态恢复是维持生态系统健康及更新的过程；生态恢复是研究生态整合性的恢复和管理过程的科学，生态整合性包括生物多样性、生态过程和结构、区域及历史情况、可持续的社会实践等广泛的范围。第三个定义是该学会的最终定义（Jackson et al.，1995）。此外，余作岳、彭少麟（1996）提出恢复生态学是研究生态系统退化原因、退化生态系统恢复与重建技术与方法、生态学过程与机理的科学。

　　国际上退化、废弃土地得到生态恢复的最早范例，是1935年对美国威斯康星大学校园内因过度放牧而退化、废弃的草地，经几十年生态恢复的努力变成大学植物园；与此同时，（土地）生态道德论的先驱奥尔多·利奥波德（Aldo Leopold）在威斯康星河沙滩的废弃农地上独立进行了生态恢复实践。早期生态恢复的对象（废弃矿场、废弃的农、牧、林地等）均出现在先行实现工业化的西欧国家；美国在20世纪30年代，由于不正确的农业集约化造成的"大尘暴"，大湖区的滥伐森林以及湿地开垦，也都产生了大规模的土地退化。

　　章家恩、徐琪（2003）从生态力学角度对生态系统退化进行了初步探讨。他们认为，生态系统是一个具有三维空间的物质实体，它和一般物体一样，也具有运动的特性。生态退化实际上是生态系统从高水平的稳定状态向低水平的失衡状态转化的一种运动形式。任何生态系统都具有一定的生态质量和生态惯性，当生态系统遭受到自然和人为干扰的合力大于生态系统的内在生态阻抗力时，生态系统势必发生运动或"位移"。他们定义了生态质量指数、自然干扰指数、人类活动强度指数和生态退化潜势指数，以定量描述区域生态系统退化的潜势。

　　生态占用（又称生态足迹）这一概念是由著名生态经济学家里斯

（Rees）教授及其学生沃尔克尼格尔（Wackernagel）教授和沃达（Wada）博士提出并加以发展的。生态占用就是能够持续提供资源或消纳废弃物的、具有生物生产力的地域空间。针对不同的研究层次，生态占用可以是个人的、区域的、国家的甚至全球的，其含义就是要维持一个人、地区、国家或者全球的生存所需要的或者能够吸纳人类所排放的废弃物的、具有生物生产力的地域面积。

彭希哲、刘宇辉（2004）以西部 12 个省市区为例，研究了生态足迹与区域生态适度人口。认为一个区域生态适度人口的确定取决于区域生态承载力与区域人口对生态资源的需求，并运用生态足迹模型对中国西部12 个省、直辖市、自治区生态适度人口进行了估算。认为西部地区具有相对较小的人地矛盾，生态赤字较小，目前的人口规模基本可认为是合理的，随着西部开发的进程，西部省市区正在并将持续面临严重的生态压力。

茆长宝、陈勇、程琳（2009）以生态足迹理论为基础，对我国 2006年各地区生态足迹差异进行比较研究。分析表明：2006 年全国人均生态足迹为 1.22，由东向西逐渐递减。东部经济发达省区生物资源生态足迹显著高于中西部经济相对落后地区；能源丰富的省区，能源消费足迹对人均生态足迹贡献明显。

钟晓青、赵永亮、钟山、司寰（2006）对我国 1978—2004 年生态足迹需求与供给动态分析。基于生态足迹理论，用实证方法进行了我国可持续发展的定量测算与分析，分析了生态足迹与 GDP、POP（人口）的线性关系，利用分析结果和变量之间的估计方程判断了我国可持续发展状况，并预测未来走势。

张涛（2003）认为，生态价值的研究多数以衡量出生态服务价值的具体数值为目标，试图以此作为生态补偿的标准，补偿生态服务供给者。然而生态服务价值的衡量结果往往与 GDP 相当，以此来补偿显然不够合理，张涛提出，以不同生态服务功能的公共物品属性为划分标准，以各个类型的服务价值为基础，按照单项生态服务价值占总价值的比例，分担生态建设所产生的各种费用。

经过多年改革，我国目前已经形成了一套较为成熟的公共产品供给模式，但依然存在着一系列问题。田超（2006）认为，我国公共产品供给模式存在政府和市场供给范围划分不清；中央政府和地方政府之间的供给范围划分不清；供给规模不当，过剩与短缺并存；公共产品质量低下等问题。这些问题表现在生态补偿中，则表现为缺乏长期有效的生态补偿机制、生态补偿标准低、现有生态补偿制度不能反映相关利益等问题。这是由于公共产品的提供并不是通过市场进行的，在消费者和供应者之间存在信息的不对称性，供应者难以取得消费者的需求信息。而无视消费者的需求，就无法达到公共产品供求均衡，无法实现公共产品最优供给，因此，对消费者需求偏好的了解成为这一模型应用于现实经济的急待解决的问题。

三 资源开发与生态环境治理问题

高吉喜（2000）的研究表明，西部地区生态环境问题主要表现在：生态环境主要组成要素问题突出，在植被衰退、土地退化没有得到根本性控制，水环境问题突出，生态用水不能得到保障；生态系统的生产功能、调节功能和生物多样性维持功能等服务功能下降；生态支持系统受到威胁，生态破坏造成巨大经济损失，区域社会可持续发展支撑能力受到削弱。

王双怀（2002）指出：历史上的西部开发表明：中央政府在西部开发中处于重要地位；民族团结和社会安定是西部开发的必要条件；大力进行基础建设有利于西部经济社会发展；农牧并重、多种经营适合西部地区经济发展；水利建设在西部地区经济发展中具有重要意义；战争和动乱会制约西部开发的进程；不注意保护生态环境就会造成严重的不利后果。

延军平、严艳（2002）以水土流失严重及生态环境脆弱的典型区域——陕甘宁边区为例，探讨了西部大开发中生态环境建设的最佳途径——生态购买。全面论述了实施生态购买工程的必要性、可行性和操作途径，提出生态购买的实施方法和步骤。

赵景波、侯甬坚、黄春长（2003）指出，成功实施黄土高原的退耕还林工程对恢复该区严重恶化了的生态环境和减少黄河下游水患具重大现实意义。当前植树造林面临的需要解决的重要问题是土壤干化。陕北黄土高原土壤干化原因有两个方面：人为原因包括植被破坏、人工林密度过大、在不适于森林发育的地带进行了造林和没有遵循植被演替规律进行了造林四个方面。

李瑜琴、赵景波（2005）调查和分析过度放牧对草原植物群落类型、盖度、生物量及土壤特征等影响，指出过度放牧造成了非常严重的生态环境问题，反过来，也给牧业带来了不利的影响。过度放牧引起了草原植被的退化和土壤质量的退化，特别是春季的过度放牧对草原植被和土壤质量破坏更为严重。

李战奎等（2004）认为，由于生态经济具有人与自然的协调性、公共性、外部性和持续性特点，所以生态经济系统的建设要受制度的约束。因此建议在西部生态经济开发中建立健全法律约束机制、建立生态转移支付机制和政府协调机制。政府协调机制包括区域内各经济主体之间的协调机制和区域间各经济主体之间的协调机制。

钟礼国（2004）对中国西部生态经济建设的民间投资障碍进行了分析，指出生态经济必须走市场化的道路，由市场化所要求的最重要投资主体——民间投资主体却动力不足。主要原因在于西部生态经济建设的民间投资存在体制、政策和观念三个障碍，因此消除这些障碍是推动西部生态经济建设的根本条件。

李宇、董锁（2003）认为，在水资源约束条件下，中国西北农村地区生态经济可持续发展的战略对策是大力推进城镇化进程，带动农村社会经济发展和建立适宜于本地的新型城镇和农村生态能源结构，大力发展当地业已成熟的雨水集流饮用和灌溉工程模式，加强退耕还林还草工作，因地制宜，调整农业产业结构，扩展和延伸农业产业化链，积极发展节水农业和特色农业，积极发展环保型的乡镇企业。

杨柳青（2004）认为，从形式上看，生态经济学的产生是生态环境在传统经济发展中遭到严重破坏而不能继续支撑经济发展的结果，但其实质内容则是生态环境严重破坏后，人的生态需要得不到基本满足的结果。因此认为应该把生态需要作为生态经济学研究的重要内容。

方创琳、徐建华（2001）系统分析全球干旱区生态重建与人地系统优化宏观环境的基础上，分析了我国西北干旱区生态环境恶化形势和面临的生态重建机遇及挑战。认为生态威胁已上升为全球最大的安全威胁，生物多样性退化速度惊人，许多物种频频告急，诸多脆弱生态区域先后沦为生态灾难区，国家与地区之间的跨国生态掠夺仍在继续，惊人的生态破坏加剧生态贫困与经济贫困，生态重建引起国际社会关注，生态安全战略成为全球战略重要组成部分。进而把区域可持续发展理论、恢复生态学理论、社会生态学与地生态学理论作为西北干旱区生态重建与经济可持续发展的理论基础。

陕西师范大学西北历史环境与经济社会发展研究中心、中国历史地理研究所（2007）编辑的《人类社会经济行为对环境的影响和作用》一书，着重探讨了以下三方面的问题：（1）国家水平和地方行政区层面上涉及环境内容的人类社会经济行为表现形式；（2）人类社会经济行为影响环境变化的主要途径、方式、力度和机制；（3）人类社会经济行为驱动力——制度或政策因素的重点研究和个案考察。研究地域较为集中于长江流域、传统的北方地区，研究时段以明清时期为主、兼及民国时期、共和国时期，研究内容主要体现在环境变迁研究的人文因素方面，如不同制度和政策实施后引起的环境变化过程、特殊时代条件下的人地关系等内容。

杨溪、刘强、吴宗凯（2007）指出，政府、企业与农户、环境非政府组织是我国西部地区生态环境治理的三大主体；作为西部生态环境治理第一主体的政府面临五大矛盾，制约了主导作用的发挥；企业和农户既是我国西部地区生态环境的主要破坏者，又是治理的主体，要承担一定比例的治理成本；解决我国西部地区生态环境治理中的各种问题，首要的是主体的优化问题。

汪受宽主编（2009）的《西部大开发的历史反思》一书上编（《西部开发的历史与实践》）分朝代、分阶段对从先秦至当代的西部开发史进行了审视和扫描，分析其特点、成绩、缺失和局限，总结中国历代西部开发的规律；下编（《西部开发的历史反思》）分10个专题，对历代西部开发的特点、规律、影响、经验、教训等进行了检讨和反思。

张海鹏、陈育宁（2005）所编的《中国历史上的西部开发：2005年国际学术研讨会论文集》，收入的论文有反思历史、关注现实、努力推进新时期西部大开发的文章，包括略论和亲结盟政策在汉唐开发和治理西部中的作用、徐树铮与蒙古开发、国民政府时期的西北考察活动与西北开发、西部开发研究等。

20世纪90年代，中国人民大学清史研究所先后出版了《清代边疆开发研究》（中国社会科学出版社1992年版）、《清代的边疆政策》（中国社会科学出版社1994年版）等一批学术著作。2006年，由戴逸教授主持的《中国西部开发与近代化》一书出版，该书揭示了近代西部开发的特性。该书认为，西部开发主要是一个经济开发的问题，但又不局限于经济开发，还涉及社会生活方方面面。单纯从经济学或者经济史角度并不能解决西部开发出现各种问题。该书力图扩充经济史研究的视野范围，将经济开发、生态环境、近代化三者之间的互动关系同时关照和考量。

美国汉学界知名学者鲍大可（1998）出版的《中国西部四十年》等论著，描述自1948年以来40年这一地区的变化，作者摒弃常规的学院式研究方法，注重通过亲身考察寻求和获取有关的资料和见识，并在此基础上建言立说。

四　环境治理与可持续发展

持续发展论是建立在环境生态论基础上的，其含义是在致力于追求发展过程中，保持人类与自然之间的持久平衡，使发展不损害生态环境，不牺牲未来的利益，使经济社会得到持续协调发展。从经济学角度来说，也就是三种再生产的综合平衡与相互间协调发展。所谓三种再生产，是指社会再生产过程是由经济再生产和自然再生产、人类自身再生产组成，它们相互间不是封闭地、孤立地进行的，而是相互间进行物质循环和能量流动，构成一个完整的社会再生产全过程。要使社会再生产不断循环并周而复始地进行，就必须实现人和自然的和谐、发展与环境的协调。

可持续的观念体现在，当代人对福利的追求不能以后代人的福利降低为代价。西方学者在对环境资本（包括自然与人工资本）存量变动做出严格界定基础上，提出弱持续度、强持续度和环境的可持续性等概念。根据哈特威克规则（Hartwick Rule），如果将所有从稀缺性资源的使用中获得的稀缺性租金以资本形式投资，则资源配置的结果会使社会在弱持续度上发展。一般而言，并非所有有效率的资源配置都具有可持续性，而且并非所有可持续的资源配置方式都是具有效率的，只有同时具备可持续性和效率性的资源配置才能同时增进当代人和后代人的福利。

在假定人造资本和自然资本可以完全替代的情况下，皮尔斯和阿特金森（Pearce and Atkinson，1993）提出了可持续性指标（PAM），并将其定义为：$PAM = \left(\dfrac{S}{Y}\right) - \left(\dfrac{\delta_M}{Y}\right) - \left(\dfrac{\delta_N}{Y}\right)$，若 $PAM > 0$，经济可持续。该式表明，如果储蓄（S）超过人造资本（δ_M）和自然资本（δ_N）的折旧之和，则 PAM 为正值，这里 Y 代表收入。

戴利和科布（Daly and Cobb，1989）提出了可持续经济福利指数（Index of Sustainable Economic Welfare，ISEW），他们首先把一个收入不平等指数应用于私人消费，以此反映分配的变化。这里隐含了一个假设，即穷人消费边际效益增加的价值大于富人消费边际效益增加的价值。上述

PAM 和 ISEW 指标均已被用于对实际经济体的分析之中。

为了测定一个经济过程或一个经济系统中的能量流动，研究者们提出了几种方法，这些方法中包括"过程分析法"和"投入产出法"。通过能量计算和动态仿真模型，国外学者已经把稳态经济思想拓展到可持续发展模型中，但目前的模型设计还比较简略。

熊德国、鲜学福、姜永东（2001）综述了生态足迹理论及其在全球及区域可持续发展系统中的应用成果，发现生态足迹理论在用于区域可持续发展评价时遇到了困难，主要表现为其对区域发展可持续性的评价结果与可持续发展理论所阐述的基本原则不一致，认为这主要是由于将基于全球生态系统的生态足迹理论不适当地用在了区域可持续发展系统所导致的，而根本的原因是生态足迹概念本身的定义不够确切。文章对传统的生态足迹理论进行改进，将生态足迹区分为消费性生态足迹和生产性生态足迹，并以生产性生态足迹作为评价区域可持续发展的指标，以期更真实地反映区域发展的可持续性。

沈国明（2001）认为，可持续发展是全方位的发展，既包括"横向"的发展，又包括"纵向"的发展；既包括经济社会的发展，又包括生态环境的发展（建立良好的生态环境）；既包括当代人的发展，又包括下一代人的发展。程国栋、徐中民、张志强（2001）比较翔实地论述了可持续发展的评估、自然资产的评价、生态系统效益的价值评估、水资源的可持续利用、西北内陆河流域生态经济模型、水资源管理决策支持系统、生态经济系统风险分析和环境与经济整合账户的建立等研究方法和技术路线。冯玉广、王华东（1997）在分析了区域 PRED 之间关系基础上，建立了可持续发展的差别模型，定量分析了经济与环境之间的协调关系标准。秦耀辰、赵秉栋（1997）用系统动力学的方法模拟分析了河南人地系统的自然演变模式。有的学者利用遥感与 GIS 技术，分析经济活动、人口增长与资源环境的相互影响和区域可持续发展研究。

五　环境库兹涅茨曲线研究

倒 U 形的环境库兹涅茨曲线（EKC）自 1994 年由塞尔登（Selden）和桑（Song）两位学者提出后，近年来成为环境经济实证研究中一个充满争议的主题。EKC 表明：环境恶化与人均 GDP 在经济发展的起步阶段呈正向变化关系，当人均 GDP 达到一定水平后，二者表现为反向变化关系。国外研究文献指出，除了人均 GDP 外，尚存在其他导致环境库兹涅茨曲线向下倾斜的因素。澳大利亚学者麦格纳尼（Elisabetta Magnani）在对环境库兹涅茨曲线进行实证研究基础上，着重分析污染削减政策的决定因子，提出环境质量与经济发展之间的关系取决于收入分配函数而非其均值的观点。如果投票机制发生作用，那么收入分配参数将影响改善环境的支付意愿，进而决定污染削减水平。环境库兹涅茨曲线似乎再次说明了先污染后治理的发展过程，但是对于后发展国家突破这一发展模式的关键，就是在考虑发展总效益的前提下，降低环境库兹涅茨曲线的弧度，或者说，在倒 U 形曲线上找到一条水平的通道。

污染强度与人均收入的一般经济计量模型可表示为：

$$m_{it} = \alpha_0 + \beta f(x_{it}) + \gamma_t + \mu_{it}$$

此式对悬浮颗粒物（SPM）、二氧化碳排放量与人均收入之间的拟合效果明显。多数实证研究选择人均收入（X_{it}）的二次或三次多项式形式，也有研究采用人均收入的对数平方和对数立方多项式形式，这取决于所考虑的因变量，以及所采用的是横截面分析还是分组分析。这些因素导致所获得的库兹涅兹曲线的不同形状和转折点的具体位置差异。

国内外大量实证分析表明环境与增长之间存在倒 U 形曲线关系（ D. Acemoglu， S. Johnson， J. A. Robinson， 2005； D. Acemoglu， 2003； D. Acemoglu， S. Johnson and J. A. Robinson，2001；Aghion， Philippe， Peter Howitt，1998；Andreoni，James， A. Levinson， 1998）。这类关于环境库兹涅茨曲线研究提出，经济增长会对环境质量造成损害还是补救，取决于经济增长所处的阶段。但是，他们没有提供理论依据来解释为什么环境会随经济增长呈现如此的变化趋势。这是他们研究的主要局限，因为他们的结论并不是由理论模型推导出的，而是来自污染水平在人均收入的回归分析（Ann Mari Jansson et al.， 1996）。

因此，对于经济增长和环境恶化之间关系的理论研究是必要的，它不但为解释已被实证的倒 U 形曲线提供了理论依据，也有助于澄清关于污染控制的必要性和重要性的争论，如果污染控制的严格程度取决于收入水平，那么，处在不同的经济增长阶段的国家就可以采取不同的环境政策。

洛佩兹（Lopez，1994）是最早从理论上获得收入与污染之间倒 U 形关系的学者之一。他在新古典模型的静态框架下分析增长对环境恶化的单向影响，从其模型中可以推导出污染对于收入的倒 U 形曲线关系。但他把污染看作是一个没有上限的生产性投入，没有考虑把污染当作投入的可行生产技术的重要限制。而现实中，生产技术应该满足一个污染投入的边界条件，即真实的产出在污染超过一定上限后不可能再增加。琼斯和曼纽利（Jones and Manuelli，1995）提出的世代交叠模型（OLG）中，假设由青年一代集体决策选择污染控制的程度，而经济增长率通过市场机制决定。他们证明在不同决策机制做出的选择下，污染的时间轨迹可以显示出倒 U 形曲线或其他形式。他们的目标是分析内生决定的政策以及污染控制的必要政策，但由于分析的复杂化，模型分析的解并没有明确给出污染随时间变化的动态轨迹。斯托克（Stokey，1998）提出的理论模型中，生产技术的选择决定了污染的水平以及实际产出数量。她把消费品和污染简单处理为一个单一投入的联合产品。这样，控制污染的唯一途径就是决定应该生产潜在产出水平的多大比例。尽管推导出人均收入和污染之间的倒 U 形曲线关系，但不能从她的模型中推导出可持续增长。她的分析框架中，可持续增长是不可能实现的。安德烈奥尼和莱文森（Andreoni and Levinson，1998）提出的静态模型为环境库兹涅茨曲线建立了微观经济学的理论基础。他们假设污染—收入关系仅取决于期望物品的消费和非期望副产品—污染的防治之间的技术联系。如果污染治理技术规模报酬递增，则可以从他们的模型中得到收入与污染之间的倒 U 形曲线关系。但由于没有考虑经济的生产方面，他们的模型没有提供污染的动态时间轨迹和长期增长含义。

第二节 与区域发展环境要素相关的研究

一 可持续发展理论与系统论的经济发展环境观

1982 年，联合国环境署在肯尼亚内罗毕通过《内罗毕宣言》等，指出发展经济必须考虑生态、人口、资源、环境和发展间的关系。由世界环境与发展委员会（WCED）1987 年出版的《我们共同的未来》中提出，可持续发展的概念是指"既满足当代的需求，又不危及后代满足需求能力的发展"。1992 年联合国在巴西里约热内卢召开环境与发展大会，通过了《里约环境与发展宣言》和《21 世纪议程》，将可持续发展列为全世界的发展战略。

可持续发展是指既满足当代人的需求，又不危及后代人满足其需求能力的发展，包含着极其丰富的内涵。可持续发展包括生态持续、经济持续和社会持续三方面内容，它们之间互相关联而不可分割。它要求人类在经济发展中讲究经济效益、关注生态和谐和追求社会公平，最终达到人的全面发展（T. B. Egan，1996）。

区域是地球表层人类从事社会经济活动的具有相对稳定性的地域空间。区域可持续发展是国家乃至全球可持续发展的基础，也是比区域更小的地域生产系统可持续发展的综合，具有承上启下的作用。由于区域社会经济活动环境的相对稳定性和独立性，区域可持续发展的研究和实际调控过程便具有较强的针对性和实际意义。因此，区域可持续发展就成为人类社会可持续进程中最具体、最现实、最有实际意义的部分（E. H. Elbasha and T. L. Roe，1996）。

目前，用以指导区域可持续发展研究的理论很多，如果不考虑具体研究中应用的专业理论，就指导可持续发展研究的一般方法论而言，系统论是应用最广泛的一种，而且应用系统论作为方法论的多为我国学者，这也是我国可持续发展研究的一大特点。在可持续发展研究中，通常按照研究涉及的领域将研究对象称为"人口—资源—环境—经济（PREE）系统"、"人口—资源—环境—发展"（PRED）系统或者"经济—资源—环境（Ec—R—Ev）复合系统"等（Elamin H. Elbasha and Terry L. Roe，1996）。而一般自然系统、社会系统、生态系统、地理系统等作为子系统概念广泛用于可持续发展的研究中。这些提法比较具体地体现了可持续发展所要研究的是一个由多个子系统组成的复杂巨系统，但它们并没有突出"发展的可持续性"这一根本目标，至少不够直观。曾珍香等（1997）提出把可持续发展的研究对象称为"可持续发展系统"。这样就更直观、简洁地表明了这一系统的演化目标，而且便于把问题当作系统来对等，应用系统科学的基本理论来指导可持续发展的研究，以更清楚地认识其关键性可变因素、限制条件及彼此之间的相互作用。

20世纪90年代后期以来，人们开始用系统科学理论和方法来研究可持续发展问题。沈惠漳、顾培亮（1998）讨论了当代系统科学和方法的成就，指出了现有理论与方法对于可持续发展系统定量研究的作用；王黎明（1997）分析了PRED构型的基本方法与工作步骤，提出了集成化、变结构、多层次多区域化的PRED模型系统设计思想；王浣尘（1998）认为，集约型增长和可持续发展是系统工程的典范主题，他从人类活动的基本单元出发，提出了"枚"的概念，建议建立枚系统经济学，并认为枚系统经济学为可持续发展提供了根本的理论基础；魏宏森等把科技、经济、社会和环境作为一个开放复杂巨系统，分析了可持续发展和协调发展的关系，研究了其持续协调的内在机制（动力机制和反馈机制）；张志强（1995）应用系统科学的分析方法探讨了区域 PRED 系统发展的相互作用与内部信息联系机制；杜丽群（2003）从"生态—社会—经济"复合系统协调的角度探讨了可持续发展问题；曾珍香（1997）、孟凯中和王斌（2007）等以系统科学的理论与方法讨论了可持续发展系统持续性、协调性和公平性及其评价问题。

系统的基本特征是整体性和要素间的相干性。所谓整体性是指构成系统的各要素之间相互依存，相互联系；所谓相干性是指要素间作用的非叠加性（H. E. Daly，C. Cobb，1989）。根据系统理论，任何系统都可以依据组成要素、基本结构和外部环境三大基本因素加以确定。区域经济系统存在于与其相关的复杂环境之中，与环境存在着密切联系。系统取决于环境，任何系统都是在一定的环境中产生出来，又在一定的环境中运行、延续、演化。系统的结构、状态、属性、行为等或多或少都与环境有关，即系统对环境具有依赖性。一般来说，环境也是决定系统整体突现性的重要因素。环境复杂性是造成系统复杂性的重要根源。因此，研究系统必须研究它的环境以及它同环境的相互作用（Costantini and Monni，2008）。环境意识是系统思想的一个基本点，这为研究区域经济发展环境提供了一个新的角度。

系统科学的发展成果表明区域"生态—社会—经济"复合系统是一个开放的复杂巨系统，是自然系统和人工系统相结合的复合系统，经济系统是这个复杂巨系统的子系统，它的环境中的不同事物之间存在一定的联系，并且通过与该系统的联系而形成某种更大的系统（R. Costanza，S. Gottlieb，1998）。把环境当作系统来分析，是系统观点的必要组成部分，应当用系统观点认识环境，这为区域经济发展环境的综合研究指明了方法论的方向。

二　区域发展环境要素的有关研究

从亚当·斯密（Adam Smith）到大卫·李嘉图（David Ricardo），再到赫克希尔（E. F. Hecksher）和俄林（Benhl Ohlin），都从不同角度，逐步深入地为发展环境的研究奠定了最基本的理论基础。这不仅是由于直到现在我们依然在使用"比较成本"、"资源禀赋"等概念、原则、理论、方法来分析和解释区域经济优势，从而粗略地判定区域经济发展环境的优势；而且还由于他们的理论（比如地区资源禀赋理论）阐明了地域分工原理，使得区域经济发展环境这一概念早就有了坚定的理论基础。

从 20 世纪 40 年代开始，经济学家在经济增长理论中强调资本对于长期增长的重要性，他们假设增长依赖于资本积累，新古典增长理论依据以劳动投入量和物质资本投入量为自变量的生产函数而建立的增长模型，把人力资本、技术进步作为外生变量因素来求解经济增长；50 年代，经济学家开始不满于仅以资本聚集来解释经济增长过程，并提出了总量生产函数的概念，这个概念反映资本、劳动力、技术一类投入与预期产出量之间的一种关系。由于人力资本提速和技术进步加快，其对经济增长的作用已经超过了物力资本和劳动力数量投入影响。因此从 60 年代起，技术创新就成了探索经济增长原因的核心问题。70 年代末，经济学家开始强调更好的教育和技能培训对经济增长的重要影响，这一研究思路体现了一种深刻的思想：要保证不断增多的存量资本应用中具有不断上升的资本生产率，就必须具备较好的技术知识和较好的技能。即"发展的软件（技能、技术知识和组织知识）能确保发展硬件（资本、劳动）变得更有效率"；20 世纪 80 年代中期以来出现内生增长理论（又称新增长理论），进一步弥合了新古典增长理论的缺陷，试图通过把技术进步内生化解释经济现实。其中，罗默的中间产品种数扩大型内生增长模型和 Uzawa – Lucas 模型分别刻画了生产专业化的深化和人力资本投资所形成的增长效应，是新增长理论中的两个基本模型。

在罗默（1986）的收益递增型增长模式中，特殊知识和专业化人力资本是经济增长的主要因素，它们能使资本和劳动等要素投入产生递增收益，从而使整个经济的规模收益递增保证长期持续的经济增长。1990 年他发表的《内生技术变化》提出了一个内生经济增长模型（以下简称罗默模型），认为经济增长最终还有由技术进步引起的，但这里的技术进步不是新古典经济增长模型中外生给定的，而是内生于经济中的，是经济中"研究部门"不断的新设计工作促使了整个社会经济的增长。

Uzawa（1965）在《世界经济评论》上发表的《经济增长总量模型中的最优技术变化》一文运用两部门模型结构，在新古典学派的资本积累框架中研究了如何通过必要劳动投入实现最优技术进步的问题。Uzawa 模型的基本思路是：假定劳动不仅用于物质资本的生产过程，而且也用于与技术进步相关的知识积累过程。技术变化源于专门生产思想的教育部门。假定社会配置一定的资源到教育部门，则会产生新知识（人力资本），而新知识会提高生产率并被其他部门零成本获取，进而提高生产部门的产出。因此，在 Uzawa 模型中，无须外在的"增长发动机"，仅由于人力资本的积累就能导致人均收入的持续增长（R. M. Auty，1993）。卢卡斯（Lucas，1988）沿着舒尔茨（Schultz，1965）、贝克尔（Becker，1964）的思路在模型中引入了人力资本，将 Uzawa 的技术进步方程作了修改，建立了一个专业化人力资本积累增长模型，分析了整个经济中人力资本的形成和积累对产出增长的贡献（R. M. Auty，2001），由于其研究主要是在 Uzawa（1965）的最优技术进步模型的基础上展开的，通常称为 Lucas－Uzawa 模型——该模型在两部门经济增长模型中占据重要地位。卢卡斯认为，人力资本与劳动力概念不同，人力资本可以积累，而劳动力是不可积累的，人力资本表现为新一代比老一代更聪明。卢卡斯在模型中得到经济持续增长的条件及均衡增长率等结论，但是该模型没有考虑生产过程中耗竭性资源的利用以及社会资本的影响。

20 世纪 80 年代中期，伴随新制度主义思路的兴起与发展，制度理论与经济发展理论融为一体，以科斯和诺斯（Coase and North）为代表的新制度经济学理论对经济增长提出了全新观点，认为经济增长的根本原因是制度的变迁，一种提供适当个人刺激的有效产权制度是促进经济增长的决定性因素。将制度变量纳入主流经济增长分析，并建立相应的模型，学者们已经作了开拓性的工作。杨小凯和贝克尔（1964）都试图在微观领域将劳动分工的"规模效益递增"与"协调分工的成本"这两个因素的演变纳入经济增长的内生变量进行研究。在国内，吴洁等（2003）在拉姆齐（Ramsey）模型框架下引入制度因素，李志强等在索洛（Solow）模型框架下引入制度因素，但上述模型对制度演化的内生机制缺乏细致刻画，并且简化了资本积累和人力资本对经济的影响。

90 年代以来，伴随着"可持续发展"概念的提出，在对经济长期持续增长的分析中，人们日益注意自然资源、环境这两个要素对经济增长的影响，将资源与环境纳入分析框架已成为经济增长理论的必然要求。霍特林（Hotelling，1931）首次研究了最优资源消费路径问题，其后，斯科特、戈登、史密斯和克拉克等（Scott，Gordon，Smith and Clark et al.）分

别对渔业和林业等方面进行了研究，其经济应用模型基本上属于古典或新
古典经济增长模型。此外，他们各自分别建立了不同的动态环境方程式。
梅尔（Maele）首次从环境质量角度研究了最优经济增长问题。与以往研
究不同之处在于：其效用目标函数由 $u(c)$（其中 c 为消费函数）扩展为
$u(c, Y)$（其中 Y 为环境质量）。这一改造无疑丰富了可持续经济增长的
内容，为以后研究拓宽了思路，如 Smulders（1995）、Urama 和 Sherry
Bartz、David L. Kelly 等。伴随内生经济增长理论的崛起，生态经济增长
理论也得到丰富和发展，Carraro 和 Siniscalco 以及 Karl 等分别建立了具有
环境资源的内生经济增长模型。王海建（2000）在卢卡斯内生经济增长
模型基础上分别纳入了污染与耗竭性自然资源加以考察，但是并没有把二
者统一纳入同一个模型中，也没有考虑环境污染的人为治理。

纵观经济增长理论的发展，从物质资本、劳动、人力资本等投入要素
到制度、技术、自然环境等影响因素，可以看出影响和决定经济增长的因
素在不断扩大，经济发展环境就是对经济发展产生影响的所有外部条件的
集合。

三 包含可持续发展思想的经济增长理论研究

按照可持续发展思想，经济发展中一个最重要的特征是把环境目标纳
入经济决策中，将环境资源资本纳入经济增长因素中，从资源环境的角度
衡量经济潜力。

自 20 世纪 70 年代以来，关于环境和增长理论的许多文献涉及污染问
题的不同方面。比如，D'Arge 在哈罗德—多马模型框架内分析储蓄率、
投资效率和污染之间的联系。D'Arge 和 Kogiku 提出一个废弃物产生的简
单模型分析最优控制问题。福斯特（Forster，1977）使用简单的动态一般
均衡模型讨论污染控制问题等。

不过，大部分早期研究都是应用新古典增长模型分析增长与环境恶化
之间的相互作用。他们从新古典增长模型的标准假设出发，大部分分析集
中在污染的最优控制问题和稳态解上。例如，基勒等（Keeler et al.）和
格鲁弗（Gruver）分析最优增长模型，提出实现解决污染问题的经济最优
解的实现途径，在模型中，他们假设污染的不同性质决定不同的污染控制
方法。（基勒假设当前的产出被用作减少污染的费用，而格鲁弗假设资本
存量分为直接生产性的资本和用于污染控制的资本两种类型）。另外，福
斯特（1977）及 Tahvonen 与 Kuuluvainen（1993）注重分析资本和消费的

稳态水平，此时污染已被明确引入新古典增长模型。他们不仅分析模型稳态解的性质，也通过把他们的解与忽视污染的传统增长模型相比较，讨论污染和污染控制的经济含义。但是，由于使用新古典模型分析污染问题是依据外生决定增长的假设，这些模型的通常结论表明：环境质量的最优水平面临经济增长与环境之间的两难。即污染的最优控制会限制生产性资源的使用，降低资本和消费的稳态水平。而且，由于他们的模型并没有指出长期增长的源泉与污染的来源之间的区别，他们不能解释污染控制对经济增长和环境质量的长期影响。

随着 20 世纪 90 年代新增长理论的兴起，发展了把环境因素整合进内生增长模型的新方法，从而把新内生增长理论与环境经济学结合起来。不过，大多数使用内生增长模型的研究只着重于分析污染对增长率的长期影响，以及均衡增长的条件。例如，Elbasha 和 Roe（1996）研究在不同的内生增长模型中，环境外部性对于长期增长率的含义。由于他们不关心增长对污染水平的长期后果，只是简单地假设污染是产出的一部分，在他们的模型中，难以确定环境质量伴随经济增长而恶化。Donghan Cai（2002）建立了一个两级内生增长模型，把自然环境看作是可再生资源，污染定义为环境的过度使用，利用这个模型分析均衡增长的条件。另外，Victor、Chang、Blackburn 和 Byrne（1997）发展了内生增长模型，在他们的模型中，增长分别依赖于 R&D 和技术积累。尽管他们既考虑污染的增长率，也分析污染控制对经济增长的长期影响，但重点仍然是均衡增长分析。而跨时期污染的动态行为（即被实证的倒 U 形曲线），并没有在考虑污染问题的内生增长理论中得以验证。（也有例外，Mort Webster、Cheol - Hung Cho 提出 AK 模型，增长是内生的，总污染量的时间路径表现为倒 U 形曲线。然而，在其模型中，由于污染控制降低了资本的实际收益率，导致可持续增长无法实现。）

国内学者袁志等（2004）把柯布—道格拉斯函数经过修改纳入耗竭性资源（环境）约束，构造出环保型经济增长模型，指出：若要保持经济的可持续发展，除了注重科技进步和物质资本的积累外，还必须注重耗竭性资源（环境）的可持续利用。范金（2001）通过把生态资本细分为已经使用的部分（生产要素投入进入生产函数）和未使用的部分（以生态消费形式进入消费函数），把更广义的生态资本引入经济增长模型中。彭水军和包群（2006）在卢卡斯内生增长模型基础上分别纳入污染与耗竭性自然资源加以考察，但是并没有把二者统一纳入同一个模型，也没有考虑环境污染的人为治理。

综上所述，经济增长理论通过将污染、环境和可耗竭资源等传统经济增长模型中的外生变量内生化而引入了可持续发展思想，由这类模型推导得出的结论也就对经济可持续发展有了指导意义。可持续发展的思想对分析区域发展环境对区域经济社会发展的作用至关重要。从经济增长、经济发展到经济社会可持续发展，发展的内涵不断丰富。

把系统科学的理论和方法应用于可持续发展研究，为本书的研究带来很大启发和便利。区域经济社会可持续发展必须从区域系统与其环境相互作用、相互影响的角度进行分析，才能从根本上把握区域现实发展综合环境对区域经济社会发展的作用机理。进一步地，本书在后续的研究中把区域发展的自然资源、生态及其匹配的人文制度环境作为系统加以研究，探查区域发展综合环境的构成要素、相互关系以及与区域经济社会系统之间的相互作用。

区域发展不是单一的经济发展，而是自然—经济—社会复合系统的整体发展，涉及生态可持续发展、经济可持续发展和社会可持续发展的协调统一。任何一个系统的可持续发展都以另外两个系统的可持续发展为条件。

四 不同发展环境要素对经济社会发展影响的有关研究

近些年来，学者们对经济发展的影响因素的研究很多，内容庞杂，结论不一，下面对现有文献中涉及的有关经济发展环境要素对经济发展影响的研究进行了分类综述。

(一) 人口环境要素对经济社会发展的影响

人口环境是区域内部对经济社会发展构成影响的人口数量、质量和结构等因素的综合，包括人口的自然增长情况、教育、医疗、卫生保健条件等。

Topel（1999）通过对近100个国家教育与GDP之间关系进行分析发现，普及教育能够增加地区的社会能力。Benhabib和Spiegel（1994）研究发现人力资本存量的作用主要是通过受教育人群吸收科学技术和创新科技，从而促进经济增长，而物质资本和产出水平的增长率与人力资本存量有着正的显著的联系。Thomas Osang和Jayanta Sarkar（2008）利用高等教育、中级教育和初级教育入学人口数的加权平均作为人力资本的代理指标发现，人力资本对于解释经济增长有直接的作用。Bills 和 Klenow（2000）等利用入学率作为人力资本的代理指标，发现人力资本对经济增长有一种正的显著的贡献。对发展中国家来说，增加健康投资对发展也是至关重要的。在以前的文献中，很多研究利用发展中国家的微观经济数据证明健康水平提高能够提高劳动生产率。Bhargava（2001）利用一百多个国家的时间序列数据研究健康对经济增长的影响，发现健康对发展中国家增长的效用大于发达国家。对发展中国家的地区或国家水平的加总数据研究也表明，健康水平提高能够促进经济增长。

李雪峰（2005）利用我国 1978—2001 年的数据对柯布—道格拉斯生产函数进行了回归分析，结果发现人力资本因素对产出的影响显著；沈坤荣（1997）和胡永远（2003）发现，人力资本对经济增长有显著的正向作用；蔡增正（1999）认为，教育不仅形成人力资本，对经济增长的外溢作用很大；杨立岩（2003）则指出经济的长期增长率和基础知识的长期增长率成正比，决定基础科学知识长远增长率的最终变量为经济体中的人力资本存量，人力资本是经济增长的真正源泉。张车伟（2003）发现，在中国的贫困地区，贫困人口的营养摄入与生产率存在正相关关系。

（二）自然生态环境要素对经济社会发展的影响

自然生态环境对区域经济发展作用一直存在争议，学者们对自然生态环境作用的讨论集中在以下三类问题上：自然资源与环境的总量与容量的限制是否构成经济发展的极限；自然资源对经济发展的作用方向；自然环境与经济发展水平之间是否存在环境库兹涅茨曲线关系。

很多学者认为，自然生态环境构成了经济发展的极限约束。Gareth Edwardls Jones（1995）等认为，整个经济系统是建立在更广大的生态环境系统之中的，以能够生产多少产品来衡量经济成功与否的增长状态必将面临自然的极限和社会的极限。戴利（Daly，1989）提出了"载重线"概念，认为人口的尺度与物质利益的尺度最终将受到生态环境要素的限制；Valeria Costantini 和 Salvatore Monni（2008）认为，当经济活动的规模超过环境的承载能力时，生态系统将崩溃，从而将限制人类的经济增长。但是，也有学者认为，只要满足一定条件，自然生态环境不能构成经济发展的极限约束。科尔（Cole，2005）在梅多斯的模型中引入新资源勘探、资源回收利用等因素后，使可利用的不可再生资源保持指数增长。研究结果表明，只要资源增长的速度快于人口和消费的增长速度，经济系统就不可能崩溃，不存在极限的问题；朱利安·L. 西蒙（Julian L. Simon，1981）认为，由于技术进步，资源对人类经济增长的极限将不存在。Lecomber 指出，产出结构的变化、生产要素的替代和提高要素使用效率的技术进步有助于减轻环境压力，当三者效应的累积效果使资源投入量及环境污染的下降速度等于或高于经济增长的速度时，经济将可保持可持续的增长。Arrow、Hefner、Spangenberg 和 Omann（1962）强调政府作用有助于环境与经济增长的可持续性，只要政府采取有力措施和政策解决环境污染外部性问题，环境与经济增长将可能协调发展，将会保持可持续性。

很多学者认为，区域自然资源总量越丰富，越能够促进区域经济发展。有经济学家从生态资本（也称为自然资本）的角度，考察自然资源对经济发展的作用。R. Costanza 等（1998）认为，人创资本的增长受自然资本服务价值总量的限制，自然资本和人创资本从根本上是互补的而不是可互相替代的。Ann Mari Jansson 等（1996）认为，没有自然资本，经济活动将无法进行，自然资本永远不可能被人的劳动、人创的财富和技术所取代。以上学者无疑都认为，区域自然资源丰裕度与经济发展正相关。然而，在 20 世纪中后期，自然资源与经济发展的关系发生了明显的变化。许多学者都注意到 20 世纪 70 年代以来资源丰裕国的经济表现往往不及资源缺乏国，自然资源在经济增长中的角色仿佛由"天使"变成了"魔鬼"，"资源诅咒"也由此而来（Auty, R. M., 1993; Mikesell, R. F., 1997; Sachs J., and A. Warner, 2001; Papyrakis Elissaios, and Gerlagh Reyer, 2004）。许多文献证明（Vincent, 1997; Sachs, Warner, 2001; Stijns, 2001），如果没有技术革新和制度创新，自然资源的丰裕与经济增长呈现的是负相关关系，即自然资源对许多国家的经济增长非但没有起到积极作用，反而成了经济发展过程中的陷阱（C. Stijins Jean – Philippe, 2001）。对于许多国家而言，"资源的诅咒"这一命题是成立的。Sachs、Warner 的研究最具有代表性。他在 Matsuyama（1992）的模型基础上衍生出动态的"荷兰病"（Dutch disease）内生增长模型，认为自然资源越丰裕，对于不可贸易品的需求也越高，从而进入制造业部门的资本和劳动随之下降。在制造业部门具有"干中学"的假设条件下，这种"荷兰病"就妨碍了经济增长。Sachs 和 Warner、Gylfason、Papyrakis 和 Gerlagh（2004）等大量的实证研究都支持了"资源的诅咒"这一假说，自然资源财富对经济增长更多地起着阻碍而不是促进的作用。总的来看，大部分学者认同自然资源是经济发展的必要条件，在一定时期内构成对区域经济发展的约束，但是并非不可逾越的极限，可以通过技术进步、制度创新来超越。同时，自然资源丰裕度并不总是与经济发展正相关。

格罗斯曼和克鲁格（Grossman and Krueger，1992）对经济与环境关系进行开创性实证研究。其后，Shafik 和 Bandyopadhyay（1992）以及 Panayotou（1993）也提交了相关的研究报告。他们的研究都得出大致相同的结论：许多污染指标与人均收入间的关系被称为倒 U 形曲线，进而提出环境库兹涅茨曲线（EKC）假设，主要内容是：环境质量随着经济增长，会出现先恶化后改善的过程，即在国民收入低水平下随着经济发展，污染水平也相应提高，环境质量恶化；在国民收入高水平下，随着经济发展，环境污染水平下降，环境质量得到改善和提高。Dasgupta、Soumyananda Dinda（2004）、Sacchidananda Mukherje 和 Vinish Kathuria 等通过建立简化形式的计量模型来研究环境与经济增长间的关系，在环境质量各种单个指标或综合指标与人均收入间建立多元回归模型对欧美发达国家或地区和部分发展中国家或地区进行了实证研究。对欧美发达国家的大部分实证研究表明，环境与经济增长间存在 EKC 假设，但对部分发展中国家或西方发达国家及地区的实证研究结果也表明，环境与经济增长间并不存在 EKC 假设，环境质量指标与收入间关系表现为 S、N 等其他曲线形状，或者即使存在倒 U 形曲线，但转折点的位置也不相同。

（三）制度环境要素对经济社会发展的影响

学者们研究发现，经济制度、政治制度、法律制度对经济发展的影响会产生重要作用。

Acemoglu 等（2005）认为，制度是经济长期增长的决定因素，能够提供投资激励和机会的社会将比其他社会更加富裕。私有产权制度作为保护私有产权的一个制度组合，能有效激励投资和促进经济发展。Yum K. Kwan、L. Edwin 等（2003）证明了产权保护促进经济发展。Saleh（2004）认为，产权通过一系列不同但又相联系的渠道影响投资的预期回报进而决定投资，这些渠道包括：受保护的产权减少投资受剥夺的风险，可转让的产权令资源流向能最有价值的用途上，资产的可处置权则令投资者可以将其资产作为抵押从而以更低的成本去筹款，等等。诺斯认为，制度是促进还是阻碍经济增长要看产权结构的合理性和产权受保护的程度。有效率的产权制度有利于促进资本和知识的积累，促进经济增长；而产权制度缺乏阻碍了物质资本和人力资本的投资，不利于经济发展（North，1981）。卡恩等（Khan et al.）考察了美国的知识产权制度后得出结论，专利和版权法及联邦司法机构对这些法律的解释和执行状况对美国在1790—1930年中的主要技术创新具有重大的贡献。

经济自由化或者市场化改革可以促进生产资源配置效率的提高，刺激经济发展。Doucouliagos等（2006）使用Fraser研究所的经济自由指标来研究它与经济绩效的关系，这些研究都支持经济自由可以促进经济增长。Gwartney等（2004）利用"经济自由度"为制度变量检验制度对投资进而对增长的效应，结果发现制度越好，一国的私人投资率和投资生产率越高。

国内学者卢中原和胡鞍钢（2001）发现，中国市场化改革产生的新体制因素对经济增长做出了积极的贡献。傅晓霞和吴利学（2002）通过对制度变迁与经济增长进行实证分析，证明市场化和开放型改革对中国经济的贡献率高达35%。王立平和龙志和（2004）采用樊纲和王小鲁（2004）编制的"中国市场化指数"，检验中国市场化水平与经济增长之间的关系，结果发现两者具有稳定的、强显著的正相关关系。周业安、赵坚毅（2004）实证研究结果发现，市场化进程在中国经济发展中起了重要作用，带来了地区和产业的经济发展差距扩大，进而造成了收入分配不均。金玉国（2000）和陆云航（2005）等的实证研究也都支持这一观点。

（四）基础设施环境要素对经济社会发展的影响

长期以来，道路、港口、供水等一直被认为是经济增长和社会发展的前提条件。多数研究结果表明基础设施对经济产出的增长有着重要、正的影响。当然也有部分研究成果显示两者关系并不明显，基础设施对经济增长作用不大。

大部分学者认为，基础设施建设对区域经济发展有积极的促进作用。Aschauer（1989）开创了对基础设施与经济增长关系的实证研究。他运用一般的希克斯中性生产函数，考察了政府支出与经济增长之间的关系，实证结果表明：核心基础设施，例如街道、高速公路、机场、公共交通、下水道、自来水系统等对经济增长具有更强的解释力；同时，Aschauer认为，公共资本存量增长率从1950—1970年的4.1%降低到1971—1985年的1.6%是美国经济衰退的重要原因。Hadi研究结果显示，基础设施对生产率的提高作用显著强烈。姜轶嵩和朱喜（2004）估计了我国1985—

2002 年的基础设施存量，然后构建柯布—道格拉斯生产函数，证明基础设施的增加或者改善，对我国的经济增长产生积极的推进作用。

但是，有学者认为，基础设施建设对经济发展也有负面影响。Bougheas、Demetriades 和 Mamuneas（2000）指出，尽管基础设施积累可以通过降低最终产品的中间投入成本而增加中间投入的数目，提高专业化程度，进而促进经济增长，然而由于基础设施积累消耗了有限的资源，对经济增长还有负面影响。这两种力量导致在基础设施存量产出比和稳定状态的经济增长率之间存在非单调的倒 U 形关系。不过，也有学者认为基础设施对经济发展的影响并不确定。Holt - Eakin 和 Schwartz（1998）发展了一个关于基础设施的新古典增长模型，他们认为，没有证据能够有力地支持基础设施投资促进了经济增长。

（五）科技环境要素对经济社会发展的影响

科技环境由区域内对经济发展要素的生产率乃至知识要素的生产产生影响的要素综合而成，包括高等教育学校、科研院所等组织、有关的政策措施以及企业的研发机构等。

马克思、恩格斯认为，"现代自然科学和现代工业一起变革了整个自然界"，"劳动生产力是随着科学技术的不断进步而不断发展的"，"生产力的这种发展，归根结底总是源于发挥着作用的劳动的社会社会性质，来源于社会内部的分工，来源于智力劳动，特别是自然科学的发展"因此，生产力的发展水平是由科技进步的水平决定，并以科技进步为基础的。

熊彼特（Joseph A. Schumpeter）认为，经济增长的过程是通过经济周期的变动实现的，经济增长与经济周期是不可分割的，它们的共同起因是企业家的创新活动。按照熊彼特的观点，创新或技术进步是经济系统的内生变量，创新、模仿和适应在经济增长中起着决定性作用，经济增长表现为一种创造性破坏过程。熊彼特认为经济发展是通过经济体系内部的创新来实现的。经济发展过程所表现出的周期性的波动正是技术创新作用的结果。

沿着熊彼特的这一基本思路，保罗·S. 塞格斯特罗姆等（Paul S. Segeistrom et al.）、菲利普·阿格亨和阿罗德·M. 霍伊特（Philippe Aghion and Arnold M. Howitt）分别建立了具有创造性的内生增长模型。在经济增长核算中，索洛（Robert M. Solow）等人发现传统的要素（劳动和物质资本）并不能解释全部经济增长，为此他引入了一个外生的技术进步因素，并认为技术进步是比物质资本、劳动更为重要的经济增长的决定因素。因此，虽然索洛等人没有将技术进步视为内生变量并对其做出科学解释，但他们无疑明确地提出这一问题，从而为以后经济学家的进一步研究指明了方向，内生增长理论家也主要是沿着这一思想拓展了对增长理论的研究。

阿罗（Kenneth J. Arrow）在《边干边学的经济含义》中提出了一个"干中学"的知识变化模型，这篇独创性论文是使技术进步成为增长模型的内生因素的最初尝试。阿罗假定，技术进步或生产率提高是资本积累的副产品（即新投资具有溢出效应），不仅进行投资的厂商可以通过积累经验提升其生产率，其他厂商也可以通过"学习"而提高生产率。据此，阿罗将技术进步解释为由经济系统（这里是指投资）决定的内生变量。

新增长理论从理论上说明知识积累和科技进步是经济增长的决定因素，并对科技进步的实现机制作了详细分析（安东尼·哈尔、詹姆斯·梅志里，2006）。

从经济增长的基本要素角度来看，除了劳动力、资金等要素外，科技作为经济增长一种重要因素已得到普遍认可。科技进步对经济增长的促进作用通过基础性因素和增效性因素：基础性因素是依靠科技进步，大力发展教育事业和开发企业人力资源，提高劳动力投入的质量和水平，进而促进经济增长；增效性因素是依靠科技进步，特别是软科学技术的进步，加强经济增长全过程的科学管理，提高资金投入的质量（物化技术水平），进而促进经济增长。

五　与区域发展环境评价相关的研究

虽然尚未发现综合评价区域发展环境的指标体系研究文献，但是相关学科方面的指标体系研究为本研究提供了许多有益参考和借鉴。

（一）区域投资环境评价研究

为了保证投资者的资金安全并获得高额利润，投资环境评价研究在第二次世界大战后迅速发展。起初是从投资者角度讨论受资国（地区）是否能满足资本增值的要求。战后许多发展中国家由于急需外资发展经济，开始注意投资环境的改善和投资环境的研究。

在我国，改革开放以来陆续出现了一些关于投资环境的研究，进入20世纪90年代以后，国内学者开始借鉴国外成果对我国一些地区和城市的投资环境进行量化评估的研究，建立了一些投资环境评价的指标体系和数学模型。如鲁明泓的中国不同地区投资环境的评估与比较、刘亚苏的城市投资环境的评价模型及应用、程连生的中国城市投资环境分析、刘洪明的中国各地投资环境的对比分析和薛东前的西安市投资环境优化对策的定量研究等。

他们对投资环境的评价主要考虑：（1）区域尤其是城市的基础设施建设，如交通运输状况、水电通信条件等；（2）区位条件，如是否港口城市、是否沿海地区等；（3）政策条件等，如果处于政策优惠的经济特区、经济开发区、高新技术开发区等，其税负水平是否较低、土地使用是否优惠等。另外有的学者注意国家配套资金投入和资本流动自由度对投资环境的影响。

（二）区域可持续发展评价研究

可持续发展思想是人类长期以来重新思考人类发展中经济与社会、资源和环境间关系的结果，是一种全新的发展思想和发展模式。可持续发展的指标体系和评价方法研究，已成为国内外研究的热点（白燕，2010；薄贵利，2002；保罗·哈肯，2000；保罗·萨缪尔森、威廉·诺德豪斯，1999）。

国内外对区域可持续发展系统的评价方法目前处于探索中，一些学者和有关机构相继提出了评价指标和相应模型，包括专家评价方法、指数评价方法、经济分析方法、运筹学评价方法、模糊综合评价方法、满意度决策评价、基于神经元网络原理的智能评价方法等。例如，曲福中提出了持续收入指标的评价方法（蔡宁，1999）；杨东等提出了区域可持续发展的多指标综合评价方法（2010）；冯玉广等（1997）提出了人口、资源、环境、经济系统协调度评价方法；刘培哲（1996）提出了涵盖经济、社会、生态子系统的三维复合系统可持续发展模型；匡耀球（2001）资源承载力的区域可持续发展评价模式；王合生（1999）对区域可持续发展系统进行了定量评价。目前各种评价方法从不同角度研究了可持续发展的状态或进展，但存在诸多不足，如权重分配困难、不合理以及指标的定量化困难等，可以说目前尚未建立被一致认可的可持续发展的评价指标体系和评价方法。

第三节　资源开发中的环境与产权问题

一　产权与环境

沈满洪（2001）认为，环境问题从经济学上看是个外部性问题。外部性理论的贡献在于，它引导人们在研究经济问题时不仅要注意经济活动本身的运行和效率，而且要注意由生产者消费活动引起的不由市场机制体现的对社会环境造成的影响。产权理论对传统的外部性理论有了实质性的发展，它认为，一切经济交往活动的前提是制度安排，它是用经济学方法研究外部侵害的制度根源，它要求制度安排必须以效益最大化为标准。产权理论用于环境损害的行为分析及其环境保护的制度选择研究，称为环境产权论。

新制度主义者认为，经济社会发展中的外部性导致环境问题的出现，而产权制度缺损又是导致外部性问题的根源。因此，一个社会可以通过建立合理的资源产权制度从根本上解决环境问题。针对财产权利的合理界定并与特定社会政治文化因素的结合，西方学者在水权制度、林地产权制度、农地制度等资源产权制度方面进行了有益探索和实证研究。英国伦敦大学的戴维·皮尔斯等人认为，如果土地所有权能够得到保障，那么土地的拥有者或使用者就会对价格刺激做出积极的反应。如果没有这种土地所有权或使用权的保证，就会出现财产权失效或体制失效的现象。布罗姆利（Bromley）和塞尔诺（Cerneau）区分了4种独立类型的财产制度，它们分别是政府的、私人的、公共的和自由进入的财产制度。在第四种情况下财产概念失去了意义，前两种情况下资源的所有权和使用权可通过所有人与使用人之间的承租协议方式实现分离。假若协议得到执行，那么土地使用就会受制于有关环境保护的协议。公共财产指集体拥有而被私人占用的财产制度（集体之外的所有其他人被排除在使用和决策之外），集体中个人拥有权利和责任，当然这种责任和权利不一定平等。C. 万初普（Ciriacy Wantrup）和毕晓普（Bishop）、布罗姆利和塞尔诺等人强调公共财产制度不是土地过度使用的单一原因。正如朗格（Lunge）研究的那样，集体中所有个人都独立行动使自己利益最大化的假设是不恰当的。许多经典案例表明，公共财产制度能够而且确实显示了持续存在的能力和良好的环境管理能力。然而，它们也像其他财产制度那样容易受到外部压力（诸如技术进步、与其他集体新的社会经济关系或自然灾害等）的干扰而偏离方向，公共财产制度需要建立在一种强有力的集体行动理论之上。有些学者强调，混淆公共财产与自由进入，从而假定在公共财产制度上可能看到"公地悲剧"是一个重大错误。如果这个集体不能通过加强自己的权利来排除外人，那么情况可能是这样的。私有化能够为改善土地和资源提供不断的刺激，但它也与最优资源退化和拥有者之间外部性的存在相一致。由于自由进入被定义为没有财产的状况，那里授权从来不存在，或以前的权利不能或已无法得到加强，那么"公地悲剧"就有可能发生。

美国学者埃莉诺·奥斯特罗姆提出了公共池塘资源概念，她认为公共池塘资源是一种人们共同使用整个资源系统但分别享用资源单位的公共资源。在大量实证案例研究基础上，她开发了自主组织和治理公共事务的制度理论，从而在企业理论和国家理论基础上进一步发展了集体行动理论，同时也为面临公共选择悲剧的人们开辟了新的路径，为避免公共事物的退化，保护公共事物，可持续地利用公共事物，从而增进人类福利提供了自主治理的资源产权制度基础。

排污权是一种特殊的财产权利，它是对环境容量这一稀缺资源的明确界定和分配。排污权的分配并允许其交易，大大减少了环境政策的执行成本；同时，环境资源使用中的"产权拥挤"问题也得到了解决，使用者在追求自身利益最大化的同时，也将使整个社会的利益实现最大化，使环境容量资源得到高效配置。排污权交易是未来环境政策发展的主要方向。

20世纪80年代以来，由于构建水权交易市场的需要，国外学者对水资源产权进行了系统的研究，包括水权制度的构建和制度绩效的分析。但目前对水权尚无统一的定义，人们的水权观念决定于一系列的正式制度和非正式制度安排，从而水资源可能存在私人物品、公共物品和社区共用物品等形态。一般认为，水权的界定应包括拥有者、数量、可靠性、可交易性和质量等方面。霍有光（2000）侧重讲述了21世纪对中国影响最大的两个课题，一是关于解决我国北方水资源不足的途径问题，它将直接制约我国北方工农业可持续发展，彻底改造沙漠生态环境、开发大西北的水平和深度；二是彻底消除长江、黄河洪水这一长期威胁中华民族的心头之患的有效途径问题，并紧紧围绕这两大课题，对诸如水工程、水环境、水经济、水法制、水管理、水决策等作深入研讨。

常修泽（2006）认为，完备的现代产权制度主要包括产权界定制度、产权配置制度、产权交易（或称产权流动、流转）制度和产权保护制度。产权界定制度主要是对产权体系中的诸种权利归属作出明确的界定和制度安排，包括归属的主体、份额以及对产权体系的各种权利的分割或分配。产权配置制度主要涉及各类主体的产权在特定范围内的置放、配比及组合问题（也包括中央和地方收益权的分配）。产权交易或流转制度主要是指产权所有人通过一定程序的产权运作而获得产权收益。产权保护制度是对各类产权取得程序、行使的原则、方法及其保护范围等构成的法律保护体系。资源环境产权制度也是由上述四大支柱构成的。正是由于现行资源环境产权制度在产权界定、产权配置、产权交易和产权保护等方面存在的某些缺陷，从而对社会收入分配产生直接或间接的影响。

二 区域生态环境治理主体相关问题分析

杨溪等（2006）认为，生态环境治理主体是指负有某种特定职责、义务或出于保护社会共同利益的目的而自愿参与生态环境治理，并在生态环境治理过程中起主要作用的群体或组织。这一含义是动态而具体的。我国西部地区生态环境治理主体有其鲜明的地域特征和功能，政府、企业与农户、环境非政府组织是我国西部地区生态环境治理的三大主体；作为西部生态环境治理第一主体的政府面临五大矛盾，制约了主导作用的发挥；企业和农户既是我国西部地区生态环境的主要破坏者，又应该是治理的主体，要承担一定比例的治理成本。

李秀贞（2010）指出，目前青海湖开发主体与治理主体不一致难以保证生态治理的可持续性。一方面，政府通过公共财政支出成为生态建设的主体；另一方面，企业和牧民为环湖地区资源开发和利用的主体。这种开发与治理主体不一致性导致青海湖地区缺乏一种利益制约、责任共担关系，从而使资源开发和利用主体可以忽视环境成本，而缺乏一种责任感。

可持续的自然资源和环境管理需要整合一系列行为人和利益相关者的价值和利益，这些行为人和利益相关者可能来自当地、地区、国家或国际各个层次，这就需要一个可以容纳各个层次利益相关者的参与机制。贫困阶层通常在当地自然资源方面具有最直接的利益，然而，他们通常在政治和经济方面被其他的利益集团边缘化，因此针对他们的参与机制显得尤为重要。这也为环境非政府组织的产生和发展提供了条件。

第四节 资源开发与"资源诅咒"

由于资源储量的有限性，与其他商品相比，自然资源的定价和产业发展规律以其特殊性，引起了学者们的重视和研究。现代资源经济学的早期研究源于霍特林（Hotelling，1931）经典论文集中讨论的不同市场条件下可耗竭资源的定价机制；在这一基础上，此后的同类研究讨论了在考虑替代弹性、开采成本、资本成本等因素时的可耗竭资源定价机制（于立等，2006）。

一 资源价格与开采经济学

（一）霍特林模型及其拓展

霍特林（1931）的经典论文讨论了不同市场结构下资源的最优开采问题，该文的结论形成了著名的霍特林定律。根据这一定律，由于资源所有者期望从可耗竭资源的拥有中获得回报，在市场调节作用下，可耗竭资源的价格增长率将等同于市场利率。霍特林的分析涵盖了完全竞争、完全垄断和双头垄断三种不同市场结构中静态和动态两种不同情况下，资源的最优开采量、资源价格、要素报酬等变量的决定因素和税收对这些变量的影响，从而奠定了资源经济学的分析基础。但是，在霍特林的分析中，忽视了不可耗竭资源的替代弹性、开采成本和勘探成本等因素的影响，在后续研究中，人们更多考虑了不同市场结构条件下，上述因素对可耗竭资源最优开采和要素报酬等变量的影响。

1. 替代弹性与开采成本

在20世纪70年代石油危机的背景下，斯蒂格利茨（1976）考虑了可耗竭资源替代品的出现对资源最优开采量的影响。通过比较不同市场结构下的最优开采，斯蒂格利茨认为，在一系列条件成立下，能源垄断拥有者倾向于以慢于社会最优（即完全竞争）条件的速度开采能源。

与斯蒂格利茨的假设不同，刘易斯等（1979）假设：（1）由"准固定成本"构成了开采成本主要组成部分，开采成本不会随着开采率的变化而有所变化；（2）在需求方面，则由于低价格吸引了大量边际用户，假设需求弹性随消费增加而增加。在以上条件下，不仅垄断者会迅速消耗完所有储量，竞争市场下的开采者也会如此。

同样是基于垄断市场结构的考虑，吉尔伯特（Gilbert，1978）构建了一个可耗竭资源的斯塔伯格模型，认为在边际成本不变的情况下，最优垄断定价策略由边界（Fringe）而非其生产成本决定。

2. 勘探及其不确定性

与上述研究假设资源储量已知且不变不同，部分学者对于可耗竭资源的研究加入了勘探使得已知储量增加这一因素。在不同假设下，厂商行为也发生相应变化。

彼得森（Peterson，1978）认为，垄断性企业倾向于过度保护资源并拥有超额储量；竞争性企业则倾向于过度勘探和过度开采。

彼得森（1978）的研究从市场结构出发探讨厂商的勘探和开采行为，阿罗和张五常（Arrow and Chang，1982）则考虑了资源开采对资源价格的影响，认为由于未开发土地的存在，储量和未开发土地的影子价格仅仅表现出轻微上涨的趋势，因而使得资源价格的增长率小于市场利率的增长率。Lasserre（1984）在此基础上分析了不确定条件下储量和土地价格。Livernois 和 Uhler（1987）则认为当储量的边际发现成本等于其资产现值时，厂商将有勘探行为，资源价格曲线因此表现为倒 U 形；但是，Swierzbinski 和 Mendelsohn（1989）通过可耗竭资源的低成本储量模形，认为竞争性厂商的开采成本依赖于勘探技术，资源价格的时间路径不是 U 形的，而是不断上升的。

平迪克（Pindyck，1978）考察了勘探具有不确定性和勘探能够增加储量两种条件下资源需求和储量的关系。如果开采成本是储量非线性函数，当储量的不确定性影响了价格变化预期时，需求的不确定性不影响市场价格；但是，如果需求是非线性的，无论开采成本函数的性质如何，需求和储量的不确定性都会影响产量。

3. 贴现率与资本成本

除市场结构和资源勘探之外，对于资源价格和资源最优开采的研究同时也考虑了贴现率和资本成本因素。Krautkraemer（1998）明确指出，包括勘探、资本投入等诸多因素是使霍特森结论失效的重要原因。Farzin（1984）论证了贴现率对开采率的影响依赖于生产中对资本的替代程度、资源的开采量和资源储量规模；Lozada（1993）使用竞争性均衡下的一个资本约束开采工业模型，证明了低利息并不一定带来高储备量，二者之间存在一个 U 形关系。

除最优开采外，学者们还考虑了贴现率和资本成本对社会福利和资本最优投资的影响。例如，罗斯（Rowse，1990）则证明了在多种条件下（单位供给成本上涨、需求对价格的长期、中期和短期效应），错误的贴现率成本将导致社会福利损失。奥尔森（Olsen，1989）证明了在技术条件一定的前提下，如果已探明储量具有同质性，则投资将在时间中均匀分布，并且，最先耗尽的将是最小的储量。

Farzin（1992）分析了开采成本函数既反映开采率，又反映开采积累和技术变化条件下竞争市场上稀缺租的动态变化，发现一般情况下，资源租的时间路径不是单调的。

4. 价格歧视与资源开采

Fischer 和 Laxminarayan（2004）的研究较早从垄断厂商差别定价的角度进行研究。当垄断厂商面对两个需求弹性完全不同的市场时，在开采边际成本为零的条件下，F&L 证明，无论是否存在套利现象，垄断厂商的开采率都将高于最优开采率。

于立等（2006）分析了存在多个资源消费市场时的垄断者开采问题，同样证明当资源的垄断开采者面向多个市场时，价格歧视因素可能会导致对最优开采路径的偏离。相对于 F&L，于立等（2006）分析了不同形式的价格歧视对社会福利的影响。

（二）耗竭资源的可持续

对于可耗竭资源的可持续发展问题的讨论，前提是放松霍特森模型中资源储量不变的假定，使可耗竭资源理论的分析从固定储量范式转变为机会成本范式。这一范式的代表性研究哈特威克（Hartwick，1977，1978）认为，在可耗竭资源约束下实现可持续发展须遵循两个准则：特别储蓄准则（即哈特威克准则），即可耗竭资源的租金需全部用于再生产的资本投入和经济生产技术相关条件，即前者的实现程度取决于人力资本对自然资本的替代弹性；DHSS 模型（Dasgupta and Heal，1974；Solow，1974；Stiglitz，1974a，b）则明确证明，资本与资源之间的高替代性、持续的技术进步率和持久的、支撑性的技术是在资源约束下实现可持续发展的必要条件。

1. 世代交叠框架中可耗竭资源的可持续发展

进入 90 年代以来，可耗竭资源的可持续发展问题纳入世代交叠模型（OLG）的分析框架，以此分析可耗竭资源在代际分配的最优时间路径和社会福利的变化。Mourmouras（1993）、Krautkraemer 和 Batina（1999）也在具有"祖父化"的迭代模型中发现了，人工资本与自然资本初始以排他性产权被给予现存一代，并出售资本给其继承者为晚年做准备，在每个阶段都如此往复。他们证明，这一储蓄机制可能难以防止福利的逐步减少。

2. 内生性技术进步对可耗竭资源开采的长期影响

Grimauda 和 Rouge（2003）设计了一个包含有可耗竭资源投入和破坏性创造的内生增长模型，考察垂直创新对可耗竭资源开采和经济增长影响，并对最优增长路径和均衡增长路径做了比较。

阿格纳尼等（2007）在 OLG 和可耗竭资源作为最终产品投入的内生增长框架下，讨论了研发政策对增长率的影响。在理论上证明了降低可耗竭资源使用的研发政策意味着经济增长率的提高；在实证分析上，则证明了在一个代际替代弹性较低的经济中，研发政策加快了经济中对可耗竭资源的消耗；但是，无论在何种情况下，研发政策都能提高内生经济增长率。

Bretschger 和 Smulders（2010）研究了有可耗竭资源投入和内生创新的多部门经济的长期增长。与以往的研究结果不同，B&S 的研究证明了投入品替代性较差并没有不利于可持续增长；相反，由于促使了持续的研发投资，资源的逐步耗竭加快了结构变化。

（三）小结

以上文献的研究，既分析了不同市场结构下各种因素对资源开采和资源价格的影响程度，又分析了不同条件下资源开采对长期经济增长和社会福利的影响。在这些分析中，一个隐含的假设是，可耗竭资源的开采在一个封闭经济中进行；在这一分析框架中，资源开采、资源价格、资源税率等变量不受地区分工和地区贸易的影响；而对于拥有大量可耗竭资源的地区，应当如何有效利用可耗竭资源的开采，促进本地区经济增长，地区经济增长又在多大程度上受到资源开采的影响，在这一研究框架中也不得而知。因此，有必要回顾并讨论资源产业安排和资源富集区经济增长的研究。

二 资源产业发展研究回顾

对于资源产业发展的研究，无论是分析对象，还是分析方法，都不同于资源定价和资源开采的研究。从分析对象上看，资源产业发展的研究关注资源产业内部各个具体部门的配置和安排，是中观层面的研究；资源定价和开采的研究讨论资源开采者的行为，是微观层面的研究；从分析方法上看，前者基于不同的产业结构理论，讨论资源产业的发展战略和体系建设，具有较强的对策意义；后者基于市场结构理论和经济增长理论，讨论不同因素对资源开采者行为的影响，具有较强的理论意义。因此，两种不同类型的研究，得到的结论是截然不同的。

（一）基于产业结构理论的资源产业发展战略模式研究回顾

在现有文献中，这类研究的共同特点是：从某一产业结构理论出发，分析中国某种特定自然资源产业的结构现状和战略发展模式。代表性研究包括：

杨艳琳（2007）从 SCP 的视角分析了自然资源产业内部各个企业之间的相互关系，为资源产业结构分析提供了一个理论分析范式。

王炳文等（2010）和李颖（2010）根据"产业资源—产业能力—产业权力"的逻辑思路，提出了"建立生存基础—培育竞争优势—实现持续发展"的产业战略目标层次阶梯，据此提出了所谓产业阶梯模型（ILM），并根据这一模型，提出了中国铁矿石资源的战略发展模式。

李颖（2010）根据波特钻石模型分析了我国铁矿石资源产业的产业国际竞争力；何红春（2007）根据 R—SCP 范式在钨的资源禀赋基础上分析了我国钨企业的结构、行为和绩效；杨嵘（2010）根据 SCP 范式对我国石油产业组织状况的研究。

（二）基于产业链视角的资源产业体系重构研究

我国"产业链"的研究集中讨论了政府应当如何通过重新在地区内部或地区之间安排产业内部的各个部门来加强该产业的核心竞争力。在理论上，李心芹等（2004）在经济全球化和信息化的基础上探讨了产业链的内涵和结构类型；郁义鸿（2005）则根据上游产品的地位将产业链分为三种类型；程宏伟等（2008）等从产业组织演化的角度分析了产业链整合的过程。

就资源产业而言，资源产业体系的建设表现出强烈的上、下游产业分离的特征，且长期存在着"资源产业上游产品受计划价格指导、下游产品受市场价格指导"的现象，这一现象在煤炭和电力行业尤为突出。因此，大量文献分析了煤电行业产业链和价值链重构的问题。代表性的研究包括：

史丹（2005）从横向产品关联、纵向产业关联以及国内外市场关联三个方面分析了能源工业内部产业关联及其对能源价格体制、市场结构、所有制结构等方面的影响。

于立宏和郁义鸿（2006）从产业链效率的角度对合理的煤电纵向规制进行了探讨，认为我国煤电产业链受到内生的纵向外部性和外生的需求强波动性的影响；在规制模式上，提出"基于产业链规制"的概念，认为现阶段规制模式是将对电价的规制延伸到对电煤价格的规制；在规制政策评价上，提出以产业链整体效率为基准。

从产业链延伸方面，龚勤林（2004）从产业链延伸和统筹区域发展的关系进行了分析；刘玥等（2007）基于产业链的跨区域延伸，提出了跨区域产业联动的概念；指出了煤炭开发利用中进行跨区域产业联动的必要性和可行性。顾晓安、郝歆、黄志强（2008）认为，我国的能源产业发展仅仅局限于化工产业链的前端，处于工业化进程的初级阶段。提出"能源化工—重化工—精细化工—物流营销"的发展模式，论述产业链的延伸对区域经济发展的影响。叶春（2008）认为，国内外学者关于煤电问题的研究虽然很多，但是，基本上都是从某个视角对某个问题运用单一的方法和手段进行研究的，必然有一定的局限性，理论与现实的脱节严重削弱了其对经济现实的解释能力和对管制政策的指导意义，研究视角不够宽广。

以上文献集中探讨了煤炭—电力这样一种特殊资源产业链的市场结构、价格规制及其效率评价、跨区域延伸等问题。但是，却忽略了我国资源产业链的空间和区域分工特征，也忽视了这一安排给承担不同分工任务地区所带来的影响，因此，对资源产业链分工模式及其影响是不够的。

（三）小结

由于中国经济的特殊性和资源产业本身的特殊性，以上国内文献多从政府规划的视角观察和分析中国资源产业的发展和战略，承认并鼓励资源产业的垄断性；忽视国内资源产业分工模式所带来的弊端，尤其是对资源富集区经济增长和经济福利的负面影响，因而在资源产业发展的分析框架内，对于这一问题的研究是欠缺的。

三　"资源诅咒"与经济增长研究回顾

对于自然资源与经济增长的关系，古典学派认为，由于自然资源是生产的重要投入要素，丰富的自然资源是促进地区经济增长的重要因素。但是，现代经济学对资源富集区经济增长的长期观察结果却与此相反，除个别例外，大多数资源富集区经济增长速度和社会经济发展水平落后于资源贫乏区，如同受到"诅咒"一般。"资源诅咒"的概念自从 1993 年由奥蒂（Auty）提出以来，对于"资源诅咒"到底是一个普遍规律，还是一种偶然现象，以及这一规律/现象背后成因的研究，构成了现代资源经济学的重要内容。

（一）资源禀赋与资源富集区经济增长

在奥蒂（1993）提出"资源诅咒"概念之前，部分国际贸易理论学者考察了以比较优势和资源禀赋为基础的国际分工和贸易格局对发展中国家长期经济增长的影响。根据传统的国际贸易理论，发展中国家相对发达国家，在劳动和自然资源拥有充裕的资源，因此，在国际贸易格局中，应当大量出口劳动密集型和自然资源密集型产品，以获得比较优势。但是，以普雷维什、辛格和巴格瓦蒂为代表的一批学者却指出，由于比较优势理论和资源禀赋理论假设条件过于严格，且忽视了贸易利益分配的动态变化，因此，如果发展中国家根据比较优势和资源禀赋理论参与国际分工，则会始终处于劣势地位，贸易条件持续恶化，陷入"比较优势陷阱"，出现"贫困化增长"现象。

（二）普雷维什—辛格命题

普雷维什—辛格命题，是分析发展中国家初级产品贸易条件长期恶化的原因及后果的理论。由阿根廷经济学家 P. 普雷维什与印度经济学家 H. W. 辛格于 1950 年分别在《拉丁美洲的经济发展及其主要问题》和《投资国和借款国之间利益的分配》两篇文章中提出。

根据普雷维什的观点，在以发达国家为中心、发展中国家为外围的国际贸易体系中，发展中国家劳动密集型和自然资源密集型初级产品出口长期处于劣势地位，主要原因包括：

第一，技术进步。中心国家得益于技术进步，提高要素收入和制成品价格，导致在国际贸易中，初级产品相对于制成品价格不断下降，外围国家的贸易条件不断恶化。

第二，贸易周期运动。贸易周期的上升阶段，制成品价格上涨速度快于初级产品价格上涨速度。贸易周期的下降阶段，初级产品价格下降速度快于制成品价格下降速度，结果导致初级产品和制成品之间价格差距不断拉大。

第三，初级产品需求条件。由于初级产品需求收入弹性远远小于制成品的需求收入弹性，总收入的增加难以提高初级产品需求；同时，在恩格尔定律作用下，初级产品部门获得的份额随着总收入的增加而降低。因此，随着总收入的增加，在以上两种机制的作用下，初级产品价格同时表现出周期性下降和结构性下降。

第四，世界经济中心的进口能力。美国作为新的世界经济中心，在拥有丰富自然资源的同时，实施严厉的贸易保护主义政策，对外围国家初级产品生产和贸易条件带来极为不利的影响。

普雷维什在提出上述理论之后，辛格对其观点做了进一步修正和拓展。在新的研究视角下，"贸易条件恶化论"涵盖了更广泛的内容：

第一，初级产品之间的比较。发展中国家初级产品贸易条件恶化比率高于发达国家初级产品贸易条件的恶化比率。

第二，制成品之间的比较。发展中国家制成品出口价格下降速度快于发达国家制成品出口价格下降速度。

第三，国家之间的比较。相比而言，初级产品占发展中国家出口产品比重较高，意味着初级产品贸易条件恶化对发展中国家的影响更甚于发达国家。

相对普雷维什的命题，辛格的拓展在于第一点和第二点的强调，即与发达国家相比，发展中国家无论是初级产品出口还是制成品出口，都处于劣势地位。

（三）贫困化增长

继普雷维什和辛格之后，巴格瓦蒂进一步将贸易条件和经济增长、经济福利联系起来，证明了在一定条件下，发展中国家传统商品的大规模出口导致该国贸易条件严重恶化，以致社会福利水平下降程度远远高于人均产量增加对社会福利的改善程度，最终会出现"越增长越贫困"的结果，即所谓"贫困化增长"或"悲惨的增长"。

在政策层面上，"贫困化增长"即承认发展中国家的比较优势及其在工业化初期所承担的重要"引擎作用"，也强调基于比较优势的长期发展所产生的后果。正是在这个意义上，将发展中国家建立在资源和劳动力比较优势上的外贸结构称为弱性非均衡式的，即相对于发达国家以高级要素密集度为主的相对或绝对强势的非均衡外贸结构，发展中国家始终只能处于世界经济"外围"的弱势、从属甚至依附的地位，并且难以继续通过比较优势战略形成追赶和超越发达国家的充分动力。

（四）"资源诅咒"及其化解

Dasgupta 和 Heal 研究表明，当时间趋向无穷时，效用函数最后会趋向于零，这样的经济是不可持续的，未来是悲观的。而在《可耗尽资源的经济学》一文中，霍特林提出在最优的耗竭条件下，资源的价格与开采成本之差（所谓的租）的增长率等于其他资产的利息率。最终，由于租金上涨和开采成本增加，资源产品的市场价格上升并导致矿产品的需求下降。按照最优耗竭率，资源将在需求下降到零时完全耗尽，生产也就因此完全停止。

与此不同，斯蒂格利茨认为，技术进步够大的话，可以抵消资源耗竭的效果。技术进步越大，平衡增长率越高。索洛研究表明，如果忽略技术进步和人口增长，虽然资源流量会下降，但生产会通过一个资本积聚路径得到一个固定的消费。新古典增长假定技术进步是外生的，这是其缺陷。内生增长理论自罗默和卢卡斯的开创性贡献以后，对自然资源的研究也有一定进展，其结论与新古典理论基本相似，一般认为技术进步（或者说智力资本的积累）都会使经济达到最优的平衡增长路径。菲利普·阿格享·阿罗德·M. 霍伊特认为，经济增长是由一系列随机的质量改进（垂直创新）带来的。工业创新将带来知识积累，这种过程有熊彼特（Schumpeter）所提出的"创造性毁灭"特征，即新技术的产生会使旧的技术落后、淘汰，他们由此构造了一种"纵向创新内生增长模型"。

在这两种论点的基础上，又有学者提出了新的观点，企业发展策略着眼于资源丰度与经济发展关系的研究。奥蒂（1993）在研究资源输出国经济发展问题时第一次提出了"资源诅咒"的概念，即自然资源对经济增长产生了限制作用，资源丰裕经济体的增长速度往往慢于资源贫乏的经济体。认为对一些国家而言，丰裕的资源趋于阻碍而非促进经济发展。其后，他又将资源根据地理分布分为集中型资源和扩散型资源。萨克斯和沃纳（Sachs and Warner，1995，1997，2001）以 95 个发展中国家样本对其进行了实证检验，证实经济发展与自然资源禀赋之间存在显著的负相关关系，并指出多个"资源诅咒"传播的途径；他们还证明即便将地理位置、气候因素和其他一些不可观测的阻力排除在外，"资源诅咒"现象依然存在的客观事实。约瑟夫·E. 斯蒂格利茨（2005）也在研究中发现资源与经济发展不一致的现象，如他所言，那些拥有大量丰富自然资源的国家，它们的经济发展反而不如那些相对来说资源较不丰富的国家。

美国经济学家罗伯特·莫顿·索洛、威廉·D. 诺德豪斯（Robert Merton Solow，William D. Nordhaus）与英国可持续性发展专家埃里克·诺伊迈耶（Eric Neumayer）则提出了化解"资源诅咒"命题之途。他们认为，在讨论资源对经济增长是否存在约束问题时，应考虑技术进步和相对价格克服稀缺的能力。从经济学角度分析，若一种资源是稀缺的，市场机制（体现为价格）则将有4种交互作用：即另一种资源对该资源的替代，需求从该资源密集的产业转移；价格上升推动勘探、开采、回收，其后该资源价格将下降，显示为经济稀缺性的缓解；人造资本替代；技术进步可以减少单位产量的资源投入，同时技术进步也可降低开采成本或开采低品位矿藏。

国际上对"资源诅咒"问题的研究主要包含两类内容：一是验证"资源诅咒"存在的普遍性，毕竟资源出口在大国和小国，发达国家与发展中国家的表现有很大区别，并且能源、贵金属、一般矿产和农作物等其他资源的作用也大不相同。二是研究"诅咒"的传导机制，这在不同的国家也可能有不同的表现，需要具体问题具体分析，有针对性地提出解决方案。其中比较有代表性的研究成果包括：

科登和尼亚里（Corden and Neary，1982）最早给出了"荷兰病"的经典模型，说明资源产业的繁荣可以通过资源转移效应和支出效应使制造业走向衰落。Matsuyama（1992）建立标准的经济模型考察了资源部门和制造业部门在经济增长中承担的角色，基本结论是，经济结构中促使制造业向采掘业转变的力量降低了经济增长率，其原因就在于这种力量削弱了具有学习效应的制造业的成长。

奥蒂（Auty，1998）提出矿产资源开发引起问题的三条渠道：国外大量资金流入引起本币升值可能引发衰退；"荷兰病"效应中制造业的萎缩阻碍了产业多元化进程并导致经济体承受外部风险能力的下降；大量租金汇集于政府，延缓了其改革的进程并容易发生租值耗散。奥蒂（2001a）提到资源丰裕的国家容易因追逐租金而形成食利阶层和派别斗争，扭曲经济发展的正常途径，延缓政治体制革新的进程。奥蒂（2003）则针对阿尔及利亚指出其应当利用石油租金收入活跃市场经济，将政府部门的冗余劳动力转移到生产部门的改革思路。

自塔洛克提出寻租理论后，应用寻租理论揭示"资源诅咒"现象日

益被广大经济学者所重视。Torivic（2002）的分析很好地阐述了寻租活动
如何使资源大发现成为经济运行的阻滞。在他的模型中，公共部门通过出
售资源、对制造业按固定税率征税以及获得寻租租金三种方式取得收入。
个人通过将自身努力配置于生产活动或者寻租活动来使自己获得均衡收
入。资源生产的扩展在使得政府收入增加的同时，也使企业家才能从制造
业部门退出进入寻租领域。企业家远离现代制造业造成制造业供给下降，
由于制造业具有规模报酬递增特点，其生产下降幅度要远大于资源开采收
入上升的幅度，从而导致社会作为一个整体来看由于资源开采业的繁荣变
得更加贫困。

Petermanna、Guzma、Tiltonb（2007）通过构造计量模型来研究对资
源出口的依赖性与腐败之间的关系。结论是：能源资源出口的扩张一般都
会导致腐败的加剧，而非能源类资源出口的扩张只有在贫穷国家容易加剧
腐败，在富裕的国家反而可以减轻腐败的程度。另外，在经济发展的初始
阶段，人均收入的增加一般会伴随着腐败的加剧，只有在经济发展达到一
定程度之后，人均收入的增加才能够降低腐败。这几项变量间的关系远非
人们通常理解的那样简单。

吉尔法森（Gylfason，2001）特别强调了忽视人力资本积累的负面影
响，分别以财政收入中用于教育的开支所占的比重、女孩的期望受教育年
限、中学入学率作为被解释变量，以自然资本占国民财富的比重为解释变
量作回归，得到两者间显著的反向关系，证实了自然资源丰富的发展中国
家大都倾向于低估教育和人力资本投入的长期价值，因此对人力资本的投
入也相对少得多。Costantini 和 Monni（2008）也强调制度和人力资本积累
对可持续发展的作用。

国内的研究主要是以省际资料为背景，验证"资源诅咒"命题在我
国存在的普遍性，继而一般性地针对所有资源丰裕地区，或特定的区域
（例如山西省）提出改革的政策建议。林振山（2005）将资源要素引进生
产函数，构建三元函数区域增长模式，提出资源指数越小越有利于区域资
本的积累与社会生产总量的增加。徐康宁、韩剑（2005）提出中国区域
经济增长在长周期上也存在着"资源诅咒"效应的假说，并把它看作是
地区发展差距的一个重要原因。结论表明，1978—2003 年我国能源富集
地区的经济增长速度普遍要慢于能源贫乏的地区。对此现象，论文用
"资源诅咒"的四种传导机制作出解释，同时提供了一些具体的政策建

议。徐康宁等（2006）以区域为比较样本，研究了中国各省市区自然资源与经济增长的内在关系，进行了资源丰度与经济发展关系之间的检验，证明"资源诅咒"命题在中国内地层面同样成立。胡援成、肖德勇（2007）通过构建二部门内生增长模型和进行面板门槛回归分析，论证了我国省际层面上也存在着自然"资源诅咒"。

王闰平、陈凯（2006）对煤炭大省山西经济陷入困境的原因进行了深入分析。认为在运输系统高度发达、运输成本日益降低的当今世界，资源丰裕型国家或地区的比较优势已经逐渐丧失。如果仍然偏重于发展资源产业，往往形成资源产业"一枝独秀"的畸形产业结构，导致制造业衰落、经济价值外逸、人才外流、生态环境恶化，加之腐败和寻租行为的严重打击，政府又缺乏制度创新动力，最终导致其经济地位日益下降。

张菲菲等（2007）以省际面板数据为基础，选取水、耕地、森林、能源、矿产五种资源，验证了1978—2004年中国不同种类资源丰度与区域经济发展之间普遍存在负相关关系（水资源除外）；遭受"诅咒"的省份绝大多数位于西部和东北地区；中国"资源诅咒"的传导机制主要包括"荷兰病"效应、制度效应、"挤出"效应以及区位和交通因素等方面。

武梅芳（2007）对资源禀赋与山西经济增长之间的负相关关系作了验证，并对自然资源制约山西经济发展的内在作用机制进行深入剖析。韩亚芬等（2007）选取1985—2004年中国各省区经济发展及能源生产消耗的相关数据，从资源经济贡献和发展诅咒两方面进行实证研究，绘制了能源产耗和经济发展的矩阵图，结果显示：经济增长速度与能源消耗量呈正相关，却与能源储量及产量呈负相关。冯宗宪等（2007）在分析相关理论的基础上，借鉴发展中国家以及中国山西开发经验，讨论了"资源诅咒"的成因和规避资源劫难的国际经验，并从我国西部资源开发利用的实际出发，就调整资源价格体制、提高技术水平、加快对外开放、完善生态环境管理体制、改革开发管理体制和改变经济增长模式等提出了相应的政策建议。

汪戎、朱翠萍（2008）认为，"资源诅咒"仅仅会出现在制度缺失或制度弱化的国家或地区，因为无论是从历史还是现实的角度来看，以寻租为目的地攫取资源行为都与制度质量密切相关。如果一个国家或地区能够通过有效的制度安排鼓励行为主体将主要精力和资源投入生产性努力，则会增加经济产出；否则，如果制度供给滞后或缺失，充裕的资源会诱使人们将主要精力投入攫取性努力中，造成资源浪费，抑制经济增长。因此，作者认为，提高制度质量是保证自然资源对经济增长积极贡献的有效途径。

（五）小结

根据上述学者的观点，从长期来看，由于发展中国家出口结构中以初级产品和劳动密集型产品为主，需求价格弹性较小，出口的增加反而引起贸易条件恶化，贸易的增长并没有带来经济的增长和福利的提高。这一研究思路在某种特定条件下适用于资源富集区经济增长的研究，给我们的研究以一定的启发。

对于经济可持续发展是否真能实现的问题，学界长期存在悲观主义及乐观主义两种论点，而在整合悲观主义及乐观主义论点基础上出现的"资源诅咒"命题往往受到有意或无意的忽视。现有研究中资源产业的另一研究方向是利用产业结构理论，分析和探讨资源产业关联和发展战略模式，这一类型的研究通常具有一定的政策含义。除对资源和资源产业本身的关注外，学者们还探讨了资源与经济增长的关系，发现资源并不一定促进经济增长，资源富集区的经济增长速度反而落后于资源贫乏区；而对这一现象（"资源诅咒"）的验证和解释构成了现代资源经济学的重要研究内容之一。

第五节 文献评述

纵观经济增长理论的发展，从古典经济学到内生增长理论，经济学家们对经济增长和经济发展的认识逐步深入，从物质资本、劳动、人力资本、自然资源等投入要素到制度、技术、自然环境等影响因素，可以看出影响和决定经济增长的因素在不断扩大，也为经济社会发展的综合环境研究要素奠定了理论基础。

经济社会可持续发展，一方面是建立在自然资源环境的可持续性基础之上，随着社会的不断发展，自然资源环境稳定持久的供给能力越来越受到重视，它不仅构成经济增长的物质条件，而且成为经济持续增长的约束条件，因此，这就要求人类经济社会可持续发展必须与自然资源环境及其提供能力相适应，应当对自己的漫无边际的欲望需求形成约束。另外，经济社会可持续发展也是建立在与自然资源环境的生存及持续相匹配的社会发展环境协调基础之上的，人力资源、科学技术、制度和基础设施的供给能力也制约着对自然资源的开发水平、文明友好程度，从而在一定程度上决定着经济社会的持续性。因此，经济社会可持续发展必须与社会环境的资源、技术和制度供给相协调。这样一种自然资源、生态环境与教育科技等社会综合环境的综合角度，为本书研究提供了新的视野。

本章对有关发展环境要素对经济社会发展作用的研究进行了回顾。近些年来，学者们对经济发展的影响因素的研究很多，内容庞杂，结论不一，本章对现有文献中所涉及的有关发展环境要素对经济社会发展影响的研究进行了分类综述，为后面对区域经济发展环境影响机理的研究奠定基础。此外，对相关的区域可持续发展评价等研究进行了综述，这些研究对区域发展环境作用的评价有借鉴意义。

本章还对西部大开发中的环境和产权问题的文献进行了重点回顾，讨论了区域生态环境治理主体的相关问题，以及"资源诅咒"与经济增长和相关的治理问题的研究。

综合本章所述相关理论研究，还存在以下三方面需要深入探讨的问题：

首先，尽管存在很多对区域经济发展环境因素（如技术、人口、环境等）的理论分析，但是以可持续发展思想为指导，讨论区域发展环境及其治理对区域经济社会发展的综合影响的理论分析缺乏。

其次，目前研究中对发展环境的评价、优化大多是定性的泛泛而谈，虽然有其一定的价值，但可操作性不强；有些学者虽然对区域发展环境的评价、优化进行了定量研究，但由于其理解的区域发展环境内涵过窄，没有把发展环境及其综合治理问题作为一个整体来研究，也摆脱不了其结论不全面、不系统的弊端，政策也就缺乏针对性和实用性。

再次，近年来，关于区域经济发展不平衡的研究很多，但大多是从宏观层面讨论东中西三大地带区域经济差距的研究，很少从不同资源禀赋地区，特别是省级或次级区域决策主体的角度深入探讨跨区域经济发展不平衡和差距的原因。

最后，对于"资源诅咒"方面的研究，国内目前的研究还多是介绍国外方法，而对于本国的深入研究偏少，而且大多集中在能源丰裕度和经济增长速度问题上，但对于制度和结构方面的研究明显缺乏，这不能不说是一个明显的缺陷。关于我国资源开发、区域经济增长和发展差距的理论研究，尽管成为热点，但缺乏从资源开发区形成的偏倚性结构、资源自身的耗竭性、价格波动以及配套制度缺失所带来的经济发展的波动性、公平性和不确定性，跨区域经济发展及环境治理的空间异置性，探讨资源开发与区域经济发展差异之间的内在原因。

第三章 区域环境治理与经济社会发展的理论框架

本章首先提出和建立区域发展环境治理与经济社会发展的系统分析框架；其次，基于可持续发展思想，推导综合发展环境要素与经济社会发展之间的关系，形成区域发展综合环境作用的相应假设；再次，综合发展环境治理对区域经济社会系统发展作用的分析，以上三个层面的分析密切相关，互相支撑。本章将围绕这三个层面展开分析论证，解决本书研究的基础问题。

第一节 综合环境治理与区域经济社会发展的系统分析框架

人类在利用自然资源的过程中，不能脱离由自然资源与自然环境组成的自然综合体，整体的失调和瓦解，将危及人类自身的生存、生活和生产。对自然资源的过度利用，势必影响自然综合体的整体平衡，自然资源具有的组成整体结构和功能的作用，以及其在自然环境中的生态效能，可能会很快消失，自然整体即遭破坏，甚至导致灾害。可见，人类利用自然资源，也就是利用自然环境。在自然资源与自然环境是统一体的前提下，开发任一项自然资源，必须注意保护人类赖以生存、生活、生产的自然环境。对待自然环境的任何组成成分犹如利用自然资源一样，也必须按照利用资源时所应注意的特性来对待自然环境。伴随着人类社会的发展和科学技术的进步，人类所从事的经济活动越来越复杂，其中各因素间的相互作用和相互依存的关系，使得一个整体区域里经济社会发展呈现了明显系统的特征，以往将影响区域经济社会发展的各因素进行机械分割和简单的叠加，难以反映区域发展环境的实际特征。

所谓系统是指相互作用的元素的综合体，或者说系统是由相互作用和相互依赖的若干组成部分合成的具有特定功能的有机整体。系统的基本特征是整体性和要素间的相干性，所谓整体性是指构成系统的各要素之间相互依存，相互联系；所谓相干性是指要素间作用的非叠加性，区域经济发展环境无疑具有这两个典型的系统特征，因为：第一，区域中很多要素都对经济的发展产生影响，而这些要素都是有机联系的，任何机械的分割，都会导致系统功能的失调。第二，这些要素组合起来，其作用大于单个要素的简单相加。

系统环境，是指存在于系统周围与系统有关的各种因素的集合，通常包括自然、社会、国际、劳动和技术等方面的因素。这些因素的属性或状态及其变化都会对系统产生这样或那样的影响，促使系统发生不同性质、方向或程度的变化。反之，系统建成并开始运行后，系统本身也会对周围系统环境发生影响，使环境因素的属性或状态发生变化。

因此，区域经济社会发展与其综合系统环境的研究将是以一个系统理论为指导解决实际问题的过程，是系统理论在一定层次、一定范围内的具体应用，这是由系统理论与区域经济社会发展研究的特点决定的。

一　区域环境与经济社会发展系统

（一）区域生态环境与经济系统

在国内，1984 年，马世骏、王如松在探讨人类生态学基础提出了社会—经济—自然复合人类生态系统理论。此后，众多学者将区域和城市作为复合人类生态系统加以研究。

区域复合人类生态系统指的是特定地域内的人口、资源、环境（包括生物的和物理的、社会的和经济的、政治的和文化的）通过各种相生相克的关系建立起来的社会、经济、自然的复合体。根据研究的重点和角度的不同，区域复合人类生态系统可以分为区域生态—经济系统、区域生态—社会系统和区域自然生态系统三类。其中，我们把区域内的人类直接或间接地为经济目的所展开的活动从而形成的经济系统及其与之相关的各种要素构成的复杂系统称为经济生态系统。如果这样的系统是一个有特定边界的区域，则称为区域经济生态系统。它是以人类经济活动为主体的与特定区域环境相互融合、相互作用构成的复合生态系统，由经济子系统、自然生态子系统和社会子系统构成。

区域经济子系统是区域生态经济系统的核心。站在区域经济子系统角度，区域生态经济系统又是由区域经济子系统与其环境，即区域经济发展环境相互耦合构成。可以把区域经济生态系统定义为：

$$ECS = \{ S_c , \ EV, \ R_{ce}, \ T, \ L \} \qquad (3.1)$$

式中，ECS 表示区域经济社会生态系统；S_c 表示区域经济子系统；EV 表示区域经济发展环境；R_{ce} 表示系统关联集合，是 ECS 中的相关关系集，既有区域经济子系统与区域经济发展环境要素之间的相互关系，又有子系统内部各要素间的关联关系；T 表示时间；L 表示空间。

需要注意的是，区域经济生态系统包含时间、空间要素，即具有时空性。它是指区域经济以及区域经济发展环境的诸要素在空间中的相对位置、相互关联、相互作用、集聚程度、聚集规模以及地区间的相互平衡关系，即各种经济社会活动及其影响因素在区域内的空间分布状态及空间组合形式和方式。不同的区域由于经济发展水平不同，各自内部诸要素也就存在很大的差异性，各要素在作用、内容、方向及强度上是极不相同的，形成不同区域各不相同的空间结构。这些空间结构不是一成不变的，而是随着时间变化而不断变化着的，因而就形成了区域经济生态系统的时空性。当然，区域经济生态系统的时空性是由区域经济系统的时空性和区域经济发展环境的时空性决定的。

（二）区域经济子系统

区域经济子系统是地域生产综合体和国民经济综合体。它涵盖国民经济的各个部门，即工业、农业、交通运输、邮电通信、金融、商业等，在国民经济运行中有机地联系在一起，构成了一个系统整体。组成经济子系统的要素是第一产业、第二产业和第三产业，其中第一产业由种植业、畜牧业、林业、渔业组成；第二产业由重工业、轻工业组成；第三产业由交通运输、科技、教育、文化、饮食服务、金融等服务部门组成。

因此，可以把区域经济子系统定义为：

$$S_c = \{ I_1, \ I_2, \ I_3, R_{123}, \ t, \ l \} \qquad (3.2)$$

式中，S_c 表示区域经济子系统；I_1 表示第一产业；I_2 表示第二产业；I_3 表示第三产业；R_{123} 表示系统关联集合，是 S_c 中的相关关系集，既有第一、第二、第三产业的相互关系，又有各产业内部各要素间的关联关系；t 表示时间；l 表示空间。

经济发展，即经济子系统的发展和进步，是指经济系统内部结构的优化、产出的增长和规模的扩大，其本质表现为系统资源利用率的不断提高。

（三）区域发展的生态环境系统

区域经济生态系统是一个庞大的、具有多层次结构的系统，区域经济系统是其子系统，它并不是孤立存在的。根据系统理论，任何系统都可以依据组成要素、基本结构和外部环境三大基本因素确定。区域经济系统存在于与其相关的复杂环境之中，与环境存在密切联系。

区域经济社会系统的外部环境是指处于区域生态系统以内、区域经济社会系统之外，与系统进行物质、能量和信息交换关系的事物或存在。它是一个区域经济社会生态系统内使得区域经济得以有效发展的外部条件，是指围绕着经济主体存在和变化发展的并足以影响或制约经济活动及其结果的各种条件的总称。因此，区域经济系统的环境并不是经济系统外的所有事物，而只是那些与系统有联系的因素。

这样，结合区域经济社会发展的含义，本书把区域综合发展环境定义为：区域生态与经济系统内促进、影响或制约区域经济增长要素投入的增加和生产率提高的各种因素及其相互关系的综合。它既影响和作用于经济社会系统，反过来也受经济社会系统的作用和影响。发展环境情况不好，经济系统正常运行就难以保证。

从系统观点出发，本书认为，广义的区域综合发展环境由区域生态经济社会系统内的自然生态子系统的气候要素、自然资源要素、自然环境要素、区位要素组成。

区域发展环境及其治理系统可以看作是以上诸要素的集合，即：

$$EV = \{ZY, ZR, QW, RK, ZD, JC, KJ, R, T, L\} \qquad (3.3)$$

$$EV = \{ZY, ZR, QW, R, T, L\}$$

式中，EV 表示区域发展环境；JC 表示基础设施要素；KJ 表示科技要素；RK 表示人口要素；ZR 表示自然环境要素；ZY 表示自然资源要素；QW 表示区位要素；ZD 表示制度要素；R 表示 EV 中的相关关系集；T 表示时间；L 表示空间。

区域社会发展系统可以看作以上诸要素的集合，即：

$$ES = \{RK, ZD, JC, KJ, R, T, L\}$$

式中，ES 表示区域社会发展系统；JC 表示基础设施水平；KJ 表示科技资源；RK 表示人力资本；ZD 表示制度要素；R 表示 ES 中的相关关系集；T 表示时间；L 表示空间。

本书认为，区域社会发展系统由区域生态经济社会系统内的社会发展子系统的人口要素、制度要素、基础设施要素和科技要素构成。

总之，区域发展环境就是由区域经济社会生态系统内自然生态子系统和社会子系统中对区域经济发展具有影响作用的要素及其之间的相互作用关系构成，它既影响和作用于经济系统，反过来也受经济社会系统的作用和影响。发展环境状况不好，经济社会系统的正常运行也难以得到保证。

理解区域发展环境的内涵应该把握以下几点：

第一，区域发展环境由区域生态经济系统中的自然生态子系统和人工子系统等子系统中的要素构成，这些子系统中的各种元素相互作用，相互影响，共同构成经济系统的环境。它们不断地向经济社会系统输入自然资源（物质和能量）、人力资源、制度和技术知识（信息）；经济系统经过各种资源和技术的合理整合，以达到实现增值的目的；然后，再把环境系统所需要的资金、产品和服务输出给环境系统，同时也不断把污染物和需求信息输出给外部环境系统。

第二，区域发展环境的内容由区域经济社会系统决定。开放性是系统存在的本质属性和要求，一个系统对于环境特定的物质、能量和信息的交换要求就是系统对环境的需要。系统所需要的特定内容是由系统的组成要素、结构和功能的特殊性决定的。例如，植物作为一个系统对环境的要求是有一定的阳光、土壤、空气、温度、水分等。而对于经济系统，在其运行过程中，则需要提供土地、能源等自然资源，需要提供一定的资本和基础设施，各种形式的劳动，还需要制度、政策等信息输入。这些被满足时，系统就能够维持和发展，反之，系统就会面临危机或崩溃。每一个具体的区域经济系统都有其具体的实际环境。

第三，系统存在于环境之中，要使区域的经济社会得到发展，人们不仅要研究区域经济社会系统本身，还要注意研究它的环境及区域综合发展环境。任何系统都是在一定的环境中产生出来，又在一定的环境中运行、延续、演化。系统的结构、状态、属性、行为等或多或少都与环境有关，即系统对环境具有依赖性。一般来说，环境复杂性是造成系统复杂性的重要根源。因此，研究区域经济社会发展必须研究区域经济发展环境以及区域经济系统同环境的相互作用。

第四，区域发展环境伴随着区域经济社会生态系统的发展，存在时空坐标多维组合。它是指区域经济发展环境的诸要素在空间中的相对位置、相互关联、相互作用以及之间的相互平衡关系。不同区域由于经济发展环境内部诸要素存在很大的差异性，各要素在作用、内容、方向及强度上是极不相同的，形成不同区域各不相同的经济发展环境的空间结构。这些空间结构随着时间的变化而不断演化，因而就形成了区域经济发展环境的时空性。

第二节　区域综合发展环境和经济社会系统分类

从系统观点出发，环境要素的取舍，取决于它对系统的影响程度，一般要抓住对系统的输入输出有较大影响的环境因素，其他的要素就可以忽略不计。根据前述对区域系统的分析，本书认为，区域发展环境由区域生态经济社会系统内的自然生态子系统的自然资源要素、自然环境要素、区位要素以及社会子系统的人口要素、制度要素、基础设施要素和科技要素构成，因此，发展环境可分为自然环境、资源环境、区位环境、人口环境、制度环境、基础设施环境和科技环境七个子环境。

自然环境是指人类所占有区域内的空间和其中可以直接、间接影响人类生存和发展的各种自然因素的总和，由大气环境、水环境、生物环境等组成。

资源环境则是指自然界一切对人类有用的要素所组成的集合。主要指水资源、能源资源、矿产资源、可利用土地（包括耕地、林地、可利用草原、淡水水面、滩涂、可垦荒地、宜林宜牧宜游的荒山荒地）以及气候、阳光、物种、风能、潮汐等。

区位环境既包括自然条件，也包括作为后天的地缘政治、地缘经济条件。由自然地理区位（经"纬度"、山区、平川等）和经济地理位置（与交通线、港口、海洋、发达区域、市场的相对位置）组成。

人口环境是区域内部对经济发展构成影响的人口数量、质量和结构等因素的综合。包括人口的自然增长情况、教育、医疗、卫生保健条件等。人口环境对投入区域经济发展中的劳动要素和人力资本产生直接而深远的影响。

制度环境由行政环境、体制环境、法律环境以及社会文化环境等构成。制度既包括政治经济体制、法律规章、组织制度等正式制度，也包括非正式制度如社会习俗、伦理观念、意识形态等。行政环境一方面指政府自身的制度安排以及实施管理时的具体行为，如政府的组织机构设置、规模与效率、自律程度、接受监督的程度、地方政府与中央政府的关系、工作人员的选拔与罢免机制以及工作作风、工作效率、工作人员的素质等；另一方面是政府管理本地区经济发展的能力。体制环境是指经济中配置资源的主导方式，有市场经济体制和计划经济体制两类；法律环境是指地方立法与执法情况。一般来说，地方政权立法权较小，这一环境变动的范围较窄。但是，执法是否严格每个地区却存在很大差异，而这又恰是法律权威的最终体现，也是法律环境对人们的行为具有本质性的影响。所以，区域法律环境中的执法环境，要比立法环境更重要；社会文化环境包括区域内居民的风俗习惯和价值观念，区内劳动力资源平均的文化水平、心理素质、主流的价值观念、社会风气等内容。

基础设施环境为区域经济发展提供平台，广义的基础设施由生产性和非生产性基础设施两大类组成，生产性基础设施是指直接为物质生产部门服务的交通、能源、通信等部门，可以提高区域经济中资本要素的生产率；而非生产性基础设施是指与生产过程发生直接联系的教育、科研和卫生等部门，可以提高劳动力的效率。显然，非生产性基础设施环境与人口环境相一致。故本书所指的基础设施环境主要是从狭义角度来理解，即可以提高资本要素生产率的生产性基础设施环境。

科技环境由区域内对经济发展要素的生产率乃至知识要素的生产产生影响的要素综合而成，包括高等教育学校、科研院所等组织、有关的政策措施以及企业的研发机构等。随着新经济时代的来临，科技对经济发展的作用越来越显著，其作用渗透到了经济发展的各环节，一方面，体现在对经济发展要素的量的提高，随着科技水平的提高，人们不断地开发出新的资源投入到生产中，也不断提高现有自然资源的利用效率；另一方面，科技水平的提高也提高了物质资本和人力资本的生产率水平。

1995 年世界银行公布"扩展的财富"时，使用了自然资本等四大要素进行计算。四大资本要素是以劳动和智力、文化和组织形式出现的人力资本；由现金、投资和货币手段构成的金融资本；包括基础设施、机器、工具和工厂在内的加工资本；由资源、生命系统和生态系统构成的自然资本。

在过去 30 年中，地球上 1/3 的自然资源已被消耗殆尽。淡水生态系统和海洋生态系统正分别以每年 6% 和 4% 的速度消失，人类真正感到生存环境恶化的威胁。解决之道在于，必须把环境纳入资本范畴。环境不再是生产以外的因素，而是"包容、供应和支持整个经济的一个外壳"。为此，安东尼奥提出四项战略建议：提高自然资源基本生产率；减少废料生产；发展服务和流通经济；向自然资本投资。其核心是通过主动行动，使生物圈生产出更丰富的自然资源，推动生态系统服务，减少环境破坏，促进经济可持续发展。

第三节　环境治理对区域经济社会发展作用分析

发展环境主要是指经济社会系统运行的外部环境，人口、资本、基础设施是区域社会发展的基础，制度和法律是经济社会发展的运行规则，自然资源与环境是对经济社会运行的禀赋和约束条件，区位环境是经济发展的现实基点，这些因素都对经济社会发展产生影响，都应当属于广义区域发展环境治理范畴。

一　综合发展环境对区域经济社会发展的作用途径

综合发展环境对区域经济社会发展的作用力从何而来？如前文分析，经济发展水平取决于生产要素的投入数量和使用效率以及环境、可耗竭资源、人文社会资源等的限制，而根据本章在第一节中的定义，区域综合发展环境是区域生态经济系统内促进、影响或制约区域经济增长要素投入的增加和生产率提高的各种因素及其相互关系的综合。因此，在大系统中，经济发展水平是系统内生产要素的函数，而生产要素则是发展环境的函数，进而经济发展水平是综合发展环境的函数。

$$EC = f(g, h) \tag{3.4}$$

式中，g 表示生产要素的投入数量；h 表示生产要素的使用效率；EC 表示经济发展水平。

令 $g = g(EV_1, EV_2, \cdots, EV_n)$，$h = h(EV_1, EV_2, \cdots, EV_n)$，$EV_i$ 表示第 i 种经济发展环境的水平（$i = 1, \cdots, n$），则经济发展环境 EV_i 对经济发展 EC 的作用可以表示为：

$$\frac{\partial EC}{\partial EV_i} = \frac{\partial EC}{\partial g} \cdot \frac{\partial g}{\partial EV_i} + \frac{\partial EC}{\partial h} \cdot \frac{\partial h}{\partial EV_i} \tag{3.5}$$

一般而言，生产要素投入量越多，经济发展越快，即$\frac{\partial EC}{\partial g} > 0$；生产要素使用效率越高，经济发展越快，即$\frac{\partial EC}{\partial h} > 0$。而各经济发展环境对生产要素投入数量的影响$\frac{\partial g}{\partial EV_i}$以及对生产要素使用效率的影响$\frac{\partial h}{\partial EV_i}$却不明确，需要针对不同的经济发展环境具体分析。

二　资源发展子环境对区域经济社会发展水平的作用

(一) 区域资源环境

一个地区最不具有流动性的、最能够反映地区优势的是其自然生态环境。保持地区经济发展优势，就要维持地区的自然资源与环境，促进地区资源与环境的良性循环。地区经济发展受资源承载能力的约束。在区域封闭条件下，资源与环境的承载能力与地区经济发展发生矛盾时，人们只能限制地区经济发展，没有其他选择。这是客观环境迫使的，不论主观上是否愿意，都只能做出这样的选择。因此，保护环境与培育资源是增强地区竞争实力的措施，是促进地区长期经济发展的重要举措。

1. 资源环境对生产要素的投入量的影响

自然资源，是人类可以利用的，天然形成的物质和能量，包括土地资源、水资源、生物资源、矿产资源等天然禀赋。一个区域的自然资源丰富程度以及质量，对区域经济发展不可避免地会产生影响，构成区域经济发展的资源环境。

根据 (3.2) 式，自然资源和物质资本既具有一定互补性，又在一定程度上可互相替代。没有自然资源，经济社会活动将无法进行，自然资源永远不可能被人的劳动、人创造的财富和技术所取代。产业聚集、技术水平、人文环境、人力资本、区位优势都是经济增长的函数变量。在这些因素固定不变条件下，资源环境水平越高，投入经济发展中的自然资源要素越丰富，越能够促进区域经济发展。另外，丰富的自然资源能用以换取区域发展紧缺的资本品，或者能吸引区域外资本，为经济起飞提供必要的资金，使进一步发展有了可能。所以，较高的资源环境水平可以促进区域经济生产要素投入量的增加。

2. 资源环境对生产要素使用效率的影响

一个地区资源环境的优越会导致资源部门具有更高的边际生产率，经济结构向资源开采产业倾斜，物质资本和人力资本将会转移至初级产品部门，如果对此不加以合理引导，传统的制造业部门会发生萎缩，人们将之称为非工业化或是"荷兰病"。因为制造业具有学习效应，承担着技术创新和组织变革甚至培养企业家的使命（Corden and Neary，1982），过度专业化于资源采掘业就会削弱制造业的成长，进而损害经济效率。而自然资源开采部门缺乏联系效应以及外部性，甚至对人力资本的要求也相当低，所以一旦制造业衰落，区域人才外流是必然趋势。

一些自然资源丰富型地区的资源优势往往阻碍当地政府的制度创新，政府没有动力进行改革，从而延缓了工业化进程与市场的多样化建设。而创新机制是整个社会前进的动力，是一个地区欣欣向荣的基础，所有缺乏制度创新的区域经济最终必将面临衰退。

因此，在无环境容量标准约束控制情况下，丰裕的资源储藏可能会导致一个地区的生产要素使用效率降低。

根据（3.6）式，资源环境对经济发展的作用可以表示为：

$$\frac{\partial EC}{\partial EV_{ZY}} = \frac{\partial EC}{\partial g} \cdot \frac{\partial g}{\partial EV_{ZY}} + \frac{\partial EC}{\partial h} \cdot \frac{\partial h}{\partial EV_{ZY}} \qquad (3.6)$$

如前所述，$\frac{\partial g}{\partial EV_{ZY}} > 0$，$\frac{\partial h}{\partial EV_{ZY}} < 0$。

假设在经济发展初期，经济增长主要是粗放式增长，即以生产要素的投入增长为主，相对来说，生产效率的增长并不起主要作用，即：

$$\frac{\partial EC}{\partial g} > \frac{\partial EC}{\partial h}，且 \left| \frac{\partial g}{\partial EV_{ZY}} \right| > \left| \frac{\partial h}{\partial EV_{ZY}} \right|$$

因此，$\frac{\partial EC}{\partial EV_{ZY}} = \frac{\partial EC}{\partial g} \cdot \frac{\partial g}{\partial EV_{ZY}} + \frac{\partial EC}{\partial h} \cdot \frac{\partial h}{\partial EV_{ZY}} > 0$。

而在经济发展达到一定水平以后，如果没有技术进步，大幅度增加生产要素的投入对经济增长的效果越来越小，相对来说，生产效率的增长对经济增长的影响日益突出，就会出现：$\frac{\partial EC}{\partial g} < \frac{\partial EC}{\partial h}$，且 $\left| \frac{\partial g}{\partial EV_{ZY}} \right| < \left| \frac{\partial h}{\partial EV_{ZY}} \right|$

因此，$\frac{\partial EC}{\partial EV_{ZY}} = \frac{\partial EC}{\partial g} \cdot \frac{\partial g}{\partial EV_{ZY}} + \frac{\partial EC}{\partial h} \cdot \frac{\partial h}{\partial EV_{ZY}} < 0$。

（二）区域自然生态环境

根据本章第二节的讨论，在经济增长的初期 $z = 1$，不管 σ 的大小，污染随收入而上升直到经济的人均收入水平达到临界水平。当超过临界水平以后，在收入沿着长期增长路径增长时，消费跨时替代弹性 σ 的大小决定污染水平是上升、减少还是不变。在潜在产出水平超过临界产出水平后，当且仅当 $\sigma > 1$ 时，污染随着经济增长而下降。最优污染水平的动态行为呈现倒 U 形曲线特征，而人均收入仍持续增长。

1. 自然生态环境对生产要素投入量的影响

在一定条件下，人们在经济发展与生态环境之间存在着一定替代关系，即要取得较高的经济发展速度，不得不以一定的生态环境破坏为代价，或者要使生态环境得到较高程度的修复和保护，则需要以经济发展速度的减缓为代价。因为前者可以通过外部不经济方式降低生产成本，提高利润率，从而促进经济扩张；后者则会提高生产成本，降低利润率而抑制经济增长。

这意味着：要保持较高的自然生态保有和环境净化水平，就必须减少和控制生产要素的投入数量和提高质量。在经济发展较低阶段，生产处于粗放式增长阶段，较高的环境水平意味着减少以自然资源为主的生产要素的投入；而在经济发展的较高阶段，则意味着要把较多的资本投入生产过程的前端、上游和防治污染、节能减排方面，意味着清洁生产，或者说在经济生产中所投放的直接有效资本的减少。所以，较高的自然生态环境水平与资源类生产要素的投入数量负相关。

2. 自然生态环境对生产要素使用效率的影响

在经济发展的较低阶段，较高的自然环境容量是以牺牲经济发展为代价的，在以农耕和资源开发为主的经济形态的发展进程中，相应地，技术水平落后，生产要素的使用效率较低，因此，在经济发展初级阶段，自然环境净化水平与生产要素的使用效率负相关。

当经济发展到较高阶段，人们对优美环境所提供的愉悦感和舒适感越发重视，具有较高的自然生态环境水平的地区，会吸引区域外优秀人才的流入，从而提高区域内的技术创新水平；同时，较高的自然生态环境水平，客观要求经济增长方式向内涵式增长的转变，产业结构向技术密集型的产业结构转型，从而大大提高资源的利用效率。所以，较高的自然生态环境水平与生产要素的使用效率正相关。

自然环境水平与经济发展的这种关系，使得人们在不同发展阶段，会在两者之间进行不同取舍或结合，以实现最佳社会经济效果或取得最大社会福利。

根据（3.41）式，自然环境对经济发展的作用可以表示为：

$$\frac{\partial EC}{\partial EV_{ZR}} = \frac{\partial EC}{\partial g} \cdot \frac{\partial g}{\partial EV_{ZR}} + \frac{\partial EC}{\partial h} \cdot \frac{\partial h}{\partial EV_{ZR}} \qquad (3.7)$$

在经济发展初期，经济增长主要是粗放式增长，即以生产要素的投入增长为主，相对来说，生产效率的增长并不起主要作用，即 $\frac{\partial EC}{\partial g} > \frac{\partial EC}{\partial h} > 0$，而 $\frac{\partial g}{\partial EV_{ZR}} < 0$，$\frac{\partial h}{\partial EV_{ZR}} < 0$

因此，$\frac{\partial EC}{\partial EV_{ZR}} = \frac{\partial EC}{\partial g} \cdot \frac{\partial g}{\partial EV_{ZR}} + \frac{\partial EC}{\partial h} \cdot \frac{\partial h}{\partial EV_{ZR}} < 0$。

而在经济发展达到一定水平以后，大幅度增加生产要素的投入对经济增长的效果越来越小，相对来说，生产效率的增长对经济增长的影响日益突出，就会出现：$\frac{\partial EC}{\partial g} < \frac{\partial EC}{\partial h}$，而 $\frac{\partial g}{\partial EV_{ZR}} < 0$，且 $\frac{\partial h}{\partial EV_{ZR}} > 0$，且 $\left| \frac{\partial g}{\partial EV_{ZR}} \right| < \left| \frac{\partial h}{\partial EV_{ZR}} \right|$

因此，$\frac{\partial EC}{\partial EV_{ZR}} = \frac{\partial EC}{\partial g} \cdot \frac{\partial g}{\partial EV_{ZR}} + \frac{\partial EC}{\partial h} \cdot \frac{\partial h}{\partial EV_{ZR}} > 0$。

（三）区域的区位环境

区位环境既包括自然条件，也包括作为后天的地缘政治、地缘经济条件。由自然地理区位（经"纬度"、山区、平川等）和经济地理位置（与交通线、港口、海洋、发达区域、市场的相对位置）组成。

1. 区位环境对生产要素投入量的影响

一个区域如果具有良好的自然区位和经济地理区位，意味着地区交通便利，沿海沿边，临近经济发达地区等，为其他地区的自然资源、人力资源、资本等生产要素流向本地区提供了良好的条件，从而促进了区域外生产要素的流入，增加了生产要素的投入数量；相反，如果地处偏僻，在地理空间上相对封闭，物流、资金流和人流的成本过高，就会降低区域外生产要素的流入。因此，区位环境对生产要素的投入量有正向影响。

2. 区位环境对生产要素使用效率的影响

优越的区位环境可以降低交易成本，提高交易效率，从而提高生产要素使用效率。

根据（3.5）式，区位环境对经济发展的作用可以表示为：

$$\frac{\partial EC}{\partial EV_{QW}} = \frac{\partial EC}{\partial g} \cdot \frac{\partial g}{\partial EV_{QW}} + \frac{\partial EC}{\partial h} \cdot \frac{\partial h}{\partial EV_{QW}} \qquad (3.8)$$

$$\frac{\partial EC}{\partial g} > 0, \ \frac{\partial EC}{\partial h} > 0$$

$$而 \frac{\partial g}{\partial EV_{QW}} > 0, \ \frac{\partial h}{\partial EV_{QW}} > 0$$

$$因此, \ \frac{\partial EC}{\partial EV_{QW}} = \frac{\partial EC}{\partial g} \cdot \frac{\partial g}{\partial EV_{QW}} + \frac{\partial EC}{\partial h} \cdot \frac{\partial h}{\partial EV_{QW}} > 0。$$

（四）区域人口环境

人口环境是区域内部对区域经济发展构成影响的人口数量、结构和素质等因素的综合。包括人口的自然增长率、教育、医疗、卫生保健条件等影响因素。人口环境对区域经济发展的影响表现为区域人力资源对区域经济发展的量的和质的影响。经济学意义上的人力资源是指某种范围内的人口总体所具有的劳动能力的总和，它是以劳动者数量和质量表示的，存在于人的自然生命机体中的一种国民经济资源。

相对于人力资源的量——劳动力来说，人力资源的质——人力资本越来越成为经济发展的重要动力。人口环境直接影响人力资本的形成，而人力资本又对经济发展产生直接影响。

1. 人口环境对生产要素投入量的作用

人口素质和人力资源开发是互不可分和互相联动的。劳动力数量、劳动力素质以及劳动力成本等，都在区域经济发展中起着重要作用。特别是在全球日益激烈的市场竞争中，竞争的实质已经逐渐转变为人才的竞争。一个拥有大量高素质劳动力、有着大批受过良好教育和具有创新能力人才的国家或地区，必将在未来国际竞争中立于不败之地。

对于国家与地区经济发展而言，一定规模的人口是经济发展的基本条件。从一个国家内部看，人口密集的地区或大都市也是劳动力密集的地方，往往形成大规模的产业集中带。特别是劳动密集型的产业，更明显集中在人口同时也是劳动力大量集中的地区。像我国的长江中下游地区、华北地区、泛珠江三角洲地区、四川盆地，都是我国人口高度集中的地区。充足的劳动力为上述地区发展低成本制造业与服务业，从而提升区域内产品的市场竞争力提供了保证。区域内产品竞争力的迅速提升，会使得本区域的经济实力得到增强，为区域自身的经济发展奠定良好的基础，从而有助于区域经济的发展。

2. 人口环境对生产要素的使用效率的作用

从质量上来看，人力资源包括人的体质、智力、知识和技能四个部分，作为国民经济资源的一个特殊种类，人力资源区别于实物资源，有着自身的显著特性，如社会性、主观能动性、可再生性、时效性。相对于人力资源的量——劳动力来说，人力资源的质——人力资本越来越成为经济发展的重要动力。

人力资本是形成劳动力差别的重要因素，也是地区经济发展重要的影响因素。平均人力资本越高，一定数量劳动力下的有效劳动供给量越多；如以劳动力作为支付工资的对象，则每个劳动力支付的工资所能为企业带来的实际贡献就越多，单位工资成本下的产出越多，经济效率越高。

现代经济学家经过对 20 世纪以来经济快速发展国家的共性研究发现，决定一定时期产出的影响因素有四个方面，即人力资本、物资资源、管理效率和技术水平及社会经济体制。但由于管理效率和技术水平以及社会经济体制等因素没有具体的统计指标来衡量，人们常将其归入生产率因素。此外，决定经济增长的各种因素之间是相互影响的，尤其是人力资本同生产率各因素之间的关系是密不可分的。因为是人决定管理效率和社会经济体制，可见人力资本对经济增长的终极重要性。

根据（3.5）式，区位人文环境对经济发展的作用可以表示为：

$$\frac{\partial EC}{\partial EV_{RK}} = \frac{\partial EC}{\partial g} \cdot \frac{\partial g}{\partial EV_{RK}} + \frac{\partial EC}{\partial h} \cdot \frac{\partial h}{\partial EV_{RK}} \tag{3.9}$$

$$\frac{\partial EC}{\partial g} > 0, \quad \frac{\partial EC}{\partial h} > 0$$

而 $\frac{\partial g}{\partial EV_{RK}} > 0, \quad \frac{\partial h}{\partial EV_{RK}} > 0$。

因此，$\frac{\partial EC}{\partial EV_{RK}} = \frac{\partial EC}{\partial g} \cdot \frac{\partial g}{\partial EV_{RK}} + \frac{\partial EC}{\partial h} \cdot \frac{\partial h}{\partial EV_{RK}} > 0$

因此，从资源结构上看，人力资源是区域在自然资源、环境（自然和社会）条件相对固定前提下，经济实现增长的动力和源泉。

（五）区域基础设施环境

基础设施是国民经济建设和发展的主要组成部分，是维系和促进各类生产和生活活动的基本物质条件。从物质生产角度，基础设施作为"劳动过程的资料"为其提供着不可缺少的一般条件，"它们不直接加入劳动过程，但是没有它们，劳动过程就不能进行，或者只能不完全地进行"。

1. 基础设施环境对生产要素投入的作用

首先，很多基础设施部门提供的产品，本身就是生产原料或生产过程中必需的物质条件，如电力、自来水、热力、煤气供应等，都是直接投入生产之中，是不可或缺的生产手段，是经济发展的物质基础，可以为区域带来巨大的直接经济效益。据有关资料推算，我国城市自来水供应量的51%、煤气供应量的71%、液化石油气供应量的31%、电力供应量的79%都是直接用于生产之中的。

其次，基础设施环境影响劳动力地区间的流动和企业选址，从而影响地区的人力资本本和物质资本的投入。一般而言，基础设施环境较好的地区，对劳动者来说，也许仅意味着生活方便；而对于生产经营者来说，更有利于企业的健康发展，有利于节约生产成本。企业可以利用便利的交通通信设施，得到充分的水电供应等，这几点对于竞争激烈的市场经济中的企业来讲，都是十分重要和关键的。事实上，我国近年来劳动力的区域迁移和投资新格局也充分证明了这一点。

不过，在区域资本一定的情况下，加大公共基础设施方面的投资，改善基础设施环境，会对私人投资产生一定的挤出效应，从而一定程度上减少了经济生产中有效资本的投入。

2. 基础设施环境对生产要素使用效率的作用

生产要素迅速流动的载体便是交通运输、邮电通信等基础设施，只有现代化的交通运输和通信设备才能使各种资源要素在区域间自由地、便利的流动，才能实行资源配置的优化，国民经济的增长与社会生产力的综合水平密切相关。而基础设施水平的规模大小，服务质量如何，对生产力水平有着直接影响。

基础设施投资可以改善基础设施条件，如发达的交通运输网络，便捷的通信联络设施，超强的运输能力、货物吞吐能力，为贸易发展、物流周转打下了基础，促进了贸易业增长，刺激货物交换、贸易，促进生产专业化，扩大贸易规模。

研究结果显示，在假设影响经济增长的其他因素不变条件下，运输和通信投资对经济增长具有明显作用。基础设施通过增加私人资本的投资报酬率，而不是通过增加私人投资本身促进经济增长。

所以，良好的基础设施环境可以降低交易成本，提高交易效率，从而提高生产率。

根据（3.5）式，基础设施环境对经济发展的作用可以表示为：

$$\frac{\partial EC}{\partial EV_{JC}} = \frac{\partial EC}{\partial g} \cdot \frac{\partial g}{\partial EV_{JC}} + \frac{\partial EC}{\partial h} \cdot \frac{\partial h}{\partial EV_{JC}} \qquad (3.10)$$

$$\frac{\partial EC}{\partial g} > 0, \ \frac{\partial EC}{\partial h} > 0$$

而 $\frac{\partial g}{\partial EV_{JC}} > 0, \ \frac{\partial h}{\partial EV_{JC}} > 0$

因此，$\frac{\partial EC}{\partial EV_{JC}} = \frac{\partial EC}{\partial g} \cdot \frac{\partial g}{\partial EV_{JC}} + \frac{\partial EC}{\partial h} \cdot \frac{\partial h}{\partial EV_{JC}} > 0$。

（六）区域科技资源

现代科技资源禀赋对区域经济发展的影响主要表现在科学技术以及科技创新对区域生产要素生产效率的提高，以及对新生产要素的开发上，进而对区域经济增长、区域经济效益和区域经济结构等方面的作用。

1. 科技资源对生产要素使用效率的作用

实现可持续的经济增长，关键在于提高对现有资源的利用率和生产效率，这两条归根到底都是一个科学技术问题。

技术进步意味着同样的劳动投入，能生产出更多的产品，其中，社会的生产前沿分别为 f_1 和 f_2，在投入不变的情况下，产出从 Y_1^* 增加到 Y_2^*，这是技术进步引起社会的生产前沿外移带来的产出增长。

2. 科技资源对生产要素投入的作用

首先，从生产要素组合角度看，技术创新决定了生产要素的组合方式及比例。资本、劳动和自然资源等传统性要素在经济活动中总要按一定比例，以某种具体形式结合在一起才能形成现实的生产。而各种生产要素结合的比例，从根本上由技术创新决定。由于技术创新节约了其他要素，并使劳动时间和强度降低，同时，由于区域要素禀赋的差别，技术创新对各种要素投入结构的变化也不同，形成了不同区域技术创新差异，而这些差异直接影响着区域经济的特色指向。比如，对于劳动稀缺的区域采用"节约劳动型技术"，资本稀缺的区域采用"节约资本型技术"，自然资源稀缺区域采用"节约资源型技术"等，都反映了技术创新就是用创新本身的差异来发展各具特色的区域经济。

其次，良好的科技环境可以促进新能源、新生产要素的开发和利用，从而增加生产要素的投入。

根据（3.5）式，科技环境对经济发展的作用可以表示为：

$$\frac{\partial EC}{\partial EV_{KJ}} = \frac{\partial EC}{\partial g} \cdot \frac{\partial g}{\partial EV_{KJ}} + \frac{\partial EC}{\partial h} \cdot \frac{\partial h}{\partial EV_{KJ}} \qquad (3.11)$$

$$\frac{\partial EC}{\partial g} > 0, \ \frac{\partial EC}{\partial h} > 0$$

而 $\dfrac{\partial g}{\partial EV_{KJ}} > 0, \ \dfrac{\partial h}{\partial EV_{KJ}} > 0$

因此，$\dfrac{\partial EC}{\partial EV_{KJ}} = \dfrac{\partial EC}{\partial g} \cdot \dfrac{\partial g}{\partial EV_{KJ}} + \dfrac{\partial EC}{\partial h} \cdot \dfrac{\partial h}{\partial EV_{KJ}} > 0$

（七）区域制度环境

区域的经济发展不仅取决于劳动、资本、技术和人力资本，而且还取决于一个区域内的制度。有效率的制度能够在区域生产过程中有效地组织生产要素，提高生产要素的效率，并将区域外的生产要素吸引到区域中来，从而促进区域的经济发展。

诺斯（1990）认为："制度是一个社会的游戏规则，更规范地说，它们是为调节人们的相互关系而人为设定的一些约束条件。"根据这一定义，法律、道德、习俗都是制度的一部分。因此可把制度看成是规则、信念和组织的集合。可以分为正式规制（如宪法、产权制度和合同）和非正式规制（如规范和习俗）两类。制度包括书面的、正式的，比如宪法、法律、规则、合同等，也包括非正式的比如价值观、道德规范等。

制度环境又进一步由正式制度环境和非正式制度环境水平，前者由体制环境、法律环境行政环境构成，后者是指社会文化环境。

良好的制度环境可以促进投资和效率的增进。从制度对经济增长的作用机制来看，一是为经济主体的行为提供特定的激励和约束，促进人们增加对物质资本、人力资本等各种资本的投资；二是制度通过优化资源配置，提高资源的使用效率；三是加快技术进步的进程。

1. 区域制度环境对生产要素投入的影响

首先，完善的经济制度可以使投资人受到激励从而促进投资的增长。Acemoglu 等（2001，2005）认为，私有产权制度作为保护私有产权的一个制度组合，能有效激励投资和促进经济发展。Saleh（2004）认为，受到保护的产权减少了投资受剥夺的风险，而可转让的产权使得资源可以流向最有价值的用途上，资产的可处置权则令投资者可以将其资产作为抵押从而以更低的成本筹款等，完善的产权保护制度正是通过这一系列不同但又相联系的渠道影响了投资的预期回报进而决定投资。而产权制度的缺乏阻碍了物质资本和人力资本的投资，不利于经济发展（North，1981）。另外，有效的金融制度不仅可以降低企业的融资成本，也使得企业融资更为便捷，从而促进了投资（Johnson et al.，2002）。

其次，有效的制度环境可以降低交易成本，从而刺激投资的增长。交易费用包括一切不直接发生在物质生产过程中的成本。由于交易费用主要用于交易过程中人与人之间交易行为的协调，不用于直接生产过程，因而在产出既定条件下，交易费用的大小可以反映一个区域经济活动的效率。制度的功效在于通过一系列规则来界定交易主体间的相互关系，减少环境中不确定性和交易费用，进而增进生产性活动，使交易活动中的潜在收益成为现实。同时，制度创新通过降低交易费用，减少交易风险，提高交易效率来提高产出增长率。而落后国家法律制度不健全，政治制度不稳定，交易风险增加，机会主义盛行，无形中增加了交易费用，使人们没有动力寻求有效的产出。

最后，稳定的政治制度有利投资。政治制度是组织和安排政治生活、规范人们政治行为的规则。政治制度一般通过对经济制度和其他政策的影响而对经济发展结果产生影响（Acemoglu et al.，2003）。如果政策稳定，会给投资人一个稳定的投资预期，降低投资的风险，从而促进投资增长。如果政府具有很强的机会主义，不时提高税率或变动其他政策，就会增加投资的不确定性，减少投资预期收益，从而影响经济增长。诺斯和温格拉斯（North and Weingast，1989）认为，对经济增长有影响的政治制度主要表现在政府机关彼此之间的相互制衡以及民主角度，政府机关彼此之间的相互制衡可以使政府信守不对投资者采取机会主义行为的承诺。

2. 区域制度环境对生产要素效率的影响

首先，制度的合理与否，直接影响人力资本的发挥程度，这是由人力资本特殊的产权特性所决定的，即人力资本属于个人的私产，如果对人力资本的激励不够，就可能发挥不出其应有的作用。不同的产权制度和企业的组织制度直接影响到人力资本的激励程度，所以，制度是最终决定人力资本发挥作用大小的因素。

其次，物质资本的利用效率取决于物质资本在不同部门、不同类型企业的分配状况，确切地说，取决于不同的产权制度。产权制度不同，资本使用效率不同。相同数量的资本，在排他性产权下能产生很大的作用，而在非排他性产权中可能会被白白耗费。经济自由化①或者市场化改革可以促进生产资源的配置效率的提高，刺激经济发展。在自由市场，资源可以自由地流向其使用价值最高的地方，从而提高了经济效率。格瓦特尼等（Gwartney et al.，2006）等人利用"经济自由度"为制度变量检验制度对投资进而对增长的效应，结果发现制度越好，一国的私人投资率和投资生产率越高。道森（Dawson，1998）的跨国经验研究则发现，经济自由对投资和全要素生产率有积极的促进作用，从而促进经济增长。

最后，良好的制度环境有助于企业家精神的培育和发挥。哈耶克强调，在发现有用知识，调配资本、劳动力、技术和原材料，并由这些要素创造出不断增长的财富的活动上，企业家精神是必需的，而对于企业家精神而言，制度是极端重要的。沃伊特（S.，Voigt），认为，推动经济增长的主体是在不断深化的劳动分工（专业化）中运用知识的企业家，而这也只有在恰当的"游戏规则"中才有可能实现。而自由的市场经济显然是这个恰当的"游戏规则"，因为可以更好地培养和发掘企业家，自由市场使企业家有可能试验他们的创新思想并且检验这些思想是否能为社会所接受。另外，经济自由意味着竞争，而竞争可以激发企业家精神的发挥。

3. 对技术进步的影响

技术进步可以提高生产要素的使用效率和生产率，而制度环境对技术创新有着重要的推动作用。它满足技术创新的制度要求，解放技术创新的关键要素——人和资本。

首先，良好的制度环境对技术创新有激励作用，制度创新可以极大地调动技术创新主体从事技术创新的积极性。刘易斯在对经济增长源泉的分析中指出，技术进步是表层原因，由于土地制度、产权制度和专利制度等所激发的技术创新热情才是更为深层的因素。新制度经济学派以大量现实研究为依据而提出了有利于创新的制度安排，才是推动社会进步和技术创新的主要力量，从而"制度至关重要"（Acemoglu et al.）的命题。

其次，制度状况决定了纯知识技术水平的利用状况。一定的纯知识技术能否被利用以及被利用程度，最终受到制度环境的影响。例如，一项发明产生以后，没有良好的制度保护，人们就可能会将它束之高阁，甚至会

①　格瓦特尼等（1996）对经济自由下了这样一个定义：如果人们非经暴力、欺诈或偷窃等（不法）手段得到的财产能够得到免受他人侵占的保护，并且他们可以在不妨碍别人权利的前提下自由地使用、交易或赠予他人，那么就说人们拥有经济自由。

被滥用,根本不能转化为现实生产力以促进经济增长。

最后,良好的制度环境减少技术创新风险。高技术与高风险相伴,鉴于发展高技术的风险率很高,分散风险的制度安排成为技术创新规模化出现的条件。

综上所述,良好的制度环境能对人力资本和物质资本的投资产生积极的刺激,能够促进生产要素的生产率提高和促进技术进步从而实现经济增长。尤其是在缺乏有效制度的地区和领域,或者一国处于新旧体制转轨时期,制度创新对经济增长的贡献更加明显。这是因为制度变迁能增强生产要素组合的效率,增加人力资本和物质资本的回报。换言之,它不是生产函数的一种投入,而像技术一样,是整个生产函数中的一个转换要素,通过影响物质资本和人力资本的形成和运行效率而间接地对经济增长做出贡献。

可见,制度变迁和技术进步都可以使既定投入带来更大的产出。制度变迁的作用在于充分发挥现有物质资本和人力资本的技术效率,而技术进步可以提高生产前沿。

根据(3.5)式,制度环境对经济发展的作用可以表示为:

$$\frac{\partial EC}{\partial EV_{ZD}} = \frac{\partial EC}{\partial g} \cdot \frac{\partial g}{\partial EV_{ZD}} + \frac{\partial EC}{\partial h} \cdot \frac{\partial h}{\partial EV_{ZD}} \qquad (3.12)$$

$$\frac{\partial EC}{\partial g} > 0, \ \frac{\partial EC}{\partial h} > 0$$

而 $\frac{\partial g}{\partial EV_{ZD}} > 0, \ \frac{\partial h}{\partial EV_{ZD}} > 0$

因此, $\frac{\partial EC}{\partial EV_{ZD}} = \frac{\partial EC}{\partial g} \cdot \frac{\partial g}{\partial EV_{ZD}} + \frac{\partial EC}{\partial h} \cdot \frac{\partial h}{\partial EV_{ZD}} > 0$。 $\qquad (3.13)$

三 区域发展环境对经济社会发展系统的综合作用

解决区域经济社会发展之动力问题一直是区域经济学、经济地理学、发展经济学和生产力布局学等学科长期研究的重点领域。虽然单一动力对区域经济发展能够产生一定的功效,但是,缺乏系统动力是区域经济发展中一个普遍存在的问题。即从整个经济发展过程及运行机制看,经济发展中的动力单一化和动力要素间的分散化,使得区域经济发展的动力系统要素资源配置不合理,没有形成系统合力,而这些应该是制约经济发展的最重要因素之一。

实践表明,区域经济社会发展是多要素共同作用的结果,没有任何一种要素能够独立控制经济的发展。尽管每一种要素都在经济过程中起着自己独特的作用，但由于不同要素在经济发展中所处地位不同，对经济发展的作用也不尽相同。从国内外区域经济发展实践看，无论出现了"新经济"的美国，还是靠"技术立国"的日本，经济发展普遍存在动力不足问题，究其原因是多方面的，但从整个经济发展过程及运行机制看，经济系统动力要素配置似乎存在一定问题，即各种动力要素之间没有很好的优化与协同，而这应是制约经济发展的重要因素之一。

（一）区域经济社会发展环境空间场

如果把区域经济社会看作一个整体，那么区域经济社会发展就是一个动态的系统过程。不同的区域，其经济社会发展水平不同，这种不同来源于区域的地理区位、资源禀赋、基础设施、人口规模与素质、科技水平、经济制度、文化习俗等不同方面要素（维度）的作用。由于这些不同维度要素的作用，在区域内产生一种经济社会发展环境空间场。这与缪尔达尔在循环积累因果论中指出的经济区域内存在极化效应、扩散效应的研究类似。

经济社会发展环境场是经济社会发展环境多维要素，通过辐射场矢量叠加，构建的多维空间区域系统。进一步地，区域经济社会发展环境对区域经济社会子系统的作用和影响可以看作科技环境场、基础设施环境场、资源环境场、人口环境场、自然环境场、区位环境场与制度环境场等对区域经济发展的影响矢量叠加。经过矢量叠加，共同作用于经济社会区域空间，在一定区域内形成一种辐射场。

$$F_i' = F_i \cos\alpha_i \tag{3.14}$$

显然，$\dfrac{\partial F_i'}{\partial \alpha_i} < 0$。

当 $0° < a_i < 90°$、$F_i' > 0$ 时，表明发展环境 i 对经济社会发展有推动力；

当 $90° < a_i < 180°$、$F_i' > 0$ 时，表明发展环境 i 对经济社会发展有阻力；

当 $\alpha_i = 90°$、$F_i' = 0$ 时，表明发展环境 i 对经济社会发展不产生影响。

在区域经济社会发展过程中，各种区域经济社会发展环境的场力是相互联系相互影响的。这些力在时间上有时同时发挥作用，有时重点突出某一个分力的作用，犹如一个物体当其开始起动时，作用于物体的各种力都会表现出不同的作用，而当其运动到一定阶段时，其中某一个阻力的作用将会凸显。区域经济发展也是如此，当区域经济社会在发展初期时，各种影响区域经济社会发展的作用力量都起着不同作用，如当区域经济社会发展到成长期和成熟期时，各种力就会表现不同的作用，也就是夹角 α_i 的大小会发生变化。

考虑经济社会发展的时空耦合性，则一个地区的经济社会发展水平可以用如下函数表示：

$$EC = \int_{t_0}^{t_1} f(\sum_{i=1}^{7} F_i') \, \mathrm{d}t \tag{3.15}$$

式中，EC 表示经济社会发展水平；t 表示时间，t_0 表示初始时刻，t_1 表示结束时刻；F_i' 表示区域发展环境 i（比如基础设施环境）的作用力；f 表示区域发展环境对区域经济社会发展水平的作用函数。

（二）区域发展环境的综合水平决定区域经济社会发展的水平

以上各节定性分析了区域综合发展环境的各子环境与区域经济社会发展的关系，着重分析了区域发展环境对经济发展水平的作用机理，并提出了相应假设。本书认为，区域综合发展环境对经济社会发展水平的作用和影响并非某个环境单一的作用结果，而是综合作用以及各个区域发展环境要素协同作用的结果。区域经济社会发展水平不是由单一的某类发展环境的水平决定的，区域发展环境的综合水平决定了区域经济社会发展的水平。

良好的区域自然生态综合发展环境是与区域经济社会发展相协调的环境，是各个发展子环境之间相互协同发展的环境，这是区域经济社会可持续发展的客观要求。当区域自然生态等综合发展环境与区域经济社会发展不协调时，各子环境之间发展不协同时，就会对区域经济社会发展起到阻遏作用，并且可能形成恶性循环；只有当区域自然生态等综合发展环境水平与区域经济社会发展相协调，并且各子环境之间发展相互协同时，才会对经济社会发展起到促进作用。

第四节　发展环境与区域经济社会发展系统互动的概念框架

一　从地理环境决定论到综合环境与经济社会发展影响互动论

曾有一段时期，地理环境决定论风行一时，一些人认为地理位置、水土、气候、资源、区位等自然地理条件对区域经济发展起决定作用。在西方世界，地理环境决定论的思想至少可以追溯到古希腊时期，最早提出"地理环境决定论"的当推古希腊著名学者亚里士多德。他认为自然环境是物质世界发展的第一动力。孟德斯鸠认为，地理环境与人类社会的关系是这样的：地理环境决定人的气质性格，人的气质和性格决定法律及政治制度。到 20 世纪初期，地理环境决定论已成为地理学的一种范式。地理环境决定论把自然环境看成是人类经济发展乃至历史与社会发展中的决定性因素，在今天看来其错误是显而易见的，理应受到批判。近些年来，这一理论有了新的发展，主要代表有盖洛普、梅林杰和戴蒙德（Gallup, Mellinger and Diamond）。他们认为，适人的气候和便于进入大市场是经济绩效的主要决定因素。例如，热带气候不仅会消耗劳动者大量的能量，而且还增加了劳动者感染使其丧失劳动力甚至生命的疾病的危险，因此降低劳动力的生产效率，商业活动和投资就会相对缺乏吸引力，最终影响经济增长。而接近大市场、海运比较方便的地区容易吸引投资、商业活动比较活跃，从而对经济增长有积极影响。批评者认为，这一理论通常可以解释发展初期的绝对经济差距，但是不能完全解释在以后的历史过程中经济差距的相对变化。正如阿努钦（1994）所说，地理环境决定论在科学上的错误不在于它承认地理因素对社会发展的影响是社会发展的主要条件，而在于它把这种影响看成是社会发展的主要原因。

唯物史观的地理环境学说与孟德斯鸠的"地理环境决定论"形成了较大区别。唯物史观关于地理环境与人类社会的关系是：地理环境决定人的物质生产活动方式，人的物质生产活动方式决定社会、政治及精神生活。显然，这里的地理环观点境与本书提出的区域自然生态环境基本一致。

如前所述，自然生态环境确实对区域经济发展产生重要影响，但是从现代意义上，一个区域的经济社会发展水平如何，不仅是由先天的自然生态环境、资源禀赋状况所决定，也与后天的人口环境、科技环境、基础设施环境、制度环境等综合环境因素密切相关。在开放经济条件下更是如此。否则，我们就无法解释为什么自然生态环境类似的地区有不同的经济社会发展水平或者具有不同自然生态环境的地区却有类似的经济社会发展水平这样的现实。但是，片面地强调某类区域经济发展环境要素，而忽视区域经济发展综合环境的优化。必须意识到，任何一类区域发展环境因素必须与其他发展环境因素结合起来才能对区域经济发展起到作用。

区域综合发展环境是当地经济社会发展的动因,反过来,当地经济社会的良性、健康发展,也为呵护、维护,乃至修复当地的自然生态环境、改善当地的社会、人文环境提供了条件。进一步说,有了良好的区域自然生态环境以及发展环境,就会促进经济增长、经济结构改善、经济效益提高、社会发展水平提升。一般而言,良好的区域发展环境对推动区域经济社会的发展具有促进作用。而较差的、恶劣的发展环境对区域经济社会的发展具有限制甚至阻遏作用。同样,如果当地经济社会的发展主体,缺乏以人为本的理念,只是盲目崇尚 GDP,忽视可持续发展,就可能对所依存的发展环境采取野蛮的、竭泽而渔的做法,也就破坏了当地的自然环境,扭曲了当地的社会、人文环境,而且迟早要遭到环境的报复或者资源的诅咒。

二 环境治理与区域经济社会发展相互作用概念框架

基于上述,本书关于区域环境治理、发展环境与经济社会发展相互作用的概念框架如图 3-1 所示。

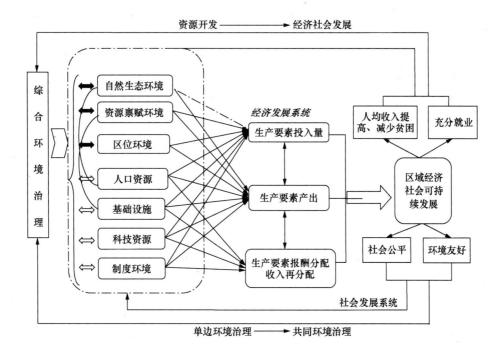

图 3-1 自然生态等综合环境治理与区域经济社会发展系统的作用

第五节　本章小结

首先，本章提出并论证了在区域广义发展环境的概念，其中包括自然生态环境、人口环境、制度环境、科技环境等，分析了发展环境与经济社会发展的互动关系、关于区域发展环境对经济发展水平的影响、自然环境的作用、技术环境的作用、制度环境的作用、区位环境的作用等及其体现。通过模型的讨论，就可使我们清晰地看到各种环境要素之间的作用，以及它们和经济要素之间的相互作用；以及对经济社会发展的影响。

其次，对区域发展环境对经济社会发展水平的作用机理进行系统分析，构建了区域发展环境与区域经济社会发展关系的理论框架，结合相关学者的研究分别论述了自然生态环境、人口环境、制度环境等区域经济发展环境对经济发展水平的作用机理以及二者关系的一系列假设。

最后，提出区域经济社会发展环境空间场概念，发展环境对区域经济社会系统的作用和影响可以看作是资源环境空间场、人口环境空间场、自然环境空间场、区位环境空间场与制度环境空间场等对区域经济社会发展系统的影响矢量叠加的综合体。区域发展环境对经济社会发展水平的作用和影响并非某个环境单一的作用结果，是各区域发展环境要素协同作用的结果。区域经济社会发展水平不是由单一的某类发展环境的水平决定的，发展环境的综合水平决定了区域经济社会发展的水平。

最后，提出环境治理与区域经济社会发展相互作用框架。由广义发展环境的概念出发，提出了综合环境治理的理念；由以产生的单一资源开发行为，达到与经济社会协调发展；也使得单边环境治理达到共同环境治理。

第四章 区域自然资源禀赋、资源 输出与生态环境

要素禀赋理论认为，由于国家或地区之间要素禀赋存在的差异，使得要素价格也产生差异，进而导致生产成本和产品价格的差异，因此一国或一地区应当生产并出口使用本国/本地区丰裕资源生产的产品，同时进口使用外国/外部地区丰裕资源生产的产品。要素禀赋理论的政策含义，就是发挥当地自然禀赋优势，大力开发规模生产并向国内外市场销售资源密集型产品，从而为地区实现现代化和工业化提供资金支持。

1999 年中国政府实行西部大开发战略以来，由于国家发展建设的需要，西部能源工业快速发展，建设了包括新疆、宁夏、内蒙古和陕西能源化工基地在内的西部能源工业基地，形成一批特色产业基地，西部经济也因此获得了跨越式增长。然而，西部地区大规模资源开发在为所在地区带来经济增长的同时，也带来了环境治理和生态保护的新问题。一方面，在短期利益驱使下，西部能源和矿产资源开发中一度忽略生态和环境保护，西部的一些资源密集区原本脆弱的生态环境因开发遭到不同程度的破坏；因此那里被称为"西部大开挖"；另一方面，西部大开发政策实施以来，在吸引国外和东部资本的同时，较低的环境标准吸引了国外及东部地区污染产业进入西部，产生了污染转移效应，因此，西部一度被称为污染产业转移的"避难所"。在这一背景下，21 世纪西部地区的深入发展面临着巨大的生态环境保护和修复压力。因此，如何在维持、恢复原有自然生态、在对自然资源合理开发条件下实现经济、社会的快速发展成为西部地区在新一轮开发中面临的重大问题。莱斯特·布朗指出，大自然也是依赖平衡的，"经济赤字是我们彼此之间的借贷，生态赤字却是我们取自子孙后代的借贷"。[①]

---

① ［美］莱斯特·布朗：《生态经济：有利于地球的经济构想》，东方出版社 2002 年版，第 21 页。

第一节　自然资源：区域经济发展的资源禀赋和比较优势

一　自然资源的定义和属性

1972 年联合国环境规划署将自然资源定义为："在一定空间、地点的条件下，能产生经济价值，以提高人类当前和将来福利的自然环境因素和条件。"《英国大百科全书》中把自然资源解释为人类可以利用的自然组成物及生成这些成分的环境功能。[①] 在我国《辞海》中，将自然资源定义为"资财的来源"。[②] 尽管以上对自然资源的诠释各异，但可以大体综合为：自然资源是一定社会经济技术条件下，能够产生生态价值或经济效益，以提高人类当前或可预见未来生存质量的自然物质和自然能量的总和。可见，自然资源是专指在当前技术经济条件下可以被人类利用的自然环境因素，那些在当前不能为人类利用而转化为自然资源的自然环境因素，可能在今后随着人类社会生产力水平的提高和科学技术的进步而被人类利用，转化为自然资源。

根据资源有形和无形特点，自然资源可分为有形自然资源（如土地、水体、动植物、矿产等）和无形自然资源（如光资源、热资源等）。

根据资源的属性和功能，自然资源可划分为生物资源、农业资源、森林资源、国土资源、矿产资源、海洋资源、气候气象、水资源等。

（1）环境资源，如太阳光、地热、空气和天然水等。这类资源比较稳定，不会因利用而明显减少。如能合理开采发展，精心保护，就能永续为人类利用。

（2）生物资源，如动物、森林、草场等。这类资源人类使用之后可以通过本身的生产繁殖再生产出来，如能合理开发利用，科学经营管理，也能为人类永续利用。

（3）土地资源，包括农用土地、城市土地等。它是人类赖以生存的劳动对象和劳动资料。

---

① 《自然资源与环境的概念》，财经书架—中国经济网（http://www.ce.cn/books/read/2005）。

② 同上。

（4）矿藏资源，包括能源、各种矿物等。它是经过漫长的地质年代形成的，其储量有限，开发利用之后不能再生，利用一部分就少一部分，直至枯竭。

表4-1　　　　　　　　　　　　　自然资源分类

资源			
耗竭资源		再生资源	
可循环利用资源	不可循环利用资源	生物资源	非生物资源
各种金属矿物 部分非金属矿物	石油 天然气 煤	植物资源 动物资源 微生物资源	水资源 风 土地

自然资源具有可用性、整体性、变化性、空间分布不均匀性和区域性等特点，是人类生存和发展的物质基础和社会物质财富的源泉，是可持续发展的重要依据之一。

（1）有用性。资源属于客观范畴，它总是相对于人的主体性而言。具体来说，资源可为人类带来经济或环境利益，或具有为人类利用的潜在属性。从某种意义上说，人类社会经济存在发展的基础就在于人类可以掌握和利用资源的数量和质量，自然资源可持续利用的本质问题是为人类可持续发展提供坚实的物质基础，也正是自然资源的这种有用性承载了人类社会不断向前发展所有客观条件。

（2）有限性。自然资源的有限性是指自然资源的数量供应与人类不断增长的需求存在矛盾，即用经济学的观点看自然资源存在稀缺性。从这一点上讲，世界上任何一种自然资源都是有限的，不但不可再生资源是有限的；可再生自然资源和可更新自然资源也是有限的。不可再生的自然资源的有限性是很明显的，不但表现在其总的数量是有限的，而且还表现其在一定的时间、空间上可提供给人类使用的数量也是有限的；可再生和可更新的自然资源虽然可随时间的推移，不断地再生或更新，从长远看似乎是无限的，但在一定的时间和空间上也是有限的，如一个地方单位面积上的年平均太阳辐射量是一定的，一条河流上的水力资源是一定的，每亩耕地的粮食产量在一定时间及空间上也是一定的。因此，从人类社会持续发展角度出发，针对自然资源的有限性，合理利用和保护自然资源就显得尤为重要。

（3）区域性。任何一种资源在地球上的分布都是不均衡的，无论在数量上或质量上都有显著的地域差异。每一种自然资源都有其特殊的地域分布规律。它或者受地带性因素影响，或者受非地带性因素影响，或同时受地带性和非地带性两种因素影响。如岩石、矿产、地形具有非地带性特点，而气候、土壤、生物虽受地带性因素影响，在大范围内是有地带性特征，但在局部地区也会受非地带性因素的影响，呈现非地带性分布特征。因此，自然资源的地域差异（区域性）不但表现在不同区域同一种资源在数量和质量上存在差别，还表现在不同区域的各种资源在自然资源品种组合上的差异。这两个方面的差别，都会对自然资源的利用产生重大影响。

（4）整体性。每一个区域的各种自然资源要素彼此有生态上的联系，形成一个整体，即自然资源生态系统。其中一种资源的开发利用，就可能引起系统中其他资源或环境要素的连锁反应。自然资源的这种整体性特征，要求人们在自然资源的研究和开发利用中，坚持全面研究、综合开发的原则。

根据资源地理分布集中度的不同，自然资源又可以被划分为集中型资源（或称点资源，如矿产资源）和分散性资源（或称面资源，类似农业耕地）。

二　西部地区的自然资源

西部地区是我国四大经济区域中占地面积最广阔的地区，土地面积686.7万公里，占全国的71.5%；其中耕地面积44942.7万公顷，占全国耕地总面积的36.9%（截至2007年年底）；在行政区划上，包括了西南五省市区、西北五省区和内蒙古、广西两个少数民族自治区。同时，西部地区又是全国人口规模最小的地区，2007年年底人口总数为36298万，仅占全国总人口的27.9%。西部地区包括贵州、云南、西藏、重庆、四川、陕西、甘肃、青海、宁夏、新疆10个省、市、区，此外再加上内蒙古、广西两个自治区形成了西部大开发的战略格局。

这里蕴藏着中国很多种矿产资源，如石油、天然气、煤炭以及其他金属、非金属矿产资源。已探明储量的159种矿产中，西部就占了143种。另外土地资源和水资源也比较丰富。可见西部的市场潜力巨大，战略地位非常重要。本章所谈的自然资源主要包括矿产资源、土地资源和水资源。

（一）矿产资源分布开发情况

我国矿产资源总量丰富，也是矿产品生产大国，但由于成矿地质条件的特点，我国既拥有在世界上占有优势的一大批矿产资源，又有一些属于不能满足自身需要的短缺资源。优势矿产资源通过开发可以出口，短缺资源则需要从国际市场进口或开发国外资源以弥补不足。近十余年来，随着全球经济一体化进程的加快和我国与世界各国经济合作的加强，我国矿产品进、出口贸易取得了长足进展，但矿产品进、出口贸易持续处于逆差状态，进口大于出口是我国矿产品进、出口贸易的基本态势。

西部拥有极其丰富的矿产资源。中国 60% 以上的矿产资源分布在西部地区，45 种主要矿产资源工业储量的潜在价值接近全国的 50%，油气、煤炭、铬铁矿等战略性资源地位显著，锰、铜、锡、镍、钒、钛、铝、锌等黑色金属和有色金属储量丰富，以铂族金属、岩金、沙金为主的贵金属矿产储量都具有很大比较的优势。西部能源资源的探明储量占全国的 57%，水、煤、油、气样样俱全。西部地区煤炭探明储量占全国的 67%，天然气可开采储量占全国的 66%，水能可开发装机容量占全国的 82%，以及风能、太阳能、特色产业优势、旅游优势、沿边开发开放优势，这些方面的潜力都非常巨大。

在西部地区各类矿产资源中，76% 的铜矿分布于广西和贵州；77% 的铬矿分布于西藏、新疆和甘肃；镍储量的 70% 集中在甘肃；锰矿储量的 76% 集中在广西和贵州；81% 的铝土矿分布在贵州；93% 的铂族金属分布在甘肃、四川和云南，其中甘肃占了 57%；96% 的铅锌矿分布于云南和甘肃，其中云南更达到了 48%；70.9% 的磷盐集中在云南和贵州；90% 的钠钾盐集中于青海柴达木盆地。西部地区天然气储量占全国的 71.2%，煤炭占 40%，石油占 39.1%。石油、天然气主要分布于准噶尔、柴达木、塔里木、鄂尔多斯、四川、吐哈等盆地；煤炭储量集中于新疆、陕西、内蒙古和贵州。西部地区准噶尔、柴达木、塔里木、鄂尔多斯、四川、吐哈等盆地将是未来我国获取石油和天然气新储量的主要地区。

由于地质成矿条件不同，导致我国部分重要矿产分布特别集中。90% 的煤炭查明资源储量集中于华北、西北和西南，这些地区的工业产值占全国工业总产值不到 30%，而东北、华东和中南地区的煤炭资源仅占全国 10% 左右，其工业产值却占全国的 70% 多；70% 的磷矿查明资源储量集中于云、贵、川、鄂四省；铁矿主要集中在辽、冀、川、晋等省。北煤南调、西煤东运、西电东送和南磷北调的局面将长期存在。

表4-2是西部各种矿种形成的矿区数、储量占全国的比例以及西部12省份在全国各省份中排的位次。

表4-2　　西部主要矿种形成的矿区数、储量占全国比例以及在全国的位次

矿种	西部此矿区占全国比重（%）	储量占全国比重（%）	西部省份储量在全国的位次
铁矿	32.6	23.3	四川第3
金矿	40.3	30.3	贵州第5，陕西第6
银矿	37	44.8	云南第1
铬矿	81.1	78.8	西藏第1，新疆第2，甘肃第4；
铅矿	44.4	61	云南第1，甘肃第3
锌矿	43	71.4	云南第1，甘肃第2
硫铁矿	32.7	35.1	四川第1
镍矿	58.8	95.8	甘肃第1，云南第2
锰矿	30.3	67.6	广西第1，贵州第3，云南第4
稀土		97.0	内蒙古第1
煤炭			新疆第1，内蒙古第2，陕西第3

资料来源：中国矿业网。

据有关单位统计，1999—2008年，我国西部地区地质勘查经费共投入1705.13亿元以上，占全国勘察经费的49.67%，新发现矿产地877处，占全国的70%。探明矿产资源储量激增，2007年石油、天然气、煤炭的探明储量比2001年分别增长了50%、101%、26.11%。

2008年，西部地区石油产量为4814万吨，占全国石油总产量的26.60%；天然气产量为619.95亿立方米，占全国总产量的80.01%；煤炭产量为0.55亿吨，是全国煤炭产量的68.11%；非油气矿产资源总产量为20.53亿吨，占全国总产量的30.55%。值得注意的是，1999—2007年，西部地区矿业产值占工业总产值的比重由11.79%上升到31.38%，到2008年又提高到32.42%，达到3658.05亿元。由此可见，对矿产资源的开发利用极大地促进了西部地区经济的发展，已成为推动西部经济蓬勃发展的重要动力。

（二）土地资源

西部土地总面积为 686.7 万平方公里，占全国的 71.05%。人均土地面积为 28.2 亩，全国为 10.84 亩，是全国的 2.6 倍。表 4-3 是全国和西部地区土地利用情况。

表4-3　　　　　　　全国和西部地区土地利用情况　　　单位：万公顷、%

土地类型		全国	西部	占全国比重
土地调查面积		95069.3	67546.3	71.05
农用地		65687.6	44036.6	67.04
	园地	1179.1	384.4	32.60
	牧草地	26183.5	25649.6	97.96
建设用地		3305.8	965.5	29.21
	居民点及工矿用地	2691.6	794.9	29.53
	交通运输用地	249.6	86.2	34.54
	水利设施用地	364.5	84.2	23.10

资料来源：2009 年《中国统计年鉴》。

由表 4-3 可看出，西部地区土地资源相比其他地区丰裕得多，一方面，西部地区尚未利用的土地面积达到 224 万平方公里，占全国的 87%；另一方面，西部地区的土地很多较贫瘠，广种薄收现象较普遍。长期以来，西部地区的水土流失较严重，到目前为止，西部地区土地水土流失面积达到了 290 多万平方公里，而且每年的荒化土地面积都在增加。在一些民族自治地区，如西藏、内蒙古、新疆等地土地荒漠化速度达到了 4%以上。

（三）水资源

2008 年，西部地区水资源总量为 15751.2 亿立方米，占全国的57.4%。人均水资源量为 4312.75 立方米，是全国人均水资源量的两倍多。但是由于地质和气候原因，水资源分布很不平衡。例如在西部地区中，西北地区水资源总量占西部地区的 16%，而西南占 84%，可见相差巨大。而且西部地区水资源的开发利用效率不高，由于缺乏科学管理，对水资源的浪费较为严重。由于分布不平衡，导致一些地区大量浪费，长期漫灌土地，而一些地区却缺乏水源，土地出现荒漠化。

（四）生物资源

我国具有国际意义的生物多样性分布中心有 14 处，其中 8 处分布在西部地区。生物种类多而区系复杂，并有很多珍稀濒危物种与特有种资源。国家在西部地区设有 385 个自然保护区，在这些保护区中生长着数十种珍稀动植物，如大熊猫、藏红花、天山雪莲、野牦牛、藏羚羊等。单从经济价值来说，西部地区可利用的香料植物就有约 400 种，可利用的药用植物 3000 种，可利用的食用菌 300 种，有经济价值的乔木有 100 多种，有经济价值的两栖爬行动物 20 多种。

（五）森林草地资源

根据第六次森林普查结果，我国西部地区森林覆盖率 2007 年统计为 12.54%，低于全国平均水平 18%，更远低于东部地区 34.27% 的水平。西部宜林用地面积为 14375 万公顷，其中有林地面积为 5937 万公顷，占宜林用地面积的 41.3%，也就是说，还有近 60% 的土地可供进一步发展林业，潜力巨大。然而西部地区森林的分布极不均衡，西南各省区如广西、四川、云南、贵州以及西北的陕西森林覆盖率已达到 20% 以上，而西北除内蒙古、陕西外，其余省区如甘肃、宁夏和青海森林覆盖率则很低，平均在 15% 以下，青海仅为 5% 左右；新疆由于年均降水量不足 200 毫米，而年蒸发量却接近 2000 毫米，绿化工作难度很大，1998 年森林覆盖率仅为 1.68%，通过十年努力，新疆森林覆盖率已提高到 2008 年的 2.94%。

从空间分布来看，西南地区是我国重要的林木产地，西藏、四川、云南的森林蓄积量占了西部总蓄积量的 70%，内蒙古占了 16%，而其他省区的总和仅为 14%。西部草地资源丰富，天然可利用草地面积 27882 万公顷，占全国的 84%。人工草地面积共计 490.86 万公顷，占全国的 80.63%。

（六）风能资源

在自然界中，风是一种可再生、无污染而且储量巨大的能源。随着全球气候变暖和能源危机，各国都在加紧对风力的开发和利用，尽量减少二氧化碳等温室气体的排放，保护我们赖以生存的地球。风能资源则更具有可再生、永不枯竭、无污染等特点。风能的利用主要是以风能作动力和风力发电两种形式，其中又以风力发电为主。而且，风电技术开发较为成熟、成本也趋于稳定下行。

我国位于亚洲大陆东部，濒临太平洋，季风强盛，内陆还有许多山系，地形复杂，加之青藏高原耸立在我国西部，改变了海陆影响所引起的气压分布和大气环流，增加了我国季风的复杂性。冬季风来自西伯利亚和蒙古等中高纬度的内陆，那里空气十分严寒干燥，冷空气积累到一定程度，在有利高空环流引导下，就会爆发南下，俗称"寒潮"，在此频频南下的强冷空气控制和影响下，形成寒冷干燥的西北风侵袭我国北方各省（直辖市、自治区）。每年冬季总有多次大幅度降温的强冷空气南下，主要影响我国西北、东北和华北，直到次年春夏之交才消失。夏季风是来自太平洋的东南风、印度洋和南海的西南风，东南季风影响遍及我国东半壁，西南季风则影响西南各省和南部沿海，但风速远不及东南季风大。热带风暴是太平洋西部和南海热带海洋上形成的空气涡旋，是破坏力极大的海洋风暴，每年夏秋两季频繁侵袭我国，登陆我国南海和东南沿海，热带风暴也在上海以北登陆，但次数很少。

一般将风电场风况分为三类：年平均风速6米/秒以上时为较好；7米/秒以上为好；8米/秒以上为很好。我国相当于6米/秒以上的地区，在全国范围内仅仅限于较少数几个地带。就内陆而言，大约仅占全国总面积的1/100，主要分布区域：一是在长江到南澳岛之间的东南沿海及其岛屿，这些地区是我国最大的风能资源区以及风能资源丰富区，包括山东、辽东半岛、黄海之滨，南澳岛以西的南海沿海、海南岛和南海诸岛；二是在陆地上，则是内蒙古从阴山山脉以北到大兴安岭以北，新疆达坂城，阿拉山口，河西走廊，松花江下游，张家口北部等地区以及分布各地的高山山口和山顶。即我国西北、东北和华北部分地区。

风能利用也存在一些限制及弊端：如风速不稳定，产生的能量大小不稳定，风能利用受地理位置限制严重，转换效率低；同时，风能是新型能源，相应的使用设备也不是很成熟。

（七）太阳能资源

1. 中国太阳能资源分布的特点

我国太阳能资源分布相当广泛，具有利用太阳能的良好条件，与同纬度的其他国家相比，和美国类似，比欧洲、日本优越得多。特别是在西部高原地区，沙漠、沙化和潜在沙化的土地接近250万平方公里，属于太阳能资源富集区，且人口稀少，便于太阳能资源的大规模开发利用。

2. 我国太阳能资源分布类型和主要区域特点

20世纪80年代中国科研人员根据各地接受太阳总辐射量的多少，将全国划分为五类地区。

（1）一类地区，全年日照时数为3200—3300小时。主要包括宁夏北部、甘肃北部、新疆东南部、青海西部和西藏西部等地。是中国太阳能资源最丰富的地区，尤以西藏西部的太阳能资源最为丰富，全年日照时数达2900—3400小时，年辐射总量高达7000—8000M/平方米，仅次于撒哈拉大沙漠，居世界第二位。

（2）二类地区，全年日照时数为3000—3200小时。主要包括河北西北部、山西北部、内蒙古南部、宁夏南部、甘肃中部、青海东部、西藏东南部和新疆南部等地。为中国太阳能资源较丰富区，相当于印度尼西亚的雅加达一带。

（3）三类地区，全年日照时数为2200—3000小时。主要包括山东东南部、河南东南部、河北东南部、山西南部、新疆北部、吉林、辽宁、云南、陕西北部、甘肃东南部、广东南部、福建南部、江苏北部、安徽北部、天津、北京和台湾西南部等地。为中国太阳能资源的中等类型区，相当于美国华盛顿地区。

（4）四类地区，全年日照时数为1400—2200小时。主要包括湖南、湖北、广西、江西、浙江、福建北部、广东北部、陕西南部、江苏南部、安徽南部以及黑龙江、台湾东北部等地。是中国太阳能资源较差地区，相当于意大利的米兰地区。

（5）五类地区，全年日照时数为1000—1400小时。主要包括四川、贵州、重庆等地。此区是中国太阳能资源最少的地区，相当于欧洲的大部分地区。

三 西部自然资源禀赋的评价

从资源角度看，西部地区自然资源拥有量极不平衡，这种不平衡既表现为种类的不平衡，也表现为分布的不平衡。粗略地看，西北地区拥有较多的能源资源，即煤炭、石油、天然气；西南地区拥有相对更多的金属矿产储量。又以水资源为例，西北地区（含内蒙古）是我国水资源最为匮乏的地区，水资源总量仅为全国的9.95%，而西南和广西是我国水资源最丰富的地区，水资源总量占全国的47.4%，水能资源尤为充沛。而风能和太阳能资源也主要分布在西北部的风口地带和宁夏北部、甘肃北部、新疆东南部、青海西部和西藏西部等地高原地区，沙漠、沙化和潜在沙化的地区。

1999—2010 年，中国地质调查局开展了新一轮国土资源大调查。通过新一轮国土资源大调查，在西部探明了一批新的资源富集区，推进了一批新的国家级战略资源基地的形成，进而有望大幅提高国内重要矿产保障能力。例如油气新区远景调查，开拓了一批新的油气资源战略选区；东疆地区探获千亿吨级特大型煤炭资源基地，为"西煤东运"战略提供了资源保障。中国藏中铜矿基地、滇西北有色金属资源基地、新疆东天山有色金属资源基地、新疆罗布泊钾盐资源基地、新疆阿吾拉勒铁资源基地、新疆乌拉根铅锌资源基地、西藏念青唐古拉山有色金属基地、祁漫塔格有色金属基地、青海大场金资源基地等十大新的资源接替基地初步形成。上述结果充分说明西部作为国家战略资源接替基地的重要性和现实性，同时也更显现了西部资源开发与生态环境治理的迫切性。

人类长期的生产实践表明，自然资源开发程度不仅仅取决于资源自身的数量、质量和市场需求状况，还取决于资源所在地区的区位和生态环境条件。这就是现代资源禀赋评价理念的关键组成要素和基本构成特征。从这一观点出发，西部地区资源禀赋既有其优势，也有其区位与环境劣势。正是这种资源禀赋的条件决定了其开发的难度和环境挑战。

第二节　自然资源开发与输出：地域分工与工业化的引擎

一　西部自然资源开发

晚清以来，对矿产资源的开发就成为西部地区近代工业化的起步推动力；今天也是 21 世纪西部大开发的重要内容和地区重要的经济增长点。但是长期以来忽视了自然资源开发过程中的生态环境友好问题，使得西部地区原本脆弱的生态系统更加脆弱，并带来新的环境污染和地质灾害。

与东部地区相比，在一个相当长的时期内，西部地区的优势主要在于资源优势，特别是当东部和中部地区资源开发已到后期，多数矿区正濒临资源枯竭，而国家对能源资源需求日益增大的情况下，西部作为战略资源接力地区的能源资源和某些重要矿产的优势明显突出。西部地区能源和矿产资源的开发不仅给当地带来了经济效益,对能源和矿产的深加工产业成为地区新的经济增长点,对于我国整体工业化发展有着重要意义。

西部地区能源矿产资源丰富。西部地区天然气储量占全国70%以上,煤炭储量占60%左右。我国已发现的170种主要矿产中,西部地区均有相当储量。长江、黄河、珠江、澜沧江等江河上游,蕴藏着丰富的水能资源。在石油工业方面,大西北的陕西、甘肃、宁夏、青海和新疆连续发现大型油田和气田,使大西北成为中国石油工业21世纪的希望。煤炭资源主要分布在黄土高原至天山山脉一线以及西南的贵州,仅西北5省区及内蒙古的煤炭资源就占全国预测储量的60%,且品质优良。铝、铅、锌、锰、锡、镍、钒、钛、钴、稀土等矿产资源西部省区的比重占33%—98%不等,除铝之外,其余均在50%以上。

其中,西北地区以石油、煤炭、天然气等能源矿产为特色,尤其是天然气储量占全国储量一半以上;西南地区以各种有色金属为特色,有色金属总储量占全国的80%。在可再生资源上,西北由于其特殊的自然、地理环境,风能和太阳能资源极为丰富;西南则由于其特殊的地形地貌条件而拥有大量的水能资源,形成了我国主要的水电基地,水力发电量已占全国水力发电量的41.4%(西部水力发电量占全国的52%),地热资源也得到了广泛利用。

西部大开发的十几年间,西北能源和矿产资源开采业发展迅速,在重要资源富集区建成或在建一批能源开发和深加工基地,能源及化工、优质矿产资源开采及加工逐步形成优势产业基地,逐步加强能源加工幅度,延长产业链,包括:2004年开始开工建设的鄂尔多斯神华煤制油直接液化项目;2004年被国务院确定为全国13个大型煤炭基地之一的宁东煤田;陕北能源化工基地是全国最早的国家级能源化工基地,重点建设煤电载能工业、煤制油、煤盐化工和油气化工四大产业链,建设西电东送火电基地、煤液化基地和以甲醇为龙头的煤化工基地;新疆经过多年发展已形成乌鲁木齐、哈密三道岭、艾维尔沟三大煤炭生产基地,并正在积极推进煤电、煤化工基地建设和新疆电网和西北电网联网工程,以尽快实现“西电东送”,并已在乌鲁木齐南郊的乌拉泊—柴窝堡—达坂城百里风区建成了当时亚洲最大的风力发电站项目。西北地区金属资源主要集中在甘肃、新疆、内蒙古,甘肃、新疆的有色金属产业目前已经形成规模,内蒙古稀土已经成为主导、支配世界稀土市场的最大生产和供应基地。

西南地区的主要优势资源是有色金属，储量占全国的 80%。其中有代表性的贵州铝产业、云南个旧锡产业均已形成了规模；在能源储量上，四川盆地气田是我国开采较早、储量较丰富的天然气气田，而水能资源更是得天独厚，占全国的 70% 以上，国内 12 大水电基地中，西南占了 7 个；同时，我国地热资源集中分布在藏南、滇西和川西地区，是我国地热资源开发最有远景的地区。

二 自然资源开发带来的生态环境问题

矿业生态学认为，在各个工业部门中，采掘业对水域（地下水和地表水）、地下资源、表土层和景观均有强烈影响，化工业对大气域和地表水有强烈影响，热电对大气域和地表水有强烈影响。

具体而言，煤炭开采给地区生态环境的影响包括：地表沉陷；洗煤水与矿井排水污染；煤矸石山自燃；煤矿甲烷气体污染大气；城市大气污染；二氧化碳排放。石油和天然气勘探开采和加工对环境的影响主要包括：处理井喷事件过程中产生的污水排放；气田开采导致土壤盐渍化；油气开采过程中排放的硫化氢；油气加工利用过程中产生的废水、废气、废渣排放；水电对环境的影响包括：淹没土地，包括耕地、风景区等；河道淤积和变化；诱发地震；改变小气候；造成下游土地盐碱化。火力发电对环境的影响主要包括：水土流失；污水排放；大气灰尘和二氧化硫污染。化工行业对生态环境的影响包括废水、废气和固体废弃物的排放，并具有强烈的致癌、致畸、致突变等危害作用。

西部地区能源和矿产资源开发是该地区工业化的重要组成部分，尤其是西部大开发政策实施以来，对西部地区能源资源的开采和深加工已成为地区新的经济增长点。但是，在长期开发过程中，生态问题一直没有引起足够重视，因而在给地区经济带来快速增长的同时，也使得地区生态条件更加恶化，主要表现为：矿区土壤沙化和水土流失严重，滑坡、泥石流发生频率高，地下水位下降，导致地面塌陷，诱发新的地质灾害，有色金属矿区则造成严重的环境污染。

资源型产业对矿区生态环境的恶劣影响主要表现在：在开发过程中，由于技术落后，管理粗放，矿山开发剥土弃渣、采掘矿石改变了原有的地形地貌，破坏了风景景观，使地质遗迹遭到破坏；弃土弃渣压占土地、造成森林、植被破坏，使土石裸露，地表径流增加，加剧了矿区土壤侵蚀，导致水土流失和水资源衰减，破坏了矿区环境资源。以陕西潼关黄金产区为例，在大规模开发时期，矿区的采矿坑口多达 2000 多个，排放的矿山废石、尾渣 800 多万吨，压占土地、植被面积 200 多公顷；林木大部分遭到破坏，加剧了水土流失程度。

西部地区资源型产业发展也导致了严重的地质灾害。矿产开发诱发的地质灾害主要有采空区崩塌、地面塌陷、沉降、地裂缝、滑坡、泥石流、矿井突水、瓦斯爆炸、煤层自燃等。矿山开发造成矿区地质应力发生显著变化，导致地质灾害频繁发生。如果采矿设计、方法不当，造成采空区过大、废弃坑道未及时回填、边坡过高、过陡等不合理的采矿活动，就会导致矿区地应力失衡，造成采空区崩塌、地面塌陷、沉降、地裂缝等。废石、尾矿等不适当的堆存在地形陡峭山坡，使斜坡加载不稳、阻塞河道，在适当的雨水诱发下，发生滑坡、泥石流灾害。目前，西北五省区普遍存在煤炭资源开发导致的地面塌陷、沉降、瓦斯爆炸、煤层自燃、地裂缝等灾害。包括乌鲁木齐六道湾矿区、甘肃的华亭矿区、窑街矿区，陕西的焦坪矿区、黄陵店头矿区、神木大柳塔矿区，宁夏的石炭井、石嘴山矿区等地貌已严重塌陷。

近年来，西部新发现的资源富集区主要集中在生态条件恶劣的地区，尤以西北新疆油田、天然气田，陕甘宁气田和神府煤田为典型。短期利益驱使下的滥采乱挖行为导致产生大量弃土渣，造成土地侵蚀、地面塌陷、地下水污染等问题。只有从根本上解决西部资源开发中的环境问题和利益交换问题，才能保证我国工业化所需的矿产资源需求及西部地区和我国其他地区的可持续发展。

三　西部资源的外部输出

由于西部地区拥有丰富的矿产资源，西气东输、西电东送、西煤东运、西油东流等工程都涉及西部矿产资源向东部的转移。以能源自给率程度为基准，全国按大区可分为三种类型：基本自给（自给率 90% 以上）的东北区；大量输入（自给率小于 70%）的华东区、华南区；输出地区的华北区、西北区。[①]

从矿产资源开发以及输出模式来看，我国东西部地区的分工是一种典型的垂直生产贸易与分工格局，即部分地区承担原材料及初级产品生产，

---

① 中国能源战略研究课题组：《中国能源战略研究（2000—2050）》，中国电力出版社 1997 年版。

用其与另一部分地区的制成品进行交换。比如，目前我国能源生产和加工上下游之间，通过北煤南运、西气东输、西油东输和西电东送等形成了明显的区域垂直分工的上下游产业链关系。

（一）西煤外运

西煤外运主要是指我国煤炭资源集中在山西、贵州、陕西、宁夏、内蒙古西部以及新疆，因当地加工能力有限，大部分煤炭等一次能资源通过铁路、公路输往东部地区，以"三西"煤炭生产基地为核心，向东南部呈扇形辐射的运输格局，在未来不会有大的改变。成为简单的能源输出地，产品附加值低。目前，我国已形成四大煤运通道：三西外运通道、东北通道、华东通道、中南通道。其中，"三西"（山西、陕西、内蒙古西部）是我国煤炭能源中心和外运基地，其煤炭资源占我国总煤炭资源分布的64%。长期以来，"三西"产量大，外运量多。提高新疆煤外运、蒙东煤外运和三西（陕西、山西和蒙西）煤直达华中地区的能力则是未来外运建设的重点。目前"三西"煤炭外运包括北、中、南三大通路。北由大秦、丰沙大、京原、集通和朔黄5条铁路线组成。中由石太、邯长两条铁路线组成。南由太焦、侯月、陇海、西康和宁西5条线组成。除此之外，围绕"三西"煤炭外运规划建设的铁路项目还有12条线路。

（二）西电东送

西电东送工程"西电东送"是指开发贵州、云南、广西、四川、内蒙古、山西、陕西等西部省区水力和煤炭资源并直接在当地转化为电力资源，再将其输送到电力紧缺的广东、上海、江苏、浙江和京、津、唐地区。上述地区中，北京、广东、上海等东部七省市的电力消费占全国40%以上。因此西电东送有其客观上的跨区域需求和战略上的必要性。根据规划，"西电东送"形成三大通道。一是将贵州乌江、云南澜沧江和桂、滇、黔三省区交界处的南盘江、北盘江、红水河的水电资源以及黔、滇两省坑口火电厂的电能开发出来送往广东，形成"西电东送"南部通道；二是将三峡和金沙江干支流水电送往华东地区，形成中部"西电东送"通道；三是将黄河上游水电和陕西、山西、内蒙古坑口火电送往京津唐地区，形成北部"西电东送"通道。

（三）西气东输

中国西部地区有六大含油气盆地，包括塔里木、准噶尔、吐哈、柴达木、鄂尔多斯和四川盆地。根据天然气资源状况和勘探形势，国家2000

年决定启动西气东输工程，加快建设天然气管道，以上述油气田为源头，干线管道、重要支线和储气库为主体，连接沿线用户，通达东部形成横贯中国西东的天然气供气系统，以尽快把资源优势变成经济优势，满足东部地区对天然气的迫切需要。现已形成三条主要管线：西气东输一线：起于新疆轮南，途经新疆、甘肃、宁夏、陕西、山西、河南、安徽、江苏、上海以及浙江10省（区、市）66个县，全长约4000公里。西气东输二线：工程为1干1支，总长度为4661公里，干线长4595公里，与西二线并行约3000公里；支线为荆门—段云应，长度为66公里；主干线设计输气能力300亿立方米/年，压力10—12兆帕，管径1219毫米，与西气东输一线综合参数相同。西气东输三线：干线管道西起新疆霍尔果斯首站，东达广东省韶关末站。从霍尔果斯—西安段沿西气东输二线路由东行，途经新疆、甘肃、宁夏、陕西、河南、湖北、湖南、广东共8个省、自治区。按照规划，2014年西三线全线贯穿通气。届时将与西一线、西二线、陕京一二线、川气东送线等主干管网联网，一个横贯东西、纵贯南北的天然气基础管网将形成。

根据国家"十二五"规划，天然气消耗量占一次能源比例要从2010年的3.4%提高到8%，但由于中国油气资源的分布与需求存在地域差异，因此需要建设大量油气管网进行输送。到2015年，国内油气管道总长度要从2010年年底约7.7万公里达到15万公里，较目前长度增加约1倍。

四　西部资源外送输出的利益与外部性问题

实施西煤、西气和西电东送，实际上是在我国特殊地理和区域禀赋分工条件下能源产品的输送、加工转换而形成的上下游之间的产业链联系。能源上下游产业链的形成，在西气东输工程投资巨大，整个工程预算超过数千亿元人民币，全国经济和社会效益十分显著。就工程本身来讲，据初步测算，与进口液化天然气相比，塔里木天然气到上海的价格大概便宜6分钱以上，具有很强的竞争力。与东部地区目前大量使用的人工煤气相比，按同等热值计算，塔里木天然气到东部的供气价每立方米只相当于煤气的2/3。"西气东输"工程将有助于加快新疆地区以及西部沿线地区的经济发展，相应增加财政收入和就业机会，带来巨大的经济效益和社会效益。这一重大工程的实施，还将促进中国能源结构和产业结构调整，带动钢铁、建材、石油化工、电力等相关行业的发展。沿线城市可用清洁燃料取代部分电厂、窑炉、化工企业和居民生产使用的燃油和煤炭，将有效改善大气环境，提高人民生活品质。

　　然而除了必要的技术经济条件之外，如果没有合理、科学的定价，在西部各省区投巨资建成的煤矿、油气田和电厂，将难以产生应有的经济效益和持久的社会效益。

　　以西煤东送来看，据统计数据，2001—2011 年，内蒙古累计外送煤炭 23.5 亿吨，北京 60% 的煤炭和 40% 的电力来自内蒙古。以西电东送来看，宁夏、云南和贵州、陕西都是电力和高耗能产品外送大省区。2011 年，宁夏外输电量达 270 亿千瓦时，到 2015 年预计达到 700 亿千瓦时。电监会统计数据显示，近六年来，云南省售出"西电"电量逐年增加，占云南省发电量的比重一直维持在 20% 左右。2011 年，云南"西电东送"电量为 323 亿千瓦时，占发电总量 21%。

　　以煤、石油、天然气产量均居全国第三的能源大省陕西省为例，2010 年，全省能源化工产业实现产值 5100 亿元，为全省第一大产业，占规模以上工业产值的 45.8%。全省煤炭产量 3.6 亿吨、石油产量 2597 万吨、天然气产量 115 亿立方米、发电装机 2527 万千瓦、累计完成发电量 876.86 亿千瓦时。其中煤炭外送约 2 亿吨，占煤炭产量的 55%；原油外运约 1000 万吨，占石油产量的 38.5%；天然气外输约 80 亿立方米，占天然气产量近 70%；为电力外送约 240 亿千瓦时，占发电量的 27%。这种分工格局对于增强能源资源区企业效益和支持全国可持续发展具有重要意义，但对西部地区环境以及经济社会可持续发展的长期影响，值得研究和评估。

　　以西电东送为例来说，云南送广东最高电价 0.38 元/千瓦时，而云南境内工业和居民用电价格则在 0.5 元/千瓦时。说明输出价格和本地价格出现严重倒挂。根据贵州省计算，电价每增减一厘钱，就要相应增减 2000 万元；如一分钱，则相应增减 2 亿元。因此要保证"西电东送"的顺利实施，必须制定合理、公正、科学的电价，除考虑电力生产的直接成本外，还应计算合理的投资回报以及将移民、治污、生态治理等相关的成本科学地核算入电价中。例如移民成本，除直接补偿外，还包括后期扶持资金以及移民区的生态治理等，治污问题如火电厂生产时，必须进行的脱硫和大气污染治理。此外必须看到，西部大量能源资源输出以后，资源的本地利用和外向输出的矛盾凸显。由于能源资源的大量输出，使当地在经济社会发展中各种资源之间很难形成合适的配比关系，原本当地丰富的资源反而成为当地经济发展的瓶颈。在此状况下，当地经济可持续发展的问题日益尖锐。不仅如此，由于矿产资源的补偿费过低，不同矿产资源按其销售收入为 0.5%—4%，极低的矿产资源补偿费使西气东输、西电东送等工程实质上成为对西部矿产资源的掠夺，进一步扩大了东西部之间的差距（清华大学教授蔡继明）。与此同时，近几年来，西部地区能源化工产业和有色金属产业发展迅速，然而由于政策限制尚未形成加工优势，产业关联度低，能源和矿产资源的粗放型开采和由此引发的生态环境问题严重①，以致引发新的生态问题和新的贫困问题。

第三节　西部生态环境对资源开发的影响

西部地区生态条件复杂，西南和西北大不相同。西北大部分地区属于干旱、半干旱气候区，气候条件恶劣，荒漠广布，水资源短缺，天然植被覆盖率低，水土流失严重；土地荒漠化、盐渍化严重，自然灾害频发；西南地区具有良好的水、热条件，以四川盆地为代表的西南平原地区极为富庶；但西南生态脆弱地带存在着广泛的水土流失和土地石漠化现象，地质条件极为复杂。西部地区独特的生态特征使得环境友好、生态友好成为西部大开发中必须考虑的首要问题。

一　各种自然灾害频发，防灾抗灾能力差

由于地理、气候条件的不同，西北和西南面临着完全不同的灾害问题。西北自然灾害的起因多由于干旱，而西南则起因于洪涝和喀斯特地貌。如何克服西部地区频发的自然灾害，加强西部地区的防灾抗灾能力，已成为西部大开发进程中的问题之一。

西北地区深处内陆，各种自然灾害频发，尤以干旱、大风与沙尘暴等气候、地质灾害给西北及其他地区带来的损失和影响为大。西北地区是干旱敏感地区，历史上多有旱灾发生。但是，随着人口增长及不合理的开发利用自然资源，干旱发生的频率越来越高，影响程度越来越大，特别是

---

① 王冬英、王恩胡：《西部特色优势资源开发与加工业发展报告》，《西部蓝皮书》，第121—136 页。

20世纪70年代以来，旱灾出现的频率显著增加。20世纪90年代西北地区平均每年农田受害面积为357万公顷，甘肃河西走廊因缺水灌溉，已弃农田12万公顷。① 大风和沙尘暴是西北地区另一主要灾害性天气。西北地区分布这大片的沙漠戈壁、沙地及农牧过渡带，是我国沙尘暴天气发生的主要地区；其中河西走廊及阿拉善高原区、塔克拉玛干沙漠周边区和蒙、陕、宁长城沿线旱作农业区是西北地区，也是我国主要的沙尘暴源区。每年春季发生的范围较大的沙尘天气，涉及西北东部、东北西南部、华北北部等地，并涉及长江中下游及其以南地区。沙尘暴已经成为影响西北地区和我国其他地区可持续发展的严重自然生态灾害。②

与西北地区截然相反，由于气候条件的影响，洪涝灾害是西南地区主要的自然灾害。西南地区出现的特大暴雨往往持续时间长、范围广、强度大、危害重。仅20世纪90年代西南地区洪涝灾害占整个自然灾害受灾面积的30%以上，造成极大的生命财产损失。

西部地区另一主要自然灾害是地质灾害。西部地区地跨青藏高原和黄土高原、云贵高原、内蒙古高原两大阶梯，地形以山地丘陵为主，地质构造复杂，形成大量的崩塌、滑坡、泥石流等地质灾害，其分布特点为四川、云南、陕西、重庆、西藏、新疆、甘肃灾害成带、成片、成群分布；贵州、广西呈散状分布；宁夏、青海及内蒙古呈零星分布。地震是西部另一主要的地质灾害。其中，西南的川西和云南大部分地区、西北的汾渭河谷、天山南北、祁连山地、银川平原和甘肃东部等地，均为地震活动区。强烈的地震活动经常引起洪水、滑坡、崩塌等次生灾害，并极易形成泥石流。西部地区经济命脉多分布在地震带上，该地区是我国受地震危害和威胁较为严重的地区。③

二　水土流失严重、森林覆盖率分布不均

西北地区地处欧亚大陆腹地，远离海洋，除秦巴山区外，大部分地区属于干旱、半干旱荒漠地带，森林发育条件差，人工林营造困难，加之重伐轻养等原因，使林地面积在土地面积中占的比例很小。由于森林资源很少，西北地区的森林覆盖率仅为9.2%，同期全国的森林覆盖率为18.3%（根据第六次森林资源清查资料）。从地域上讲，西北地区森林分布东多

---

① 何爱平：《区域灾害经济研究》，中国社会科学出版社2006年版。
② 同上。
③ 同上。

西少，陕西森林覆盖率为32.5%，新疆仅为2.9%。

西南地区则与之相反，属于亚热带气候。由于良好的气候条件，西南地区森林覆盖率高于全国平均水平（23.4%）。但是，由于西南地区多年来人口激增、森林砍伐和全球变暖等原因，西南森林覆盖率下降，尤以三江源地区为代表，该地区由于全球气候变化，沙化、水土流失的面积不断扩大，荒漠化和草地退化问题日益突出，大面积的草地和近一半的森林遭到严重破坏。

由于西南山区以喀斯特地貌为主，森林面积的减少使得森林调蓄地下水和地表水的能力下降，造成严重的水土流失，西南山区石漠化现象严重。而西北地区作为一个水资源相当匮乏的地区，森林植被的破坏使得蓄水量减少，导致径流量的减少，并加剧了水土流失。其中，陕西、青海两省是西北地区水土流失最严重的区域，陕西省现有水土流失面积占国土面积的五成以上，年输入黄河、长江的泥沙量高达9.2亿吨，占全国江河输沙总量的1/5。青海省每年新增水土流失面积就达2100平方公里，每年输入黄河的泥沙量8814万吨，输入长江的泥沙量达1232万吨，长江源头地区成为长江全流域水土流失最严重的地区。

三 地区干旱、半干旱地区生态系统脆弱，草场沙化严重

西北地区拥有大量的草场，总面积为12184.84万公顷，占全国草场面积的30.54%，占本区土地总面积的40.05%，新疆、青海天然草地面积分别居全国第三、第四位。然而，由于西北大部分地区属于干旱荒漠地带，荒漠草地所占比重较大。西北干旱、半干旱区草场存在着严重的过度开垦和过度放牧现象，草场极易退化为荒漠，且极难恢复。草场退化导致产草量少，进而植被稀疏，盖度不断降低，风蚀粗化或出现风蚀坑，出现片状流沙，最终产生土地荒漠化。由于荒漠化土地的扩展、植被的人为破坏和退化，西北地区特大沙尘暴发生的次数迅速增加，20世纪50年代平均5次、60年代8次、70年代13次、80年代14次、90年代23次。2000年西北及华北地区沙尘暴更是频发，达到了创纪录的14次。近五年来，西北地区遭受沙尘暴袭击20多次，造成直接经济损失12亿多元，死亡失踪人数超过200人。由于西北地区地处我国的江河源区及其上游地区、西北季风的发源地或上风口，对我国其他地区的生态环境有着极大的跨区域性影响。

第四节 脆弱生态环境与资源开发中的
生态减贫问题

一 西部开发过程中贫困人口问题

西部生态环境脆弱,西北干旱少雨,西南多洪涝和地质灾害。近几十年中激增的人口更加剧了这一问题。西部地区在数十年大规模开发过程中,人口的急剧增加给原本很脆弱的生态环境带来了更大压力;如何减轻这一压力,保证地区社会经济的可持续发展,是西部大开发进程中,也是新一轮西部开发中必须解决的问题。

人口激增给生态环境带来的负面影响主要原因在于增加的人口对土地和水资源需求的增加。人口增加导致对粮食的需求增加,而由于种种因素西部地区粮食产量一般不高且不稳定;在落后的农业技术条件下,只能借助扩大耕地面积或进行掠夺式经营来追求总产量。因此,伴随着人口的增加,西部地区耕地面积急剧扩大,西北大量优良的草原、西南大量的森林、陡坡被开垦,广种薄收成为西北农业普遍的耕作方式。这一方式恶化了农业生态环境,导致水土流失、干旱等灾害频繁发生,从而陷入越薄收越广种、越广种越薄收的恶性循环之中。另外,人口增长又降低了人均耕地面积,从而扩大耕地面积的作用,如新疆经过大规模开垦,耕地面积由1952年的2315万亩扩大到1990年的9630万亩,但是人均耕地却从5亩降低到3亩。人均耕地面积减少,新开垦耕地面积扩大,地表植被急剧减少,地表裸露,风蚀、水蚀加剧,沙漠化和水土流失加剧。在西北地区,人口的增加还间接导致草场的退化。人口的增加刺激了对畜产品的需求量,但由于忽视草原建设,片面无节制地追求牲畜头数和年末存栏数,使放牧量大大超过了草场的载畜能力。我国北方和西藏等10个牧业省(区),平均每头混合畜占有可利用草场面积1949年为92亩,到1987年下降为22亩,而且呈继续下降之势。草场退化表现为植被覆盖度越来越稀,优良牧草种类减少,毒草增多,产草量下降,比20世纪50年代平均降低了30%—40%。[①]

---

① 孙力、马宇峰:《试析西北地区人口对生态环境的影响》,《生态经济》2004年第1期。

人口的急剧增加还带来了对水资源的过度和不合理使用，突出表现在西北地区。西北地区多处于干旱、半干旱地区，水资源极度匮乏。而人口增加以及由此导致的大规模必然导致垦荒，加剧了西北地区水资源的供需矛盾，造成绿洲和平原地区河流水量减少、地下水位下降，严重破坏了生态环境的平衡。在人口激增的压力下，西北干旱区耕地采用大水漫灌等灌溉方式，由于当地气候干旱，蒸发量大，又无良好的排水系统，导致地下水位上升，在强烈的蒸发作用下，土壤返盐，就形成次生盐渍化，这种现象在各内陆河下游地区尤其严重。土壤盐渍化极大地破坏耕地资源，弱化土壤肥力。

传统上，西部地区是一个以农牧业为主的地区，农牧业收入是西部农民的主要收入。[①] 充沛的水源和良好的土壤条件是传统农牧业技术条件下决定农业收入的关键因素，然而由于气候、环境等原因，自然灾害则是严重影响农牧业收入的不稳定因素，导致西部地区农牧业收入低且极不稳定，产生了大量贫困人口。

二　生态贫困：西部贫困的突出问题分析

（一）西部生态贫困地区空间分布特征

贫困是严重制约西部经济社会发展的问题。中国农村贫困人口的大多数集中在中西部，尤其是西部，并呈块状、片状分布在高原、山地、丘陵、沙漠等地区。这些地区是中国贫困人口最多、贫困程度最深、贫困结构最复杂的地区。具体而言，西部贫困地区主要分布在如下生态区域[②]：

（1）黄土高原丘陵沟壑地区，包括宁南干旱山区（三西地区）、陕北黄土丘陵山区和陇中东部旱原丘陵山区。这一地区地处黄土高原腹地，水土流失严重，流入黄河85%的泥沙来自这一地区。同时，旱灾是该地区历史上经常面临的自然灾害，部分地区，尤其是宁夏三西地区，人畜饮水相当困难。

（2）东西部接壤地带，包括秦巴山区和武陵山区。该地区普遍存在毁林造田、滥砍滥伐现象，导致植被减少，水土保持能力下降，水土流失现象严重，水旱灾害频繁。在地质构造上，秦巴山区经常发生泥石流滑坡现象，轻则造成交通堵塞，重则造成重大自然灾害；武陵山区部分地区是

①　于法稳：《西北地区生态贫困问题研究》，《中国软科学》2004年第11期。
②　邹蓝：《巨人的跛足——中国西部贫困地区发展研究》。

石灰岩区、喀斯特地形，地表水多渗入暗河，干旱现象更加严重。

（3）西南喀斯特山区，包括乌蒙山区、十万大山区、桂西北山区、滇南山区和横断山区。该地区属喀斯特地貌，岩溶发育、水土流失严重，土层浅且薄，岩石裸露，植被稀疏，自然条件甚至比黄土高原区更加恶劣；该地区贫困程度和贫困面积，在全国也仅次于黄土高原地区。同时，西南喀斯特山区中的部分地区还存在着严重的干旱现象，尤其是冬春旱现象；在某些高原地区还存在低温霜冻灾害，非常不利于农业生产。

（4）青藏高原贫困区，包括西藏高寒山区和青海高寒山区。青藏高原区气候高寒，生态环境严峻，90%以上地区在海拔4000米以上，3000米以上的谷地不到10%。该地区绝对无霜期短，海拔4500米以上没有绝对无霜期，不利于农耕。其中，青海高寒山区干旱、霜冻、冰雹、大风等自然灾害频繁并经常发生春旱，青海西部土地盐碱化严重。

（5）蒙新旱区贫困地区，包括内蒙古高原东南沙区和新疆西部干旱区。该地区干旱少雨，蒸发量数百甚至千倍于降水量，土地沙漠化严重，全国著名的大沙漠集中在这一区域。另外，蒙新干旱区冬季严寒，绿洲地区面临土地盐碱化的威胁。

我国主要贫困人口集中区域全部分布在西部地区，即西南大石山区、西北黄土高原区、秦巴贫困山区和青藏高原区[①]，这些地区生存条件差，土地生产力低，其中宁夏西海固地区、甘肃陇南地区是全国著名的贫困地区。这些地区生态环境的修复与重建成为摆脱贫困的关键（见表4－4）。

表4－4　　　　　　　西部贫困县的分布区域与生态环境特点

区位	贫困县个数	分布区域	生态特点
北方农牧交错带	60	包括河北、内蒙古、山西、陕西和宁夏等省区	草原退化和土地沙化问题非常严重，是我国传统的水土流失区。该地带农牧镶嵌分布，时而农，时而牧，农业制度波动性大

---

① 陈南岳：《我国农村生态贫困研究》，《中国人口·资源与环境》2003年第4期。

续表

区位	贫困县个数	分布区域	生态特点
黄土高原水土严重流失区	130	秦岭—伏牛山以北，黄河河套及阴山以南，太行山以西，日月山以东地区。涉及陕北、内蒙古西部、宁夏南部、陇东及河西地区和青海东部，并涉及山西省大部地区	世界上最大的黄土高原区，由于地形破碎，沟壑纵横，土质疏松，气候干旱，导致水土流失严重，是黄河泥沙的主要来源区
秦巴山区	50	位于四川、陕西、河南、湖北四省交界处	山高、谷深、生态环境恶化，水土流失严重
西南喀斯特高原丘陵区	130	以贵州以中心，包括广西、云南、四川等省区，以及湖北、湖南部分地区	世界上最大的喀斯特高原，由于石灰岩广布，喀斯特化程度高，土层瘠薄，水土流失严重，耕地匮乏，环境容量小，石漠化严重
横断山脉高山峡谷区	40	包括雅砻江—元江一线以西的四川、云南两省部分地区。处在怒江、澜沧江及金沙江上游的三江并流带的高山峡谷封闭之中	山高坡陡，交通闭塞，耕地以陡坡地（坡度在25度以上）为主，加上降水量大，岩石疏松，构造复杂，滑坡，泥石流灾害突出，水土流失严重
青藏高原生态脆弱区	40	新疆、青海、西藏三省区	海拔过高、气候寒冷，水源极度缺乏，沙漠化面积不断扩大，风沙灾害严重，且地域偏远，交通极为不便

资料来源：王建、刘燕华（2001）。

（二）生态贫困：西部贫困的特殊成因

以上五类地区是我国典型生态脆弱区，这些地区虽然各自呈现不同生态特征，但它们同样既是生态破坏最典型、最强烈的区域，也是贫困问题最集中的地区。其共同特点是自然条件极端恶劣，同时还面临克山病、大骨节病等地方病，难以适合人类生存。我国典型生态脆弱带/地区内约92%的县为贫困县；约86%的耕地属于贫困地区耕地；约83%的人口属于贫困人口，集中了西部所有的贫困地区。

因此西部地区贫困的成因有其特殊的一面，其特殊性主要表现在当地特殊的自然地理环境条件上。西部贫困地区多位于生态条件极端恶劣的地区，环境承载力低下，某些地区，例如宁夏西海固地区，其自然条件，甚至可以说人类无法生存。从这个意义上讲，西部贫困更多地表现为生态贫困。西部贫困地区所处的恶劣生态环境，是造成地区贫困的主要原因。从贫困的形成机理上看，生态环境的极端恶劣使农业生产存在着突出障碍，尤其表现为水土流失严重，土地生产力低下，缺水或严重缺水，缺乏必要的土地、燃料、食料和饲料，生存条件极差；同时，贫困地区还是地方病和弱智人口较为集中的地区，普遍存在着碘缺乏病、大骨节病、克山病和地方性氟中毒等主要地方病，如陕西安康地区现有地方性克汀病 1.3 万人，疑似亚克汀病患者 33 万人，占全地区总人口的 11%；秦巴山区也是我国智力低下患人数较多、患病率较高的地区。生态环境的恶劣导致贫困，贫困导致过度开垦、过度放牧，过度开垦、过度放牧导致生态恶劣，从而带来更为严重的贫困，形成恶性循环。

从气候和灾害角度看，生态脆弱区生态系统结构稳定性较差，各要素之间的相互作用强烈，对环境变化反应尤其敏感，系统整体抗干扰能力弱。因此，生态脆弱区生态系统对气候变化尤其敏感，气候变化会使这些地区的生态系统更加脆弱，而脆弱的生态系统所引发的一系列问题将进一步导致和加剧贫困。一旦脆弱的生态系统遭到严重破坏，它也会加速气候变化，从而引发更多更严重的次生灾害。进一步深入考察，可以看出，气候贫困和生态贫困事实上往往交织在一起，二者相互作用，相互影响。稍有不慎，即会引发二者之间的恶性循环。

针对上述贫困地区的反贫困，不能仅仅依靠常规的大量投资、改善地方基础设施条件、提高地方人力资本，而是首先要因地制宜地修复、改善地方生态环境，减少自然灾害带来的损失和破坏，减少人类活动带来的破坏，从而改变地方生存条件，使上述贫困地区逐步适宜人类居住。当然，也包括根本的措施，如果投入成本过大，或环境难以修复，就应当将那里的居民局部搬迁或整体搬迁出来，迁移到适宜人群居住的地方，使原居住地成为自然保护区和禁止开发区，从而使当地脆弱的生态环境得以免受人类开发的干扰而按自然规律演化。

（三）西部农村贫困问题

贫困问题是严重制约西部农村经济社会发展的问题。从区域分布上看，2006 年，西部地区农村绝对贫困人口占全国农村绝对贫困人口总数的 63.8%，贫困发生率远高于全国平均水平；西部农村低收入人口规模最大，占全国的 61.86%，低收入人口占农村贫困人口比重为 7.7%，超过全国平均水平一半以上。

从西部各省分省情况看，青海贫困发生率最高，为 10.9%；内蒙古、贵州、陕西、甘肃四个省份贫困发生率在 5%—10%；从低收入人口占农村人口比重看，贵州、云南、陕西、甘肃、新疆低收入人口占农村人口在 10% 以上。[①] 新时期 592 个国家扶贫开发工作重点县中，西部地区共有 375 个，占全国的 63.3%；421 个省定贫困县中，西部 144 个，占全国的 34.2%（见表 4-5）。

表 4-5　　　　　　　　1994—2000 年国家及省定贫困县地区分布

	国家扶贫开发工作重点县		省定贫困县	
	数量（个）	比重（%）	数量（个）	比重（%）
全国	592		421	
东部	151	7.43	129	30.64
中部	44	25.51	148	35.15
西部	375	63.34	144	34.20
东三省	22	3.72	—	—

资料来源：根据国务院扶贫开发办网站数据整理。

（四）西部民族地区贫困状况特点分析

西部地区是我国少数民族的主要聚居区。全国 55 个少数民族 8000 多万人口，其中 80% 以上分布在西部地区。同时，西部地区又是我国最主要的贫困地区，《国家八七扶贫攻坚计划》中的 592 个国定贫困县，有 258 个是少数民族自治县；这 258 个少数民族自治县中有 224 个分布在西部地区，占民族贫困县的 86.8%。全国 5 个民族自治区都在西部；77 个民族自治地级市，西部占 74 个；698 个民族自治县，西部占 637 个；西部少数民族人口占全国民族自治地方少数民族总人口的 86.8%，占西部民族自治地方总人口的 46.49%。592 个国家扶贫工作重点县中，民族自

---

① 《中国农村贫困监测报告》。

治地方 240 个，比例高达 40.54%；240 个民族自治地方国家扶贫工作重点县中，西部地区 205 个，占 85.42%（见表 4-6）。

表 4-6　　　　各地区民族自治地方国家扶贫工作重点县数量和比例

地区	数量（个）	比例（%）
全国	240	
东部	10	4.17
东三省	5	2.08
中部	20	8.33
西部	205	85.42

资料来源：根据国务院扶贫开发办网站数据整理。

西部少数民族地区贫困状况特点如下：

第一，由于深刻的历史原因，西部少数民族聚居区多为生态脆弱区，包括蒙新干旱地区、青藏高寒山区、桂西北、滇东南山区。蒙新干旱地区属于干旱、半干旱地区，也属于荒漠草原牧区；其中新疆的南疆地区自然生态特别恶劣，农业生产条件、基础设施和社会服务都远远低于其他地区，分布着全疆近 80% 的贫困人口，是新疆扶贫工作的重点和难点，也是扶贫开发工作的主战场。青藏高寒地区近年来存在着严重的生态问题，即湖泊面积减少、土地沙漠化现象严重。这些地区生态环境脆弱，旱、水、雪、风、雹、沙尘暴等自然灾害频繁，同时这些地区又是致病水土区，地方病和传染病流行，有效生存空间狭小分散，构成反贫困的严重障碍。桂西北、滇东南地区则属于典型的喀斯特山区，石质山地尤其是岩溶山地比重大，水土流失日趋严重，石漠化现象严重，适宜耕作的土地面积小。

第二，西部少数民族聚居区多远离中心经济区和交通干线，且多位于国界或省界，导致行政管理缺位，投资不足，例如新疆的和田地区、云南麻栗坡县，给这类地区的反贫困道路带来巨大困难。以和田地区为例，和田地区自然条件、社会经济发展状况和贫困状况方面，在南疆少数民族聚居区具有较强的代表性，首先属于典型的"三不沿"地区，即不沿铁路、不沿高速公路、不沿大江大河；其次和田地处偏远，生存环境恶劣，少数民族聚居，经济以较为原始的农业生产为主，使其成为干旱区贫困的典型，深陷入"环境脆弱—贫困—掠夺资源—环境退化—刺激人口增加—

进一步贫困"的贫困、人口、环境的"PPE 怪圈"。

第三,西部少数民族地区人口增长快,人力资本水平低下。西部贫困地区人口增长快,形成"越穷越生,越生越穷"的恶性循环;在人力资本水平上,一方面是地区自然条件和医疗卫生水平低下导致的地方病频发,劳动力健康水平低;另一方面是教育水平低下导致的文盲半文盲比例高。低下的人力资本水平使得贫困地区劳动生产率低,经济增长缓慢。

第四,基础设施严重不足。整体而言,西部地区基础设施供应水平低于全国平均水平,西部民族贫困地区,单位面积的铁路里程、公路里程和邮局数量不到全国平均水平的10%,交通通信的相对落后状况在进一步拉大。贫困地区人均市场数量和单位面积的市场数量分别是全国平均水平的72%和18%。由于交通通达性差,交易费用高,贫困人口与外界的交易机会少,甚至没有交易机会,结果限制了市场范围的扩展,限制了分工,致使这些地区的比较优势难以发挥,形成所谓的"富饶的贫困"。①

第五,二元经济结构下农业补贴工业的经济体制。在这一经济体制下,工业、农业产品的价格"剪刀差"导致农业收入长期低下,农民社会负担过重。

(五) 西部地区城市贫困问题特点及空间分布

1. 西部地区城市贫困人口分布

除农村贫困外,西部地区还存在着相当普遍的城市贫困。从我国城市绝对贫困的地区分布来看,西部城市贫困人口占全国城市贫困人口的比重最大,甚至超过了东北地区;其中西南地区城市贫困人口多于西北地区;各个地区中,城市贫困发生率西北地区是最高的;在全国,西部城市贫困人口占城市人口比重也是最高的。从人口构成来看,依然以"三无"人员为主,但近年来下岗和失业人员比重逐渐增加(见表4-7)。

表4-7　　　2003—2007 年全国各地区城市贫困人口分布　　单位:%

地区	2003 年	2005 年	2006 年	2007 年
东部	15.49	15.24	15.26	15.04
东三省	20.66	19.57	18.75	18.30
中部	32.29	31.51	31.27	31.39

① 郑长德:《中国西部民族地区贫困问题研究》,《人口与经济》2003 年第 1 期。

续表

地区		2003 年	2005 年	2006 年	2007 年
西部		31.56	33.68	34.72	35.27
	西南	17.21	15.12	19.29	19.80
	西北	14.36	18.55	15.43	15.47

从贫困成因看，西部地区城市贫困与两个因素密切联系：第一，西部资源型城市在资源衰竭之后未能完成产业结构转型的问题；第二，经济转型过程中国有企业职工的下岗失业问题和退休职工养老问题。

2. 西部资源枯竭型城市贫困成因

资源枯竭型城市是指矿产资源开发进入衰退或枯竭过程的城市，一般可使用累计采出储量已达当初测定总量之 70% 以上或以当前技术水平及开采能力仅能维持开采时间五年之城市就可将其称为资源枯竭型城市。当前中国失业矿工达 60 多万，城市低保人数超过 180 万。收入差距、失业贫困问题成为影响资源型区域和谐发展的严重障碍。[①]

从地区来看，以东北老工业基地为例，较多的资源枯竭型城市导致东北地区城镇登记失业率最高，2012 年为 3.8，而中部、西部地区为 3.5，东部地区则最低，为 3.0。[②] 西部资源型城市曾经是西部主要的工业城市，然而伴随着资源的枯竭、产业结构的单一，一部分西部资源枯竭型城市如陕西省铜川市、甘肃省玉门市、白银市等，由于资源枯竭，加剧了"资源诅咒"效应，产生大量下岗、失业人员。产生原因包括：（1）资源枯竭或资产重组而产生的资源型企业减员；（2）因资源型企业的萎缩而萧条的关联企业或缺乏竞争力的其他企业所产生的失业人员；（3）因城市经济缺乏新的增长点而形成的新增劳动力失业。在以矿产资源开发与初加工为主体和主导的产业结构中，人力资本的专门性导致下岗、失业人员难以在其他产业部门找到新的工作岗位；资源型产业本身退出的高壁垒导致这类城市难以发展其他工业行业，而城市经济中服务业等第三产业的落后、所有制结构的单一难以吸纳新增劳动力和

---

① 《全国资源型城市可持续发展规划（2013—2020 年）》，2013 年。

② 赵康杰、景普秋：《矿产品价格冲击下的资源型区域经济增长波动研究》，《中国地质大学学报》（社会科学版）2014 年第 14 卷第 3 期。

失业人员。

因此，资源地区和资源型城市的反贫困措施要从区域和城市经济转型、产业结构调整以及所有制改革入手，以解决由于矿产衰竭、城市衰败带来新的城市贫困问题。

3. 经济体制改革引发的城市贫困

20世纪新中国"三线"建设时期，西部聚集了大量大型军工、纺织、机械企业。大型国有企业在西部地区的分布，提高了西部工业化水平；某些行业企业，例如纺织行业很大程度上解决了当地就业问题。然而，90年代中后期以来，随着经济体制改革的深入，大量国有企业陷入困境，大批国有企业职工下岗、失业，大批企业退休职工退休金无法发放。在保障体制上，不健全的社会保障体制使这些工人无法维持基本生活，尤其是退休工人的生活无法维持；在产业结构上，西部落后的第三产业无法吸纳突然出现的大量失业人员；在所有制结构上，与东部地区相比，西部非公有制企业比重极小，外商直接投资比重低，外资企业少，大量失业人员无法再就业；下岗职工年龄偏大、缺乏相应的就业技能，难以适应新出现的就业岗位。种种原因造成90年代中后期突然出现大批新的城市贫困人口，给社会经济发展带来巨大的压力。

第五节　地区自然资源开发与经济增长的关系

由上述分析可知，西部地区尽管近年来凭借丰裕的自然资源经济得以快速发展，可是与东部相比却差距很大，从目前来看，西部地区经济发展水平相对落后，人均GDP仅相当于全国平均水平的70.5%，不到东部地区平均水平的45%。西部地区丰富的资源禀赋与其经济增长不匹配。下面拟通过经验数据进行初步观察，验证中国省际层面上资源禀赋与经济增长之间相关性特点，以便粗线条了解西部地区资源开发与经济增长情况。

一　资源赋存与经济增长的关系

（一）资源禀赋丰裕度指数（RAI）

资源丰裕度，是指一个国家或地区的资源供给总量。本章构造了以土地、水资源、矿产资源为代表的资源丰裕度指数，以各地区可耕地面积、水资源、煤炭、石油、天然气的储量占全国这些资源比重来衡量各地区自然资源禀赋。

在此将土地、水资源、一次能源矿产资源的比重均设为1/3，以表示这三种资源对经济社会发展的重要程度。而在对三种能源矿产资源权重的确定上，参照我国一次能源生产、消费总量中的比重：煤炭：75%，石油：17%，天然气：2%。

具体计算公式如下：

$$RAI_i = \frac{1}{3} \times \frac{land_i}{land} + \frac{1}{3} \times \frac{water_i}{water} + \frac{1}{3}\left(\frac{coal_i}{coal} \times 75 + \frac{oil_i}{oil} \times 17 + \frac{gas_i}{gas} \times 2\right)$$

$$(4.1)$$

式中，RAI_i 代表某省份的资源丰裕度指数；$\frac{land_i}{land}$、$\frac{water_i}{water}$、$\frac{coal_i}{coal}$、$\frac{oil_i}{oil}$、$\frac{gas_i}{gas}$ 分别为某省份可耕地面积、水资源、煤炭、石油、天然气储量占全国这几种资源储量的比重。

（二）人均 GDP 年均增长率

本书用人均 GDP 年均增长率作为衡量地区经济增长的指标。

$$I = \frac{1}{T}\left(\ln GDP_r - \ln GDP_o\right) \times 100\%$$

$$(4.2)$$

式中，I 代表人均 GDP 的年均增长率；GDP_r 和 GDP_o 分别代表计算期和基期的人均 GDP；T 为从基期到计算期的年份间隔。

（三）GDP 年均增长率

$$I = \frac{1}{T}\left(\ln GDP_r - \ln GDP_o\right) \times 100\%$$

$$(4.3)$$

计算公式形式与（4.2）式相同，但是各系数代表的意义却有些不同：I 代表 GDP 的年均增长率；GDP_r 和 GDP_o 分别代表计算期和基期的 GDP；T 仍为从基期到计算期的年份间隔。

二 统计观察结果

本章检验的研究样本为 1990—2008 年全国 30 个省市区（由于重庆 1997 年才成为直辖市，所以这里暂将重庆舍去，合并于四川）的数据资料。以下是测算出来的资源丰裕度指数、人均 GDP 年均增长率以及 GDP 年均增长率的情况（见表 4 - 8）。

表4-8   全国各省份资源丰裕度指数、人均GDP以及GDP年均增长率

省份	资源丰裕度指数	资源丰裕度指数排名	人均GDP年均增长率（%）	GDP年均增长率（%）
山西	8.149	1	13.76	14.65
内蒙古	6.3353	2	16.22	16.79
陕西	2.7129	3	13.98	14.89
新疆	2.1545	4	12.65	14.37
黑龙江	1.7468	5	12.48	12.91
山东	1.3328	6	15.28	15.91
贵州	1.1765	7	12.57	13.42
河南	1.0179	8	15.20	15.69
河北	0.974	9	14.55	15.23
安徽	0.6859	10	13.19	13.69
辽宁	0.6689	11	12.89	13.36
甘肃	0.6594	12	12.63	13.53
云南	0.6479	13	12.27	13.34
四川	0.5533	14	13.86	13.90
吉林	0.4769	15	13.69	14.29
宁夏	0.4531	16	13.44	14.89
青海	0.2697	17	12.70	13.80
江苏	0.1804	18	15.68	16.12
湖南	0.1798	19	13.99	14.25
广西	0.1062	20	13.90	14.58
天津	0.1011	21	14.36	15.88
江西	0.083	22	13.63	14.29
湖北	0.0744	23	13.40	13.79
西藏	0.0573	24	12.55	14.00
北京	0.0523	25	13.46	16.01
福建	0.0501	26	14.93	15.95
广东	0.0492	27	14.49	16.48
浙江	0.0194	28	15.74	16.71
海南	0.0144	29	12.50	13.98
上海	0.0011	30	13.24	15.24

资料来源：《中国统计年鉴》（2009）。

从资源丰裕度指数来看，各地相差悬殊，最大值 8.1490（山西）与最小值 0.0011（上海）之差为 8.1479。根据资源丰裕度指数数值的大小分布，可以把全国各省、直辖市、自治区分为四个区间：［8.1490，2.1545］为资源高丰裕度地区（内蒙古、山西、陕西、新疆），资源较高丰裕度地区［1.7468，0.974］（黑龙江、贵州、河南、河北）；资源中等丰裕度地区［0.6859，0.2697］（安徽、辽宁、甘肃、云南、四川、吉林、宁夏、青海），以及资源贫乏地区［0.1804，0.0011］。

三　资源丰裕度与地区经济增长速度的协同性分类

（一）协同分类的标准

上述分析，已初步观察出中国省际层面上存在某种资源与经济增长非同步现象，现在将通过对各省份资源丰裕度和经济增长速度的分层来了解各省份的实际情况。为了进一步反映西部地区资源与经济增长情况，本章对其采用赋值法，通过计算结果确定西部地区资源与经济增长协同性质和特点。在此，对资源丰裕度指数和经济增长速度指数采用三分位法进行分层。所谓三分位法，就是使用三分位数将一组数列进行分组。在一个从大到小的数列中，三位数中有两个，将数列均分为三等份，高值部分的三分位数为上三分位数，低值部分的三分位数为下三分位数。使用这种方法对研究总体内部构成和总体分布的离散程度有一定的作用。根据三分位法，对于资源丰裕度指数大于上三分位数的省份为资源丰裕省份，小于下三分位数的省份为资源相对匮乏省份，位于上三分位数和下三分位数之间的省份为资源中等省份。对于经济增长速度也采用同样的方法，分为经济增长高速的省份，经济增长中等的省份以及经济增长低速的省份。计算结果显示，资源丰裕度的上三分位数为 0.6774，下三分位数为 0.10365；人均 GDP 的年均增长率的上三分位数为 13.955%，下三分位数为 13.215%。

可以看到，根据测算出来的这三组数据，以各省份的资源丰裕度指数为横轴，以各省份人均 GDP 的年均增长率和 GDP 年均增长率各为纵轴，做两个散点图，分别如图 4-1 和图 4-2 所示。

由于篇幅限制，山西和内蒙古这两个资源丰裕度指数较大的省份未能在图中显示出来。因此把二者用虚框标记出来。观察两幅图，可以发现各散点（代表各省份）非常近似地收敛于由高向低（代表人均 GDP 的年均增长率及 GDP 年均增长率）和从左到右的一条拟合线，这条拟合线存在明显向右下方倾斜的趋势。其中浙江、江苏、广东、福建等资源禀赋较低的省份获得了高速经济增长速度；而山西、贵州、黑龙江、新疆等资源禀赋大省却发展相对缓慢；而山东、河南、内蒙古等资源富集省份依靠自己的资源优势取得了较快的经济增长速度。这在一定程度上说明我国在省际层面上自然资源丰度与经济增长速度之间存在不确定性。

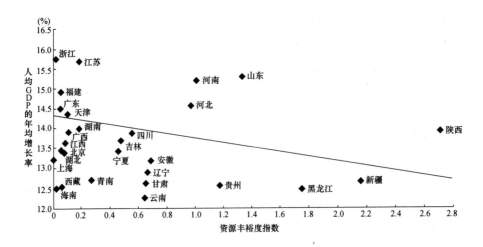

图4-1 全国各省份资源丰裕度指数和人均GDP年均增长率

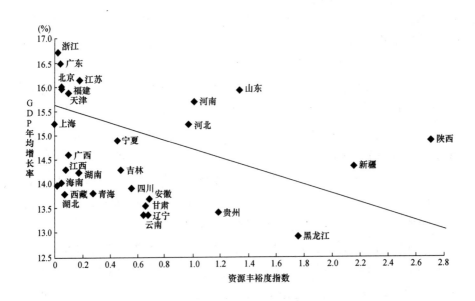

图4-2 全国各省份资源丰裕度指数和GDP年均增长率

（二）西部地区资源丰裕度与经济增长速度

表4－9是西部地区资源丰裕度与经济增长速度（以下以人均 GDP 增速作为衡量经济增长速度的指标）在全国省份中的排名。西部地区的 11个省份（除重庆外）中有4个省份排在资源丰裕度的前 10 名，但其经济增长速度却只有 1 个省份排在前 10 名，其余分别列第 11、第 12、第 24和第 26 名。

表4－9　西部地区11省份资源丰裕度及经济增长速度在全国的位次

省份	资源丰裕度位次	经济增长速度位次
内蒙古	2	1
广西	20	12
四川	14	13
贵州	7	26
云南	13	30
西藏	24	27
陕西	3	11
甘肃	12	25
青海	17	23
宁夏	16	18
新疆	4	24

表4－10 给出了通过上下三分位数对我国 30 个省市区进行的分类矩阵。

表4－10　各省区资源丰裕度与经济增长速度的分类矩阵

		资源丰裕度		
		丰裕	中等	匮乏
经济增长速度	高速	内蒙古、山东、河南、河北	江苏、湖南	天津、福建、广东、浙江
	中速	山西、陕西	广西、四川、吉林、宁夏	江西、北京、湖北、上海
	低速	新疆、黑龙江、贵州、安徽	辽宁、甘肃、云南、青海	海南、西藏

（三）资源丰裕度与地区经济增长速度的协同性分析

这里本章采用简单赋值法对各省份资源丰裕程度和经济增长速度进行打分。将各省市（区）分为资源丰裕、资源中等和资源匮乏三个层次后，采用1、2、3最简单的数值对各省份在这两个指标上的高中低程度赋予分值，这只是为了能直观通过数值比较确定各省市（区）资源与增长协同程度的尝试。

具体而言，对于资源丰裕的省份打3分，资源中等的省份打2分，资源匮乏的省份打1分；经济增长高速的省份打3分，经济增长中速的省份打2分，经济增长速度偏低的省份打1分。然后用各省资源丰裕的得分除以经济增长速度的得分，如果比值等于1，则属于正常协同省份；如果此比值大于1，则为（高或中丰裕度）资源依赖性增长省份；比值如果小于1，则说明为（低丰裕度）资源非完全依赖性增长省份。根据上述简单赋值法进行打分和比较的情况见表4－11。

表4－11　　　各地区资源丰裕与经济增长速度得分类型和比值情况

（1）资源丰裕类型与得分		（2）经济增长速度与得分		（3）资源丰裕程度与增长速度协同性(3)=(1)/(2)		
1.1　资源丰裕	3	2.1　高速增长	3	1	1.5	0.33
1.2　资源中等	2	2.2　中速增长	2	1.5	1	0.5
1.3　资源匮乏	1	2.3　低速增长	1	3	2	1

如表4－12所示，资源丰裕程度与增长速度协同性可分为高丰裕度/高速增长型、中丰裕度/高速增长型、低丰裕度/高速增长型、高丰裕度/中速增长型、中丰裕度/中速增长型、低丰裕度/中速增长型、高丰裕度/低速增长型、中丰裕度/低速增长型和低丰裕度/低速增长型九种。

表4－12　　　全国各地区资源赋值与经济增长速度的比值情况

比值	省、直辖市、自治区
＞1	山西、陕西、新疆、黑龙江、贵州、安徽、辽宁、甘肃、云南、青海
＝1	内蒙古、山东、河南、河北、广西、四川、吉林、宁夏、海南、西藏
＜1	江苏、湖南、天津、福建、广东、浙江、江西、北京、湖北、上海

从表4-9统计结果来看，我国西部高丰裕度资源依赖性增长的地区有：陕西、新疆、内蒙古和贵州，而四川、广西、云南和西藏，甘肃、青海、宁夏则属于中丰裕度资源依赖性增长地区，东部和中部10个省份均为低丰裕度资源高增长地区。

四　进一步的讨论

（一）自然资源是一个广义的概念

本书认为自然资源应是一个广义的概念，不仅包括矿产资源等非均衡点状分布的不可再生资源，还应包括水资源、土地资源等相对均衡面状分布的可再生资源，这些也是现代经济社会活动所必需的资源，忽视这些资源是不现实的。但是两大类资源在人类生产生活中起的作用有所不同。当然，经济社会活动对于各种资源的作用是有所倚重的，有时相互间是可补充的，有时则是相互间可替代的。

（二）经济增长方式的选择和转变对自然资源依赖程度的变动

选择和转变经济增长方式是一个历史过程。根据生产要素的密集程度及内含技术参数的多寡，一般将经济增长方式分为两类：靠投入增加的粗放（或外延）型增长和靠效率增加的集约（或内涵）型增长。而粗放型增长的实施前提是要素价格的偏低和充分供给，因此必须看到经济增长方式的选择和转变背后有不同发展观的指导和一定制度的安排，由此必然会产生对自然资源依赖程度大小的变动。

我国国民经济发展的理念经历了一个逐渐演进的过程，以口号为标志，经历过追求"多快好省"、"又快又好"和"又好又快"、"科学发展"等不同阶段。对资源的认识以及其作用和要素报酬，在我国区域发展中，都有着一个从不承认其价值到认识其资源配置作用的过程。对于土地资源来说，由于东西部地区之间土地的质量、肥力等存在很大差别，因此仅按土地的可耕地面积来衡量一个地区的资源丰裕度也存在一定的缺陷；此外水资源也存在一定问题，如一些地方主要是通过自然降雨来获取水资源，而另一些地方则是靠工程性设施来获取水资源，因此水资源的赋存有不确定性。

（三）资源价格波动的影响

从资源价格来说，根据我国法律，对于能源矿产资源，由于属于国家垄断所有，长期以来，其价格也是政府直接定价或指导定价，并不完全按市场规律波动，因此矿产资源价格影响了资源对地区经济增长的真实作用，也影响到对公共产品、生态环境损害及其补偿的问题；更为重要的，还影响到资源区所在地居民的民生、福祉和可持续发展问题。随着国家对外开放的深入，国内资源型企业定价与国际水平逐渐接轨，近几年随着世界能源资源价格的趋势性上涨，我国资源型产业享受了巨大的价格红利，特别是煤炭产业，在煤炭资源富集区，如山西、陕西、内蒙古和宁夏等地，对当地的经济增长的推动作用居功至伟。而将时间回溯十多年前，当时全国和各地的煤炭价格很低，甚至无人问津，对经济增长的推动作用，从价值角度就大打折扣。然而近年来，特别是自 2012 年以来，煤炭资源又再次出现大幅度价格回落，目前全国煤炭价格已经降至 2007 年年底的水平，使得当地煤炭企业陷入困境，有 9 个省出现了全行业亏损；在主要产煤省区的 36 家大型煤炭企业中，有 20 家企业亏损、9 家企业处于盈亏边缘；有 50% 以上的企业下调了职工工资，部分企业出现了缓发、减发、欠发工资现象。① 而因资源价格波动对于区域经济增长速度的影响更为明显。

（四）自然矿产资源与经济增长是一对涉及时空因素关系的事物联系体

自然矿产资源对于一个国家（地区）的工业化、社会再生产的积极作用是毋庸置疑的，但是，这种作用的大小在一国（地区）工业化发展的不同阶段是不同的：工业化初期，这种作用最为强烈，脱离本地资源支撑发展工业化几乎是不可能的；而到了中期，在资本积累和技术进步的条件下，一国（地区）可以部分摆脱本地资源的束缚，靠原料进口来发展工业；到了后期，随着技术进步和分工的接续变化，新兴的高技术产业和服务业对自然资源的依赖程度更低，那些主要发展高科技产业和服务业国家的经济效益远远超越那些仅仅依靠资源采掘出口初级产品的国家，因此当我们探讨区域资源开发问题时，不能脱离其所处的历史阶段而无限放大资源开发、"资源诅咒"与经济增长的因果关系，不能认为如果现阶段某一资源富集区陷入了"资源诅咒"，则任何时候自然资源对其经济增长都起到了负面作用。很显然，在区域发展的各个阶段，丰裕的资源对其经济的发展都起到了不同程度的重要作用，我们不能把人为的行为结果，制度的缺陷都归咎于"资源诅咒"和劫难，而忽略了对事物本源关联的辨析和清理。

---

① 《上半年全国煤炭经济运行情况》，中商情报网（http：//www.sxcoal.com），2014 年 7 月 31 日。

（五）样本和数据分析

已有的中文文献在探讨"资源诅咒"时大都使用省级数据。但是省级数据的样本量较小，所以中文文献都采用了（动态）面板数据，这与英文文献中通常采用的横截面模型是有区别的（Sachs and Warner，1995，1997，1999，2001；Papyrakis and Gerlagh，2004，2006）。从关于自然资源对经济发展传导机制的文献分析中就可以发现，无论是其对制度的影响，还是对以制造业为代表的经济活动的挤出效应，都需要在较长时间才能得到更好的反应。横面模型适合考察各种长期因素对经济发展的影响，而（动态）面板数据更适合考究影响经济发展的短期因素。我们处理面板数据中的固定效应时，一般需要采用差分方法。但是，一个地区的自然资源禀赋是一个相对稳定的变量，而差分以后将会丧失数据中包含的很多重要信息。因此中文文献在考察"资源诅咒"中所采用的（动态）面板数据有一定缺陷，会影响资源丰裕度对经济增长的真正作用。此外，短期经济增长还会受很多因素的影响，在模型中，更有可能碰到解释变量的内生性问题。

本书在验证西部地区是否存在"资源诅咒"时，由于收集条件所限，主要采用省级层面的区域数据，但需要指出，由于中国地域广大，一些省（区）的实力、面积和人口不亚于一个大国。而资源分布特别是矿产资源分布是极不平衡的，特别是在不同的发展阶段，不同的开放环境下，国际价格的变动幅度、矿产资源的开发力度、强度和应用程度乃至定价机制都存在很大差别。更何况在特定的发展阶段，若仅观察省级层面的数据，可能会降低资源禀赋在区域经济发展中的贡献比重，而如果使用资源型城市的数据来探讨中国的"资源诅咒"会更有现实意义和价值，但是由于资源型城市数据的缺乏，因此除了个别地区外，无论是验证是西部地区的"资源诅咒"现象还是以下的"资源诅咒"评价和预警指标体系，都不得不采用省级层面数据。

（六）广义的区域发展环境和人力资本

正如本书第三章理论框架部分中强调了区域资源发展环境不仅仅是自然形成的，例如资源禀赋、生态环境等，而且部分也是人工形成的，包括人文、教育科技、基础设施等。与相对丰富的自然资源相比，人力资本的不足正是西部地区经济发展的瓶颈所在。由于人才的缺失，使得西部地区无论是教育、研究还是新技术、新工具的推广使用都在全国处于落后地位，丧失了发展致富的机遇。我国西部地区人才总量不足，每万人中人才数量为 323 人，低于全国 487 人的平均水平。而且人才队伍整体素质也亟待提高，西部地区国企、事业单位专业技术人才中，具有大专以上学历的仅占 40%；且主要集中在省会城市和少数专业，而基层、生产一线、少数民族地区人才更是严重缺乏，工程技术、科研、经济管理、高新技术人才十分短缺。不仅人才缺乏，培养困难，而且由于西部地区环境和待遇等原因，每年人才外流现象严重。自 20 世纪 80 年代以来，西部人才流出量是流入量的两倍以上，特别是中青年骨干人才大量外流，近几年仅西北地区调往沿海及内地的科技人员就超过 3.5 万人，并多为中高级专业人才。[①] 本区的学生也将事业的首选之地放在东部沿海等经济发达地区。

可见，人才的匮乏是西部发展缺乏长足动力的重要原因。不仅如此，由于西部地区在基础教育比较落后，文盲率较高，科技投入不足，创新载体建设工作滞后，人力资源严重缺乏。西部地区的经济基础薄弱，再加上人口增长、自然灾害等原因，地方财政用于教育的投入还远远不能满足教育发展的需要。据统计，2008 年，我国普通小学教育生均预算内教育事业费 2758 元，北京为 10112 元，贵州为 1852 元，贵州的经费只占到北京的 1/6。加之西部地区工业中主要以采掘业与原料业为主，因此对人才的吸收不多，造成人不能尽其才，才不能尽其用，造成一、二、三次产业的劳动生产率普遍低于全国平均水平。这些都严重地限制了西部地区经济社会健康、协调和可持续地发展。

（七）区域之间的开放贸易与产业价值链分工环节的高低

在当今世界，经济日益全球化，在我国国内区域之间资源品的贸易也是开放的，而且在价值增值的过程中，企业和地区往往随着本地产品链和产业链的加工深度而获得更大增值。而在实际的区域分工产业链中，西部与其他资源区主要承担的是资源开发和输送环节，而深加工环节更多在区外而不在区内，这也会在相当大的程度上影响本地的经济增长速度和福利水平。

第六节　本章小结

本章首先从能源、矿产资源、土地资源、水资源、森林资源以及风

[①]　高全成：《关于西部教育等方面的热点、难点及前沿性问题研究》，《中国西部经济发展报告》（2005），社会科学文献出版社 2005 年版。

能、太阳能资源等多方面讨论了西部地区的自然资源禀赋状况、地位和优势；确认西部地区的资源禀赋优势是地区赖以发展的优先基础；但是这种优势又是建立在比较脆弱的生态环境基础之上的，开发条件相对恶劣，成本也相对较高，这是西部资源开发、环境治理和经济社会发展中突出的现实课题。其次，分析了西部地区的人口增长、资源开发对生态环境的影响，认为人口增长的压力、资源开发强度对西部生态环境都有不可忽视的影响。再次，分析了矿产资源丰裕程度与经济增长的关系，指出作为重要的能源资源基地，西部除个别地区外，尚未取得与全国经济同步的成长，同时也说明对这种现象需要更加深入地从事物的本源去认识，并列举了七个方面作进一步的讨论。

从两种资源，两个市场的角度，我们对于区域资源禀赋优势的评判，既要考虑当地资源开发利用成本，又要考虑市场需求的影响，不能仅仅依据资源的相对拥有量甚至是资源的绝对数量或者某种资源的有无。在考虑市场需求时，既要考虑国内市场，也要关注国际市场；既要分析当前市场和初级产品的需求，更要深入分析市场需求的动态变化、竞争者的行为、关联产业的市场需求及由此形成的对资源需求结构和资源优势的影响。同时，还要高度重视科技进步条件下资源的组合优势，特别是传统能源和新能源的组合，以及自然资源和社会资源的配合状况，资源开发与市场开发的协调程度。

根据上述评判准则，可以说西部资源开发，除部分条件较好地区之外，相当多的资源赋存地区的生态环境脆弱、开发条件恶劣，开发成本较高。因此，西部地区的资源禀赋在总体上相对于国内其他地区，是有优势的，但是一部分资源在国际上的竞争力不高。这就启示我们，在开放条件下，在国内开发成本较高、运力紧张和市场需求急剧扩张的情况下，需要认真考虑如何更好地开发和利用国内外两种资源和两个市场；西部地区在发展过程中也应当充分考虑这种方式的可能性与可行性，以促进当地经济社会更好地发展。

第五章 资源开发与环境治理的
外部性空间异置

第一节 资源开发、生态保护和环境
治理的外部性特征

一 外部性空间异置问题的提出

资源开发和利用中成本—收益的空间异置是指在开放经济条件下，一个地区的经济活动所产生的环境外部性收益和外部性成本在空间的不对称异置，从而影响地区乃至跨地区的经济社会可持续发展的命题。在区域层面，外部性空间异置可大致分为以下四种类型：

第一类外部性空间异置，是指在资源型生产地区，如煤矿、油田以及其他矿产产地等；这些地区由于当地经济水平落后、环境标准低，执行力度更低，缺乏环境保护意识，导致开采中的生态环境成本很高；在区域分工确定的前提下，一旦资源开采后，自用很少，大多直接运往外地，但由于开发制度的安排与锁定，本地只能获得资源开发的企业收益，却不得不承担对于开发中的资源耗竭、环境破坏等造成的巨大环境治理成本；若不能得到及时治理，致使那里的生态环境破坏难以修复；而在计划经济或需求定价时期，那些外购产品地区及其使用者则不用支付环境成本，而直接享受了那些对开发地造成巨大环境破坏性的资源型中间产品和最终产品，并且在其当地和企业产生了重大的经济效益和社会效益。这是根据初始分工确定的原材料初级产品提供的价值链产生的空间外置模式。

第二类外部性空间异置，是指生态特殊地区，如大江大河发源地，类似三江源、秦岭等，这些地区是具有很强的可提供公共产品的地区；那些相关流域的中下游地区及其使用者直接享受了这些公共产品或准公共产品，并且产生了重大的经济效益和社会效益，却不用支付环境成本。而生态特殊地区也并未就其对当地生态的保护获得足够的补偿，而恰恰那些地区往往也是生态脆弱地区和相当贫困的地区。但是由于这些地区往往经济水平落后、如果本地的经济开发活动一旦成规模且持续地进行，极易造成对当地生栖地的破坏，同时会造成巨大的环境外部成本；使下游及邻近地区遭受巨大损失，并不得不支付大量成本来抵消来自外部的影响。这是一种流域区域上游以下游为服务（或污染）指向空间异置模式。

第三类外部性空间异置，是指在经济活动中，某些发达地区经济主体会通过投资或设备转移方式将污染密集型产品或污染性生产环节转移到环境标准较低的落后地区，以减少当地企业污染形成的外部社会成本，而增加其本企业的收益，以及当地巨大的社会收益；而对于输入地，只是增加了当地企业的收益，而社会成本也随之生产的规模扩大而大量增加，这也是成本—收益空间异置的又一种表现形式。这是一种发达地区的空间投资和污染迁移结合，以欠发达地区为目的指向所引发的空间异置模式。

第四类外部性空间异置，是指在经济活动中，某些发达地区，主要是城市的经济主体，会因为当地政府对经济增长的重视而对环境问题疏于管理和治理，而有意进行不达标排放的行为和结果。这种排放即使是在当地产生，也会发生严重的负外部性后果。特别是在对于周边农村和边远地区的排放，对于当地居民的生命和民生造成的后果有时甚至是灾难性的。由于城市和乡村之间存在着实力和权力的不平等，在博弈之中的地位也具有轻重之别，因此这是一种城市以乡村为污染排放指向的空间异置模式。

二　资源开发和利用中成本—收益的空间同置和异置

根据经济学原理，资源开采等人类生产活动的社会成本（SC）包括私人成本（PC）和外部成本（EC），$SC = PC + EC$；开采的社会收益（SR）包括私人收益（PR）和外部收益（ER），$SR = PR + ER$。对于一个地区的可持续发展，应当有：$SR \geqslant SC$；$PR \geqslant PC$；如果考虑正外部性，则应有：$ER \geqslant EC$。由于涉及空间区域问题，需要将不同地区因同一资源开采所引起的生态、环境影响进行空间角度的考察，以确定是否存在空间异置或同置。

（一）成本—收益的空间同置

假设 A、B 两地的排污标准、排污费、产品标准等相近，即污染控制引起的外部社会成本 C_e 相等或相差不大，亦即 $EC_a = EC_b$，则企业难以将污染密集型产业或产品外移，其外移的概率较小，而留置在本地，从而形成对影响本地的污染场。两地政府对形成的污染场可采取的同步方式：或者不予治理通过积累、叠加效应，使之强化，形成日益严重的社会问题，甚至产生外溢；抑或通过提高环境和生产标准，促进节能减排，从而使外部效应内部化，我们称为外部成本—收益空间的同置，如图5-1所示。

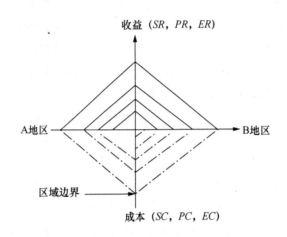

图5-1　外部成本—收益的空间同置

图5-1中，考虑到问题的针对性，设 A 地区为资源开发地区，B 地区为资源输出地区，横轴表示外部性的指向，纵轴表示区域边界，同时反映资源开发的收益和成本。在此假定期初两地区之间没有经济联系，即是相互封闭的，则本地资源开发不对其他地区产生外部性，那么可以说外部成本—收益在本地区内空间是同置的。以 B 地区为例，这时有：

$SR_b \geqslant SC_b$；$PR_b \geqslant PC_b$

即 $PR_b + ER_b \geqslant PC_b + EC_b$

式中，SR_b 表示 B 地区的社会收益；PR_b 表示 B 地区的私人收益；ER_b 表示 B 地区的外部收益；SC_b 表示 B 地区的社会成本；PC_b 表示 B 地区的私人成本；EC_b 表示 B 地区的社会成本。

由于两地均是自给自足，成本—收益的结构假设相同，形成相互对称的图形。

（二）第一类外部性空间异置

第一类外部性空间异置，是指如果两地之间实现开放，污染成本和产出收益可以产生空间移动和错位。

根据两地要素禀赋，假定本地（A）分工于资源开发，外地（B）分工于资源加工。由于在本地开发产生了巨大的外部成本，外部收益在本地很小；而且本地通过产品输出将主要社会收益（环境收益）向外地（B）输出，致使本地的净外部收益等于甚至小于零，造成其无法通过自身的开发收益来治理或消除负外部性，那么可以说外部成本—收益在空间上是异置的。这时有：

$SC_a - PC_a \geqslant SR_a - PR_a$ 即 $EC_a \geqslant ER_a$。且 $SR_b - PR_b \geqslant SC_b - PC_b$ 即 $ER_b \geqslant EC_b$。

对这一问题的图形分析见图 5 - 2。

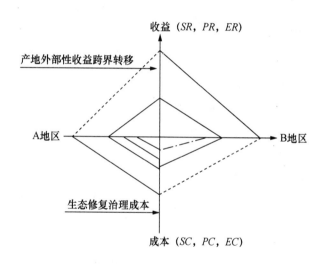

图 5 - 2 第一类外部成本—收益的空间异置

图 5 - 2 中，本地（A）资源开发不仅在本地产生了企业成本，但也获得了相应的企业收益，而且同时由于对当地的环境破坏产生了巨大的外部成本，却要使当地的其他社会成员承担。而在现行价格体系下，将主要产品由产地向外地（B）输出，其销售价格并不包括治理修复生态与环境损失的成本，外地（B）因而获得了巨大的外部收益；本地则因资源开发和非等价交易致使外部收益远低于外部成本，但因价格中不含生态修复治理等成本，造成其无法通过自身的开发收益来治理或消除负外部性，那么可以说本地外部成本—收益在空间上是异置而且是不平衡的。而且这种表

现在成本—收益的图形上，说明本地在社会收益和社会成本与外地相比，都是非对称的。为了对比，可将本地及外地的社会收益、社会成本分别以虚线表示，以说明在现有体制下未能实现（下同）。

（三）第二类外部性空间异置

对于特殊生态地区，假定（A）为上游地区，或如大江大河发源地，（B）为下游地区，分工于资源加工。由于上游地区是具有很强的可提供公共产品的地区，而一旦本地开发活动对当地栖息地造成破坏，会造成巨大的外部成本；而且通过流域向外地（B）输出，致使本地净外部收益等于甚至小于零，造成其无法通过自身的开发收益来治理或消除负外部性，可以说外部成本—收益在流域上下游空间形成异置。这时有：

$$SC_b - PC_b \geq SR_b - PR_b \ \text{即} \ EC_b \geq ER_b$$

$$\text{且} \ SR_a - PR_a \geq SC_a - PC_a \ \text{即} \ ER_a \geq EC_a$$

对这一问题的图形分析见图 5-3。

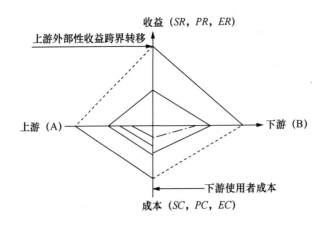

图 5-3　第二类外部成本—收益的（上下游流域）空间异置

图 5-3 说明由于地理位置的特殊性，在上游（B）资源开发不仅在本地产生了企业（私人）成本，也获得了相应的企业（私人）收益，同时产生了巨大的外部成本，向下游（A）输出，如流域各地都疏于治理，长期如此，必然会造成全流域的巨大外部性损失。如果国家或地方政府考虑到源头控制和全流域的环境保护，就要使上游地区不进行或少量进行一定限度和范围的资源开发，就会使当地的生态得以维持保护，会产生巨大

的外部收益，而这些收益，主要是未受环境污染的水通过流域向下游（A）输出，外地（A）获得了巨大的外部收益。

如果上游地区因资源开发权利在一定程度上放弃和非等价交易致使其外部收益远低于外部成本，造成其无法通过限制自身的开发换取的外部收益得到合理补偿，那么可以说流域地区外部成本—收益在空间上是异置而且是不对称的。为了对比，可将上游的社会收益、下游的社会成本分别以虚线表示。

（四）第三类外部性空间异置

第三类外部性空间异置，是指如果由于 A、B 两地区的排污标准、排污费、产品标准等相差很大，即两地污染控制和治理引起的社会成本 SC_a，SC_b 不同；进而引起的社会收益 SC_a，SC_b 不同；从空间场的角度而言，即可允许的两地排放梯度场 ∇C 不同，亦即如果 $\nabla C_a > \nabla C_b$，则 A 地区企业会通过投资方式或产业转移方式将污染密集性的产品生产由 A 地区转移到 B 地，将污染产品在 B 地生产，输出到 A 地进行生产性消费，在实现利润梯度 $\nabla \pi$ 最大化后，再将收益或利润汇回 A 地，体现出两地外部收益梯度场 ∇R 不同，亦即 $\nabla R_a > \nabla R_b$，从而将外部成本—收益进行空间的异置并维持下去使之长期化。这时有：

污染生产转移前，$SC_a - PC_a > SC_b—PC_b$ 即 $EC_a > ER_b$

污染生产转移后，$SR_a—PR_a > SR_b—PR_b$ 即 $ER_a > EC_a$

对这一问题的图形分析见图 5 - 4。

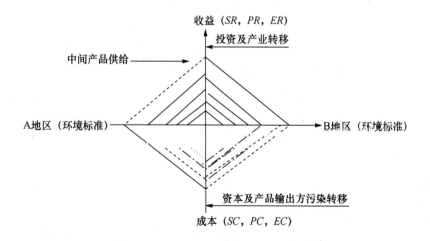

图 5 - 4　第三类外部成本—收益的空间异置

如图 5 - 4 所示，这就能简要地说明污染场源变迁即污染产业的位置变迁或污染产品输出（流动）的原因。

（五）第四类外部性空间异置

第四类外部性空间异置，是指如果由于 A、B 两城乡地区的排污标准、排污费、产品标准等相差很大，即两地污染控制和治理引起的社会成本 SC_a，SC_b 不同；进而引起的社会收益 SR_a，SR_b 不同。从空间场的角度而言，即可允许的两地排放梯度场 ∇C 不同，亦即如果 $\nabla C_a > \nabla C_b$，如果出现城市单向环境治理，提高环境标准，则 A 地区企业会通过投资将污染密集性产品的生产由 B（城市）地区转移到 A（农村）地区，将污染产品在 A 地生产，再输出到 B 地进行生产性消费，在实现利润梯度 $\nabla \pi$ 最大化后，再将收益或利润汇回 B 地，体现出两地外部收益梯度场 ∇R 不同，亦即 $\nabla R_a > \nabla R_b$，从而将外部成本—收益进行空间的异置并维持下去使之长期化。目前，我国土壤污染呈日趋加剧的态势，防治形势十分严峻。环保部门一项统计显示，全国每年因重金属污染的粮食高达 1200 万吨，造成直接经济损失超过 200 亿元。[①]

此外，在垃圾处理等方面，也将农村作为天然的且不用付费的垃圾填埋场。这时有：

污染生产转移前，$SC_a - PC_a > SC_b - PC_b$ 即 $EC_a > ER_b$

污染生产转移后，$SR_a - PR_a > SR_b - PR_b$ 即 $ER_a > EC_a$

对这一问题的图形分析见图 5 - 3。

上述外部性空间异置问题，在西部大开发中表现得尤其集中和普遍，特别是在缺乏生态平衡理念及环境容量与环境标准限制、资源价格、环境资产价格、生态补偿制度都不健全的情况下更为突出，需要高度重视。

三　地区间环境治理成本—收益的空间异置分析

如前所述，我们假定在完全竞争的条件下，存在两个地区：一个是资源富集和输出地区（或生态保护区）1，主要对外输出品是资源产品或生态公共产品；另一个是资源短缺地区 2，主要对外输出品是加工制成品。

跨区环境治理的相关博弈主体包括：资源开发区（或生态保护区）内的政府、企业和居民，资源输入区（或重点开发区）政府，他们的行

---

① 调查显示，我国受重金属污染的耕地面积已达 2000 万公顷，占全国耕地总面积的 1/6。《光明日报》2013 年 5 月 26 日。

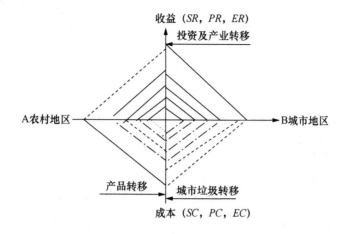

图 5-5　第四类外部成本—收益的空间异置示意

动构成跨区环境问题及其治理的界域内外的双层外部性。

第一层次外部性：同一资源开发区或生态保护区内部企业间的博弈，博弈的结果是各企业为追求自己的利益最大化，或者是过度开发使用自然环境资源，或者是不支付或少支付环境成本，对同一区域内的其他居民造成了负外部性。

以资源开发区为例。如图 5-6 所示，$MNPB$ 代表边际私人净收益，它是本地厂商生产活动中的边际收益和成本之差，边际私人净收益是改变一单位经济活动水平所追加的净收益。MEC 代表边际外部成本，是生产活动过程中由于外部性的存在，生产者未承担的成本。边际外部成本是本

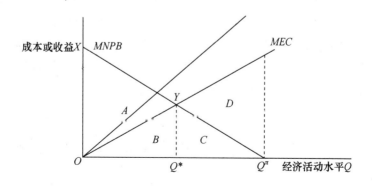

图 5-6　资源开发区最优排污治理水平

地居民感受到的污染的物质影响，如果居民对污染缺乏感知而不在乎，*MEC* 曲线则不存在。以上结果可以表示为：在 Q^* 点，$MNPB = MEC$，说明在完全竞争情况下，$MNPB = P - MC$。因此，$P - MC = MEC$ 或 $P = MC + MEC$。这里，$MC + MEC$ 为边际社会成本。当 $MNPB = MEC$ 时，$P = MSC$，也就是说，价格等于边际社会成本是帕累托最优条件。图中 $A + B + C$，为私人净收益，$B + C + D$，为外部成本；$A + B + C - B - C - D = A - D < A$ 为社会净收益。只有当环境治理将排污者的经济活动水平控制为 Q^* 时，社会净效益才最大，$C + D$ 的消除意味着帕累托改进。

在无环境治理情形下，为了追求私人净收益的最大化，本地排污者将从事过多的经济活动，如到达最大产量为 Q''，这时社会净收益 = 0。

第二层次外部性：跨区域层面上的资源开发区政府、资源输入区政府间的博弈，博弈的可能结果：一种是资源开发区（或生态功能区）政府环境治理供给不足，放任企业为追求自己的利益最大化，过度开发自然环境资源对资源输入区或非生态区造成了负外部性；另一种则是资源开发区（或生态功能区）政府环境治理供给过度，严格限制开发，导致本地生产性企业难以生存，但生态质量恢复，区内外居民充分享用生态环境，外部收益增加；然而本地居民从事生产就业无门，缺乏私人受益或机会成本巨大。本书集中分析其中的第二层次外部性，即跨区域层次的外部性。

在大江大河上游流域源头，以及退耕还林、退牧还草、退田还湖、建立生态环境保护区等保护环境的行为中，需要这些区内的企业和居民通过限制生产或耕种等手段来提供生态环境保护，即放弃某些对环境有损害的资源开发和产品的生产，向全社会提供环境公共产品，该公共产品供给越多，环境状况越好，保护区内外的所有居民（包括保护区外的居民）都会受益。然而这些地区能否可持续发展，又取决于其放弃这些资源开发和生产机会成本和其生产公共产品的社会收益能否平衡。

第二节　基于生态足迹的生态供需空间平衡

一　生态空间盈余/赤字

生态足迹也称"生态占用"，是指特定数量人群按照某一种生活方式所消费的，自然生态系统提供的各种商品和服务功能，以及在这一过程中所产生的废弃物需要环境（生态系统）吸纳，并以生物生产性土地（或水域）面积来表示的一种可操作的定量方法。它的应用意义是：通过生态足迹需求与自然生态系统的承载力（亦称生态足迹供给）进行比较，即可以定量判断某一国家或地区目前可持续发展的状态，以便对未来人类生存和社会经济发展做出科学规划和建议。

生态足迹指标提供了一个核算地区、国家和全球自然资本利用的简明框架。它是在对土地面积量化基础上，在生产、生活不断发展的需求层面上计算出生态足迹的大小，在生态环境的供给层面上计算出生态承载力的大小，然后将二者进行比较，进而评价可持续发展状况。如果一个国家或地区的生态足迹（DEF）大于生态承载力（SEF），则称该地区拥有生态盈余，表明人类对自然生态系统的压力处于该地区所提供的生态承载力限度之内，生态系统是安全的，社会经济发展具有可持续性，土地资源属于可持续利用；如果一个国家或地区 DEF 小于 SEF，则称该地区拥有生态赤字，表明该地区人类生存和社会经济发展对具有生态生产力土地的需求已经超过其生态系统所提供的供给，生态系统是不安全的，土地资源利用则处于非可持续性范畴；如果二者相等，则该地区达到生态平衡。

区域生态足迹如果超过区域所能提供的生态承载力，就会出现生态赤字；如果小于区域的生态承载力，则表现为生态盈余。区域的生态赤字或生态盈余，反映了区域人口对自然资源的利用状况。

不确定的人口增长和流动对能源、资源、土地等开发利用的限度影响很大，不了解生态环境自身净化能力，城乡生态系统发展就难以平衡。在推进城镇化建设过程中，政府投入大量人力物力，但因没能考虑这些因素，从而致使缺水城、空壳城、污染城出现并非个别。

二　生态空间系统及其平衡

生态空间系统及其平衡可以用图 5 - 7 来表示。

三　各地区生态供需均衡及效率

根据刘建兴、王青、孙鹏等（2008）和陈成忠、林振山（2009）等人的研究整理，本书建立了各地区生态供需均衡及效率状况（见表 5 - 1）。

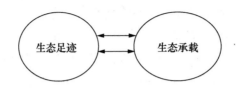

	生态空间需求面	生态供给面
	ED	ES
生态空间系统供需均衡	ED/ES=1	
生态空间赤字	ED/ES>1	
生态空间盈余	ED/ES<1	
生态效率		
生态足迹效率	GDP/ED	
生态承载效率	GDP/ES	
生态空间强度		
生态足迹强度	ED/GDP	
生态承载强度	ES/GDP	

图 5 - 7　生态足迹与生态承载

表 5 - 1　　　　　　　　　各地区生态供需均衡及效率状况

地区	生态足迹(万公顷)	生态赤字(-)/盈余(+)	生态效率(万元 GDP/万公顷)
北京	8762.8	- 8486.5	1.0674
天津	4347	- 3823.1	1.1618
河北	13500	- 9344	1.0155
山西	5164	- 3787.4	1.1103
内蒙古	4776.8	32.6	1.2752
辽宁	11101	- 1676.3	0.993
吉林	6553.8	- 2739	0.8064
黑龙江	7534.3	- 4260.3	0.9377
上海	14590	- 14258	0.8354
江苏	29282	- 22597	0.8791
浙江	30526	- 26056	0.6152
安徽	16245	- 11456	0.4533

续表

地区	生态足迹(万公顷)	生态赤字(-)/盈余(+)	生态效率(万元 GDP/万公顷)
福建	19783	-6968.6	0.4675
江西	14534	-11972	0.3784
山东	27919	-8763	0.93
河南	19986	-15273	0.7511
湖北	16502	-10974	0.5594
湖南	25624	-21169	0.359
广东	57826	-51015	0.5375
广西	18098	-12606	0.3291
海南	3287.4	-2291.4	0.3721
四川	25160	-20467	0.4175
贵州	5384.6	-3840.9	0.5092
云南	9039.6	-6944.7	0.5245
西藏	518.7	1959	0.6597
陕西	8054	-6726.5	0.6786
甘肃	4134	-2219.3	0.6537
青海	959.4	958.1	0.8168
宁夏	1028	-629.4	0.865
新疆	2756.7	4216.5	1.2781
平均	13766	-9439.3	0.7413

说明：表中生态足迹主要是根据2000年、2004年的数据以年平均变化速度推出的2007年数值；生态盈余/赤字中，数值为负为赤字，数值为正为盈余。

资料来源：根据《中国统计年鉴》(2008)、《新中国五十五年统计资料汇编》计算整理。

从生态容纳和补偿角度观察，全国各地区生态足迹均值为13766，最大值为57826（广东），最小值为518.7（西藏），中位值为10070.3；生态盈余（赤字）均值为-9439.3，最大值为4216.5（新疆），最小值为-51015（广东），中位值为-6956.65；生态足迹效率均值为0.7413，最大值1.2781（新疆），最小值为0.3291（广西），中位值为0.71485。

接下来将西部11个省份（除重庆）的指标计算结果与其他省份和全国均值进行比较。

（一）西北地区

内蒙古自治区，近十年来充分利用丰厚的资源发展能源产业，资源对本地经济的贡献度远高于其他省份，无论是经济发展速度，还是人均GDP都高于全国平均水平；在生态方面处于生态盈余状态，且生态足迹效率较高，为全国第二。但是其就业结构单一化程度较全国程度高，另外，万元产值能耗较高。陕西省拥有丰厚的资源，经济增长速度却相对较慢，生态处于赤字状态，生态足迹效率也不高。甘肃省生态处于赤字状态，生态足迹效率高一些。青海省的经济发展速度也较慢，人均GDP较低，生态处于盈余状态，资源贡献度为全国最高。

宁夏回族自治区经济发展速度大约为全国发展速度的平均值，人均GDP仅为全国均值的一半，但万元产值能耗全国最高；生态处于赤字状态，生态足迹效率较高。新疆维吾尔自治区生态处于盈余状态，且盈余值和生态足迹效率都为全国第一；人均GDP较低，经济增长速度和人民收入增长速度都慢于全国平均水平，产业单一化程度也较高。

（二）西南地区

四川省相对于全国来看，生态赤字较大，生态效率较低。贵州省的资源丰裕，资源对其经济的贡献度也较低。目前生态方面已处于赤字状态，生态效率较低。居民生活水平也较低，人均GDP为全国最低，其恩格尔指数无论是城镇还是农村都远高于全国均值。云南省的资源丰裕度与其经济增长速度很不匹配，人均GDP较低，人民生活水平也较低，生态方面与贵州省相似。

广西壮族自治区拥有的资源较少，无论经济增长速度还是居民生活水平都处于全国的中间水平。但其生态赤字较大，已超过平均水平，生态足迹效率更是为全国最低。西藏自治区经济增长速度较慢，人均GDP较低，人民生活水平也较差，西藏自然矿产资源勘探开发较慢，生态也处于盈余状态。

由以上分析可知，一定条件下，GDP的增长和生态足迹是呈正相关的，与生态足迹效率是负相关的。在对资源消耗约束低、技术效率偏低情况下，经济高速增长必然以大量资源消耗为代价。西部地区中西藏、青海和新疆的生态方面尚处于盈余状态，为可持续发展提供一定的基础，但需注意当地生态的脆弱性。

第三节　区域环境容量、环境标准与功能区分类

一　环境容量

环境容量是指对一定区域，根据其自然净化能力，在特定污染源布局和结构条件下，为达到环境目值标所允许的污染物最大排放量。

从全球范围来看，环境容量是在人类生存和自然生态系统不致受害的前提下，某一环境所能容纳污染物的最大负荷量；或一个生态系统在维持生命机体的再生能力、适应能力和更新能力的前提下，承受有机体数量的最大限度。根据国际政治经济学的"加总法则"，各国的贡献和破坏总和决定气候变化公共物品，环境容量是各国今后温室气体排放额度。联合国世界环境与发展委员会对环境容量的定义是，"技术状况和社会组织对环境满足眼前和将来的需要的能力所施加的限制"。

某个特定环境（如一个自然区域、一个城市、一个水体）对污染物的容量是有限的。其容量的大小与环境空间的大小、各环境要素的特性、污染物本身的物理和化学性质有关。环境空间越大，环境对污染物的净化能力越大，环境容量也就越大。对某种污染物而言，它的物理和化学性质越不稳定，环境对它的容量也就越大。环境容量包括绝对容量和年容量两个方面。前者是指某一环境所能容纳某种污染物的最大负荷量。后者是指某一环境在污染物的积累浓度不超过环境标准规定的最大容许值的情况下，每年所能容纳的某污染物的最大负荷量。环境总量是根据环境容量来确定的，并且要小于环境容量。

环境容量一般可以分为三个层次：（1）生态的环境容量：生态环境在保持自身平衡下允许调节的范围；（2）心理的环境容量：合理的、居民或游人感觉舒适的环境容量；（3）安全的环境容量：极限的环境容量。

环境总量是根据环境容量来确定的，并且要小于环境容量。

二　环境容量与空间场

（一）生产标量和污染排放标量场

假定在一个相当大的区域内，设有 m 个地区，生产 n 种产品，即有 n 个产品生产函数，并聚合形成一个地区特定范围的生产标量场：

$$Q_1 + Q_2 + Q_3 + Q_4 + \cdots + Q_n = \sum_{i=1}^{n} Q_i \qquad (5.1)$$

由于生产的过程也往往是污染排放的过程，因此就形成了一定范围的污染物质排放函数标量场：

$$Q_{p1} + Q_{p2} + Q_{p3} + Q_{p4} + \cdots + Q_{pn} = \sum_{i=1}^{n} Q_{pi} \qquad (5.2)$$

令某地环境容量为 Q_{Ci}，该地最大环境容量为 $\max Q_{Ci}$；该区域最大环境容量为 $\max \sum\limits_{i=1}^{n} Q_{ci}$

（二）环境标准与环境容量

如果没有环境标准来规定和控制环境容量，且如果资源供给不存在缺口和耗竭问题，则该区域理论上可达到最大排放量：

$$\max Q_{p1} + \max Q_{p2} + \max Q_{p3} + \max Q_{p4} + \cdots + \max Q_{pn} = \sum_{i=1}^{n} \max Q_{pi}$$

$$(5.3)$$

假设最大排放量将等于甚至超过环境容量，直至接近无穷大，即：

$$\max \sum_{i=1}^{n} Q_{Ci} \leqslant \max \sum_{i=1}^{n} Q_{pi} < \infty \qquad (5.4)$$

在此过程中，污染排放量的增加，形成新的梯度场，从而使污染的位势得以进一步的提高。

$$\overline{Q_{Ci}} = f(G, P_S, N_p, E_l)$$

式中，$\overline{Q_{Ci}}$ 表示某地区某污染物排放容量，G 表示环境目标，P_S 表示污染结构，N_p 表示自然净化能力，E_l 表示某地区经济发展水平。

不同地区实施同级别环境污染排放标准与环境容量

如果在这个区域中存在两个经济中心，假定在初始时间两地区实施同级别的环境污染排放标准 λ_i，并设环境污染排放标准 λ_i 的取值范围如下：

$$0 < \lambda_i \leqslant 1$$

其理由在于环境污染排放标准是针对现行生产及其规模排放的一种限制。环境污染排放标准越严格，λ_i 的取值越趋近于 0，但不为 0，因为零排放的标准并不是最优的标准。环境污染排放标准越松弛，$\lambda_i = 1$，意味着可自由排放，实际中，λ_i 的取值只能趋近于 1，但不可能大于 1。

假定两地生产结构相同，在此条件下，两地区污染物排放容量亦相同。

$$\overline{Q_{Ci}} = \overline{Q_{Ci}}$$

进一步假定在初始时间两地区实施不同级别的环境污染排放标准 λ_i：

$$\lambda_b < \lambda a$$

且 A 地环境污染排放标准低于 B 地，即使假定两地生产结构相同，在此条件下，两地区污染物排放容量亦会出现下列情景：

$$\overline{Q_{Cb}} < \overline{Q_{Ca}}$$

第四节　国内外产业迁移与污染的空间转置

产业污染的空间转移，从国际范围来看，是通过对外投资，将产业在本国的成本—收益的空间同置状态，转变为在外国的成本—收益空间异置状态。这种跨区域的空间异置现象不是孤立的，而是相当普遍的。而且这种跨区域的空间异置现象，往往产生于经济发达国家和经济欠发达国家之间。日本污染产业在对外投资中有 2/3 在东南亚和拉丁美洲；美国仅 20 世纪 80 年代初在发展中国家的投资就有 35% 危害生态。20 世纪 80 年代初，美国、日本等国以及中国港澳地区的化工、电镀、冶金、制革、漂染等污染严重行业，相继落户大陆珠三角和长三角地区。从国际经验看，处于成熟期或衰退期的污染密集型产业，或污染产品的使用，其治理污染的外部社会成本有日益增加的趋势。美国等发达国家在工业化期间，其污染控制费用的比重在企业生产成本中已非常可观，纺织、皮革、家具、食品、陶瓷与玻璃、化工工业分别占 4%、7%、7%、9%、13%、14%，在石油加工、造纸、金属冶炼等部门、产业中，污染控制费用甚至几乎增加到了企业全部成本的 1/4—1/3，这主要是因为发达国家的环境标准和规范越来越严格。

一　国际污染转移的动因

不发达地区经济起飞的过程中，不可避免地会出现环境污染问题。理论上，公认的污染转移的动因有二：

（1）污染避难所假说：基于现代贸易理论的理论逻辑，污染避难所假说将环境因素纳入 H—O 理论，认为环境标准低的国家/地区拥有相对较为丰富的环境优势，大量生产并出口环境密集型产品，即污染密集型产品。在理论基础上，该假说假设在完全自由贸易条件下，各国除环境标准以外的其他生产条件相同，以至于环境标准成为影响区位选择的唯一因素。鲍莫尔和奥茨（Baumol and Oates）[1] 认为，发达国家较高的环境标准提高了企业生产成本；发展中国家相对较低的环境标准吸引了污染企业从发达国家转移到发展中国家，大量污染密集型产业建立在环境标准相对较低的国家或地区。发展中国家也就因此成为世界污染和污染密集产业的集中地和"避难所"，导致环境恶化。

（2）环境竞次理论：该理论主要探讨环境标准差异与污染转移关系问题。其代表人物 Bhagwati 和 Hudec[2] 认为，应用"囚徒困境"的逻辑，在自由贸易条件下，为维护本国污染密集型产业竞争力，各国政府都有降低环保标准的动机，从而同时在发达国家和发展中国家环境领域出现破坏性的"竞相降低环境标准"，污染产业最终转移到所谓"污染天堂"。[3]最终，各国/各地区为维持本国/本地区竞争优势而降低环境标准，这一非合作博弈导致全球环境更加恶化。

环境库兹涅茨曲线从实证角度证实了这一现象的存在。即：一个国家经济发展水平较低的时候，环境污染的程度较轻，但是其恶化的程度随经济的增长而加剧；当该国的经济发展达到一定水平后，其环境污染的程度逐渐减缓，环境质量逐渐得到改善。

发达国家/地区向欠发达国家/地区转移污染。在实践中主要通过以下两种形式进行：

（1）贸易方式。这种方式多存在于国际贸易中。发达国家将不符合母国环保要求、已经禁止使用的高污染产品出口到发展中国家，例如含氟冰箱、剧毒农药、化肥等，通过消费产品的方式转移污染；同时，发达国家通过直接向发展中国家出口废弃物、危险品的方式转移污染，其中电子垃圾是主要的出口废弃物；而我国是主要的电子垃圾目标转移地之一。

（2）投资方式。这种方式主要存在于对外投资中。通过经济合作、对外投资和直接经营等方式，企业将不符合母国环保标准的行业、生产工

① Baumol, W., and W. Oates, *The Theory of Environmental Policy*, 2nd edition, New York: Cambridge University Press, 1988, pp. 331 –352.

② Bhagwati, J., Hudec, R. E. (eds.) *Fair Trade and Harmonization: Prerequisites for Free Trade* [M]. Vol. 2 MIT Press, Cambridge, M. A., 1996, pp. 34 – 36.

③ 曾凡银、冯宗宪：《基于环境我国国际竞争力》，《经济学家》2001 年第 5 期。

艺、生产线转移到环保标准较低的国家或地区，通过生产产品的方式转移污染。

二　西部大开发以来污染转移的动因、路径与外部性影响

（一）产业污染的空间转移动因

产业污染的空间转移，从一国范围来看，是通过投资和贸易，将产业在本国某一地区的成本—收益的空间同置状态，转变为在本国另一地区的成本—收益空间异置状态。这种跨区域的空间异置现象，往往产生于经济发达地区和经济欠发达地区之间。我国从 20 世纪 90 年代末期以来，由于劳动力成本、土地成本上升，以及当地产业政策变化等原因，在产业结构调整和升级的过程中，部分发达地区逐渐将某些不再具备竞争力的产业，主要是劳动密集型产业转移到欠发达地区。其转移的动因如下：

首先，资源缺乏。从资源分布来说，沿海地区经长期开发，资源已近耗竭。据深圳国有资产办公室主任李黑虎和甘肃社会科学院副院长周述实调查，沿海省市产业中能源和原材料工业所占比重为 10%—30%，而中西部地区则多在 50% 以上。

其次，生产成本上升。80 年代以来，由于国家改革开放政策的倾斜和东南沿海地区本身的地域优势，使该地区经济飞速发展，而经过十几年的高速增长后，一方面推动了对原材料和能源、运输能力的需求，而这些部门却又因投资不足，价格扭曲等因素，无法及时改善供给弹性，从而使其价格迅速上升。另一方面，劳动力成本迅速增加。东南沿海地区赖以起家的是劳动密集型的初级加工工业，因而劳动力成本在企业总成本中占有很高的位置。同时，在市场经济条件下，土地地租也要计入成本中，而东南沿海地区房地产业的兴起，又使土地价格和房租迅速上升。所有这一切，都使这一区域的产业面临着成本迅速上升的压力，其竞争优势已出现减弱迹象。而在中国经济进一步国际化的状况下，因关税降低使国内产品与国内市场上零售价格下降的进口产品，竞争更趋激烈。因而许多企业又面临着自我抑制涨价甚至降价，以求保持竞争力的困难。这种增支的双重挤压，是东南沿海企业开始向中西部迁移的内在动因。

（二）污染密集产业空间梯度迁移及其途径

梯度表示在一定方向上的函数（如位势）的递增或递减程度，可以表示经济与环境污染的变化关系，路径表示其变化率最大的方向。现代区域经济梯度推移理论表明，最优的区域资源配置方式是把资源倾斜配置在

最具增长势头和发展潜力的地区，即高梯度地区；若没有排污限制和约束，经济增长高梯度地区，就可能成为污染密集型企业的高排放地区。

目前，国内污染密集产业迁移的空间途径主要有三种：

第一种路径是跨地区迁移，即污染产业由东部地区向中、西部地区迁移（见图5-8）。从20世纪末开始，随着西部大开发的兴起，西部地区凭借能源优势，吸引中外企业投资西部高耗能产业。江苏、浙江、广东等东部发达省份的高耗能污染企业纷纷到安徽、四川、贵州等中西部地区落户，给当地带来了较大的环境污染。

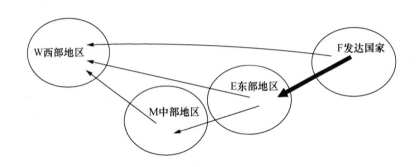

图5-8 污染产业跨区域迁移的空间途径

第二种路径是在同一区域内，污染产业由发达城市（地区）向欠发达地区迁移（见图5-9）。以广东省为例，从20世纪末开始，经济相对落后的广东省东西两翼和粤北山区，不断承接来自珠三角地区的污染项目，局部地区生态恶化趋势越来越严重。不少厂商将广东各大中城市国家明令停业的15类严重污染的小企业搬到了东西两翼的部分城市和粤北山区。同样，苏北苏南之间的产业对接也存在这种污染转移路径。一方面，欠发达地区急于"招商引资"、"城城合作"、"凸显政绩"，以至于"饥不择食"，漠视环境保护；另一方面，一些发达地区急于节能减排，畏惧国家法规处罚，于是就有了这类"产业转移"。①

第三种路径是从城市向农村地区迁移，这里又可分为本地区城市的污染产业向周边农村地区的迁移，以及城市的污染产业跨区域的向农村迁移

---

① 叶妹静：《在承接产业转移中严禁污染转移》，http：//z. xuanzhou. gov. cn/XzDx/Index3. aspx？ ResourceId＝33835。

（见图5-10）。根据中国环境科学院做的一项调查研究表明，全国各大城市基本实行了工业污染搬迁的做法。以北京为例，北京市发改委承诺，2008年之前，污染企业将全部迁出五环路，落户到五环以外的农村。其他各地中心城市也有类似的中心向外围迁移的做法。城市产业的升级，将伴随着农村工业的跃进。但如果搬迁企业没有引进必要的治污技术，那么这种做法在减轻城市环境污染的同时，只能造成新的农村污染。

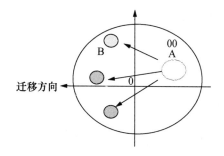

图5-9 污染产业区域内
迁移的空间途径

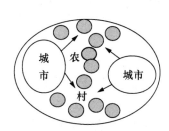

图5-10 污染产业区域内城乡
迁移的空间途径

　　污染密集产业由发达地区向欠发达地区转移，由城市地区向农村地区的转移，主要是由于发达地区和欠发达地区之间，以及城乡之间不同的环境标准政策梯度造成的。一个地区的环境保护政策应当与其自身的发展水平直接相关，根据环境库兹涅茨曲线可知，人们对于环境质量的要求与收入水平成正比，不同地区的环境保护政策只能在发展中逐步趋同，这才是可能的、现实的，也才是合乎逻辑的。

　　（三）经济—环境污染空间场与产业空间转移

　　图5-11显示出区域、城乡差异和环境标准差异引起产业空间转移的相互作用。

　　通过图5-11不难看到，在经济—环境污染空间标准等差异的作用下，在利益驱动的大背景下，由于西部大开发，区域经济的运行和要素流动，在实际环境标准执行力度不尽一致的情况下，必然会引起生产的转移和被转移地区经济梯度的提升，也会导致污染产业的空间转移，导致被转移地区污染梯度的增大。与此同时，如不加控制，必然带来生态环境损害程度梯度增大，治理难度增大。

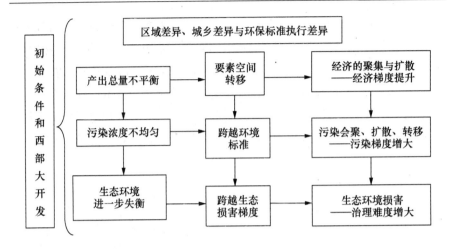

图 5 – 11　产业空间转移中的经济—环境污染空间相互作用

随着企业在地域空间的移动所带来的污染场源数量、大小的变化，对不同地域污染场将产生不同的影响。

第五节　本章小结

本章首先提出了西部大开发中的一个重要命题：资源开发、生态环境利用和产业转移、环境污染治理的外部性特征：成本—收益的空间异置；以及这一命题表现的四种表现形式，并进行了深入讨论。

其次，引入生态足迹和环境容量概念，进一步结合外部性探讨空间场中的表现，讨论了西部各省、区生态经济平衡和效率、强度，并得出以下结论：第一，在生态账户方面，由于消费的增加和生产的扩张，西部生态足迹持续增加，生态承载力持续下降，导致20世纪90年代初期的生态盈余，进入21世纪初开始出现生态赤字现象。第二，在生态利用效率上，西部地区万元GDP生态足迹一直高于全国平均水平，即西部地区每生产1万元的GDP，要占用比全国平均水平更多的生态资源，这从一个侧面说明西部大开发并没有改变西部原有的经济增长方式，西部经济增长依然是粗放的，且有加剧的迹象。

再次，介绍了基于生态赤字和环境容量。在此基础上，分析了主体功能区的特征、分类以及内涵。此外还分析了国内外产业迁移与污染的空间转置，以及区域产业转移在经济—环境标准差异作用下空间梯度的特征；指出在产业转移过程中，在提升西部产业经济梯度的同时，不可避免地增加了环境污染和生态破坏的梯度，增加了生态环境治理的难度和成本，也使得成本—收益的空间异置特征更趋明显，后果更为严重，治理更加困难。

最后，对全国以及东、中、西部地区的污染状况并进行了比较，指出全国已出现了工业三废随经济增长而呈现下降趋势，沿海地区表现得更为明显，而西部地区除了工业废水之外，其他污染物的排放仍然呈现随经济增长而继续增加的趋势。

第六章 基于主体功能区的外部性空间异置的校正

第一节 主体功能区的特征与分类

一 中国主体功能区的分类及其依据

国家"十一五"规划提出，按照全国不同区域的资源环境承载能力、现有开发强度和未来发展潜力三个因素划分国家四类主体功能区（优化开发、重点开发、限制开发和禁止开发），并且实施不同的发展战略、思路和模式。这是有别于传统的东、中、西、东北四大板块，或者以往的七大区划分的中国区域经济新地图。

统筹考虑各区域的资源环境承载能力、开发强度和发展潜力，把国土空间划分为优化、重点、限制和禁止开发四类主体功能区，在区域发展和布局中承担不同的分工定位，并配套实施差别化的区域政策和绩效考核标准，这有利于逐步打破行政区划分割、改善政府空间开发管理的方式和机制。这不同于以往的政府条块分割管理模式，是市场经济条件下政府职能转变在区域管理方面的探索和体现。对区域的第 i 个主体功能区及其主要决定因素，我们以主体功能开发区为例说明：

$$\overline{R_{Zi}} = f(E_{ci}, \ D_i, \ T_{pi}, \ S_{ci})$$

式中，$\overline{R_{Zi}}$ 表示某区域的第 i 个主体功能开发区；E_{ci} 表示某地区的资源环境承载能力；D_i 表示某地区的开发强度；T_{pi} 表示某地区的发展潜力；S_{ci} 表示某地区的环境标准。

四类主体功能区界定为以下 A、B、C、D 四类地区：$\overline{R_{ai}}$ 表示优化开发区域是指国土开发密度已经较高、资源环境承载能力开始减弱的区域；

发展潜力大，环境标准高。$\overline{R_{di}}$表示重点开发区域是指资源环境承载能力较强、经济和人口集聚条件较好的区域；发展潜力较大，环境标准较高。$\overline{R_{ci}}$表示限制开发区域是指资源环境承载能力较弱、大规模集聚经济和人口条件不够好并关系到全国或较大区域范围生态安全的区域；发展潜力受到限制，环境标准要求高。$\overline{R_{di}}$表示禁止开发区域是指依法设立的各类自然保护区域。禁止大规模集聚经济和人口发展，环境标准要求最高。

二　主体功能区的基本内涵和基本特征

（一）主体功能区基本内涵

主体功能区是根据区域发展基础、资源环境承载能力以及在不同层次区域中的战略地位等，对区域发展理念、方向和模式加以确定的类型区，突出区域发展的总体要求。主体功能区划不同于单一的行政区划、自然区划或经济区划，根据资源环境承载能力、现有开发密度和发展潜力，统筹考虑未来我国人口分布、经济布局、国土利用和城镇化格局，将国土空间划分为不同类型的空间单元。主体功能区通过主体功能区划得以形成和落实，主体功能区划依靠主体功能区来支撑和体现。

主体功能区中的优化开发、重点开发、限制开发和禁止开发的"开发"主要是指大规模工业化和城镇化人类活动。优化开发是指在加快经济社会发展的同时，更加注重经济增长的方式、质量和效益，实现又好又快的发展；重点开发是指重点开发那些维护区域主体功能的开发活动；限制开发是指为了维护区域生态功能而进行的保护性开发，对开发的内容、方式和强度进行约束；禁止开发也不是指禁止所有的开发活动，而是指禁止那些与区域主体功能定位不符合的开发活动。

（二）主体功能及其他功能区划的基本特征

按开发方式不同，我国国土空间可分为优化开发区域、重点开发区域、限制开发区域和禁止开发区域四类；按开发内容的不同，上述四类主体功能区又可以分为城市化地区、农产品主产区和重点生态功能区三类；按层级划分，可以分为国家和省级两个层面（见图6-1）。这其中存在层级和区域间的相互包嵌。

图6-1中，优化开发区域是经济比较发达、人口比较密集、开发强度较高、资源环境问题突出，应该进行优化开发的城市化地区。重点开发区域是有一定经济基础、资源环境承载能力较强、发展潜力较大、集聚人口

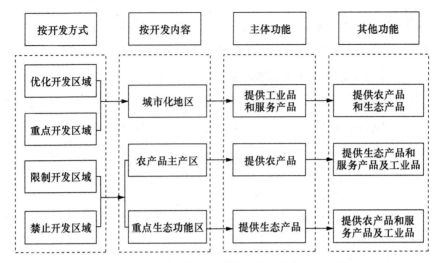

图 6-1 主体功能区分类及其功能

资料来源：全国主体功能区规划。

和经济的条件较好，应该进行重点开发的城市化地区。限制开发区域包括农产品主产区和重点生态功能区两类，是应当限制大规模、高强度工业化城市化开发的地区。禁止开发区域是依法设立的各级各类自然文化资源保护区域，以及其他需要特殊保护、禁止进行工业化城市化开发的重点生态功能区。重点开发地区通常是指资源环境承载力较强、发展条件和前景较好的区域，但开发过程中对生态环境会带来不同程度影响，处理这种关系的原则可以表述为：在开发中保护，在保护中开发；发展的规模和速度与生态环境的承载力相适应，坚决避免无序开发、无度开发和盲目开发。这其中，"限制开发区"必须降低开发的强度，但允许适度发展一些环境友好的产业项目，"禁止开发区"则根本不允许搞工业项目，以生态涵养和保护为重点。

第二节 全国主体功能区架构分布与分工

一 基于主体功能区的全国布局基本架构和分布

表 6-1 和表 6-2 分别给出了全国和西部的主体功能区的分类和地区分布。

表 6 - 1　　　　　　　全国主体功能区类别、地区和政策导向

类别	分布地区示例	政策导向
优化开发地区	长三角地区、珠三角地区、京津冀地区、胶济沿线地区、福建沿海地区	制定产业优化和转移导向目录，在资源消耗、环境影响等方面实行更加严格的产业效能标准，设定高于全国平均标准的产业用地门槛，并先行实施城镇建设用地增加与农村建设用地减少"挂钩"的政策
重点发展地区	成渝地区、长江中游城市群地区、沈大线沿线地区、哈长地区、中原城市群地区、长株潭地区、昆明周边地区、山西中部地区、呼包地区、关中地区、乌鲁木齐周边地区	加大基础设施建设的投资支持，有针对性地适当扩大建设用地供给，支持重大产业项目及配套能力建设等
限制开发地区	大小兴安岭森林生态功能区、长白山森林生态功能区、川滇森林及生物多样性功能区、秦巴山生物多样性功能区、藏东南高原边缘森林生态功能区、新疆阿尔泰山地森林生态功能区、青海三江源草原草甸湿地生态功能区、东北三江平原湿地生态功能区、苏北沿海湿地生态功能区、甘南黄河重要水源补给生态功能区、四川若尔盖高原湿地生态功能区、新疆塔里木河荒漠生态功能区、新疆阿尔金草原荒漠生态功能区、藏西北羌塘高原荒漠生态功能区、内蒙古呼伦贝尔草原沙漠化防治区、内蒙古科尔沁沙漠化防治区、内蒙古浑善达克沙漠化防治区、毛乌素沙漠化防治区、桂黔滇等喀斯特石漠化防治区、黄土高原丘陵沟壑水土流失防治区、大别山土壤侵蚀防治区、川滇干热河谷生态功能区、太行山地水土流失防治区、三峡库区水土流失防治区、青藏高原生态屏障、黄土高原—云贵高原生态屏障、东北森林带、北方防沙带、南方丘陵山地带和大江大河重要水等生态系统、关系全国或较大范围区域生态安全的国家限制开发的生态地区	建立生态补偿机制（公共支付的生态效益补偿基金、制定受益者补偿制度和建立有利于限制开发区域生态保护的税费制度）和加大财政转移支付支持、引导生态移民、扶持和培育特色优势产业等 要保护和修复生态环境，提高生态产品供给能力，建设全国重要的生态功能区和人与自然和谐相处的示范区
禁止开发地区	国家级自然保护区、风景名胜区、森林公园、地质公园和世界文化自然遗产等 1300 多处国家禁止开发的生态地区；要依法实施强制性保护，严禁各类开发活动	引导人口逐步有序转移，实现污染物零排放

表 6 - 2   西部主体功能区类别与分布

类型	分布与示例
优化开发区	无
重点开发区	西南：成渝开发区、北部湾地区、滇中地区、黔中地区、藏中南地区 西北：关天经济区、呼包银榆地区、兰西格地区、天山北坡地区。宁夏沿黄地区、陕甘宁革命老区
限制开发区	西北草原荒漠化防治区，主要包括内蒙古草原、宁夏中部干旱带、石羊河流域、黑河流域、疏勒河流域、天山北麓、塔里木河上游等荒漠化防治区。在这些地区开展以草原恢复、防风固沙为主要内容的综合治理，加强沙区林草植被保护、草原禁牧休牧轮牧工作，以及牧区水利设施、人工草场和防护林建设 黄土高原水土保持区，主要在陕西北部及中部、甘肃东中部、宁夏南部及青海东部黄土高原丘陵沟壑区，启动实施黄土高原地区综合治理规划，开展以防治水土流失为主要内容的综合治理，大力开展植树造林、退耕还林、封山育林育草、淤地坝建设，加强小流域山水田林的综合整治
禁止开发区	青藏高原江河水源涵养区，在祁连山、环青海湖、青海三江源、四川西部、西藏东北部三江水源涵养区，开展以提高水源涵养能力为主要内容的综合治理，保护草原、森林、湿地和生物多样性，扎实推进三江源国家生态保护综合试验区、祁连山水源涵养区和西藏等生态安全屏障保护与建设 西南石漠化防治区，贵州、云南东中部、广西西北部、四川南部、重庆东部喀斯特石漠化防治区。开展以恢复林草植被为主要内容的综合治理，加大退耕还林、封山育林育草和人工造林力度 重要森林生态功能区，秦巴山、武陵山、四川西南部、云南西北部、广西北部、西藏东南部高原边缘森林综合保育区，开展以森林生态和生物多样性保护为主要内容的综合治理，加强自然保护区、天然林资源、野生动植物和湿地保护
资源富集区	重点能源富集区：鄂尔多斯盆地、塔里木盆地、川渝东北地区、天山北部及东部地区、攀西—六盘水地区、桂西地区、甘肃河西地区、资源综合开发利用基地：柴达木盆地
特殊困难地区	集中连片特殊困难地区：六盘山区、秦巴山区、武陵山区、乌蒙山区、滇桂黔石漠化区、滇西边境山区及西藏、（川、藏、云、青）四省藏区、新疆南疆三地州等特殊困难地区

二 基于主体功能区的区域分工变化和生态补偿

(一) 基于主体功能区的区域分工变化的经济学分析

主体功能区划遵循的已不是传统的区域分工的思路,表现在其"分工"的视野更加开阔,不只局限于经济分工,还包括"生态"和"生产"的分工,以及"生态"功能内部的区域分工。

如图 6-2 所示,设未建立主体功能区之前,A、B 两地原来各自独立地生产两种产品 X 和 Y,其中 X 为一般商品,而 Y 则为公共产品。而建立主体功能区之后,两地功能明确,专业分工地位发生变化。在退耕还林还草或建立南水北调等水源地生态环境保护区等保护环境的行为中,A 地被确定主要进行生态环境保护,属于限制开发或禁止开发区,其生产可能性曲线更靠近 Y,即不得不增加 Y 产量,放弃或减少 X 产量;而 B 地被确定为经济优化开发区或重点开发区,其生产可能性曲线更靠近 X,因此就可在维持 Y 产量的同时,增加 X 产量;这就意味着两地分工进一步明确,然而也引发了新的问题,即限制开发和禁止开发区的公共服务和生态利益补偿问题。

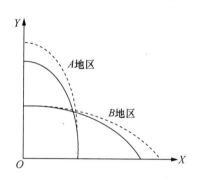

图 6-2 基于主体功能区分工的两地生产可能性曲线变动

(二) 生态公共产品供给的效率分析和模式

从全国来看,西部地区划为限制、禁止开发地区面积最多,因为西部大多属于中国大江大河的上游地区,被认为是中国的天然生态屏障。生态环境的保护与落后地区开发的矛盾,也是西部大开发战略与主体功能区规划理念如何衔接的问题。目前的基本思路是:一部分生态移民,从限制、禁止开发区迁出来,发展相对集中的小城镇;与此同时,国家对这些地区加大转移支付力度。但问题是,生态移民不可能大规模进行,转移支付也只能解决公共服务均等化问题,老百姓的生活改善和地区经济繁荣还靠经济发展。由于限制开发和禁止开发区提供的生态公共产品是典型的纯粹供给产品,同时具备非排他性和非竞争性,每个消费者对生态公共产品的消费量完全相同,但不同的个人从消费中获得的边际效用却不同,因而,每个人愿意支付的价格不同。

如图 6-3 所示，生态公共产品的市场价格由公共产品的同一消费量上不同地区消费价格相加得到，即生态公共产品的市场需求曲线 DD 由 A、B 两地个人需求曲线的垂直相加得到，即 $DD = D_a + D_b$。DD 线之所以会在 G 点出现拐折，是因为当供给量在 Q 以上时，A 地不愿意付出任何价钱，只有 B 地愿意出价，在 Q_1，$DD = D_b$。设与生态公共产品的边际成本相一致的供给曲线为 SS，则 DD 与 SS 线的交点决定生态公共产品的均衡产量 Q_0，这是两地任何消费者都能接受的消费量。均衡价格 P_0 表示社会成员愿意为 Q_0 单位公共产品所支付的价格的总和，其中 P_a 为 A 地的出价，P_b 为 B 地的出价，$P_0 = P_a + P_b$。此时，消费者的出价与其边际效用一致，所有消费者出价的总和就是其边际效用的总和，即社会边际收益。这样，在 E 点社会边际成本等于社会边际收益，因此，公共产品的供给达到帕累托最优。

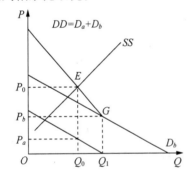

图 6-3　生态公共产品的有效供给

具体到生态功能区和我国其他地区之间的关系，则同时还明显存在着外部成本—收益的空间异置性，即这一区域的居民作为优质生态公共产品的生产者和维护者付出了外部成本而没有得到或得到很少收益，其他地区作为优质生态产品的消费者享受了外部收益而不付出任何成本。在这一外部成本—收益的空间异置被内置化之前，由于国家缺乏有效的经济激励购买和补偿来提供良好的生态产品，生态环境整体脆弱、部分地区相当恶劣，难以成为国家坚强可靠的生态屏障，西部生态产品的供给将处于一种相当短缺和低效的状态。

生态补偿的主体就是生态服务的受益者，政府在生态补偿中要发挥主导作用，如制定生态补偿政策、提供补偿资金、加强对生态补偿政策的监督管理等。同时，在市场经济体制下实施生态补偿还需要发挥市场的力量，通过市场力量来推进生态补偿制度。生态补偿的客体就是以提供生态效益为服务内容的提供者。补偿是相对于损失而言的，受限制地区的生态建设对生态服务的提供者有多方面的影响。

目前，世界各国生态效益补偿所采用的模式主要有公共支付体系、企业或区域之间的自主协议和市场交易体系三种，涉及森林生态补偿、农牧业生态补偿、流域生态补偿、矿产资源开发生态补偿、自然保护区生态补偿等多个领域。

1992 年，瑞士在修订后的《联邦农业法》中规定对农业发展项目给予财政补偿支持。1993 年，荷兰在大规模的基础设施建设和类似的开发项目中提高了对自然保护行业的投入。哥斯达黎加在 1995 年开始进行环境服务支付项目（Payments for Environmental Services Programme），成为全球环境服务支付项目的先导。

三　基于主体功能区的区域分工地位变动的生态补偿

根据国家主体功能区规划思路，国家将重点增加对限制开发和禁止开发区域用于公共服务和生态环境补偿的财政转移支付；政府投资重点支持限制开发、禁止开发区域公共服务设施建设、生态建设和环境保护，支持重点开发区域基础设施建设；引导各个区域的产业转移和布局，实行差别化的土地利用政策；调控人口总量，引导人口有序流动，逐步形成人口与资金等生产要素同向流动的机制等。

同时，政府绩效考核模式也明显变化，将针对主体功能区的不同定位实行不同的绩效评价指标和政绩考核办法。优化开发区域要强化经济结构、资源消耗、自主创新等的评价，弱化经济增长的评价；重点开发区域要对经济增长、质量效益、工业化和城镇化水平以及相关领域的自主创新等实行综合评价；限制开发区域要突出生态建设和环境保护等的评价，弱化经济增长、工业化和城镇化水平的评价；禁止开发区域主要评价生态建设和环境保护。

从过去按照行政区组织经济建设转向按照主体功能定位来组织经济建设并加强生态环境保护，在不同区域之间实行一种新的社会分工，以形成合理的生态功能和经济功能结构：经济功能区主要发挥经济功能，同时兼有一定的生态功能；生态功能区主要发挥生态功能，同时兼有一定的经济功能。两类区域之间具有功能互补关系（见图 6-4）。

生态功能区向经济功能区提供各种生态服务，包括调节气候、提供清洁的水源、旅游度假场所等；经济功能区则向生态功能区提供各种经济服务，包括就业机会、经济收入和技术支持等。

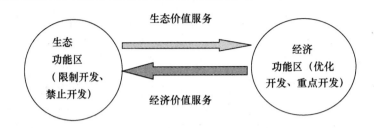

图6-4 生态功能区和经济功能区的分工互补关系

四 基于不同主体功能区分工的环境成本内部化博弈

（一）基于重点开发区和限制（禁止）开发区的两地公共品和商品分工模型

设上述类型的资源输出区或禁止、限制开发区为 A，输入区或重点开发区为 B，在此参考李国平、刘治国（2006）[①] 并进一步深化。

设 A 地提供的公共产品为 g_1，B 地提供的公共产品为 g_2，公共产品的总供给为 $G = g_1 + g_2$，A 效用函数为 $u_1(x_1, G)$，B 效用函数为 $u_2(x_2, G)$；这里 x 是私人物品生产（或消费）量，假定 $\partial u_i / \partial x_i > 0$，$\partial u_i / \partial G > 0 (i = 1, 2)$，且私人物品与公共产品边际替代率是递减的，令 P_x 为私人物品的价格，P_G 为提供公共产品成本，M_i 为 A 或 B 预算总收入。那么，双方面临的决策是在给定对方选择的情况下，选择自己的最优战略 (x_i, g_i) 以最大化其效用函数，即：

max $u_i(x_i, G)$

s. t. $P_x x_i + P_G g_i = M_i \quad i = 1, 2$

利用拉格朗日法求解，则：

$L_i = u_i(x_i, G) + \lambda(M_i - P_x x_i - P_G g_i) \quad i = 1, 2$

这里，λ 是拉格朗日乘数。最优化的一阶条件是：

$\partial u_i / \partial G - \lambda P_G = 0$

$\partial u_i / \partial x_i - \lambda P_x = 0$

上述两个一阶条件分别定义了两个地区的政府反应函数和企业反应函数：

（1）两个地区的政府反应函数：

---

① 李国平、刘治国：《关于我国跨区环境保育问题的博弈分析》，《系统工程理论与实践》2006年第7期。

$$g_1^* = f_1(M_1, g_2^*)$$

$$g_2^* = f_2(M_2, g_1^*)$$

从政府反应函数可以看出来，某个当地政府的最优战略是另一个政府行动的函数，两个反应函数的交点就是纳什均衡 $g^* = (g_1^*, g_2^*)$。在双方都是完全信息的情况下，其均衡条件决定公共产品纳什均衡供给量 $G^* = g_1^* + g_2^*$。

（2）两个地区的企业反应函数：

$$x_1^* = h_1(M_1, x_2^*)$$

$$x_2^* = h_2(M_2, x_1^*)$$

从企业反应函数可以看出来，某个地区企业的最优战略是另一个地区的行动的函数，两个反应函数的交点就是纳什均衡 $X^* = (x_1^*, x_2^*)$。在双方都是完全信息的情况下，其均衡条件决定了私人产品纳什均衡供给量 $X^* = x_1^* + x_2^*$。

（二）设立主体功能区后的两地区政府和企业反应函数

1. 两区地个政府的反应函数

假设地方政府效用函数采取柯布—道格拉斯函数形式。即：$u_i = x_i^\alpha G^\beta$，其中 $0 < \alpha < 1$，$0 < \beta < 1$，$\alpha + \beta \leqslant 1$，可解得最优均衡条件

$$\beta x_i^{\beta-1} G^\beta / \alpha x_i^{\alpha-1} G^\beta = P_G / P_x$$

预算约束条件 $P_x x_i + P_G g_i = M_i$（$i = 1, 2$）代入并整理，得 A 地的反应函数为：

$$g_1 = f_1(M_1, g_2) = \frac{\beta}{\alpha+\beta} - \frac{M_1}{p_G} - \frac{\alpha}{\alpha+\beta} g_2$$

B 地的反应函数为：

$$g_2 = f_2(M_2, g_1) = \frac{\beta}{\alpha+\beta} - \frac{M_2}{p_G} - \frac{\alpha}{\alpha+\beta} g_1$$

假定设立主体功能区前 A、B 两地的收入水平相当，即 M_1 和 M_2 相差不多的时候，双方可各自承担生态环境保护的工作，而且双方提供的公共产品数量相差不多，如果 $M_1 = M_2 = M$，则纳什均衡为：

$$g^* = (g_1^*, g_2^*) = \left(\frac{\beta}{2\alpha+\beta} \frac{M}{p_G}, \frac{\beta}{2\alpha+\beta} \frac{M}{p_G} \right)$$

根据我国实际情况，拟设立的禁止开发区和限制开发区多处在经济水平比较落后和偏远的地区、山区及农村，而重点开发区则多为东部地区和

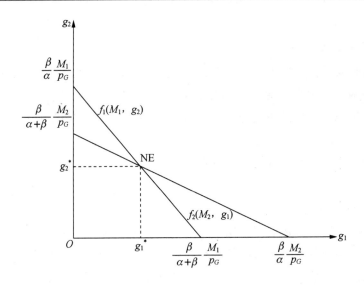

图6-5 禁止开发区、限制开发区与重点开发区公共品的博弈模型

中西部相对发达的城市。确定主体功能区后，A 地主要生产公共品 g_1，维持甚至减少商品 x，B 地则主要生产商品 x，维持公共品或减少 g_2，则有 $g_1 > g_2$。若公共品的货币收入难以估算，且不能交易时，将导致两地政府收入严重失衡，纳什均衡的结果也不相同。

这时，需要分析可能出现的以下情况：

（1）若建立主体功能区并重新分工后，禁止开发区、限制开发区公共品的生产，可得到区域外部，如国家（发达地区）的投入和支持，则会出现 $M_1 > M_2$ 的情形，由 $0 < \alpha < 1$，$0 < \beta < 1$，$\alpha + \beta \leq 1$，可知 $\frac{\beta}{\alpha+\beta} < \frac{\beta}{\alpha}$；纳什均衡时，$g_1^* > g_2^*$，禁止开发区、限制开发区 A 的反应函数 f_1 (M_1, g_2) 与 g_1、g_2 两轴的交点，或向原点右方，或向原点上方迁移，即 A 地区可提供较多的环境公共产品 g_1，而超过 B 地区所提供的环境公共产品 g_2。特别的，当 $M_1 \geq \dfrac{\beta}{\alpha+\beta} M_2$ 时，纳什均衡的结果为：

$$g^* = (g_1^*, g_2^*) = \left(\frac{\beta}{\alpha} \frac{M_1}{P_G},\ 0 \right)$$

即博弈的纳什均衡是由禁止开发区、限制开发区 A 承担提供环境公共产品 g_1 的责任，而重点开发区 B 提供的环境公共产品 $g_2 = 0$，并获得跨境外部收益。

（2）若假设分工后，禁止开发区、限制开发区公共品的生产，得不到区域外部的投入和支持，且公共产品也得不到交易、赎买或补偿，则会出现 $M_1 < M_2$，由 $0 < \alpha < 1$，$0 < \beta < 1$，$\alpha + \beta \leqslant 1$，可知 $\dfrac{\beta}{\alpha + \beta} < \dfrac{\beta}{\alpha}$。

纳什均衡时，$g_1^* < g_2^*$，禁止开发区、限制开发区 A 的反应函数 $f_1(M_1, g_2)$ 与 g_2、g_1 两轴的交点 $\dfrac{\beta}{\alpha + \beta} \dfrac{M_1}{p_G}$，$\dfrac{\beta}{\alpha} \dfrac{M_1}{p_G}$ 均向原点靠近，即 A 地区只提供较少的环境公共产品 g_1，而 B 地区则提供较多的环境公共产品 g_2；特别的，当 $M_1 \leqslant \dfrac{\beta}{\alpha + \beta} M_2$ 时，纳什均衡的结果为：

$$g^* = (g_1^*,\ g_2^*) = \left(0,\ \frac{\beta}{\alpha + \beta} \frac{M^2}{p_G}\right)$$

即博弈的纳什均衡是由重点开发区 B 承担提供环境公共产品 g_2 的责任，而禁止开发区、限制开发区 A 则不必承担，$g_1 = 0$；这表明主体功能区形同虚设，政策失灵。

2. 两个地区企业的反应函数

假设两地区企业效用函数采取柯布—道格拉斯函数形式，即：

$u_i = x_i^\gamma G^\varphi$，其中，$0 < \gamma < 1$，$0 < \varphi < 1$，$\gamma + \varphi \leqslant 1$，可解得最优均衡条件：

$\gamma x_i^{\varphi-1} G^\gamma / \varphi x_i^{\gamma-1} G^\varphi = P_G / P_x$

预算约束条件 $P_x x_i + P_G g_i = M_i (i = 1,\ 2)$ 代入并整理，得 A 地的企业反应函数为：

$$x_1 = f_1(M_1,\ x_2) = \frac{\gamma}{\varphi + \gamma} \frac{M_1}{p_x} - \frac{\varphi}{\varphi + \gamma} x_2$$

B 地的企业反应函数为：

$$x_2 = f_2(M_2,\ x_1) = \frac{\gamma}{\varphi + \gamma} \frac{M_2}{p_x} - \frac{\varphi}{\varphi + \gamma} x_1$$

根据反应函数作图，可以发现，当假定 A 地、B 地的收入水平相当，即 M_1 和 M_2 相差不多的时候，双方各自承担产品的生产和流通，而且双方提供的产品数量也较为接近，如果 $M_1 = M_2 = M$，则纳什均衡为：

$$x^* = (x_1^*,\ x_2^*) = \frac{\gamma}{2\varphi + \gamma} \frac{M}{p_x},\ \frac{\gamma}{2\varphi + \gamma} \frac{M}{p_x}$$

即 A 地和 B 地提供相同数量的产品，如图 6-6 所示。

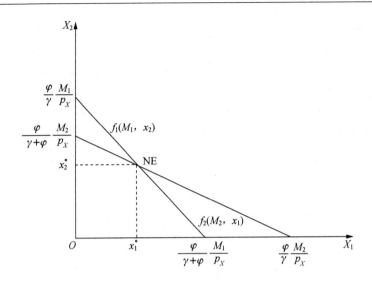

图 6-6 禁止开发区、限制开发区与重点开发区产品的博弈模型

如上所述，限制开发区、禁止开发区和重点开发区的经济发展水平与收入水平并不相等，而且相差很大。确定主体功能区后，A 地主要生产公共产品 g_1，势必减少商品 x_1 生产，B 地则主要生产商品 x_2，相对减少公共品 g_2 生产。因此，由于出现 $x_1 < x_2$；B 地企业收益会进一步增加，导致 B 地总收入持续增加；反之，A 地企业收益会进一步减少，导致 A 地总收入持续减少；从而导致两地收入严重失衡，纳什均衡的结果也不相同。这时，可能出现以下情况：

（1）若分工后，禁止开发区、限制开发区产品的生产，受到限制，且得不到区域外部的投入和支持，则会出现 $M_1 < M_2$，由 $0 < \gamma < 1$，$0 < \varphi < 1$，$\gamma + \varphi \leq 1$，可知 $\dfrac{\varphi}{\gamma + \varphi} < \dfrac{\varphi}{\gamma}$。

纳什均衡时，$x_1^* < x_2^*$，禁止开发区、限制开发区 A 的反应函数 f_1 (M_1, x_2) 与 x_2、x_1 两轴的交点 $\dfrac{\varphi}{\gamma + \varphi} \dfrac{M_1}{p_x}$，$\dfrac{\varphi}{\gamma} \dfrac{M_1}{p_x}$ 均向原点靠近，即 A 地区提供较少的环境公共产品，而 B 地区则提供较多的环境公共产品。特别的，当 $M_1 \leq \dfrac{\varphi}{\gamma + \varphi} M_2$ 时，纳什均衡的结果为：

$$x^* = (x_1^*, x_2^*) = \left(0, \dfrac{\varphi}{\gamma + \varphi} \dfrac{M_2}{p_x}\right)$$

即博弈的纳什均衡是由重点开发区 B 承担全部提供产品 x_2 的责任，而禁止开发区、限制开发区 A 不进行生产，$x_1=0$。

（2）若分工后，禁止开发区、限制开发区产品的生产，可得到区域外部如国家（发达地区）的投入和支持，则会出现 $M_1 > M_2$，由 $0 < \gamma < 1$，$0 < \varphi < 1$，$\gamma + \varphi \leqslant 1$，可知 $\dfrac{\varphi}{\gamma+\varphi} < \dfrac{\varphi}{\gamma}$。

纳什均衡时，$x_1^* > x_2^*$，禁止开发区、限制开发区 A 的反应函数 f_1（M_1，g_2）与 x_1、x_2 两轴的交点，或向原点右方移动，或向原点上方移动，即 A 地区提供较多的产品，并超过 B 地区所提供的产品。特别的，当 $M_1 \geqslant \dfrac{\varphi}{r+\varphi}M_2$ 时，纳什均衡结果为：

$$x^* = (x_1^*,\ x_2^*) = \left(\frac{\varphi}{\gamma}\frac{M_1}{p_x},\ 0\right)$$

即博弈的纳什均衡是由禁止开发区、限制开发区 A 完全承担提供产品 x_1 生产的责任，而重点开发区 B 则不用生产，$x_2=0$。这也说明主体功能分区并未成功。

五　基于城市化与农产品功能区分工的环境成本内部化博弈

根据主体功能区规划，在限制开发区中的农产品区 A，主要功能定位生产农产品 g_1，重点开发区主要为城市化地区 B，主要功能定位生产工业品 x_i。这意味着 A 地要生产更多的农产品 g_1，就不得不维持甚至减少商品 x_1，B 地则主要生产商品 x_2，维持乃至减少农产品 g_2；则有 $g_1 > g_2$。

（一）两个地区企业的反应函数

假设农产品区与城市化区两地区企业效用函数采取柯布 - 道格拉斯函数形式，即：

$u_i = x_i^\gamma G^\varphi$，其中，$0 < \gamma < 1$，$0 < \varphi < 1$，$\gamma + \varphi \leqslant 1$，可解得最优均衡条件：

$\gamma x_i^{\varphi-1}G^\gamma / \varphi x_i^{\gamma-1}G^\varphi = P_G/P_x$

预算约束条件 $P_x x_i + P_G g_i = N_i (i=1、2)$ 代入并整理，得 A 地的企业反应函数为：

$$x^* = (x_1^*,\ x_2^*) = \left(\frac{\gamma}{2\varphi+\gamma}\frac{N}{p_x},\ \frac{\gamma}{2\varphi+\gamma}\frac{N}{p_x}\right)$$

$$x_1 = f_1(N_1,\ x_2) = \frac{\gamma}{\varphi+\gamma}\frac{N_1}{p_x} - \frac{\varphi}{\varphi+\gamma}x_2$$

B 地的企业反应函数为：

$$x_2 = f_2(N_2, x_1) = \frac{\gamma}{\varphi + \gamma} \frac{N_2}{p_x} - \frac{\varphi}{\varphi + \gamma} x_2$$

根据其反应函数作图，可以发现，当假定 A 地、B 地的收入水平相当，即 N_1 和 N_2 相差不多的时候，双方各自承担产品的生产和流通，而且双方提供的产品数量也较为接近，如果 $N_1 = N_2 = N$，则纳什均衡为：

$$x^* = (x_1^*, x_2^*) = \left(\frac{\gamma}{2\varphi + \gamma} \frac{N}{p_x}, \frac{\gamma}{2\varphi + \gamma} \frac{N}{p_x} \right)$$

即 A 地和 B 地提供相同数量的产品，如图 6 - 7 所示。

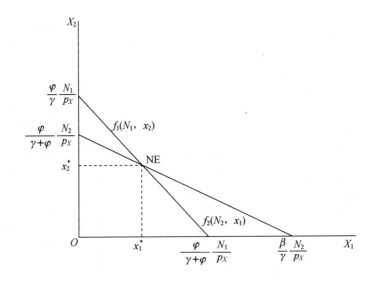

图 6 - 7　农产品生产区与城市化地区产品的博弈模型

如上所述，就目前而言，农产品生产区 A 和城市化区 B 的经济发展水平和收入水平并不相等而且差距很大。确定主体功能区后，A 地主要生产农产品 g_1，势必减少当地工业品 x_1，B 地则主要生产工业品 x_2，相对减少农产品 g_2 生产。因此，由于出现 $x_1 < x_2$；B 地企业收益会进一步增加，导致 B 地总收入持续增加；反之，A 地企业收益会进一步减少，导致 A 地总收入持续减少；从而导致两地收入严重失衡，纳什均衡的结果也不相同。

这时，可能出现以下几种情况：

（1）若分工后，农产品产区产品的生产，受到限制，且得不到区域外部的投入和支持，则会出现 $N_1 < N_2$，由 $0 < \gamma < 1$，$0 < \varphi < 1$，$\gamma + \varphi \leqslant 1$，可知 $\dfrac{\varphi}{\gamma + \varphi} < \dfrac{\varphi}{\gamma}$。

纳什均衡时，$x_1^* < x_2^*$，农产品产区 A 的反应函数 $f_1(N_1, x_2)$ 与 x_2、x_1 两轴的交点 $\dfrac{\varphi}{\gamma + \varphi}\dfrac{N_1}{p_x}$，$\dfrac{\varphi}{\gamma}\dfrac{N_1}{p_x}$ 均向原点靠近，即 A 地区提供较少的农产品，而 B 地区则提供较多的农产品；特别的，当 $N_1 \leqslant \dfrac{\varphi}{\gamma + \varphi} N_2$ 时，纳什均衡的结果为：

$$x^* = (x_1^*, x_2^*) = (0, \frac{\varphi}{\gamma + \varphi}\frac{N_2}{p_x})$$

即博弈的纳什均衡是由重点开发区 B 承担全部提供工业产品 x_2 的责任，而农产品区 A 不进行生产，$x_1 = 0$。

（2）若分工后，农产品区产品的生产，可得到区域外部，如国家（或城市化地区）的投入和支持，则会出现 $N_1 > N_2$，由 $0 < \gamma < 1$，$0 < \varphi < 1$，$\gamma + \varphi \leqslant 1$，可知 $\dfrac{\varphi}{\gamma + \varphi} < \dfrac{\varphi}{\gamma}$。

纳什均衡时，$x_1^* > x_2^*$，农产品产区 A 的反应函数 $f_1(N_1, g_2)$ 与 x_1、x_2 两轴的交点或向原点右方，或向原点上方迁移，即 A 地区提供较多的农产品，而超过 B 地区所提供的产品。特别的，当 $N_1 \geqslant \dfrac{\varphi}{\gamma + \varphi} N_2$ 时，纳什均衡的结果为：

$$x^* = (x_1^*, x_2^*) = \left(\frac{\varphi}{\gamma}\frac{N_1}{p_x}, 0 \right)$$

即博弈的纳什均衡是由农产品产区 A 完全承担提供农产品 x_1 生产的责任，而城市化地区 B 则不用生产，$x_2 = 0$。这也说明主体功能分区在工农产品上的分工并未成功。

（二）两地分工后的相互污染行为

设 E_1、E_2 分别作为农产品产区和城市化区两地的排放水平，如果两地互相独立排放，且互不受影响，则两地的环境总排放水平为 $E = E_1 + E_2$。

农产品产区 A 的总成本：

$$TC_1 = \frac{c_1}{2}E^2 + \frac{b}{2}\left(\frac{a}{b} - E_1 \right)^2 \tag{6.1}$$

式中，$\dfrac{c_1}{2}E^2$ 为 A 地环境损害成本，$\dfrac{b}{2}\left(\dfrac{a}{b}-E_1\right)^2$ 为 A 地消除损害所支付的成本。

如果 $E_1 = a/b$，消除损害之成本为 0，表明 A 地区由于处在弱势地位及财力所限，不对减少排放做任何努力，$0 < E_1 < a/b$，其后果使得 A 地区环境污染处在日益累积的状况。

同样，城市化区 B 的总成本：

$$TC_2 = \frac{c_2}{2}E^2 + \frac{b}{4}\left(\frac{a}{b}-E_2\right)^2 \tag{6.2}$$

式中，$\dfrac{c_2}{2}E^2$ 为 B 地环境损害成本，$\dfrac{b}{4}\left(\dfrac{a}{b}-E_2\right)^2$ 为 B 地消除损害所支付的成本。

如果 $E_2 = a/b$，消除损害之成本为 0，表明 B 地区由于处在强势地位，且不对减少排放做任何努力，$0 < E_2 < a/b$，其后果使得 B 地区环境污染处在外排日益累积的状况。

两地的环境综合成本 $TC = TC_1 + TC_2$

如果两地都不采取措施治理各自造成的环境污染，则环境问题日益加剧。这是一个动态博弈问题。具体如图 6 - 8 所示。

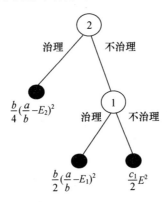

图 6 - 8　农产品生产区与城市化地区排放治理的博弈模型

由于城市化地区 2 具有先动优势，如果没有严格的法律和制度限制，该地区则可能有两种选择：一是对不达标排放进行治理，其治理成本为 $\dfrac{b}{4}$ $\left(\dfrac{a}{b}-E_2\right)^2 > 0$；二是不治理，则 $\dfrac{b}{4}\left(\dfrac{a}{b}-E_2\right)^2 = 0$，这时意味着其损害成本即外部成本。

对于农产品产区 1，在城市化地区 2 采取排放不治理策略时，也有两种选择，一是对不达标排放进行治理，其治理成本为 $\frac{b}{2}\left(\frac{a}{b}-E_1\right)^2>0$；二是不治理，则治理成本 $\frac{b}{2}\left(\frac{a}{b}-E_1\right)^2=0$；然而由于自身环保意识和财力有限，特别是农产品产区生产者往往是以户为单位的个体农民，在博弈中属于弱者，农产品产区往往选择后者。这时意味着其被动接受的外部损害成本将形成对本地农业生产的投入，而其生产的农产品将因此受到污染。

（三）两地分工后的相互污染排放治理

如果两地相邻或相连，又假设污染排放以废水为主，则城市化区 B 地进行工业化生产不达标地排放废水，不仅造成本地污染，还造成农产品产区 A 地污染。

从社会福利角度来看，

$$\min(TC) = TC_1 + TC_2 \tag{6.3}$$

将 TC 分别对 E_1、E_2 求导，并令等式等于零，可得：

$$\frac{\partial(TC)}{\partial E_1}=0 \qquad \frac{\partial(TC)}{\partial E_2}=0$$

求解可得两地各自的最佳社会排污水平：

$$E_1^s = \frac{a(b+c_1+c_2)}{b(b+3c_1+3c_2)} \qquad E_2^s = \frac{a(b-c_1-c_2)}{b(b+3c_1+3c_2)}$$

这样，两地总体的最佳社会排污水平：

$$E^s = E_1^s + E_2^s = \frac{2a}{b+3c_1+3c_2}$$

这即是所谓纳什均衡下的总体排放水平。

与模型结合进一步进行讨论，如果从两地收益进行比较，

$$\pi_1 = Px_1 - TC_1 \begin{pmatrix} Px_1 - \frac{c_1}{2}E^2 & \frac{b}{2}\left(\frac{a}{b}-E_1\right)^2=0 \\ Px_1 - TC_1 & \frac{b}{2}\left(\frac{a}{b}-E_1\right)^2>0 \end{pmatrix}$$

对于农产品产区 1，若治理成本 $\frac{b}{2}\left(\frac{a}{b}-E_1\right)^2=0$，则意味城市化地区 2 的污染排放的外部成本形成对农产品产区 1 产品的一种污染投入。而作为一种事实上的负投入，其产出应当将其减去。进一步而言，如果是有害

投入生产的产品，不但对农产品产区 1，而且对于城市化地区 2 的消费者
都会形成身体和精神的损害，也就在客观上形成了对城市化地区 2 污染排
放的报复。因此，农产品产区 1 必须与城市化地区 2 协商，加强协同治
理，才能达到共同合作消除污染或减少损失的目标。

$$\pi_2 = Px_2 - TC_2 \begin{pmatrix} Px_2 - \dfrac{c_2}{2}E^2 & \dfrac{b}{4}\left(\dfrac{a}{b} - E_2\right)^2 = 0 \\ Px_1 - TC_2 & \dfrac{b}{4}\left(\dfrac{a}{b} - E_2\right)^2 > 0 \end{pmatrix}$$

对于城市化地区 2，若治理成本 $\dfrac{b}{4}\left(\dfrac{a}{b} - E_2\right)^2 = 0$，则意味城市化地区 2
拒绝对其形成的污染排放的外部成本进行治理，从而会错失环境污染源治
理的机会，导致对农产品区的污染加剧。即使有了治理投入，$\dfrac{b}{4}\left(\dfrac{a}{b} - E_2\right)^2$

> 0，但还要充分估计是否能有效地清除污染，故 $0 < \dfrac{b}{4}\left(\dfrac{a}{b} - E_2\right)^2 \leqslant \dfrac{c_2}{2}E^2$。

由于形成跨界污染，城市化地区 2 很可能会低估损害成本，而实际的损害
成本相当一部分已转嫁到农产品产区 1，故根据谁损害，谁治理的原则，从
综合全面治理而言，城市化地区 2 的治理成本必须考虑到这一部分空间污
染的转嫁成本，而不应由农产品产区 1 单独承担。

此外，在上述情况下，在不增加治理投入条件下，当地生产的 GDP
也必然因此减少。因此，两地双方必须进行治理合作与协调，首先是城市
化地区，要优先增加治理的投入，才能使两地 GDP 的质量得以提高，两
地的福利都得以增加。

六　环境成本、庇古税与科斯安排

（一）区域内部和跨区域的环境成本

环境成本有广义和狭义之分。广义的环境成本是针对一个国家或一个
地区整体而言的，是指由于破坏环境而形成的成本。广义的环境成本包括
三部分内容：一是环境破坏造成的当前福利损失；二是治理环境破坏所支
付的成本和费用；三是环境破坏给后代造成的福利损失。狭义的环境成本
着眼于微观层面，是指企业活动对环境造成的影响而要求采取治理或改善
措施支付的成本。

前面所提到的资源开发和生产经营企业的生产活动对周围环境造成的
污染都是典型的负外部性例子，但空间跨界特征有所不同。资源开发企业

的生产活动对周围生态环境造成的破坏和污染如果不予治理，对本地所带来的主要是外部成本，但是对外地输出地则基本上是外部性收益。生产经营企业的污染有两种，一种是区际跨界污染，实质是私人成本外部化，即把本应由企业支付的私人成本转嫁给社会，社会为企业承担了一部分成本，也称为"成本外溢"。在市场经济条件下，企业为了追求利润的最大化，是不情愿支付这笔费用的，所以，政府必须进行干预，使企业的环境成本内部化。

从资源开发角度来看，耗竭资源开发的成本形式除了直接的投资成本之外，还包括生态系统改变造成的环境成本，表现为取得地下耗竭性资源对地上植被结构的破坏、形成的相关污染、资源的枯竭及机会成本等。成本的承受者除直接投资者承担的投资成本外，环境成本、资源枯竭及机会成本与直接投资者几乎不存在必然联系，而主要由当地居民及环境相关者承担，其中资源地的未来居民则承受资源使用权和环境变化的双重损失。

（二）纵向治理——庇古税和技术补贴

英国剑桥大学经济学家庇古认为，在负外部性现象中，商品的生产过程中存在着社会成本与私人成本的不一致，两者之差即构成外部性。按照庇古的理论，只要把市场失灵造成的负外部效应内化到商品生产的真实成本中，确保污染者能够自行找到使污染控制花费最小的策略，那么，忽略对社会造成污染损害的情形就能得到纠正。庇古思想被认为是通过政府干预方式将外部性内部化的理论基础，庇古税的作用机制如图 6 - 9 所示。

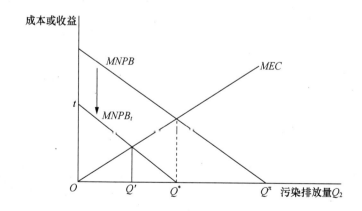

图 6 - 9　区域最优污染排放水平

在图 6 - 9 中，纵轴为某地污染排放的成本（或收益），横轴为某地污染排放量。Q^* 为当地初始的最优污染水平，如果当地政府实施环境治理对排污厂商征收污染税，厂商的私人净收益就会减少，$MNPB$（边际私人净收益）曲线将发生变化。

庇古税的单位税额应该根据一项经济活动的边际社会成本等于边际效益的均衡点来确定，这时对污染排放的税率就处于最佳水平。通过对污染产品征税，可使污染环境的外部成本转化为生产污染产品的内在税收成本，从而降低私人的边际净收益，并由此决定其最终产量；且由于征税提高污染产品成本，降低了私人净收益预期，从而减少了产量，减少了污染。这时，$MNPB$ 曲线就向左平行移动到 $MNPB_t$（含税边际私人净收益）曲线的位置。该线与 MEC（边际外部成本）曲线相交于 Q' 点，$0 < Q' < Q^*$。因此，从理论上讲，征收庇古税有利于促进环境成本内在化，改进本地环境质量和社会福利，这些对于第一类空间异置类型问题是有益的。但问题如果是属于第二类空间异置类型的话，庇古税则难以解决。

在图 6 - 10 中，纵轴为两地污染排放的成本（或收益），横轴为两地污染排放量。Q_1^*，Q_2^* 分别为 A、B 两地初始的最优污染水平，如果 B 地政府现在实施环境治理，对排污厂商按每一单位排放量征收特定数额 t 的污染税（庇古税），厂商的私人净收益就会减少，$MNPB_2$（边际私人净收益）曲线将发生变化。此时如果 A 地政府愿意采取同时行动，这时，$MNPB_1$ 和 $MNPB_2$ 曲线就分别向右下方和左下方平行移动到 $MNPB_1'$ 和 $MNPB_2'$（含税边际私人净收益）曲线的位置。该线与 MEC_1 和 MEC_2（边际外部

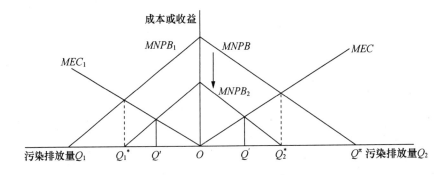

图 6 - 10　跨区域最优污染排放水平

成本）曲线分别相交于 Q'_1 和 Q'_2 点。但是，若 A 地政府不愿意采取同时行动，则 A 地维持初始的最优污染水平 Q_1^*，其外部性必然影响 B 地的污染水平，使得 B 地征税后的污染水平 $Q_2' < Q_2'' < = Q_2^*$。

基于公共产品和外部性市场失灵理论的补贴。大多数市场失灵都建立在公共产品和外部性基础上讨论。布坎南（1968）提出，如果一方（一个家庭或一个企业）的活动影响到另一方的效用或生产可能性而没有定价，那么就可以说存在着外部效应。庇古认为，在外部经济存在的情况下，政府应通过补贴来还原市场的激励功能，进而降低消费产品或服务的私人边际成本。补贴将鼓励更多人进行消费并使得社会最优的产出水平更容易实现。补贴的形式可采用年度资金补偿和其他形式的财政援助。补贴的效率和最终效果，将取决于个人支出的价格弹性以及私人与公共支出之间的平衡。例如，如果采取单一补贴，对于混合型公共物品来说，补贴的效果要好于纯公共物品（Russell D. Roberts, 1987）。但是，补贴效果的大小将取决于需求价格弹性。如果需求无弹性，补贴只会导致消费少量增长；同时也存在另一种风险，即对一种能产生外部经济的活动的补贴也可能扭曲市场机制。

（三）产权交易——科斯定理与横向补偿

"科斯定理"这个词是由斯蒂格勒在 1966 年出版的《价格论》中首次提出和使用的。"科斯定理"被简单地概括为：在完全竞争条件下，私人成本等于社会成本。只要存在交易费用，产权制度就对生产产生影响。而产权经济学研究的就是如何通过界定、变更和安排产权的结构，降低或消除市场机制运行的社会费用，提高运行的效率，改善资源配置，加快基础发展，增加经济福利，促进经济增长。根据福利经济学的"希布斯—卡尔多"补偿原则：如果资源配置的结果使福利受益者补偿福利受损者后，受益者的福利水平仍可以提高，那么这一配置就是最优配置。在希布斯（Hibbs）和卡尔多（Kaldor）设想的基础上，后来发展为补偿原则论，又称新帕累托标准。新帕累托学派探讨了由于经济变化而处境改善的人（即受益者）能否补偿那些处境恶化的人（即受损者）。如果一个特定的改变使受益者的福利增进很大，以至于在完全补偿了受损者的福利损失后还有剩余，那么基于新帕累托标准，这一改变就是一个潜在的社会福利改进。利特尔又提出福利的变化应提高收入的分配效率，这样需要建立一个社会福利函数，根据不同个人的地位，给不同个人福利变化以相应的权重。

(四) 市场失灵与政策干预失灵

基于公共产品和外部性市场失灵理论的补贴。大多数市场失灵都建立在公共产品和外部性基础上讨论。布坎南 (1968) 提出，如果一方 (一个家庭或一个企业) 的活动影响另一方的效用或生产可能性而没有定价，那么就可以说存在着外部效应。庇古认为，在外部经济存在的情况下，政府应通过补贴还原市场的激励功能，进而降低消费产品或服务的私人边际成本。补贴将鼓励更多人进行消费并使得社会最优的产出水平更容易实现。补贴形式可采用年度资金补偿和其他形式的财政援助。补贴的效率和最终效果，将取决于个人支出的价格弹性以及私人与公共支出之间的平衡。例如，如果采取单一补贴，对于混合型公共物品来说，补贴的效果要好于纯公共物品 (Russell D. Roberts, 1987)。但是，补贴效果的大小将取决于需求价格弹性。如果需求无弹性，补贴只会导致消费少量增长。同时，也存在另一种风险，即对一种能产生外部经济活动的补贴也可能扭曲市场机制。

在进行生态补偿时，不仅需要促进社会福利的改进，而且需要适当考虑社会的公平性问题，促进地区间的均衡与协调。这就是说，为避免或减少市场失灵，需要进行政策干预。但是政府的干预并不可能完全奏效，这就会出现所谓的政策干预失灵问题。干预失灵是指政府的政策 (环境政策、贸易政策及其他政策) 不能纠正市场失灵，反而造成或加剧市场失灵。干预失灵通常表现为在制定部门政策或宏观经济政策时，对生态和环境没有给予足够的重视，最终导致市场反应出来的是不利于环境和资源的价格政策和其他部门政策，造成对环境和自然资源的过度利用。

区域资源开发引致的环境问题是由于干预失灵和市场失灵所致，市场失灵的原因在于环境资源的产权不明确及其价值不能适当确定。市场失灵会导致环境成本外部化，其表现就是环境退化和污染。环境成本外部化是指产品生产和消费的环境成本不是由生产者和消费者承担，而是由他人承担，又未通过市场得到补偿。空气污染、水资源污染和其他环境资源的退化都是环境成本外部化的结果。当一个国家不能将其环境成本内部化时，就会产生酸雨、河流污染及气候变化等跨界或全球环境难题。

干预失灵和市场失灵都可能存在不足和过度的问题。对此需要结合供给和需求两方面来分析：若某区域内某些商品的生产供给有害于环境，而一个国家的体制结构忽略干预和市场作用，这些商品的外部需求引发的生产、流通所引发的跨界问题会进一步加剧该商品在生产和消费过程中对区

域内外环境的影响；若某区域内某些公共商品的生产供给如生态保护、植树造林、维护水源地等有利于区域内外环境，但限制了当地进行其他污染性产品的生产，而一个国家的体制结构忽略主动干预和市场引导，这些商品的生产就会出现停滞，甚至破坏，引发的不仅是区域问题，而且有跨界问题会加剧该商品在生产和消费过程中对环境的负面影响。如果在体制上建立了引导生产、流通和消费朝着可持续方向发展的政策法规，那么可以促进这种发展。如果对前者政府干预能够纠正市场失灵，对后者政府干预能够引导市场作用，就会起到促进区域内外环境保护的作用。

要解决市场失灵所导致的资源配置的低效率状态，减少环境问题，关键在于使外部成本内部化。所谓环境成本内部化，就是在制定商品和服务价格时，把它们造成的环境破坏的成本计算在内。例如引起与癌症有关的疾病和对动、植物产生有害影响的代价，应包含在造成臭氧层损耗的产品的价格之中。

第三节　外部性空间异置校正治理的制度安排和路径措施

提出了著名的修正性税，即税收—津贴办法，一方面，对产生的负外部性的数量按一定比例向行动一方征税；另一方面，对于产生正外部性的个体给予相当于正外部性价值的补贴。这方面最主要的实施手段就是排污费，即向污染者征收一定数量的税额，数量等于社会消除污染所需花费的费用。

　　如图 6 – 11 右侧所示，曲线 S_0、D_0 分别为地区 A 市场实际的供给和需求曲线，相应的 P_0、X_0 即为对应实际的产品的市场均衡价格和产量。由于环境成本（庇古税）并没有计算在厂商的生产成本之中，导致实际的供给曲线低于考虑的外部性（环境成本）的供给曲线。现在如果要采取一定的措施迫使厂商在进行生产活动时必须将这部分成本计算在内，那么供给曲线将上移到 S_1 处，这时的新均衡价格和产量为 P_1、X_1，其中 $P_1 > P_0$，$X_1 < X_0$，将符合社会最优量。

　　如图 6 – 11 左侧所示，假设邻近的 B 地区曲线制度 S'_0、D'_0 分别为市场实际的供给和需求曲线，相应的 P'_0、X'_0 即为对应实际的产品市场均衡价格和产量。由于该地区环境成本并没有计算在厂商生产成本之中。在 A 地区征收庇古税实施环境成本内在化措施后，B 地区并不同步应措施，而仍然维持现状不变，这样在 A 地区的

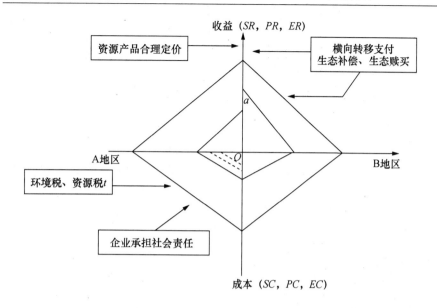

图6-13 对本地企业资源开发与输出引起的外部成本—收益空间异置的校正

三 针对第二类外部性空间异置问题的治理措施

从制度安排角度可以采取的第二类跨区域外部性空间异置问题的环境成本内在化措施包括：（1）从中央政府和宏观管理部门角度，应对上游生态功能区进行生态赎买，而限制当地对水源地进行开发甚至禁止开发，对开发企业征收资源税（环境税）并向当地适当转移税收收入分成。（2）上游区当地政府应当根据法律、法规要求对环境进行维护，要求属地开发企业承担社会责任，增加当地社会收益。（3）从下游资源使用区而言，应当采用适当的跨地域转移支付手段，对资源输出地进行生态补偿（见图6-14）。

四 针对第三类外部性空间异置问题的治理措施

从制度安排角度可以采取的第三类跨区域外部性空间异置问题的环境成本内在化措施包括（见图6-15）：（1）从中央政府和宏观管理部门角度，严格统一的环境标准，对开发企业征收资源税（环境税），对超标排放企业征收环境税。（2）从资源区当地，应当根据法律、法规要求企业承担社会责任，执行统一的环境标准。（3）从资源使用区而言，应当采用适当的跨地域转移支付手段，对资源输出地进行生态补偿或生态赎买。

虚线表示对相关地区成本—收益结构的校正，以获得应有的平衡。

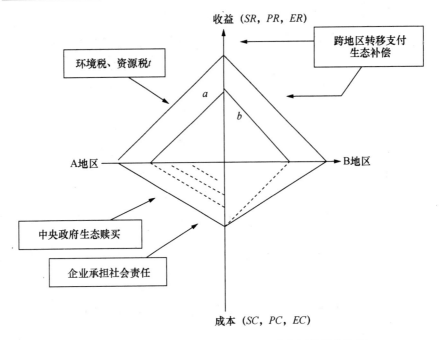

图 6 - 14　对外部成本—收益上下游流域空间异置的校正

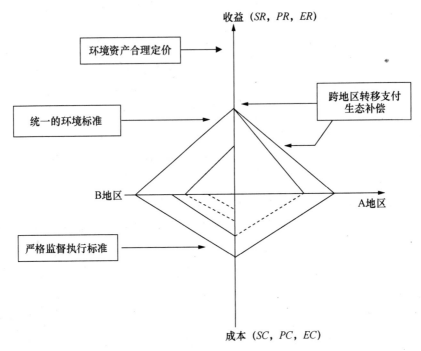

图 6 - 15　对因保护生态限制开发引起的外部成本—收益空间异置的校正

五　针对第四类外部性空间异置问题的治理措施

从制度安排角度可以采取的第四类跨区域外部性空间异置问题的环境成本内在化措施包括（见图 6－16）：（1）从政府和宏观管理部门角度，应对污染源区的排放制定严格标准，严格执法。对开发企业征收资源税（环境税）并向当地转移。（2）从污染源区当地政府，应当根据法律、法规要求企业达标排放承担社会责任，同时严格监督。（3）从污染损害区（农村）而言，应当被赋权要求对污染源输出地采用适当的跨地域转移支付手段，进行生态补偿。

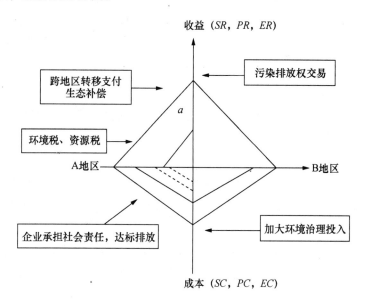

图 6－16　对城市向乡村污染排放引发的成本—收益空间异置的校正

环境成本内在化的意义就在于弥补传统的自由市场经济的缺陷，代替其只考虑直接的、不可持续发展经济效益的理念，从而可以真正将可持续发展理念贯穿于地域分工和交易活动全过程。环境成本内在化，从短期来看，似乎会给企业带来增加产品的成本问题，但从长远来看，可以促进企业改善产品结构，增加技术研发，提高产品技术含量，达到降低污染、增强产品竞争力的目的。环境成本内在化对自由贸易必将产生一定影响，主要表现在边际成本优势的突破，但同时必须承认，环境成本内在化更加有利于资源合理配置，消灭贸易壁垒。只有企业考虑环境成本时，才会采取措施降低该成本，从而引导产业向绿色化发展，绿色贸易壁垒在这样的情况下就会不攻自破。从这一角度来看，牺牲短期利益而赢得长远良性发展是具有重要意义的。

第四节 资源开发与生态建设、修复治理的成本—收益分析

一 概述

随着西部大开发的深入进行，西部地区开展了一系列的生态建设和修复工程建设，包括大江大河源头治理与修复，草原、森林植被恢复以及枯竭矿区的生态恢复等。其中矿山生态环境问题是资源区域可持续发展的核心和枢纽，因为矿产资源开发利用对一定区域的生态环境系统扰动最大，破坏力最强。修复矿区土地生产力、维护生态系统健康对区域农业生产、环境保护均具有重要的现实意义。研究和实践说明，进行生态建设，恢复被人类干扰而退化的生态系统需要付出的努力要比开发利用生态系统大得多。生态修复项目往往需要投入大量的资金，生态治理与恢复的成本巨大。

【案例 6-1】从目前西部生态补偿的总体现状来看，财力不足是造成当前生态修复与补偿困难的关键因素之一。以陕西省为例，按照国家规划要求，到 2020 年，在全省境内需完成小流域治理项目 764 条、污水处理项目 23 个、垃圾处理项目 28 个、污染点源治理项目 53 个、环境监测项目 9 个，共需投资 97.59 亿元，平均每年需投入近 7 亿元。对于陕西这样一个财力薄弱的省份而言，存在巨大的资金投入压力。以近几年陕西省实际投入来看，地方财政用于水源地污染防治和水土流失治理的资金偏少，与治理成本的资金需求差距较大。再如内蒙古某地由于企业油气资源开发，导致环境污染、草原退化、沙化、盐碱化问题非常突出。这些生态环境的修复费用十分巨大。据有关主管部门估计，主要开采公司环境治理（不可能完全恢复）所需费用超过百亿元，至今仍无着落。某大型国有铁矿矿山的直接成本仅包括资源税、人员工资和维持简单再生产的维简费三项，而环境治理、生态修复、企业退出和转产等均未进入成本。[1]

---

[1] 文正益：《关于矿产品成本严重缺失的思考与对策建议》，国土资源部咨询研究中心，调研报告·专家建议·课题成果。

二 生态环境治理修复的成本收益分类和特点

如何评估修复的成本与收益，这是生态修复经济评价需要面对的重要课题。进行成本—收益分析的目的是以一种通用的标准来衡量项目的成本和收益。收益指的是项目对于提高公共福利的作用。成本则指的是项目的机会成本，亦即因未能将资源用于最合理方面而损失的效益。成本收益分析可以采用三种主要决策准则，即经济净现值（ENPV）、经济内部收益率（EIRR）和经济效益成本比（EBCR）。计算总成本时，要包括所发生的所有直接和间接成本，同时减去可能的节约成本；计算效益时，要包括所发生的所有直接和间接效益。由于生态修复带来的影响是多方面的，其中重要的是对修复方案的环境影响价值进行计量，而且，价值计量的结果还要体现在市场中。直接的方式是把环境服务的货币化估计价值纳入生态修复方案的成本收益分析中去。

（一）生态建设和修复的成本—收益分析特点

同一般公共工程等的性质类似，生态修复工程也需要初期的投入、随后的各种支出，最后产生对人类有价值的效益。然而生态修复工程的经济分析有其特点。

（1）生态修复工程通常产生多种效益。例如，修复河流既可提供人类直接利用的资源，又可以蓄洪抗旱、净化水质、提供垂钓场所、美化风景、维持生物多样性等。然而河流提供的大多数物品和服务不能通过市场交易进行定价，它们的性质是非市场的。因此，其价值必须通过支付意愿来计算，而不是采用市场价格。另外，某些价值是存在价值。存在价值是一种与人类利用无关的经济价值，这类价值是对未来可能价值的一种推测和希望，其价值量依赖于人类的主观意识，目前对此类价值量的评估还难以量化。同时，在空间位置上，某种价值的范围难以精确界定。

（2）生态系统的复杂性限制了预测其效益的精确度。而且生态系统是一个动态系统，随着时间发展而变化，有时尽管有人类或自然的干扰，仍然能发挥作用。这使得生态系统工程不同于大多数工程投资项目，投资和效益之间没有清晰的有机联系。

（3）生态"修复"是指通过人工方法，按照自然规律，试图重新创造、引导或加速自然演化过程。恢复近似天然的生态系统，这意味着生态修复是一个渐进的过程，生态系统可能需要许多年才能完全产生（或恢复）其效益。和能迅速产生效益的工程措施相比较，确定生态修复工程的社会贴现率就存在一定的困难。

（二）生态修复治理的成本—收益分析框架

传统的成本收益分析只考虑资源投入和项目的直接产出。扩展的费用效益分析既包括单线框中的内容，又包括粗线框中的内容；既考虑对自然系统和环境质量的直接后果，又考虑对经济的、社会的和环境质量的间接影响。

（1）需修复的生态系统特征。物理特征（例如水文、生态等）、气候特征是形成生态修复规划的基础。一个生态系统，例如河流和流域的管理涉及众多的利益相关者（指那些会受结果影响其利益的人或组织），他们有不同的目标和要求，这样就会形成各种不同的建议方案。

（2）直接资源投入（成本）。生态修复工程需要资源投入，例如土地、材料、劳动力、设备和能源等，这些资源可用已知的市场价格来计量。利用资源就产生了成本。例如，项目建设期间使用资源（土地、劳动力、材料、能源等），就产生了项目的资金成本。生态修复工程还需要必要的维护费用。

（3）直接项目产出（收益）。生态修复工程可以带来直接效益，例如森林覆盖、城乡绿化、城市和农业供水、渔业养殖、航运、娱乐等。这些效益可以利用传统的市场法来估价。

（4）直接自然系统和环境质量影响（收益或成本）。即使是生态修复活动，也不可避免地会对生态环境造成正面或负面影响。这些影响通常用环境影响评价做一下评估，提出预防或减少不良环境影响的对策和措施，由于没有用货币衡量生态环境价值来表示，因此它们被排除在传统的成本效益分析以外。虽然对环境价值进行评估困难重重，环境经济学家已提出了一些计量环境价值的方法来测算环境变化引起的环境舒适度的价值变化。尽管某些环境效益和成本可用传统的市场方法来评估，然而大多数需使用非市场技术来评估。作为项目的直接产出，环境质量效益和成本可能出现在修复工程的早期，而有些可能出现在多年以后。

（5）间接的经济、社会和环境质量影响。除直接产出（效益或费用）以及直接自然系统和环境质量影响之外，生态修复工程也可能产生间接影响。例如，为恢复河流生态系统，需改变耕地的用途其直接成本是作物种植面积的减少所带来净收入的减少，间接成本包括向农民供应种子、化肥、设备、加工、运输等相关行业的收入和工作机会的减少以及作物运输、加工和市场交易的损失等。然而，耕地变湿地的直接效益可能是增加了娱乐价值、栖息地价值，以及通过开发旅游所带来的间接收入和工作机会。尽管间接影响可以计入成本效益分析，但也可能引起某些特殊的估价问题，包括影响的时间和位置，哪些可用市场和非市场估价方法（见图6－17）。

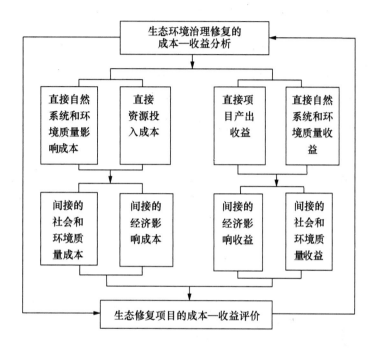

图6－17　生态修复项目的成本—收益评价

成本效益分析可用来评估修复方案的经济社会可行性。有助于生态修复方案的全面评估，可为决策者提供科学信息，政策建议，做出正确的价值判断。

第五节　本章小结

本章首先讨论了主体功能区的特征与分类，主体功能区设立的区域布局，针对西部大开发中的成本收益空间外置的突出问题，揭示了不同主体功能区设立后的分工变动可能出现的外部性扩大问题。

　　其次，基于不同主体功能区分工，分别针对限制、禁止开发区和重点开发区的公共品和商品分工模型进行了环境成本内部化博弈分析，指出如果得不到法律的保障和国家的有效支持和干预，以及功能分工处于相对有利地区的参与，这种分工在实际操作中难以得到有效实施。在此基础上，本章还结合城市化地区和农产品产区分工及污染排放治理进行了进一步分析讨论，指出在主体功能区分工条件下，必须进行跨地区和跨部门的共同治理，否则会走上跨产业环境交叉污染的恶性循环之路。

　　最后，结合图形分析，具体针对主体功能区分工条件下资源开发和利用的外部性特征进行环境治理，提出了校正这一外部性空间异置问题的成本内在化治理的制度安排和路径选择。

第七章 区域可耗竭资源的开发模式和环境治理

在资源富集区，其丰裕的资源多为可耗竭矿产资源，这就存在如何进行合理科学的开发，支持本地区的可持续发展，包括开发主体，是单一的主体，还是多元的主体，以及在多元主体开发博弈中如何形成有效的竞争合作；资源区，如何确定合适的开发强度，能够在保证满足需求和生态环境约束下，尽可能延长资源开发的寿命周期。与此同时，资源开发与资源富集区可耗竭资源价值及有偿使用也有着密切的联系，这种联系是如何导致产生所谓的"荷兰病"问题的，这些问题将是本章主要讨论的内容。

第一节 可耗竭资源储量、开发强度及其影响因素

一 矿产资源储量表示方法

资源储量有三种表示方法：一是已探明储量，包括可开采储量和待开采储量；二是未探明储量，包括推测存在的储量和应当存在的资源；三是资源蕴藏量，即资源蕴藏量＝已探明储量＋未探明储量。

在我国，已探明储量通常是指经过一定的地质勘探工作而了解、掌握的矿产储量，以区别于未经任何调查或仅依据一般地质条件预测的，其质和量、赋存状态及开采利用条件均不明的矿产资源。在中国，探明储量指矿产储量分类中开采储量、设计储量与远景储量的总和，计算公式为：探明储量 $= A + B + C + D$。在苏联，探明储量相当于工业储量；在美国，探明储量相当于确定储量与推定储量之和。探明储量一般作为矿山企业规划设计。

2003年，国土资源部公布了与国际接轨的《固体矿产资源储量分类》

国家标准。资源储量可分为探明储量、探明可采储量、剩余可采储量、最终可采储量、储采比。具体含义如下：

（1）探明储量，是指经过详细勘探，在目前和预期的当地经济条件下，可用现有技术开采的数量。

（2）探明可采储量，是指在现有经济和生产条件下，可从探明储量中开采到地面的数量，也就是探明储量乘以采收率（回采率）之积。因此，可采储量会随着开采技术的进步而增加。

（3）剩余可采储量，是指截至某一日期保有的可采储量。如2003年末世界石油剩余可采储量为1567亿吨，天然气剩余可采储量为175.78万亿立方米。

（4）最终可采储量，是指可从探明储量中开采出来的总量。它会随着技术的进步而增加。

（5）储采比，是指年末剩余储量除以当年产量，得出剩余储量按当前生产水平尚可开采的年数。例如，2003年世界石油、天然气和煤炭的储采比分别为41.0、67.1和192.0。

二　自然资源储量开采与技术及经济的联系

自然资源储量开采与技术及经济的联系如图7-1所示。

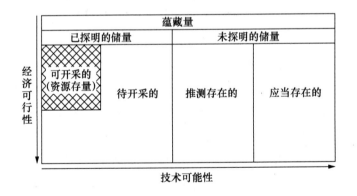

图7-1　自然资源储量与技术和经济的联系

三　矿产资源开发强度

国民经济的发展和人类生活水平的提高与矿产资源的开发和利用有着密切的正比关系，在经济社会发展过程中，对矿产资源的需求或使用强度（单位GDP消耗的矿产品数量）一般要经历增长、平稳和下降等不同阶段。

在经济社会发展的初级阶段，对矿产品的需求较低，矿产品使用强度也较低；工业化初期，对原材料与能源的需求急剧增加，刺激矿产品使用旨度相应较快增长；工业化阶段初步完成后，市场饱和社会矿产品积累增加，矿产品使用强度处于平稳状态；社会进入后工业化阶段或高科技发展阶段，GDP 由于高科技与第三产业的迅速发展而大幅上升，而原材料与能源消耗却相对增长缓慢，并导致矿产品使用旨度逐年下降。这种矿产品需求增长、平稳和下降的过程，构成了矿产品使用强度的完整演化周期。

矿产资源开发的强度应当通过资源开发的自然属性、经济属性和技术经济条件，以及与环境之间的数量关系来考察，从而为科学决策提供有力佐证。矿产资源开发是为了提供和增加矿产资源供给，对于可耗竭资源来说，供给条件既有自然意义，又有经济意义。

从自然意义来看，在一定的地域范围内，资源的自然供给是固定不变，不受任何人为因素或者社会经济因素的影响；资源的自然供给具有两个特点：一是资源自然供给的区域差异大；二是不同资源自然供给的时间特性不同。

从经济意义来看，资源的经济供给也有两个必要条件：一是有供给能力；二是有供给意愿。资源的经济供给主要受四个因素的影响，即资源价格、替代资源的可得性与价格、资源生产技术和成本与资源的自然供给量。

资源开发强度，一般而言，矿产资源开发利用量（或年生产量）与资源探明保有储量之比值，如果仅从资源的开发角度而言，应当是指在一定时期内，在已知资源条件和一定的技术经济条件下的资源开采规模，一般以资源产量表示。但从经济学角度来看，供给的规模大小不仅取决于生产能力，还取决于需求规模。因此，资源开发强度，应当是指在一定时期内，根据资源需求强度的要求，在已知资源条件和一定的技术经济条件下的资源开发利用量（或年生产量）与资源探明保有储量之比值。也可以换算成开采规模，一般以产量或增长速度表示。资源开发强度过低，无法满足当地经济发展和社会需求；资源开发强度过大，就会造成过度开发，而过度开发会造成对资源和环境的破坏。

在可持续发展条件下，资源开发除了考虑资源自身的储存条件、开发条件和市场需求之外，还必须考虑其他资源，特别是水资源的供给、环境容量的约束等；因此，资源开发强度，应当是指在一定时期内，根据资源需求强度的要求，在已知资源条件和一定的技术经济条件以及环境约束下的开采规模。故本书中所说的资源开发强度，是指在一定的资源条件、技术经济条件、环境约束条件乃至安全条件下的资源开发的规模。长期以来我国"以需求决定资源供给"的政策虽然确保了国民经济的高速增长，却给国民经济和行业带来了一系列问题，特别是表现在区域层面：第一，使资源供应区和运输的环境压力显著加大；第二，使当地开采条件恶化，导致安全生产形势严峻；第三，使资源产品价格与价值严重背离；第四，低价输出资源的后果使下游产业结构不合理、技术含量偏低，生产效率低下。这些问题在当前"转变经济发展方式、促进产业结构调整"的大政方针下，加大了资源行业及下游产业结构调整的难度。

四　矿产资源最适耗竭研究

耗竭性资源的开发利用既受自然条件的限制，又受社会、经济和科技水平的影响，是这些因素共同作用的结果。通常使用固定存量模式和机会成本模式来评估矿产资源耗竭。采用的模式不同，对矿产资源耗竭的本质的含义也就不同。

固定存量模式的出发点是认为任何一种矿产资源的供给有限。但对石油和其他矿产资源的需求是一个变量，这种需求年复一年地持续下去。因此，因需求导致的资源供给耗竭只是时间问题。罗马俱乐部《增长的极限》就持此观点。固定存量模式逻辑性和直观性很强，但也有其弱点。第一，许多矿产资源并没有因消费而消失，而是可回收利用。第二，替代资源的利用可降低矿产资源耗竭的风险，煤、天然气、石油、核能、水力发电、风能以及太阳能都可用来发电。若资源消耗导致一些能源成本上涨，社会将减少对其使用而更多地依赖替代能源。第三，很多矿产品固定存量巨大。例如，以当前消耗速度看，地壳中铜和铁矿石就可分别维持1200万年和25亿年。第四，也是最重要的，在最后一桶油和最后一磅铜从地壳中提取之前，成本会上涨，起初会减少需求而最终会完全没有需求。

机会成本模式考虑的是社会应放弃何种资源而得到另一桶油或另一吨铜，以此评估矿产资源的可用量，而非计算剩余的固定存量。第一，即使没有自然耗竭，在某种程度上经济耗竭也会使矿产品的价格昂贵得无法使用。即便不发生资源耗竭，矿产品价格也会随时间上涨，这会减少矿产品需求。第二，经济和自然耗竭是可以避免的。长期来看，开采更低品位、位置更远、更难加工的矿产品，会导致矿产品成本和价格随时间上涨，但新技术可以弥补上涨带来的压力。因此，矿产品长期可供性取决于因资源耗竭引发的成本上升和使用新技术使成本下降两种力量的竞争。第三，人口增长不再以必须破坏矿产品的长期可供性为前提。人口增长的趋势让更多的人发明新技术以降低成本和价格。第四，发达国家的消费加速了矿产资源耗竭，但同时其在发达国家创造的财富也促进了技术进步，使矿产品成本和价格不断降低。这使穷人因发达国家对矿产资源的巨大消耗而受益的可能性增加。①

矿产资源的最适耗竭理论是在可持续发展目标的前提下，资源的耗竭速度与其替代品出现的速度相一致，即新的替代品出现之际恰是原有资源的耗竭之时，在不影响当代人和后代人的正常发展基础上，保证资源、环境、社会的可持续发展。最适耗竭理论是最佳开采速度（强度）、最佳开采路径、最佳开采时间的相互协调和统一。

耗竭性资源理论的研究始于美国经济学家霍特林（Hotelling）在1931年美国《政治经济杂志》上发表的《耗竭性资源经济学》一文。在文中，他阐述了达到资源最佳利用状态应具备的两个条件：一是随时间的推移，资源的稀缺性租金须以社会贴现率相同的速度增长，此为最佳存量条件；二是资源品价格等于边际生产成本与资源影子价格之和，此为资源最佳流量或最佳开采条件。根据这两个条件，矿产资源的可持续开发利用就是指在对人类社会有意义的时间和空间上，保证自然资源的质量和提供服务的前提下，人类对矿产资源的开发利用可以在一个无限长的时期内永远保持下去，既满足当代人对资源的需求，又不对后代人的需求构成危害，从而使人类对矿产资源的开发利用不会衰落，永续地满足社会可持续发展的需要。

五 矿产资源的开发与治理模式

（一）区域矿产资源的开发模式

区域矿产资源的开发模式大致包括以下几种类型：

（1）集约开发模式。"集约"是一个涉及矿产资源开发和矿产品生产

---

① John E. Tilton, On Borrowed Time, Assesing the Threat of Mineral Depletion, *Resources for the Future*, 2003, p.158.

过程的概念，它的行为主体是矿业及压延等有关延伸产业。矿山开采、矿石加工以及矿物能源和原材料的生产都可视为矿产资源开发和矿产品的生产过程。集约开发指的是矿产品的广度和深度开发，这种开发以现代企业制度为基础，以产业链为核心，以现代企业经营管理、现代科学技术为支撑，以取得最大资源与经济效益为目的，实施"探、采、冶"一体化，使得矿山企业、矿产品加工企业实行探采用结合，逐步形成具有国际竞争力、产业链完善的大型、特大型矿业企业，增强在国内外参与矿产资源勘察开发能力，充分发挥矿业企业与国有地质勘查单位各自在资金、人才、技术上的优势，联合勘察开发矿产资源，提高综合实力和风险承担能力；使矿业企业与外经贸、工程建设等企业组成多种形式的大型跨国资源开发企业，提高在国内、国际市场以工程换资源的竞争力。

（2）矿业资源循环经济开发模式。循环经济是一种以资源的高效利用和循环利用为核心，以"减量化、再利用、资源化"（即 3R）为原则，以低消耗、低排放、高效率为基本特征以提高资源生产率和降低废弃物排放为目标，以技术创新和制度创新为动力，符合可持续发展理念的经济开发与循环利用模式。从国外发展循环经济的实践和经验看，实施循环经济有三种不同形式：一是企业内的物质闭路循环，即小循环，如美国杜邦公司、中国鲁北化工；二是企业间的物质闭路循环，即中循环，如丹麦卡伦堡、广西贵港生态产业园区、青海柴达木循环经济试验区等；三是包括生产和消费整个过程的物质循环，即大循环，如德国 DSD 包装物回收系统。具体采取何种模式，应根据西部各地资源条件、区域特点和开发现状进行确定。

（3）单一主体和多主体开发模式。这主要是指在资源开发中，一部分地区资源开发主体或以中央直属国有企业为单一主体的开发模式，例如在内蒙古、宁夏和新疆的煤炭、电力开发；如神华、中石油、中石化等央企作为单一开发主体，而当地部门企业只是作为合资方参与分红。在另一部分地区，资源开发主体或以中央直属国有企业和当地省市直属企业为双重主体开发模式，如陕西的煤炭和石油开发中既有中央大型国有企业，如华能、中石油等的参与，也有本地大型省属企业的参与，如陕煤化、延长石油等，形成中央和地方企业双寡头的生产开发格局。

（4）利益相关者模式。充分考虑所有利益相关者的利益，并通过行政权利、土地权利等方式，进行必要的收益分享，以增强地方政府对于资源保护的积极性，提高社区和农户对于资源保护的参与性。.

（5）企业集团模式。作为集团参与，形成一定的产业链规模。

（6）两个市场模式。充分利用国内国外两种资源、两种市场，实现耗竭性资源产业"走出去"的发展战略，通过合作开发、独资开发等方式积极参与到国际资源开发市场中的竞争，从而提高资源产业企业的竞争能力。如中国对于周边国家石油天然气的利用。

（二）区域矿产资源的开发—治理模式

一百余年国际矿业发展的历程，展示了三种矿产资源开发—治理模式。一是"先开发后治理"模式；二是"海外资源开发"模式，将本国的资源封存起来，即可保护资源，也可避免相应的生态环境问题；三是资源开发与环境保护相协调的绿色矿业发展之路，所谓"绿色矿业"，就是指在矿山环境扰动量小于区域环境容量前提下，实现矿产资源开发最优化和生态环境影响最小化。

"先开发后治理"模式，虽快速地促进了经济的发展，但由此造成的环境破坏和为此而付出的经济代价巨大；"海外资源开发"模式，虽可弥补本国的资源需求，并可获得较大的经济利益，但需要雄厚的资金保证，而且可能会遇到当地自然环境和政治社会风险。"严格的环境标准限制下的资源开发"模式，虽有效地保护了环境，但不同程度地制约了矿业发展，矿业市场低迷萧条；我国西部矿产资源的开发，既不能走"先开发后治理"的以环境为代价的原始资本积累老路，也不能套用"严格的环境限制下的资源开发"的发达国家后工业化模式，而"海外资源开发"的途径打开还需时日，因此，我国西部开发必须走一条资源开发与环境保护相协调的矿业发展之路——"绿色矿业"之路。

绿色矿业的实现，至少需要以下三个环节：（1）通过开发前的区域环境容量或承载力评价及矿山环境扰动量评价，建立环境评价指标体系和技术标准，制定绿色矿业规划。（2）通过技术创新，优化工艺流程，实现采、选、冶过程的小扰动、无毒害和少污染。（3）通过矿山环境治理和生态修复，实现开发前后环境扰动最小化和生态再造最优化。

目前的科技水平和知识积累，已为"绿色矿业"战略的实施奠定了坚实基础：（1）进行区域环境承载力和矿山环境扰动评价的理论与实践，近年来取得突破。区域地球化学基线标定已在一些国家大规模展开，矿床地质环境模型开始应用于矿山环境评价。（2）科技进步已使得采、选、冶过程的小扰动、无毒害和少污染成为可能。例如,"硫化矿电位调控浮选理论与技术"已使南京栖霞铅锌矿矿山选矿废水零排放,并节约用水60%—90%;"膏体充填新技术"已基本实现了金川铜镍矿山少污染和无尾矿;铜多金属矿的"地下就地溶出"技术取得重大突破,使资源综合利用与地表生态环境无扰动采掘成为可能。(3)国内外成功进行矿山环境污染治理和生态修复的实例不胜枚举。如我国胶东三山岛黄金矿山,通过含氰污水治理与零排放、尾矿资源化利用以及生态再造,变成"花园式"矿山。

第二节　可耗竭资源开发与开发主体博弈

一　能源矿产资源最适耗竭模型

能源矿产资源最适耗竭研究含有诸多不确定因素,特别是对于非可再生资源可持续发展,涉及代际间资源的公平配置,科学技术进步的速度,以及具有经济价值的可替代资源的出现等因素。本章主要根据效用理论,建立矿产资源社会福利优化配置模型,研究矿产资源的跨期配置、最佳耗竭速度及其与可持续利用之间的关系。

(一) 矿产资源社会福利优化配置模型

令社会中每个人均具有相同的偏好,对矿产资源的消耗水平为 R_t,效用函数形式为 $U_t = U_t(R_t)$,满足此效用函数 U_t 的一阶导数 >0,U_t 的二阶导数 <0 特性,即消费水平的增加,将导致效用水平的增加,但是增长率呈递减之势。任一时期的社会福利函数为效用函数的总和,即:

$$W = U(R_t) = \sum(R_t) \tag{7.1}$$

式中,R_t 为 t 时期矿产资源的开采量,称为可控变量或阶段决策变量。这时,跨期社会福利函数为:

$$W^* = \rho_t U(R_t) \tag{7.2}$$

式中,ρ 为效用折现系数,$\rho = 1/(r+1)$ (其中 r 为效用折现率)。为了保证跨期利益极大化,需满足下列动态规划模型,即:

$$\max\ W^* = \rho_t U(R_t) \tag{7.3}$$

$$\text{s. t.}\ Q_{t+1} - Q_t = -R_t + G(t)$$

$Q_r = S(r)(t = r, r+1, \cdots, TQ_r = S(t)$

式中，r 为系统的初始时刻；$S(r)$ 为初期矿产资源的可采储量（初始状态已知）；Q_t 为第 t 期矿产资源可采储量，称为状态变量；$G(t)$ 为第 t 期新增可采储量；为 $Q_{t+1} - Q_t = -R_t + G(t)(t = r, r+1, \cdots, T-1)$ 给出了第 t 期到第 $t+1$ 期矿资源可采的变化规律。这就是矿资源开采利用福利最大化跨期配置模型。

考虑效用函数为指数形式：

$U(R_t) = ARat$ 　　　　　　　　　　　　　　　　　　　　　　(7.4)

式中，a，A 为参数。建立（7.3）式的 Lagrangian 函数并利用其最优性原则可推出系统最适耗竭速度为：

$\{[S(r) + / - S(T)]\}$ 　　　　　　　　　　　　　　　　　　(7.5)

式中，$S(T)$ 称为阈值，由外生变量 $G(t)$ 及初始状态 $S(r)$ 求得。

（二）资源耗竭速度影响因素分析

（1）参数 r 的调节。当 $r = 0$ 时，$R^*(t) = S(r) + / - S(T)/(T/r)$，即资源跨期消费水平维持固定不变。这一假设似乎符合代际公平原则，却忽略了技术进步对矿产资源需求的影响。事实上，随着科学技术的进步，资源品位会有所扩大，回采率会有所提高，可采储量会有所增加。

当 $r > 0$ 时，意味着矿资源跨期消费水平不同，即 R^*_{t+1}。

（2）隐含变量 T（耗竭时间）。按非再生资源可持续发展的概念，T 应该持续到具有经济价值的、可替代矿产资源新能源的出现。然而，这是一个难以准确预测的变量，资源所有者可视具体情况，通过延长时间 T 以减缓耗竭速度，或缩短开采时间 T 以加速耗竭。

（3）新增储量 $G(t)$。新增储量 $G(t)$ 为外生变量，其不确定性直接导致资源储量的不确定性。如果 $G(t)$ 在资源耗减量 R_t 上下小幅波动，可采储量将远离资源耗竭水平，在安全区域内变动，对可持续发展暂不构成威胁。如果 $G(t)$ 持续地小于耗减量 R_t，可采储量持续下降，可持续发展将面临威胁。若可采储量越过阈值（安全区域下轨）并破位下行，资源加速耗竭，人类将面临资源枯竭的局面。

（4）替代可能性。根据边际效率递减原则，当 $r > 0$ 时后期对资源的消费要低于前期消费，即 R_{t+1}。

二　矿产资源双主体开发模式和开采模型

在我国区域重要的矿产资源开发中，有多种主体开发模式，既有单一的以中央企业为主体的开发模式，也有以地方企业为主体的开发模式；还有央地合作开发模式，即主要由央企开发，地方则不参与开发，只参与分红；以及中央企业和地方企业双主体的开发模式，这种模式产生的对资源开发的相互竞争问题较为突出。下面结合目前实施较有影响的区域能源矿产资源开发的双主体开发模式进行讨论。

（一）帕累托最优开采

考虑一种本区域可耗尽资源（如石油或者煤炭）的开采。为了便于处理，这里采用可耗尽资源模型中经常用到的两条假设：一是开采无成本；二是资源需求价格弹性的绝对值大于1。以 $r(t)$ 表示在 t 时刻开采并售出的资源数量，以 $s(t)$ 表示 t 时刻资源储备的规模，以 $p(t)$ 表示瞬间的需求函数，$p' < 0$。弹性 $\eta \equiv -p/rp' \geqslant 1$ 为常数。

帕累托最优开采率由霍特林定律给出：资源的价格应据利率 α 上涨。若用 $\hat{z}$ 表示 $\dot{z}/z$，则霍特林定律可表示为：

$$\hat{p} = \alpha \tag{7.6}$$

给定需求的价格弹性不变，而且 $\hat{s} = -r/s$，则表明：

$$\hat{s} = -\eta\alpha \tag{7.7}$$

一种自然资源市场在供给方面存在两种可能的扭曲作用。首先，开发商有可能在销售该种资源方面具有某种市场势力。其次，在共同产权方面可能产生不适当的开采率。

（二）可微博弈

可微博弈，亦称微分博弈。由于经济系统处于时时的动态之中，很多经济行为或状态变量在时间上无法割裂；由于前一刻的最优决策在下一刻可能不再为最优，甚至是最劣的，决策者需要在每时每刻根据环境的转变而制定相应对策。因此，引入微分博弈，研究相关动态经济问题具有较大的实用价值。

可微博弈中假定有两种可互换的策略：一种是开环策略，即将每个参与者的行动规定为只与时间有关的函数。另一种是闭环策略，或称反馈策略，是将每个参与者的行动规定为状态变量和时间的函数，适用于状态变量所有可能的取值。与二者相对应的则有开环均衡和反馈均衡。开环均衡与反馈均衡通常会得到不同的资源配置方式。

（三）共同产权博弈均衡

在此，鉴于讨论的对象不同，本书修改麦克米伦书①中的国家假设，将不同国家换为同一国家内的国家（中央）企业和地区企业，假设有两个企业有权开采这种共同产权的可耗尽资源，形成某一区域内的双寡头开发模式，给定国家企业的开采策略，地区企业都会选择适当的开采策略以便使其未来利润流的折现值达到最大化。这就是可微博弈的一个例子。

根据麦克米伦的假设，在开环均衡中，资源是以帕累托最优比率进行开采的。而在反馈均衡中，资源立刻就会开采枯竭。其原因在于：在开环均衡中，尽管存在两个主体：国家企业和资源所在区企业在开采一个共同的储藏量，但它们可以通过协商确定各自的开采范围或开采储量，甚至博弈获得最佳开采量并不一定追求过快地开采。反馈均衡则证明了共同产权资源如果不加以规则约束，可能被过度开采。

（四）开环均衡

假设开采率仅为时间的函数，又假设地方企业采取开环策略，整个开采计划由函数 $r_2(t)$ 给出，则需分析中央企业对这种策略的最佳反应 $r_1(t)$。

给定储备的初始规模 $s(0) > 0$，央企目标是要选择一种开采计划 $r_1(t)$（$r_1(t) \geq 0$）以最大化：

$$\int_0^\infty e^{-\alpha t} r_1(t) p[r_1(t) + r_2(t)] dt \tag{7.8}$$

其汉密尔顿函数为：

$$e^{-\alpha t}[r_1 p(r_1 + r_2) - (r_1 + r_2)\lambda_1] \tag{7.9}$$

其中，λ_1 为影子变量。充分条件（假定为内部解）为：

$$\lambda_1 = p(r_1 + r_2)\left(1 - \frac{r_1}{\eta(r_1 + r_2)}\right) \tag{7.10}$$

且 $\dot{\lambda}_1 - \alpha\lambda_1 = 0$ \qquad (7.11)

其横截条件为 $\lim\limits_{t \to \infty} e^{-\alpha t}\lambda_1(t)s(t) = 0$ \qquad (7.12)

由于 $\hat{\lambda}_1 = \alpha$，由（7.12）式，横截条件化简为：

$$\lim_{t \to \infty} s(t) = 0 \tag{7.13}$$

---

① 参见［美］约翰·麦克米伦《国际经济学中的博弈论》，高明译，北京大学出版社 2004 年版，第 118 页。

（7.5）式、（7.6）式及（7.8）式决定了中央企业 1 对于地方企业 2 给定开采计划的最佳开采方案。

对于中央企业 1 给定的开采计划，地方企业 2 也用类似方式选择自己的开采计划。在均衡状态，地方企业 2 的最佳开采计划必须与中央企业 1 在做出自己的最佳决策时为地方企业 2 假设的开采路径相同；反之亦然。每个主体的均衡开采计划都是对其他主体均衡开采计划的最佳反应。

现在只考虑对称的均衡，因而在均衡情况下有 $(r_1 + r_2)/r_1 = 2$，即 $(1 - r_1/\eta(r_1 + r_2))$ 不变。这样，在均衡状态，（7.5）式表明：

$$\dot{\lambda}_1 = p'\dot{r}\left(1 - \frac{1}{2\eta}\right) \tag{7.14}$$

其中 $r = r_1 + r_2$。由（7.5）式及（7.9）式得：

$$\hat{\lambda}_1 = -\frac{\hat{r}}{\eta} \tag{7.15}$$

由（7.6）式与（7.10）式得：

$$\hat{r} = -\alpha\eta \tag{7.16}$$

横截条件（7.10）式表明：

$$s(t) = \int_t^\infty r(\tau)\,\mathrm{d}\tau = \frac{r(t)}{\alpha\eta} \tag{7.17}$$

其中后一个方程来自（7.11）式。因此由（7.11）式及（7.12）式得：

$$\hat{s} = -\frac{r}{s} = -\alpha\eta \tag{7.18}$$

说明在开环均衡中，资源按照帕累托最优比率开采。

（五）反馈均衡

反馈策略依赖资源储量的规模及时间。在此，可将地方企业 2 在时间 t 的开采率规定为

$$r_2(t) = \Psi_2[t, s(t)] \tag{7.19}$$

其中，Ψ_2 是严重地依赖 s 的。为了简便起见，我们只考虑线性的反馈策略：

$$r_2(t) = a_2(t) + b_2 s(t) \tag{7.20}$$

其中，b_2 为常数，$0 < b_2 < \infty$，且 $a_2(t) + b_2 s(t) \geqslant 0$（注意比较，当 $b_2 = 0$ 时，即化简为上面的开环情况）；$a_2(t)$ 项在一定程度上表明了地方企业 2 的开采率是自由确定的。$b_2 s(t)$ 项表示资源储量规模的扩大将

反馈到地方企业 2 的行动中，促进地方企业 2 增加其开采率。特别地，如果中央企业 1 额外留下一单位资源不进行开采，那么地方企业 2 立刻就会开采其中的 b_2 部分。

对于地方企业 2 的开采计划（7.20）式，考虑中央企业 1 如何寻找自己的最佳反应开采方案 $r_1(t)$ 的问题。中央企业 1 的目标是选择 $r_1(t) \geqslant 0$ 以最大化：

$$\int_0^\infty e^{-\alpha t} r_1(t) p(r_1(t) + a_2(t) + b_2 s(t)) \mathrm{d}t \tag{7.21}$$

其汉密尔顿函数为：

$$e^{-\alpha t}[p(r_1 + a_2 + b_2 s)r_1 - \mu_1(r_1 + a_2 + b_2 s)] \tag{7.22}$$

其中，μ_1 为影子变量。假定为内部解，则充分条件为：

$$\mu_1 = p(r_1 + a_2 + b_2 s)\left[1 - \frac{r_1}{\eta(r_1 + a_2 + b_2 s)}\right] \tag{7.23}$$

且 $\dot{\mu}_1 - \alpha\mu_1 = -b_2(p'r_1 - \mu_1)$ \hfill (7.24)

其横截条件为 $\lim\limits_{t \to \infty} e^{-\alpha t} \mu_1(t) s(t) = 0$ \hfill (7.25)

将（7.18）式代入（7.19）式，注意到：

$$\hat{\mu}_1 = \alpha + b_2\left[1 + \frac{1}{\dfrac{\eta(r_1 + a_2 + b_2 s)}{r_1} - 1}\right] \tag{7.26}$$

给定 $\eta \geqslant 1$，（7.25）式表明 $\hat{\mu}_1 \geqslant r$，进而说明（7.20）式可化简为：

$$\lim\limits_{t \to \infty} s(t) = 0 \tag{7.27}$$

中央企业 1 对于地方企业 2 决策规则（7.15）式的最佳反应由（7.18）式、（7.19）式及（7.22）式给出。给定中央企业 1 的决策规则 $r_1(t) = a_1(t) + b_1 s(t)$，地方企业 2 也要求解相似问题。在反馈均衡状态，每个利益主体的决策规则都是对其他利益主体决策规则的最佳反应。

（7.15）式反映了对称均衡：此时 $a_1(t) = a_2(t) = a(t)$；$b_1 = b_2 = b$。$r/r_1 = 2$，故 $[1 - 1/(\eta r/r_1)]$ 为常数。因此，在均衡状态，（7.18）式及（7.21）式表明

$$\hat{\mu}_1 = -\frac{\hat{r}}{\eta} \tag{7.28}$$

因此 $\hat{r} = -\eta\left[\alpha + b\left(1 + \dfrac{1}{2\eta - 1}\right)\right]$ \hfill (7.29)

方程 (7.24) 表明: $\int_t^\infty r(\tau)\mathrm{d}\tau = \dfrac{r(t)}{\eta\left[\alpha + b\left(1 + \dfrac{1}{2\eta - 1}\right)\right]}$ (7.30)

因为由 (7.22) 式有 $s(t) = \int_t^\infty r(\tau)\mathrm{d}\tau$ ，故 (7.25) 式说明：

$$r(t) = \eta\left[\alpha + b\left(1 + \frac{1}{2\eta - 1}\right)\right]s(t) \tag{7.31}$$

既然假定均衡是对称的，故每个开发主体的开采率各为总开采率的一半，因此特别地

$$r_2(t) = \frac{1}{2}\eta\left[\alpha + b\left(1 + \frac{1}{2\eta - 1}\right)\right]s(t) \tag{7.32}$$

在反馈均衡中，代表任何开发主体开采计划的函数必须与该主体对另一主体开采计划的最佳反应函数相同。而且 $s(t)$ 的系数必须相同。因此，在反馈均衡状态

$$b = \frac{1}{2}\eta\alpha + \frac{1}{2}\eta\left(1 + \frac{1}{2\eta - 1}\right)b \tag{7.33}$$

基本计算表明 $\eta \geq 1$ 能导出

$$\frac{1}{2}\eta\left(1 + \frac{1}{2\eta - 1}\right) \geq 1 \tag{7.34}$$

因此，由于 $\eta\alpha/2 > 0$，在 (7.29) 式的右端非负亦即开采率非负 [由 (7.26) 式可知] 的情况下，不存在满足 (7.29) 式的有限值 b。

假设这种资源可以进行瞬间开采，与此对应的是各主体采取的 (7.15) 式形式的策略中，b_1 和 b_2 趋于无穷大的极限情况。瞬间开采的退化情形满足反馈均衡的定义 [在极限情况下，( ) 在 b 趋于无穷大时仍然成立]。因此前述分析证明了线性策略的唯一反馈均衡就是瞬间开采全部的资源储量。

（六）均衡比较

开环均衡中会出现帕累托最优开采，是因为每个主体都相信其他主体保持一个与本主体行动无关的开采路径。各个主体都有一部分给定数量资源可供开采，这就需要进行勘测和开采区域及其边界的协商划定。在确保这一区域的合法条件下，没有必要为了防止其他主体开采而加速自己的开采过程。结果，开环均衡隐含地排除了那种关于过度开采的传统主张赖以存在的共同产权相互作用。

反馈均衡策略表明资源储量规模的变化将引起各方开采率的变化。如

果地方企业 2 采取了（7.15）式的策略，那么中央企业 1 就会知道：对于自己留下尚未开采的每一单位资源，其中 b_2 的部分立即就会被地方企业 2 开采；意味着这部分资源就损失掉了。因此中央企业 1 对于尚未开采的资源就会加速开发；这一点对于地方企业 2 来说也是一样的。既然已经证明了相互一致的反馈策略中不可能存在有限值的 b_2，那么中央企业 1 就会知道：采取反馈策略的地方企业 2 会立刻开采中央企业 1 留下尚未开采的所有资源。

当国内不同层级归属企业几个厂商共同开采同一地区资源时会出现扭曲现象，在国家和区域内部采取的纠正措施可以借鉴例如按比例分配（对各厂商规定最大允许开采率）以及强制性或者自愿性的单一化（由单一的决策制定者控制整个资源区域，再将利润分给各个厂商：也就是说各厂商间进行共谋）等形式。

第三节 可耗竭资源价值及有偿使用评估

一 可耗竭资源产品价格问题

西部大开发以来，中国西部储量丰富的煤炭、石油、天然气资源的开采规模逐年递增，现已被国家规划为 21 世纪中国能源接续地和国家级的能源化工基地，加速开发建设。这些资源都属于不可再生的耗竭资源，这就需要进行深入的价格研究，才能对西部地区资源开发实行有效的科学控制和环境治理，处理好人与自然之间的矛盾，并未雨绸缪地为资源耗竭后当地后代人的生存发展打下坚实的基础。

一般的不可再生资源价值（V_e）的构成包括 5 个方面的内容：（1）资源采掘权益（R_d）；（2）对资源耗竭的补偿（C_r）；（3）对生态环境破坏的补偿（E_p）；（4）对勘探的补偿（P_p）；（5）资源发现权益（F_j）。具体可写成以下形式：

$$V_e = R_d + C_r + E_p + P_p + F_j$$

本节及其以下部分的研究思路是从分析资源产品价格构成出发，通过制定合理的价格将包括环境成本与使用者成本在内的完全成本充分回收，并且分别通过环境类税收和资源税形式将两者上缴地方政府用于环保专项开支和产业升级。此外，价格与税收政策的革新也能起到将环境外部成本和使用者外部成本内化的作用,有利于引导消费者合理消费,引导厂商合理开发资源。

二　动态效率标准和代际公平标准

对可耗竭资源价格、税收等方面的研究一般都起始于资源跨期分配理论,对于该如何在各期分配有限的可耗竭资源这一问题,Tom Tietenberg 在其 *Environmental and Natural Resource Economics* 一书中提出了两条基本的判断依据:一是动态效率标准;二是代际公平标准(即可持续标准)。强调这两项标准的目的在于:希望做到对资源的开发和使用是既有效率又可持续的。如果将可持续的标准定义为比较宽泛的弱替代标准,则至少在理论上确实存在一种"双赢"的方案。即首先以满足动态效率标准的强度去开发资源,保证各期租金收入折现之和,即现存资源总价值最大;然后利用每期的租金投资生利,将部分所得转化成物质资本继续投资,以补偿资源耗损,保证总资本存量不变,仅消费剩余份额,如此即可同时满足动态效率标准和代际公平标准,把"饼"做到最大并且每一代人都能消费同样多的财富。

但是很多未来的因素(比如今后各年的资源价格和利率)毕竟无法预先得知,所以上述方案仅仅存在于理论思辨中,无法应用于实践。实践中要想做到可持续,就必须借助使用者成本法来判断每一期需要将多少资源租转化成物质资本,来补偿资源价值的损失。使用者成本法正是在代际公平标准指导下推演出来的,只不过它假设未来每期租金收入相等,而不是按照动态效率标准来分配(因为这个无法操作),算是一种次优的策略。然而离开了动态效率标准,就无法得知资源自身价值即使用者成本的由来,使用者成本法也就丧失了理论依据。

下面从满足动态效率标准的资源分配方案出发,研究各期资源开采量、价格与利润分割的最优规划。

三　可耗竭资源跨期有效分配和价格构成分析

孟凡强、于远光(2008)给出了一个资源跨期有效分配的动态优化模型。本书在该模型基础之上,将环境成本也考虑进来,假设如下:

(1)所研究的资源质量均齐,不可再生,初始存量有限,设为 S_0;

(2)市场上有 m 个完全竞争的厂商(变量上标 j 代表第 j 个厂商),所有厂商都面临相同的直接成本函数 $DC(q_t^j)$,包括勘探、开采、粗加工、集输等生产成本,其中 q_t^j 表示厂商 j 在时间段 t 的资源开采量,$DC' > 0$, DC''

> 0;

（3）令所有厂商面临相同的环境成本函数 $EC(q_t^j)$，同样有 $EC' > 0$，$EC'' > 0$；

（4）市场为完全竞争性质，所有厂商都面对相同的需求函数 $p_t = f(Q_t)$，其中 $Q_t = \sum_{j=1}^{m} q_t^j$ 为 t 期所有厂商资源产品总供给量。待求解的最优化问题是：

$$\max_{q_t^j} \int_0^T e^{-rt}[p_t q_t^j - DC(q_t^j) - EC(q_t^j)]\,dt$$

$$j = 1,\ 2,\ \cdots,\ m$$

$$\text{s.t. } \dot{S}_t = -\sum_{j=1}^{m} q_t^j \quad q_t^j \geq 0, S_t \geq 0 \tag{7.35}$$

其中，r 为市场利率，不随时间变化，S_t 为 t 期末的资源存量，时间跨度 T 由模型内生决定。上述优化问题的当期汉密尔顿函数如下：

$$H = p_t q_t^j - DC(q_t^j) - EC(q_t^j) - \lambda_t \sum_{j=1}^{m} q_t^j,\ j = 1,\ 2,\ \cdots,\ m \tag{7.36}$$

一阶条件：

$$\frac{\partial H}{\partial q_t^j} = 0 \geq p_t = MDC_t + MEC_t + \lambda_t$$

$$\frac{\partial H}{\partial S_t} = r\lambda_t - \dot{\lambda}_t \geq \dot{\lambda}_t = r\lambda_t => \lambda_t = \lambda_0 e^{rt}$$

横截性条件：

$$e^{-rT}\lambda_T S_T = 0 \geq \sum_{t=0}^{T}\sum_{j=1}^{m} q_t^j = S_0$$

上述模型推导出的结论主要有以下三点：

第一，在对资源进行跨期有效分配过程中产生的资源价格包含三部分内容，边际直接成本、边际环境成本和边际使用者成本，最后一项即式中的 λ_t，也称资源的影子价格，体现因资源稀缺而产生的跨期机会成本的边际值。

第二，边际使用者成本以 r 的速率逐年增加，资源稀缺程度亦不断加深，该项结论被称为"霍特林法则"。

第三，期末时所有的资源储量全部被耗竭，当然这里是假定不存在替代资源的情况，否则会因为后期开采成本过高而转向使用替代资源，使得一部分资源储量（开采条件不好的贫矿、尾矿等）被保存下来。

其他类型的市场条件下可耗竭资源价格构成的基本原理不变，例如当市场上仅存在一个垄断厂商时，将上述模型中的 q_t^i 全部替换作 q_t，结论都是 $P = MDC + MEC + MUC$，价格为边际直接成本、边际环境成本、边际使用者成本之和。

下面用一个简单的图来说明可耗竭资源价格形成的规律（见图7 - 2）。

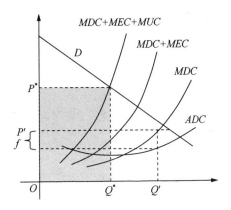

图 7 - 2　可耗竭资源跨期有效分配下的产量与价格决定

说明：MDC 表示边际直接成本；Q^* 表示跨期最优分配产量；MEC 表示边际环境成本；P^* 表示跨期最优分配下的市场价格；MUC 表示边际使用者成本；Q' 表示由生产能力决定的产量；ADC 表示平均直接成本；f 表示目标利润率；D 表示需求曲线；P' 表示成本加成价格（= 平均直接成本 + 目标利润率）。

图 7 - 2 显示，横轴表示可耗竭资源跨期有效分配下的产量，纵轴表示可耗竭资源跨期有效分配下的价格；D 表示需求曲线；ADC 表示平均直接成本，MDC 表示边际直接成本，MEC 表示边际环境成本，MUC 表示边际使用者成本。不难看出，对环境成本和使用者成本的忽视将导致资源定价过低，开采速度过快。从前面的分析中可以得出，理论上，在掌握了需求函数、直接成本函数、环境成本函数和使用者成本函数前提下，存在一组将资源在多期内进行分配的最优解，在确定每一期开采量的同时也就决定了最优价格水平，但在实践中，我们不可能对这些函数有精确的把握。例如 Alan Randall 在 *Resource Economics* 一书中采用绘图的方法解释了在两期模型中如何推导边际使用者成本（MUC）曲线，然后如何与其他边际

成本曲线以及需求曲线相结合进一步推导出最优产量与价格水平，但模型有太多的限制因素：首先，时限被设定为两期而不是 n 期；其次，需求函数被假设为线性故而边际使用者成本也就是线性的；最后，边际直接成本被假设为常量且环境成本忽略不计。在这样的限制下，该模型仅能粗略地描述一下最优产量和价格形成的规律，现实中的经济变量显然不受限于这样的约束，当然也就不可能通过这条途径来推算出合理的价格。

计划经济模式下可耗竭资源价格制定通常是采用"成本加成"方式，将平均直接成本（ADC）加成一个目标利润水平就得到出厂价格，这样计算出来的价格相当于图 7–2 中 p' 的水平。一般来说，即便加成一个正常资本回报率 f，p' 仍然会远小于 p^* 而 q' 大于 q^*，供给偏离社会最优并且存在供需差，这一点也可以用来解释我国计划经济时代能源供应长期紧张的现象。故而在能源价格政策方面我们提倡由"成本加成型"向"市场导向型"转变，逐步放开价格管制，与国际市场接轨，充分利用国际市场多元竞争所产生的较为合理的均衡价格来指导我国的资源开采与销售。虽然企业在一定程度上要面临产品价格波动的风险，但这要远远小于资源价格长期偏离其真实价值的损失。事实上这也是我国资源性产品价格体制改革的一贯方向。

需要补充说明的是，尽管可以基本认可国际市场价格的合理性，但由于煤炭、石油、天然气等资源开发的年限较长，短视的习惯往往阻碍人们在很长一段时间内对资源进行有效安排，这方面人的理性毕竟是有限的。再则，还有国家安全，替代产品开发速度的不确定性，资源质量非均齐性，资源勘探、开采与废弃物回收技术的进步，产权制度、市场结构多样化，大国经济政策等诸多因素的干扰，国际价格也不尽然是科学合理的。但整体上也只能认为它是"接近最优"的，并以此来指导本书后面的研究。

四　可耗竭资源销售收入构成

从前面的分析中可以得出，资源性产品销售收入应该包含四个方面的内容：第一，对直接成本的补偿，包括在资源勘探、开采、粗加工、集输、销售等过程当中发生的所有成本费用；第二，对环境成本的补偿；第三，企业经营的正常资本回报，体现对管理者投入的人力资本等无形资产和承担风险的补偿；第四，矿山地租，体现资源自身的价值，由其有用性和稀缺性所决定。我们也可以把后两者合并看作是资源产品生产的净收益。

与直接成本对应的是由探矿权和采矿权所构成的矿业权。矿业权人在勘探与开采活动中所投入的劳动、资金、知识等无形资产和承担风险的回报，理应从销售矿产品的收益中获得，属于企业正常利润范围。这里需要特别提出的是，如果因矿业权人对同一矿床连续追加投资导致生产率提高，进而获得超出正常利润范围的超额利润，本质上属于级差租金Ⅱ，也是一种对直接成本的补偿。另外，若矿业权人中途转让了地勘资料这一无形资产，那么探矿权的价值就从转让税费和转让利润中得到补偿。

第二项环境成本是针对居民环境权提出。因资源开发过程不免会损害到生态环境系统，对矿区居民造成不利影响，应当予以补偿。其主要方式是建立生态补偿保证金制度或基金制度，在这方面一些发达国家已经有比较成熟的经验可供我们借鉴，国内如山西省近年来所推行的煤矿区复垦保证金制度也是比较成功的范例。

李国平、张云（2005）将矿山地租的部分又细分作对矿产和土地所有权的补偿。前者不仅包含绝对租，对于那些位置优越、交通便利、赋存条件好的矿藏，还包含级差租Ⅰ的内容，在国外这两项通常分别以现金定金（或矿区使用费）和超额利润税（或红利）形式收归矿产所有者。而由于勘探开发矿产资源的同时也意味着对其所依附土地的占用，采矿人须将矿地在其他用途中所可能获得的最高收益，亦即使用矿地的机会成本交给土地所有者，这就是矿地地租的征收依据。表 7 - 1 阐释了上述概念之间的关系。

表 7 - 1　　　　　　　　国外矿产资源价值补偿情况说明

产权类型		成本构成		补偿渠道	性质
矿业权	探矿权	直接成本	勘探成本	各项中间投入，工资、福利、利息支出，股东权益等	正常利润
	采矿权		开发成本[(1)]		级差租Ⅱ[(2)]
居民环境权		环境成本		环境税费	
所有权	矿产所有权	矿产使用者成本		现金定金/矿区使用费	绝对租
				超额利润税/红利	级差租Ⅰ[(3)]

说明：（1）包括采掘、粗加工、集输、销售等生产成本；（2）若矿业权人对同一矿床连续追加投资导致生产率提高，进而获得超出正常利润范围的超额利润，本质上属于级差租Ⅱ；（3）对于位置、交通、赋存条件好的矿藏要征收级差租Ⅰ；（4）位置、交通条件优越，土壤肥沃或特别适合某类用途的土地租用机会成本中往往也包含级差地租Ⅰ的内容。

西方发达国家通常以征收各种环境税的办法配合各类专项收费、排污权交易、押金制度与管制手段，共同达到将环境外部效应内生化，引导企业和消费者最优化自身行为的目的，同时获取充足的税收收入用于政府承办的环保设施和重点环保工程，并且为环保科研部门提供科研经费，通过科技进步加大环保的力度。

我国迄今为止尚未起征专门环境税，只是当企业采取行动促进资源有效利用和废弃物综合回收时给予其增值税、消费税或所得税方面的税收减免。税收减免属于补贴性质，主要目的是纠正企业行为，不能为政府带来专项收入治理已经产生的环境破坏，且由于各税种自成体系，相对独立，税目繁多，计算复杂，不便于操作，也难以控制其效果。另外尽管我国还对超标的水污染征费，能源资源开发所造成的环境损失绝不仅仅体现在水污染上，加之"费"的形式终究比不上"税"的强制性和稳定性，现实中环保税费的缴纳情况不容乐观。总之，我国目前的情况是基本上不存在有效的渠道来回收环境破坏的成本。

此外，西方国家利用现金定金、矿区使用费、超额利润税以及红利等名目将矿产稀缺租收回到矿产所有权人手中，补偿了矿产使用者成本；以矿地地租形式将土地稀缺租收到土地所有权人手中，补偿了土地使用的机会成本。

在我国，矿产和土地均为全民所有，1993 年的税制改革已经将资源税和矿产资源补偿费确立为能源、金属、盐等矿产资源价值补偿的主要手段，将城镇土地使用税和耕地占用税确立为土地价值补偿的主要手段。其中资源税与矿产资源补偿费的区别在于前者的作用是调节级差收入，而后者的作用在于回收绝对租。既然矿产资源租是全民所有的财富，其中属于使用者成本的部分理应由政府回收，继而转化为物质资本。单从税目上来看，我国能源资源价值回收的渠道已经建立，只是应该回收多少？当前税率下的税收收入是否足以弥补能源价值的损失？这正是本章后半部分要讨论的主要内容。下面由资源价值折耗评估方法——使用者成本法出发，逐步展开分析。

五　资源价值折耗评估方法——使用者成本法

作为一种估算可耗竭资源价值损耗的有效方法，使用者成本法在国际上受到了充分肯定并被广泛应用于国际上流行的"绿色 GDP"编制计算框架或方案中。包括 1993 年联合国提出的专门针对环境资本的卫星账目系统—环境经济一体化账目系统（System of Integrated Environmental and Economic Accounting，SEEA）、戴利和科布（Daly and Cobb，1989）提出的可持续经济福利指标（Index of Sustainable Economic Welfare，ISEW）、佩斯金（Peskin，1998）提出的环境与自然资源账目方案（Environmental and Nature Resources Accounting Project，ENRAP）等。

该方法最早由 El Serafy 于 1981 年提出，基本思想是：假设在可耗竭资源能够为我们带来租金收入时保留部分租金用于投资，便可以在无限期维持一个特定的消费水平，则先前用于投资的部分就是需要补偿的使用者成本，而那个稳定的消费水平也称真实收入。或者换种方式理解，把现有的剩余可耗竭资源看作一项资产（能够期望它在未来 n 期带给我们一系列租金收入），每期只消费相当于它所产生的利息的量的收入，而将剩余部分用于投资，补偿原有资本（资源价值）的损失，如此便可维持无限期稳定的消费水平。这个过程类似于会计上计提固定资产折旧。根据霍特林（1925）和希克斯（Hicks，1946）关于自然资本与可持续收入的思想，使用者成本的内涵就是资源价值的损耗，也就是应当被计入"折旧"的价值，因此上我们可以借助现金流的概念和一些简单的数学运算推导出使用者成本的计算公式。

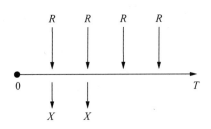

图 7 - 3　使用者成本法现金流量

设 r 为年折现率，R 为当年预期在今后各年开采某种资源带来的租金收入，令其恒等于当年实际获取的租金，T 为预期资源开采年限，则期望租金收入现金流折现（该资源的总体价值）W 为：

$$W_0 = \sum_{t=1}^{T} \frac{R}{(1+r)^t} = \sum_{t=1}^{\infty} \frac{R}{(1+r)^t} - \sum_{t=T+1}^{\infty} \frac{R}{(1+r)^t}$$

$$= \frac{R}{r}\left[1 - \frac{1}{(1+r)^T}\right] \tag{7.37}$$

再令 X 为每年的真实收入，则无穷期的真实收入 X 的现值为：

$$V_0 = \sum_{t=1}^{\infty} \frac{X}{(1+r)^t} = \frac{X}{r} \tag{7.38}$$

根据前面的论述，(7.37) 式、(7.38) 式应该是相等的。在两者之间画等号，求得真实收入 X。

$$X = R - \frac{R}{(1+r)^T} \tag{7.39}$$

于是，被定义为租金收入 R 和真实收入 X 之差的使用者成本 D 就等于：

$$D = R - X = \frac{R}{(1+r)^T} \tag{7.40}$$

该方程暗含的假设是：(1) 允许将资源开采的收益用于投资生利；(2) 实体资本可以完全替代自然资本。如果不允许投资或投资收益率为零，则根据哈特威克和哈奇曼 (Hartwick and Hageman, 1991)、Liu (1996) 的研究，使用者成本就应该等于全部租金收入，必须将之全部补偿回去才能保证后代人所拥有的自然资本存量不比前代人少，这也是折现率趋近于零时的极限情况。由于通过 (7.40) 式得到的使用者成本对利率变化很敏感，实际应用时，需要采用若干不同的折现率分别进行测算，借此考察不同折现率下使用者成本变化的情况。一般来说，折现率取值在 0—10% (SEEA Operational Manua, 1998)，折现率越高，计算出的使用者成本越小，由此产生的跨期分配方案将有利于当代人而对后代不利。所以有必要考察零折现率下的情况，借此可以估算使用者成本最大（或真实收入最小）的临界值，即最有利于后代人的分配方案，实际补偿没有必要大于这一临界值。

第四节　地区资源开发强度的环境与资源约束

一　矿产资源可开采年限

中国一次能源消费总量及构成可参见表 7−2。

根据联合国等机构关于我国矿产资源可开采年限的统计，在所列举的 12 种矿产品当中，只有 3 种产品的开采可以维持 100 年以上，其他矿产品，包括在我国矿产资源中储量最大的煤炭在内，可续采年限都仅有 50 年左右。可以说，我国对自然资源的过度开发在很大程度上是总体性的。

表 7 − 2　　　　　　　　　　中国一次能源消费总量及构成

年份	能源消费总量（万标准吨）	占能源消费总量的比重（%）			
		煤炭	石油	天然气	水电、核电、风电
1991	103783	76.1	17.1	2	4.8
2000	145531	69.2	22.2	2.2	6.4
2004	213456	69.5	21.3	2.5	6.7
2005	235997	70.8	19.8	2.6	6.8
2006	258676	71.1	19.8	2.9	6.7
2007	280508	71.1	18.8	3.3	6.8
2008	291448	70.3	18.3	3.7	7.7
2009	306600	70.3	18.0	3.9	7.8

即使在此严峻形势下，全国煤矿资源回收率仅在 40% 左右，小煤矿回收率只有 15% 左右。1980—2000 年，全国煤炭资源浪费 280 亿吨。照此下去，到 2020 年，全国将有 560 亿吨煤炭资源被浪费。

据估计，目前陕北地区已探明的石油剩余可开采资源量 11.75 亿吨。由于该地方油田的综合采收率仅有 10%—15%，剩余可采储量是相当低的。而目前在该地的两大采油集团——长庆（隶属中石油）和延长（地方国有）的产量都已突破 1000 万吨/年。也就是说，在假定技术水平不变，倘若原油产量稳定在现有水平，则该地区石油仅能维持开采 10 年左右。鉴于该地区业已处于资源耗竭期，如要规避"资源诅咒"陷阱，就必须发展接替产业，而接替产业的发展不仅需要假以时日，而且需要油气开采业为其发展接替产业提供资金，故而该地区的石油开采业急需确定适当的开采强度。

二　地区资源开发强度

确定地区资源开发强度，需要全面分析经济社会发展与资源、环境承载的关系，应该综合考虑当地国土开发强度、环境容量与产业经济密度，提高开发建设的集约水平、产出效益和生态效应。优化开发，要把握好国土开发强度、水资源约束和环境约束这三个约束变量。

在油气资源勘探开发生产过程中，既有含油污水、含油固体物、落地原油等工程污染物排放及事故漏泄对环境的污染，又有勘探、钻井、管线埋设、道路修建及油田地面工程建设等工程开发活动本身占用土地及对生态的破坏，还有随油田开发进行的水源地建设及水资源开采利用对区域水环境、生态环境的综合性、系统性影响。这些都会对勘探开发区域的大气、水体、土壤、生物造成复杂多样的影响，其中一些影响是直接的，也有一些影响是间接的或者潜在的，它们之间相互交错、相互影响，再加上油气资源勘探开发工艺过程具有点多、线长、面广的特点，不但所造成的影响面非常广，而且各地段、各阶段的影响又可能有所不同，故油田开发的环境影响是很复杂的系统性、持续性影响，因此必须认真分析，有针对性的加以防范。

反映石油资源开发资源约束的技术经济指标主要有两个：一是储量替代率；二是储采比。储量替代率是反映储量接替能力的指标，指国内年新增探明可采储量与当年开采消耗储量的比值。替代率为1，表明勘探所导致的储量增加与开采所导致的储量消耗持平。储量替代率大于1，表明储量的增加大于消耗，小于1则表示勘探新增的储量不能完全弥补储量的消耗。中国公认的油田稳产储采比下限值在10左右，低于此值，油气资源的开发将进入递减阶段。目前，西部某地石油储采比大约为10，按此标准，油气资源的开发已将进入递减阶段。为了保持当地石油产业和区域经济的可持续发展，必须将石油开发强度控制在一个合理的水平。根据经验，油田储采比的高低与油田产量变化趋势有密切关系。目前的储采比越小，采油速度就越高，要长期保持高速开采的难度就大。因此，为了使产量不至于快速递减，油田的储采比应该保持在一个合理的范围内。

三 开发强度的资源与环境约束——以石油开发为例

在油气资源勘探开发生产过程中，既有含油污水、含油固体物、落地原油等工程污染物排放及事故泄漏对环境的污染，又有勘探、钻井、管线埋设、道路修建及油田地面工程建设等工程开发活动本身占用土地及对生态的破坏，还有随油田开发进行的供水源地建设及水资源开采利用对区域水环境、生态环境的综合性、系统性影响。这些都会对勘探开发区域的大气、水体、土壤、生物造成复杂多样的影响，其中一些影响是直接的，也有一些影响是间接的或者是潜在的，它们之间相互交错、相互影响，再加上油气资源勘探开发工艺过程具有点多、线长、面广特点，不但造成的影响面非常广，而且各地段、各阶段的影响又可能有所不同，故油田开发的环境影响是很复杂的系统性、持续性影响，因此必须认真分析，有针对性加以防范。

如图 7 - 4 所示，确定某一地区石油资源开发强度时，需要全面分析当地经济社会发展与资源、环境承载的关系，应该综合考虑当地资源和替代资源条件、技术水平、安全条件以及经济条件；生态环境容量与产业经济密度，外部需求，提高开发建设的集约水平、产出效益和生态效应。优化开发，要控制好、水资源约束和环境约束等约束变量，提高储采比和采收率。

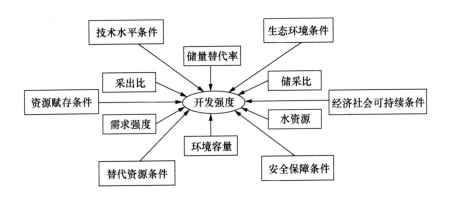

图 7 - 4　石油资源开发强度的资源赋存与环境约束等影响因素

四　提高采收率——维持和延续油气开发的重要途径

石油采收率是衡量石油开采效率的技术经济指标，简称采收率。[①] 近年来中国在提高石油采收率方面取得了很大的成绩，大庆油田和胜利油田的采收率已经达到 41.2%，仅使用聚合物驱油一项，每年就可增加原油产量 1000 多万吨。

据有关专家介绍，目前中国石油平均采收率只有 26%，提高采收率仍有较大潜力。有关部门测算，按中国目前发现的石油储量，石油采收率每提高一个百分点，相当于增加 1.5 亿吨左右的石油可采储量。这是增加中国油气供给的一条有效途径。由于全国各地区石油采收率差别较大，以我国最大的原油、天然气生产、供应商和最大的炼油化工产品生产、供应商中石油集团为例，除大庆油田采收率较高以外，其他油田大都在

---

① 石油采收率：衡量石油开采效率的技术经济指标。简称采收率。有最终石油采收率和目前石油采收率之分。最终石油采收率是以整个开采期限内石油可采储量与石油原始地质储量之比来表示；目前石油采收率是在某时间内的总采油量与石油原始地质储量的比来表示。

21%—29%。而世界先进国家采收率已达到50%，近年来，由于油价连续走高，国外一些公司已把油田的最终采收率目标确定在70%。然而目前西部某地区石油平均采收率只有12%，故提高当地石油采收率应该有较大潜力。据测算，同样，按某地目前发现的石油储量，石油采收率每提高一个百分点，相当于增加约1300万吨的石油可采储量。这是增加当地石油供给的一条有效途径。

提高石油采收率即扩大油层波及体积，提高驱油效率，以增加油井产量，这是一项十分复杂的科学技术，包括油层物理、流体力学、渗流力学、驱油剂化学结构等基础理论研究，还包括针对地下不同油层特征的一系列方法与技术创新。石油采收率不但与油、气藏的地质因素有关，而且还与石油开发技术以及一国的经济条件有关，如布井方式、注采系统、强化采油方法等。影响采收率的因素较多，克服其中一个或几个因素，就有可能提高石油采收率。如对油藏注水、注气均可提高采收率。通常水压驱动的油藏采收率最高可达35%—75%，溶解气驱动为5%—30%，气顶驱动为20%—50%，重力驱动为16%—50%。

五　提高石油采收率的情景分析

图7-5表示在既有产量不变的情况下，不同的采收率与石油剩余可开采年限之间关系的情景分析。

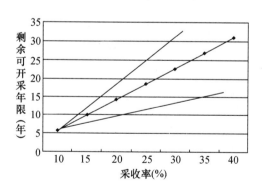

图7-5　不同采收率下石油可开采年限

从图7-5可以看到，如果石油企业能够通过技术水平提高将本地石油采收率由10%提高到目前先进油田的平均水平40%，就可以将石油开采年限延长10—20年，这样就为当地接替产业的建设赢得了宝贵的时间。

当然也可能存在其他两种可能，即技术水平高于或者低于预期的采收率，如果技术水平高于预期的采收率，就会使得石油开采年限进一步延长；反之，如果技术水平低于预期的采收率，就会使得石油开采年限缩短。

以陕甘宁盆地为例，当地多数油田为低渗透和特低渗透性油藏，石油流动性差，客观上不易开采。为了提高油井产量，一则需要通过注水或注气的办法维持油藏压力，抵消其自然能量的衰竭，再则就是以酸化或压裂的办法改善储层的渗透性。目前该地区油田主要采用的增产方式是注水和压裂，然而，在注水实践中逐渐暴露出许多问题：一是水井注水困难，油井产量递减快；二是地层水蹿严重，综合含水率上升迅速，整体采收率低，资源浪费严重，开发难度越来越大；三是地区水资源原本十分匮乏，生态环境脆弱，油田开发与水资源、生态环境协调发展的矛盾越来越大。如果不及时组织采油新技术攻关，现有油田开发技术已不能完全满足该地区原油生产和生态环境保护协调发展的需要。根据当地政府的科技攻关计划与实施方案，推动科技与产业发展的技术需求相融合。计划目标是经过3—5 年，使该地区低渗透油田注水开发原油采收率比现有水平提高 3%—5%。经过 5—10 年，落实三次采油技术，使原油采收率比现有水平提高5%—10%。在此过程中，可以利用当地煤炭和油气资源特点化学方法俘获存储二氧化碳，这样不但可以减排，而且注入地下可以提高采收率，实为变废、害为利之举。

六 最佳石油开发强度的测算

（一）在储采比约束条件下的石油开发强度

根据某地目前状况，本书假定储采比在递减至 10 年之后保持稳定，即有一定阶段的稳产期；并设定原有新增可采储量在不同增长或递减速度和储采比的递减速度，然后利用下式，可以计算出当地石油在储采比约束条件下的开发强度。

$$P_n = \frac{EUR \times r_{n-1} \times (1 + s_n) + R_{n-1}}{1 + RP_n} \tag{7.41}$$

式中，P_n 为第 n 年的产量，EUR 为预测最终可采资源量；r_{n-1} 为第 $n-1$ 年的年度资源探明率；s_n 为第 n 年的新增可采储量增长速度；R_{n-1} 为第 $n-1$ 年的剩余储量；RP_n 为第 n 年的储采比。

如果要求合理储采比界限值保持在 10 年左右，那么，稳产期末可采储量采出程度应控制在 44.67% 左右，稳产期末可采储量采油速度控制在

5.97%左右。

（二）在储采比与环境等综合约束条件下的石油开发强度

基于以上分析，本章对确定石油开发强度的既有数学公式（7.41）进行扩展，可得：

$$P_n = f(E) \frac{\{EUR \times r_{n-1} \times (1+s_n) + R_{n-1}\} \times l_r}{1+RP_n} \tag{7.42}$$

其中，P_n 为第 n 年的产量；EUR 为预测最终可采资源量；r_{n-1} 为第 $n-1$ 年的年度资源探明率；s_n 为第 n 年的新增可采储量增长速度；R_{n-1} 为第 $n-1$ 年的剩余储量；RP_n 为第 n 年的储采比；l_r 为石油综合采收率。$f(E)$ 为包括环境、可持续发展等在内的综合约束系数，且 $0 \leq f(E) \leq 1$，当 $f(E)=0$ 时，综合制约因素使得石油的开采变得完全不可能，当 $f(E)=1$ 时，不构成任何制约，开发强度完全决定于石油资源约束。

同时假定，新增产量引发的环境等问题都可以得到有效治理，故有 $f(E)=1$。

由于 EUR 为 12.27 亿吨，r_{n-1} 为 33%，s_n 为 300/12270000 = 0.00024，R_{n-1} 为 11.75 亿吨，l_r 为 0.15。

本章假定某地区油田的储采比在递减至 10 之后保持稳定，即 RP_n 为 10。将这些数据代入（7.41）式，可得：

$$P_n = f(E) \frac{\{EUR \times r_{n-1} \times (1+s_n) + R_{n-1}\} \times l_r}{1+RP_n}$$

$$= 1 \times \frac{\{12.27 \times 0.33 \times (1+0.00024) + 11.75\} \times 0.15}{1+10}$$

$$= 0.2154（亿吨）= 2154 万吨$$

通过对上述所建数学模型的计算，可以得出在既有石油储量、既有石油采收率和既有技术条件不变的前提下，为了保持陕北石油开发在枯竭前能有一定的稳产期，保证当地经济社会稳定的可持续发展，并在此期间完成产业顺利接替和过渡，该地区每年石油产量控制在 2100 万—2200 万吨比较适宜。当然，若今后几年地质工作有新的发现，或石油综合采收率有较大提高等技术上大的进步，也可以对石油开发强度进行适当调整。

七　石油资源价格波动、成本因素及新能源对开发强度的影响

石油资源的开发强度，除上述分析的因素外，一定程度上取决于石油开采企业的开采意愿，而企业的开采意愿又与石油价格、其他能源价格以及政府的政治经济目标有密切联系。由于石油、煤炭等常规能源的储量日趋下降，同时化石能源的消耗给环境带来的污染日益明显，这些不利因素都迫切要求转变当前的能源消费模式，加快新能源的开发和利用。新能源产品的供给不仅依赖自身技术进步、成本降低所形成的竞争力提高，依赖常规能源的价格变动。石油作为常规能源的重要组成部分，石油价格的波动无疑会对各区域的能源和新能源的开发利用产生重要影响。

为了具体计算石油市场价格、成本和新能源开发等对开发强度的影响，本书进一步进行讨论和应用分析：

（一）假设

假设：

（1）某国石油剩余可采储量为 S_0；（2）有 m 个开采企业，且都面临相同的直接成本函数 $DC(q_t^j)$，包含勘探、开采、粗加工、集输等一切生产成本，其中 q_t^j 表示企业 j 在时间段 t 内的石油开采量，$DC' > 0$，$DC'' > 0$；（3）令所有企业面临相同的环境成本函数 $EC(q_t^j)$，同样有 $EC' > 0$，$EC'' > 0$；（4）市场为完全竞争性质，石油价格 p_t 外生，不受该地区产量影响。于是要得到最优开发强度 $|\dot{S}_t|_{opt} = \sum_{j=1}^{m} q_{t\,opt}^j$，需要解决以下收益最大化问题：

$$\max_{q_t^j} \int_0^T e^{-rt} [p_t q_t^j - DC(q_t^j) - EC(q_t^j)] \mathrm{d}t \quad j = 1, 2, \cdots, m$$

$$\text{s. t. } \dot{S}_t = -\sum_{j=1}^{m} q_t^j$$

$$q_t^j \geqslant 0, S_t \geqslant 0$$

其中，r 为市场利率，不随时间变化；S_t 为 t 期末的剩余可采储量；时间跨度 T 由模型内生决定。上述优化问题的当期汉密尔顿函数如下：

$$H = p_t q_t^j - DC(q_t^j) - EC(q_t^j) - \lambda_t \sum_{j=1}^{m} q_t^j \quad j = 1, 2, \cdots, m$$

一阶条件：$\dfrac{\partial H}{\partial q_t^j} = 0 => p_t = MDC_t + MEC_t + \lambda_t$ \hfill (7.43)

$$\frac{\partial H}{\partial S_t} = r\lambda_t - \dot{\lambda}_t => \dot{\lambda}_t = r\lambda_t => \lambda_t = \lambda_0 e^{rt} \hfill (7.44)$$

横截性条件：$e^{-rT} \lambda_T S_T = 0 => \sum_{t=0}^{T} \sum_{j=1}^{m} q_t^j = S_0$

这里的影子价格 λ_t 恰好表示了边际使用者成本大小。

（二）应用分析和讨论

从上述模型中可以得到结论：在对资源进行跨期有效分配原则指导下，每一期的石油价格与边际开采成本（MDC）及边际环境成本（MEC）的差，即边际使用者成本，应保持以社会平均利率的速度增长。出于简化分析的目的，假设 MDC = MEC = 0，价格上涨率与投资利润率的比较利率对开采决策有重要影响，$p_t = \lambda_t$，此即为霍特林法则。

令 P_t 为当年的石油价格，P_{t+1} 为明年的价格，C 为开采成本和环境成本之和。可以把这一生产规则写成：

如果 $(P_{t+1} - C) > (1+r)(P_t - C)$，即 $(P_{t+1}/P_t) - 1 > (r)$，继续生产出售石油（甚至可扩大规模）；

如果 $(P_{t+1} - C) < (1+r)(P_t - C)$，即 $(P_{t+1}/P_t) - 1 < (r)$，可以考虑暂不开采（或减少产量），尽可能把石油保留在地下；

如果 $(P_{t+1} - C) = (1+r)(P_t - C)$，即 $(P_{t+1}/P_t) - 1 = (r)$，没有差别。

这样可获得以下推论：

如果预测未来石油价格（资源租）增长速度低于长期利率，则理论上当地石油企业会考虑采取尽量"将资源留在地下"的策略，即放缓开发速度，等将来资源更稀缺、价值更高时再开发。当前，中央政府可利用国际石油市场价格的低迷，适当多进口一些国际市场石油和能源资源，然而地方政府由于本地增长和财政对资源的依赖，可能难以同意企业的做法。此时的开发强度主要受国际市场、环境承载力和地方政府增长驱动的限制。反之，若预测未来石油价格增长速度高于长期利率，则理论上当地石油企业会倾向于"有水快流"的方略，产生较强的开发意愿。与此同时，若该企业是一个综合性能源企业，也可能产生开发扩大新能源的动机。此时的开发强度主要受生产能力和环境承载力的限制。

石油价格变化历史表明，由于全球经济的增长，特别是中国、印度等"金砖五国"以及发展中国家经济的高速、持续增长，一段时期内，世界对原油需求的增长速度远远高于石油产量的增长速度。与此同时，新能源也在涌现和发展，形成补充和部分替代之势。从经济学角度考虑，各地油田应根据不同时期的石油价格，确定不同的开采强度，以使自己的经济效益最大化。国家也应该在石油价格高企时选择少从国外进口，在石油价格处于低谷时选择多从国外进口增加储备的策略。如果考虑石油价格的波动，则石油的最优开发强度会有所变化。本章认为，若未来国际石油价增长速度高于长期利率，可以考虑适当采取降低石油开发强度，尽量"将资源留在地下"的策略，等将来资源更稀缺、价值更高时再开发，应是一个更好的选择。同时，尽可能开发利用新能源，这样，不但可以延长本地石油的开发周期，还可获得更高的石油环境收益。

因此，归结到当地具体的最优开发强度，是要综合考虑政府政策、银行长期利率、市场价格、企业固定生产成本等因素来共同确定。通过计算和分析，可以得出在既有石油储量、既有石油采收率和既有技术经济条件下，某地区每年石油产量控制在 2100 万吨左右比较适宜。当然，若今后几年地质工作有新的发现，也可以考虑适当调整产能产量目标。

第五节　本章小结

本章首先讨论了矿产资源开采的最适稳竭问题，并结合区域可耗竭资源开发中的中央企业和地方企业双主体模式和相关博弈模型进行了比较；

其次，根据可耗竭资源跨期分配的动态效率标准原则，通过最优化模型分析，解释了可耗竭资源价格构成的原理，即资源价格应包含边际直接成本、边际环境成本和边际使用者成本三部分内容，才能有效解决环境成本问题；进而采用以代际公平原则为指导的使用者成本法估算了 2001—2006 年陕北煤炭、石油、天然气资源开发造成的使用者成本大小，分别与各年地方财政收入当中的资源税收入作比较，得出当前价格及税收水平下，陕北能源资源价值损耗远未得到有效补偿的结论。如此，将不利于该地区能源经济的可持续发展，因此亟须做出相应的制度安排。

再次，重点讨论了在技术经济和环境等约束条件下的资源开发强度确定；并以石油富集区为例，讨论了当地未来十年的石油开发强度；提出要综合考虑当地资源和替代资源条件、技术水平、安全条件以及经济条件；生态环境容量与产业经济密度，外部需求，提高开发建设的集约水平、产出效益和生态效应。优化开发，要控制好水资源约束和环境约束等约束变量，提高储采比和采收率。同时重视提高矿产资源开发的技术水平，提高资源产业的生产质量和兼顾当地的产业发展；不能一味加大开发强度。并结合石油资源价格波动、成本因素及新能源等讨论了对开发强度的影响。

第八章 区域资源开发与"荷兰病"机理辨析

第一节 资源开发的生命周期与资源区（市）的盛衰

一 资源型城市的生命周期

资源型城市（矿业基地）是随着自然资源的开发和利用发展起来的，所以资源型城市发展的规律往往也以资源产业的发展规律为依托。而自然资源很多都是不可再生的，这类资源的开发总会经历开发而枯竭的过程，因此资源型城市的发展也往往会经历一个由盛而衰的过程。如图 8-1 所示，从资源开发量角度来看，资源型城市的发展及生命周期分为四个阶段：形成期—扩张期—繁荣期—衰退期。这种生命周期很大程度上决定着城市的发展轨迹，尤其资源的储量有限以及开发过程中资源消耗等影响，资源型城市发展具有明显的阶段性，这一特点决定了资源型城市实现产业转型，走可持续发展道路的必要性。

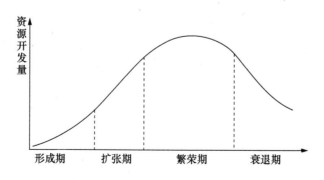

图 8-1 资源型城市发展的生命周期

二 资源区与资源城市

（一）资源型城市

根据国家计委宏观经济研究院课题组（2002）研究，我国已有118座资源型城市，其中煤炭城市有63座；石油城市有9座；有色冶金城市有12座；黑色冶金城市有8座；森工城市有21座；其他类型城市有5座。[①] 而其中有60座城市属于典型资源型城市，具体如表8-1所示。

表8-1　　　　　　　　　按资源分类的中国典型资源型城市

城市类型	个数	城市
煤炭	31	大同、阳泉、晋城、乌海、孝义、霍州、古交、朔州、介休、新泰、石嘴山、平顶山、铜川、鹤壁、六盘水、义马、鸡西、邹城、萍乡、鹤岗、淮北、双鸭山、淮南、七台河、辽源、霍林郭勒、调兵山、满洲里、北票、抚顺、阜新
森工	10	根河、铁力、舒兰、珲春、敦化、牙克石、和龙、阿尔山、临江、松原
有色冶金	8	金昌、个旧、东川、葫芦岛、白银、冷水江、德兴、铜陵
石油	8	库尔勒、大庆、玉门、克拉玛依、东营、盘锦、锡林浩特、濮阳
黑色冶金	3	马鞍山、本溪、攀枝花

资料来源：刘力钢、罗元文等：《资源型城市可持续发展战略》，经济管理出版社2006年版。

（二）资源枯竭型城市

资源枯竭型城市是指矿产资源开发进入后期、晚期或末期阶段，其累计采出储量已达到可采储量的70%以上或以当前技术水平及开采能力仅能维持开采时间五年的城市就可将其称为资源枯竭型城市。当然此定义也可能在未来根据当时资源储量条件和科学技术条件以及开发的技术经济条件进行修正。

自2001年国务院在辽宁阜新市开展全国首个资源枯竭城市经济转型试点以来，国家先后分三批界定了69个资源枯竭城市，自2008年以来，国务院先后确定了两批44个资源枯竭城市，第一批12个城市，其中西部地区有3个，分别是石嘴山、白银、个旧；第二批32个城市，其中西部有陕西铜川、甘肃玉门、云南昆明东川区、贵州铜仁万山特区、广西合山、四川华蓥、内蒙古阿尔山等城市（见表8-2）。国家提

---

① 国家计委宏观经济研究院课题组：《我国资源型城市的界定和范围》，《宏观经济研究》2002年第11期。

供资金用于这些城市的转型。转型最重要的一条途径就是发展接替产业，以规避资源衰竭和"资源诅咒"带来的更深层次的当地生存和可持续发展问题。

表 8-2　　　　　　　　　　国务院确定的全国资源枯竭城市名单

所在省（区、市）	首批 12 座	第二批 32 座	第三批 25 座	大小兴安岭林区参照享受政策城市 9 座
河北		下花园区	井陉矿区	
		鹰手营子矿区		
山西		孝义市	霍州市	
内蒙古		阿尔山市	乌海市	牙克石市
			石拐区	额尔古纳市
				根河市
				鄂伦春旗
				扎兰屯市
辽宁	阜新市	抚顺市		
	盘锦市	北票市		
		弓长岭区		
		杨家杖子		
		南票区		
吉林	辽源市	舒兰市	二道江区	
	白山市	九台市	汪清县	
		敦化市		
黑龙江	伊春市	七台河市	鹤岗市	逊克县
	大兴安岭地区	五大连池市	双鸭山市	瑷辉区
				嘉荫县
				铁力市
江苏	贾汪区			
安徽	淮北市			
	铜陵市			
江西	萍乡市	景德镇市	新余市	
			大余县	

续表

所在省 （区、市）	首批 12 座	第二批 32 座	第三批 25 座	大小兴安岭林区参照享受政策城市 9 座
山东		枣庄市	新泰市	
			淄川区	
河南	焦作市	灵宝市	濮阳市	
湖北	大冶市	黄石市	松滋市	
		潜江市		
		钟祥市		
湖南		资兴市	涟源市	
		冷水江市	常宁市	
		耒阳市		
广东			韶关市	
广西		合山市	平桂管理区	
海南			昌江县	
重庆		万盛区	南川区	
四川		华蓥市	泸州市	
贵州		万山特区		
云南	个旧市	东川区	易门县	
陕西		铜川市	潼关县	
甘肃	白银市	玉门市	红古区	
宁夏	石嘴山市			

（三）全国资源型城市

2013 年 12 月 4 日，国务院发出《关于印发全国资源型城市可持续发展规划（2013—2020 年）》的通知。全国资源型城市可持续发展规划指出，资源型城市作为我国重要的能源资源战略保障基地，是国民经济持续健康发展的重要支撑。促进资源型城市可持续发展，是加快转变经济发展方式、实现全面建成小康社会奋斗目标的必然要求，也是促进区域协调发展、统筹推进新型工业化和新型城镇化、维护社会和谐稳定、建设生态文明的重要任务。本规划根据《中华人民共和国国民经济和社会发展第十二个五年规划纲要》、《全国主体功能区规划》等编制，是指导全国各类资源型城市可持续发展和编制相关规划的重要依据。

规划范围包括 262 个资源型城市，其中地级行政区（包括地级市、地区、自治州、盟等）126 个，县级市 62 个，县（包括自治县、林区等）58 个，市辖区（开发区、管理区）16 个。分布在京、津、沪三市外的所有省区。其中，云南有 17 个，数量最多；辽宁、河南两省有 15 个，山东、河北、湖南三省有 14 个。

262 个城市矿产资源开发的增加值约占全部工业增加值的 25%，比全国平均水平高一倍左右。而其第三产业比重则比全国平均水平低 12%。

根据资源功能服务特点，规划将资源型城市分为矿业城市和森工城市；它们是指以本地区矿产、森林等自然资源开采、加工为主导产业的城市。范围确定遵循定量界定为主、定性判断为辅的原则。其中对矿业城市，设置了产业结构、就业结构和资源市场占有率这样三个指标，对森工城市，设置了森林资源潜力、森林资源开发能力这两个指标。利用这样一个指标体系，并赋予不同的权重，在全国众多城市里筛选出了 262 个城市。在定量界定基础上，综合考虑资源开发历史悠久和布局有国家重点资源型企业的城市，由此界定出 262 个资源型城市。

根据资源保障能力和经济社会可持续发展能力，规划将资源型城市划分为成长型、成熟型、衰退型和再生型四种类型。明确不同类型城市的发展方向和重点任务，引导各类城市探索各具特色的发展模式（见表 8 - 3）。

表 8 - 3　　　　　全国资源型城市类型、特点和发展方向

资源城市类型	城市特点	发展方向
成长型 包括呼伦贝尔、鄂尔多斯、六盘水等 31 市	资源开发处于上升阶段	提高资源开发的准入门槛，合理地确定开发强度，严格环境影响评价
成熟型 包括大同、大庆、攀枝花等 141 市	资源开发处于稳定阶段	发展核心是拉长产业链条，培育资源深加工的企业和能力，把环境成本内化为企业成本
衰退型 包括阜新、抚顺、七台河等 67 市	资源趋于枯竭，经济发展滞后	加快转型发展，核心是大力发展接续替代产业，同时解决最突出的一些历史遗留问题
再生型 包括唐山、包头、鞍山等 23 市	基本摆脱了资源依赖，经济社会开始步入良性发展轨道	今后将引导其创新发展

三 资源区单一产业和城市的盛衰

所谓单一经济，是指一个地区经济结构单一，只依赖于一两种特定产业。单一资源经济，指的是一两种资源如石油或特定矿产或作物等，在地方经济结构中所占比重非常高。

"资源诅咒"现已成为困扰许多资源型国家和地区的重大难题。尽管传统的增长理论告诉我们，丰富的自然资源能够为经济发展打下良好基础，尤其是对那些资本形成不足的发展中国家。然而事实似乎并非完全如此。丰裕的自然资源禀赋在许多国家非但未能成为这些国家和地区经济腾飞的动力，反倒在一段时间内严重阻碍了这些地方的健康发展。不但增长速度变得缓慢（有些地方甚至出现负增长），而且贫富差距拉大，失业人口增加，产业结构畸形，贸易条件恶化，寻租活动猖獗，政府走向腐败，生态环境破坏，社会动荡不安。人民不但没有享受到自然赋予的资源所带来的财富，反而在持久的贫困、恶劣的生存环境甚至是绵延的战火中苦苦挣扎。

"资源诅咒"现象在我国也有一定的表现。我国的自然资源分布极不均衡，特别是能源和矿产资源，大多分布在中西部地区，东南沿海大部分地区资源匮乏。但是，从另一个角度看去，相当长的一段时间，自然资源丰裕的中西部地区和东北等省份的经济增长却长期落后于资源贫乏的东南沿海省份。许多资源丰裕地区不是越来越富，而是相对地越来越贫穷，所在地的资源优势并没有转化成经济优势，出现了所谓"富饶的贫困"。

进入 2000 年以来，在需求拉动和"西部大开发"政策引导之下，与此同时，国际能源价格进入了增长时期，因此许多资源丰裕型地区（例如陕北、新疆、内蒙古）从开采地下资源（尤其是以煤炭、石油、天然气为代表的能源资源）中获得了大量的收益。加之这些地区整体上发展程度低，长期贫困落后，"突然降临"的财富极易使人们陷入盲目乐观的情绪当中。误以为该地区终于迎来了长期发展的契机，即将走出长久以来贫困的桎梏，然而没有估计到一旦资源价格大幅波动、管理不善，丰裕的资源就可能由福音变为诅咒，将会长期遏制地区经济的综合协调发展并且延伸到社会生活的方方面面。许多资源型国家和地区的经历已经充分证实了这一假说成立的可能性以及存在"资源诅咒"的传导机制。

第二节　资源富集区产业成长与
"荷兰病"的病理机制

为便于理解，在这里通过一个简单的模型大致解释一下资源富集区产业成长中"荷兰病"的作用原理。

一　一国资源富集区和资源加工区之间的贸易框架

假设：（1）一个国家可以分成两个区域经济体，它们各自具有不同的要素禀赋。其中一个是资源富集地区，但制造业等相对薄弱；另一个是资源短缺地区，但制造业等相对发达。每个经济体各自主要由三大产业构成：制造业（M）、资源产业（T）和服务业（S）。前两类企业参与区域贸易，称可贸易部门，其产品价格外生。若对外开放，则恒等于国际价格；若对外封闭，则由国内价格主管部门决定，分为不同时期，或是直接的刚性控制，或是间接的弹性控制。最后一类企业不参与地区间贸易，称不可贸易部门或非贸易部门，其产品价格由本地市场供需条件内生决定。（2）所有产品都仅用于最终消费。（3）在市场经济条件下，工资是弹性的，劳动力市场始终保持充分就业。（4）利率也是弹性的，国内总资本积累一定。如图 8 - 2 所示，在区域经济体 1 和区域经济体 2 的内部，有：

$$Y_1 = T_1 + M_1 + S_1 \quad Y_2 = T_2 + M_2 + S_2$$

式中，Y_1、Y_2、T_1、T_2、M_1、M_2、S_1、S_2 分别是区域 1 和区域 2 的国民收入、资源产业产值、制造业产值以及服务业产值，此外，还包含以下假设：

$$T_1 = T_{11} + T_{12} \quad T_2 = T_{21} + T_{22} \quad M_1 = M_{11} + M_{12} \quad M_2 = M_{21} + M_{22}$$

式中，区域 1 内部消费的资源产业产值，$T_{11} > 0$；区域 1 向外输出的资源产业产值，$T_{12} > 0$。

区域 2 自外输入的资源产值，$T_{21} < 0$；区域 2 内部消费的资源产业产值，$T_{22} > 0$；相应的，区域 1 内部消费的制造业产值，$M_{11} > 0$；区域 1 自外输入的制造业产值，$M_{12} < 0$。

区域 2 向外输出的制造业产值，$M_{21} > 0$；区域 2 内部消费的制造业产值，$M_{22} > 0$。显然有 $T_{12} = -T_{21}$，$M_{12} = -M_{21}$。

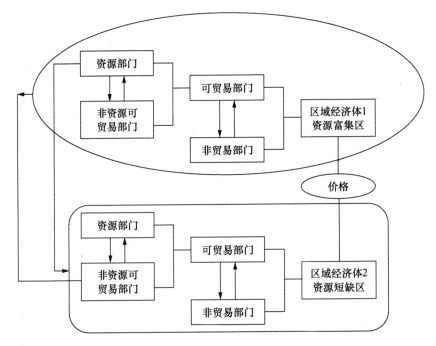

图 8-2　资源富集区和资源加工区之间的贸易框架

为使问题简化，下面首先建立一个两部门贸易模型，暂不考虑服务业影响，然后将模型拓展，加入服务业在"荷兰病"效应中的表现。

二　基于特定要素的地区间货物贸易模型

(一) 两部门模型

如前所述，假定在完全竞争的条件下，存在着两个地区：一个是资源富集地区 1，主要对外输出部门是资源品部门；另一个是资源短缺地区 2，主要对外输出部门为加工制成品部门。

这两个地区都需要利用劳动力、物质资本和自然资源三种生产要素，分别生产资源产品和工业制成品。同时假定资本和资源是特定要素，资源固定为资源部门使用，资本固定为工业部门使用，但是可以在地区间自由流动，劳动力在两地区两部门内分配使用。

再假定生产函数规模报酬不变，并且所有消费者偏好相同，定义出区域 1 内一代表企业的生产函数：

$$T = F_T(R, L_T) = R^\alpha L_T^{1-\alpha}, \frac{1}{2} < \alpha < 1 (设为资源密集型) \qquad (8.1)$$

$$M = F_M(K, L_M) = K^\beta L_M^{1-\beta}, 0 < \beta < 1$$

式中，T、M 分别为资源产业和制造业产值，R、K、L_T、L_M 指资源、资本和投入两个部门的劳动力要素。为简化分析，暂不考虑对单个企业的要素供给限制，并假设该生产者既是价格接受者，又是利润最大化的追求者，它面临的目标利润函数是

$$\max U = P_T T + P_M M - I$$

而它面临的投资预算约束是：

$$\text{s. t. } w(L_T + L_M) + rK + tR = I \leqslant \overline{I}$$

根据之前所做的假设，上式中的资源产品价格 P_T、工业制成品价格 P_M、投资预算 $\overline{I}$、工资率 w、利率 r 和租金率 t 皆为外生给定，表示初始均衡状态。

通过求解上述优化问题可知，L_T 及 L_M 不存在内解，只有角点解，即代表企业或者选择只投资资源产业，或者选择只投资制造业，判定的依据是：

$$\text{当}\frac{P_T \alpha^\alpha (1-\alpha)^{1-\alpha}}{t} > \frac{P_M \beta^\beta (1-\beta)^{1-\beta}}{r}\text{时，将全部预算投入资源产业}$$

$$(8.2)$$

$$\text{当}\frac{P_T \alpha^\alpha (1-\alpha)^{1-\alpha}}{t} < \frac{P_M \beta^\beta (1-\beta)^{1-\beta}}{r}\text{时，将全部预算投入制造业} \quad (8.3)$$

$$\text{当}\frac{P_T \alpha^\alpha (1-\alpha)^{1-\alpha}}{t} = \frac{P_M \beta^\beta (1-\beta)^{1-\beta}}{r}\text{时，选择无差异} \quad (8.4)$$

因为当条件（8.2）成立时，投资资源产业的利润大于投资制造业。推导过程如下：

若企业选择将所有预算投入资源产业，它面临的预算约束是：

$$tR + wL_T = \overline{I} \quad (8.5)$$

至于资金在两种要素间分配的最佳方案应满足：

$$\frac{VMP_{RT}}{t} = \frac{VMP_{LT}}{w} = > \frac{P_T \alpha R^{\alpha-1} L_T^{1-\alpha}}{t} = \frac{P_T R^\alpha (1-\alpha) L_T^{-\alpha}}{w} \quad (8.6)$$

式中，VMP_{RT} 是资源要素的边际产值，VMP_{LT} 是劳动力要素的边际产值。满足（8.5）式和（8.6）式的要素投入量为：

$$R^* = \frac{\overline{I}\alpha}{t}, \quad L_T^* = \frac{\overline{I}(1-\alpha)}{w}$$

代入生产函数（8.1）式得到此时的产值

$$\max V_T = P_T \left[\frac{\overline{I}\alpha}{t}\right]^\alpha \left[\frac{\overline{I}(1-\alpha)}{w}\right]^{1-\alpha} \quad (8.7)$$

同理，将所有预算投入制造业的最大产值

$$\max V_M = P_M \left[\frac{\overline{I}\beta}{r} \right]^{\beta} \left[\frac{\overline{I}(1-\beta)}{w} \right]^{1-\beta} \tag{8.8}$$

通过比较（8.7）式和（8.8）式很容易得到如（8.2）式至（8.4）式的结果。

由（8.2）式很容易看到，当两部门产品交易价格比率 $\frac{P_T}{P_M}$ 增加或特定要素交易价格比率 $\frac{t}{r}$ 减少时，会有更多企业选择进入资源产业，放弃经营加工制造业，因为更有利可图。这样便从理论上证实了"荷兰病"在国内区域间贸易架构下一样存在。

（二）制造业挤出效应

根据文献对"荷兰病"的描述，当某区域出现了以下三种情形中的一种或几种时，制造业可能将被挤出：

情形1：新发现了大的矿藏；

情形2：资源开发技术水平大幅度提高；

（情形1和情形2都可造成资源要素价格 t 下降）

情形3：资源产品价格相对于工业制成品价格大幅上涨。

上述情形，与模型中的推断完全一致。倘若出现能源产品替代；国际市场萧条，资源品价格相对于工业品价格大幅下降，则"荷兰病"就难以出现。

根据罗伯津斯基定理（Rybczynski Theorem）：如果一种生产要素增加，会导致密集使用该要素的产品产量增加，而使另一种产品产量减少。对应上文情形1和情形2，此时资源产品产量增加，工业制成品产量下降，本模型可以看作是罗伯津斯基定理在区域荷兰病问题上的一个具体应用。

根据斯托尔帕—萨缪尔森定理（Stolper – Samuelson Theorem）：一种产品的相对价格上升将导致该产品密集使用的生产要素实际报酬或实际价格提高，而另一种生产要素的实际报酬或实际价格下降。

这里还需要强调，本模型与罗伯津斯基定理以及斯托尔帕—萨缪尔森定理的内容均相一致。

图8-3描述了资源产品价格变动时各种生产初级品要素和产品在区域内外和部门间流动的情况。如图8-3所示，资源富集区和资源短缺区，

各有资源产业和制造业两个产业,显然存在规模大小和生产能力差别上的较大差别。

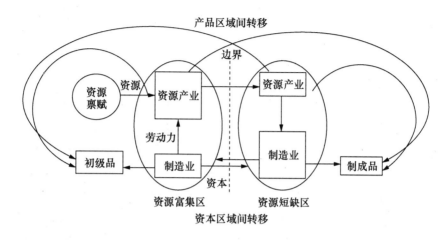

图 8 - 3   "荷兰病"发生时要素和产品的国内区域间流动

对应上述情形 3,当资源产品价格大幅提升,资源区许多生产者从农业或加工制造业转入资源产业,释放出大量劳动力要素 L 和物质资本要素 K,同时对资源要素 R 的需求大增。如此必将造成资源要素的回报率上涨,推动资源产业扩张;同时物质资本的回报率下降,开始流向回报率更高的资源加工区即区域 2,这也可以用来解释我国许多资源富集地区普遍存在的资本外流现象。与此同时,也形成了区域间的产品交换和流动。从本模型看不出劳动力要素的价格变化情况,这将取决于劳动力在资源产业和加工制造业当中的相对密集度。

(三) 资源区发展环境与制度变迁

本书认为,从计划经济时期到改革开放以来,我国资源区产业的发展环境依次经历了完全封闭、由封闭到半开放、由半开放到开放三个阶段。

完全封闭指无本国区域贸易亦无对外贸易的情况(计划调拨不属于贸易范畴)。这种情况下资源部门产量相当稳定,不可能跟随任意行业市场格局的变化而大规模增加产出和贸易量,即使会出现计划的调出和调入量,其价格直接由刚性的计划价格外生给定。由于资源品价格和制成品价格都完全受直接价格管制,可能造成比较优势和分工的固化。

由封闭到半开放是指有本国区域贸易但无对外贸易的情况。此时随着开放进程,价格从全面直接管制到间接控制下部分管制及部分放开,优先放开制成品价格，而资源品价格则不放开或滞后放开，即通常所说的"双轨制"。由于我国工业基本布局是东部为加工工业生产基地，而中西部主要提供资源性产品，这样在长期的价格管制和半管制下，通货膨胀也体现在不同产业和不同地区的结构上，东部制造业商品的价格一直在上涨，而中西部资源性产品的价格却上涨缓慢，导致西部对东部的贸易条件持续恶化，出现了贫困化的增长。

上述两种情形是整个区域发展过程中的历史现象，并非本书研究的主要问题，但正是在这种背景下我国资源区产业演变，形成了特殊的制度性决定的"荷兰病"，加之资源型城市自身的生命周期规律，形成了中国资源枯竭型城市特有的难题所在，亟待破解。

本书要重点分析的是第三种情形——中国区域正由半开放到全面开放阶段，此时既有本国区域贸易又有对外贸易。由于贸易的全面放开，资源品价格正逐步向国际价格水平接近，根据斯托尔帕—萨缪尔森定理，资源产量及相关贸易量会有大规模上升。此时在我国的资源富集区，极易发生资源产业扩张挤出其他产业特别是加工制造业的荷兰病现象，地方经济会因此而更易朝着产业单一化和初级化方向发展。此外若资源产业发展越来越趋向于资源或资本密集型而当地制造业能够使用更多劳动力，这样的挤出无疑加剧了就业压力。这也是我国许多资源输出地贫富差距拉大，普通群众享受不到资源产业扩张好处的重要原因。

第三节　基于特定要素的资源富集区产业发展与"荷兰病"模型

一　地区假设

（1）一个资源富集区区域的经济体主要是由三大类行业所构成：可贸易的能源产业、可贸易的非能源产业（包括制造业、农业等），以及不可贸易部门（例如服务业）。前两类行业产品价格外生给定（恒等于由国内市场上的供需条件所决定的一般价格）；最后一类不参与对外贸易，其产品价格由本地市场供需条件内生决定。

（2）所有产品都仅用于最终消费。

（3）工资是弹性的，劳动力市场始终保持充分就业。

（4）资本不能在部门间流动，而劳动力则可以自由流动。

二　资源区市场、要素和产品假设

资源输出区研究主要涉及两个要素市场（劳动力、资本）和三个产品市场［可贸易的非能源类产品（后面简称可贸易品）、能源产品、不可贸易品］。由于假定可贸易品价格外生且稳定不变，可以以其为尺度来衡量不可贸易品市场价格相对于可贸易品价格的变化。例如服务，这里把它与可贸易商品的价格之比定义为 p，类似的，两个要素价格 w 和 r 也是指相对价格。又假定资本不流动，因而本书重点关注劳动力市场的动态变化。

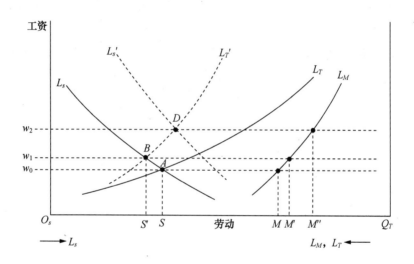

图 8 - 4　资源区转移效应、支出效应与劳动力市场均衡

图 8 - 4 中，$O_S O_T$ 表示资源区总劳动供给量，从 O_S 点向右是该地区服务业雇佣劳动数量，从 O_T 点向左是包含制造业、农业和能源产业在内的可贸易部门雇佣劳动数量。纵轴为名义工资 w。在资源开发繁荣到来之前，当地服务业的劳动力需求曲线为 L_S，制造业加农业的劳动力需求曲线为 L_M，L_T 表示的是可贸易部门劳动力需求曲线，L_T 和 L_M 之间距离表示能源产业对劳动力的需求。A 点表示最初的均衡状态，此时的名义工资确定在 w_0。

三　资源转移效应和支出效应

当地区资源产业繁荣起来后（繁荣的原因可能有多种：当地发现了

大储量的矿藏、国内外能源价格大幅上涨、开采技术进步，等等，这些不影响模型的分析）出现产业扩张，对劳动的需求增加，使 L_T 曲线左移到 L'_T 的位置，导致均衡点由 A 移动到 B，工资水平抬升到 w_1，不可贸易部门和可贸易非能源部门雇用的劳动都有所减少，产量也必然随之下降（因为资本存量不变），唯有能源产业扩张，吸收的劳动由 SM 扩大到 $S'M'$。这就是所谓的资源转移效应，即能源产业的繁荣提升了该部门内要素的边际产值，从而促使可流动要素从其他部门转入能源部门，造成该部门生产的扩张和其他部门的萎缩，以及要素价格的提高等一系列效应。

图 8-5 反映了产品市场的变化。横轴为服务产品数量，纵轴为可贸易品数量。能源产业的繁荣将生产可能性曲线从 TS 推进到 $T'S$ 的位置。资源转移效应下，若产品价格不发生变化，最优产出组合由 a 点移动到 b 点。若不考虑实际收入的变化，最优消费仍然是 a 所代表的组合，这样供需差别会造成 p 提升并使均衡点停留在 $T'S$ 线上 b 和 j 之间的某一点 g。

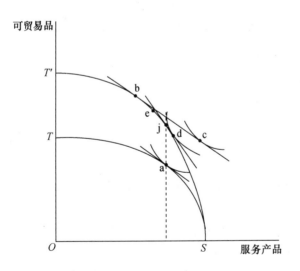

图 8-5　区域资源转移效应、支出效应与产品市场均衡

事实上实际收入的增加必然带来对各种商品需求的增加（假设所有商品都是正常品），使最优消费组合移动到 c，此时产品市场又一次不能出清，故而 p 继续上升使供需最终在 d 点达到均衡。同时服务业产出增加，制造业及农业产出减少，这便是支出效应。只要服务业需求的收入弹性足够大，服务业产值就会超过初始水平，所以绝大多数情况下可以认为 d 在 a 的右上方。再来看要素市场，在支出效应作用下，L_S 曲线向外推进到 L'_S 的位置，而 L'_T 曲线不动（因为可贸易品价格不变，维持在单位1），造成在工资率继续上升的同时服务业生产扩张，制造业、农业进一步萎缩，最终均衡点停留在 D。如前所述，若服务业需求的收入弹性足够大，D 就会在 A 的右边。能源产业繁荣的最终结果是服务业发展，制造业与农业相对萎缩。

在此定义一个消费品价格指数 $\tilde{p} = (1 - \theta) + \theta p$。$p$ 是服务对可贸易品的交易价格，θ 是服务占消费的比重。然后考察要素价格的变动。首先，资源转移效应使名义工资 w 上升，此时 p 也上升，但由于服务业实际产出下降，说明以服务的价格来衡量的实际工资 w/p 上升；支出效应下，w 继续上升，但由于支出效应使服务业产出增加，以服务的价格来度量的实际工资 w/p 必然下降。不过在整个过程当中，$w/\tilde{p}$ 的变化方向都难以判断。可以确定的是，支出效应相对于资源转移效应越明显，或者服务在消费中所占比重越大，则实际工资 $w/\tilde{p}$ 越有可能下降。

四　各部门资本回报率变动

各部门资本回报率大小，反映其各自的盈利能力高低。若以各部门自身产品的价格来度量，结论非常明显：部门资本回报率的变化与雇佣劳动及产出变化一致。若各部门雇用的劳动（E_S，E_M，E_E）增加、产量（X_S，X_M，X_E）提高，则资本回报率上升；反之则相反。但是若再将实际购买力的因素考虑进来，结果就比较模糊了。我们将上述结论归纳为表8-4。

表8-4　　　　　　　　　模型一中主要经济变量的变化方向

类别	变量	资源转移效应	支出效应	合并
要素价格	w	↑	↑	↑
	w/p	↑	↓	支出效应相对于资源转移效应越明显或者服务在消费中所占比重越大，越有可能↓
	r_S/p	↓	↑	如果①满足，↑
	r_M	↓	↓	↓
	r_E	↑	↓	如果②满足，↑

续表

类别	变量	资源转移效应	支出效应	合并
产品价格	p	↑	↑	↑
雇用劳动量及产量	E_S，X_S	↓	↑	①若收入弹性足够大，↑
	E_M，X_M	↓	↓	↓
	E_E，X_E	↑	↓	②只要服务的收入弹性与价格弹性不是太大，w 上升不是太快，↑
	E_T，X_T	↑	↓	如果①满足，↓

图 8-6 简洁描绘出区域各部门主要变量的变化过程，可以看到对非能源可贸易品的需求增加，本地产出却下降，这一缺口是通过出售能源产品取得收入后再从外界购入非能源可贸易商品来补足。为便于分析，这里没有具体描绘能源的生产状况，而将该部门的繁荣当作一种由禀赋带来的收入增加，使预算约束由 BC 上升到 BC^*。注意服务价格的上涨进一步削弱了当地制造业和农业的竞争力。因为出售产品所得的实际购买力下降了。

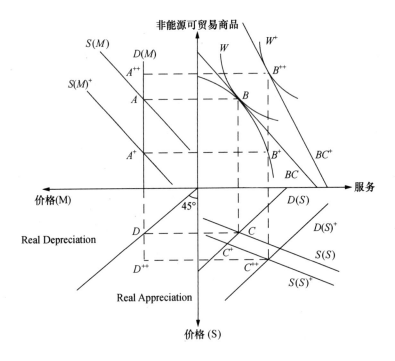

图 8-6 各部门主要经济变量的变化

由于这里是在国内区域之间的贸易，本书引入区域货物交易条件和实际交易价格比率的概念。区域货物交易条件是指本区域输出的货物与从区域外输入的货物之比。实际交易价格比率指同一件货物在外地的价格与本地价格之比，即外地商品与本地商品的相对价格，反映了本地商品的区际竞争力。

实际交易价格比率＝名义交易价格×（两地通货膨胀率之比）公式表示为

$$R = e \cdot \frac{p_t}{p_n}$$

其中，p_t 为资源富集区内价格水平，p_n 为资源加工区（资源短缺区）区内价格水平。所以，资源转移效应和支出效应都将导致实际交易价格比率的下降，结果是本地商品的区际竞争力下降。

除经典的资源转移效应和支出效应，近年来，外溢损失效应被越来越多地引入"荷兰病"研究当中。所谓外溢损失效应，是指在这个经济体中的某些部门，例如制造业部门会伴有正的外部性，这些包括"know - how"、技术创新以及创新实践的发展会对其他部门有益。这就是外溢的效果。资源部门通常而言为其他部门提供的正外部性比较低。很显然，一旦资源耗竭，或者其价格跌落至开采资源无利可图之点时，这三个部门必然出现明显的变化。如果这一经济中的其他部门长期被忽视，这个地区就必然面临如何恢复这些部门竞争力的巨大挑战。因为能源资源通常是不可再生的，并且价格易波动，因此这些问题将会较早地出现，而不是等到很久的将来。

五　计划经济、价格管制与双轨制背景

如果政府管制能源价格，使之不能随国际价格波动，本国能源又能基本自给自足；那么当国际能源价格快速上涨时，本应在国内出现的能源产业繁荣便不会发生，相应地也不会发生资源转移效应和支出效应。反之，当国际能源价格急剧下降时，能源产业衰落也不会发生。当然，这是两种极端的情况，也就是在改革开放之前完全计划经济时期出现过的情形。

而到了20世纪八九十年代实行的"双轨制"下政府对工业制成品价格放开，却仍对能源价格实施管制。由于长期以来我国工业的基本布局是东部为加工工业生产基地，而西部主要提供资源性产品，这样如果在需求变动和通货膨胀影响下，东部制造业商品的价格可随市场需求灵活变动，而西部资源性产品的价格却相对黏滞，导致西部资源的实际交易价格不断下降（或者可称为人民币国内汇率升值），西部对东部的贸易条件持续恶化。

而能源富集区若想尽快改善地方经济、取得更多的收入，就不得不售出更多的能源，然而由于贸易条件恶化卖得越多越贫困，贸易条件的恶化对西部资源经济发展极其不利。这也是我们呼吁放开能源价格管制的一个理由。

我国目前正处在对能源价格逐步放开的过程中，如前面所分析的，作为一些特定区域，如资源开发区，不是没有出现"荷兰病"的可能，而是已经存在，并且随着价格管制的放松，该传导机制的作用可能会越来越明显。

这里还需说明的一点是，在模型中将制造业和农业合并作"非能源类可贸易品"来考察，认为它们将同时衰落下去，这个说法还不够确切。应该说在西部的资源密集区，由于该地区原来是以农业为主体的经济，制造业基础相当薄弱，故而实际上在政府干预以及资源转移效应和支出效应影响下，原本有可能成长起来的制造业由于资源开发业的繁荣，产生了强烈的挤出效应而使得其更难发展起来，而原本作为支柱产业的农业则很可能因此衰落下去。如此一来，一旦能源产业开始衰落，地区经济将无所支撑，如果得不到及时的外部支持，后代将面临巨大的生存和发展危机。

第四节　对区域资源产业"荷兰病"的识别与评价

一　对地区资源开发依赖程度的评价——"荷兰病"视角

为了探究地区"资源诅咒"的困扰程度和影响深度，除了上述的资源禀赋、生态、经济发展和区域分工等特征之外，更加突出的表征就是产业高度的单一性，或者称为非均衡性。资源型产业既是主导产业，又是支柱产业，城市对资源产业的依赖性很大，造成城市的发展受到限制，城市功能不全，第三产业以及可替代产业发展落后当地的财政、就业乃至投资等方面体现出的对资源的现实严重依赖性，这些与对资源开发产生严重依赖的"荷兰病"密切相关；从而也直接反映出地区经济的单一性、脆弱性和难以持续性。此外需要从生态盈余/赤字的角度探究地区生态经济发展的可持续性。

刘力钢等（2006）在确定资源型城市时，曾采用了以下指标：（1）采掘业产值占工业总产值的比重在20%以上。（2）采掘业产值，对县级市而言应超过1亿元，对地级市而言应超过2亿元。（3）采掘业从业人员占全部从业人员的比重在15%以上。（4）采掘业从业人数，对县级市而言应超过1万人，对地级市而言应超过2万人。同时，综合考虑其他有关因素。因此，由于我国的国情，其中相当多的数据在省以下的行政区划（如地区、县等）难以获取，故需对"荷兰病"的指标评价系统进行简化。本书认为，在地区资源开发和经济发展中判断"荷兰病"的指标，可以从当地一段时间内的某种资源开采业的产值占该地区 GDP 的比重、当地就业结构对资源产业开发的依赖程度和当地生态盈余及赤字来衡量。这是因为根据对"荷兰病"的分析可以知道，资源开采业对于落后地区的重要性和对其他产业，如农业、制造业的排斥性；而且资源大规模，不加约束地开采，会不可避免地对当地的生态环境造成损害。

本书选出以下这几个可以集中表征某一地区产业经济是否进入"荷兰病"阶段的最主要的四项指标：一是资源依存经济贡献率指标，即地区一年内的某种资源性产业的产值占该地区 GDP 的比例，反映该地区资源性产业对经济增长的贡献程度；二是资源开采投资比例指标，即地区一年内对某种资源开采业的投资额占该地区总投资额的比例指标，反映该地区未来投资对资源开采生产的偏倚程度；三是地区就业结构单一化指标，反映该地区就业结构对某一产业，如对资源开采业的偏倚程度；四是生态盈余/赤字，指该地区人口对自然资源的开发利用程度，是综合反映区域经济可持续发展指标。当然，其他维度指标也可以适当选取，以便从能源消耗以及收入分配与公平角度来综合把握（见表 8 - 5）。

下面从动态的角度，对全国和西部地区资源贡献率等四个指标进行一个递进的历史分析和比较（见表 8 - 5）。

首先，观察表 8 - 5 中各指标值的分布特点：

2001 年，全国资源经济贡献率均值为 0.0130，地区最大值为 0.0605（黑龙江），最小值为 0（上海），中位值为 0.00875；全国就业结构单一化均值为 0.0108，地区最大值为 0.0453（黑龙江），最小值为 0.0001（上海），中位值为 0.00745；全国采矿业投资占总投资的比例均值为 0.046，最大值为 0.315（新疆），最小值为 0（浙江，宁夏），中位值为 0.013；全国生态盈余/赤字均值为 - 4166.1，地区盈余最大值为 1457.9（西藏），地区最小值为 - 15111（山东），中位值为 - 3182.55。

2004 年，全国资源贡献率均值为 0.0123，地区最大值为 0.0423（黑龙江），最小值为 0（上海），中位值为 0.0084；全国就业结构单一化均值为 0.0458，地区最大值为 0.1801（山西），最小值为 0（上海），中位值为 0.0403；全国采矿业投资占总投资的比例均值为 0.044，最大值为 0.208

表8-5　　地区"荷兰病"指标及其比较

地区	2001年				2004年				2007年			
	资源贡献率	就业结构单一化	采矿业投资占总投资的比例	生态盈余/赤字（万公顷）	资源贡献率	就业结构单一化	采矿业投资占总投资的比例	生态盈余/赤字（万公顷）	资源贡献率	就业结构单一化	采矿业投资占总投资的比例	生态盈余/赤字（万公顷）
北京	0.0005	0.0040	0.001	-3301.1	0.0003	0.0043	0.002	-6255.7	0.0002	0.0042	0.003	-8486.5
天津	0.0024	0.0183	0.205	-2037.6	0.0014	0.0394	0.095	-3010.6	0.0011	0.0352	0.077	-3823.1
河北	0.0176	0.0094	0.014	-10386	0.0199	0.0577	0.019	-7694.2	0.0305	0.0549	0.042	-9344.0
山西	0.0448	0.0368	0.070	-7567.7	0.0339	0.1801	0.120	-3535.1	0.0433	0.1895	0.144	-3787.4
内蒙古	0.0204	0.0265	0.014	-874.1	0.0132	0.0708	0.062	1192.0	0.0339	0.0710	0.135	32.6
辽宁	0.0235	0.0165	0.070	-9391.8	0.0157	0.0644	0.049	-4765.2	0.0224	0.0626	0.045	-1676.3
吉林	0.0084	0.0269	0.080	-3112.8	0.0087	0.0530	0.054	-1923.4	0.0108	0.0682	0.065	-2739.0
黑龙江	0.0605	0.0453	0.180	-1645.5	0.0423	0.0895	0.105	-2633.7	0.0349	0.1064	0.126	-4260.3
上海	0.0000	0.0001	0.003	-4239.7	0.0000	0.0000	0.001	-8936.5	0.0000	0.0000	0.004	-14258
江苏	0.0017	0.0051	0.005	-9290.7	0.0024	0.0257	0.005	-14940	0.0019	0.0201	0.002	-22597
浙江	0.0006	0.0008	0.000	-6216.1	0.0017	0.0039	0.003	-14490	0.0037	0.0022	0.002	-26056
安徽	0.0101	0.0084	0.041	-5210.7	0.0125	0.0902	0.051	-7042.5	0.0137	0.0875	0.052	-11456
福建	0.0026	0.0030	0.003	-4565.7	0.0052	0.0107	0.007	-5442.1	0.0062	0.0105	0.012	-6968.6
江西	0.0066	0.0070	0.009	-1883.2	0.0080	0.0329	0.015	-5397.8	0.0138	0.0313	0.020	-11972
山东	0.0112	0.0134	0.089	-15111	0.0163	0.0778	0.044	-9271.8	0.0173	0.0676	0.028	-8763
河南	0.0091	0.0082	0.037	-8534.3	0.0105	0.0703	0.059	-9522.7	0.0247	0.0711	0.059	-15273

续表

地区	2001 年				2004 年				2007 年			
	资源贡献率	就业结构单一化	采矿业投资占总投资的比例	生态盈余/赤字（万公顷）	资源贡献率	就业结构单一化	采矿业投资占总投资的比例	生态盈余/赤字（万公顷）	资源贡献率	就业结构单一化	采矿业投资占总投资的比例	生态盈余/赤字（万公顷）
湖北	0.0065	0.0042	0.005	-6122.3	0.0077	0.0246	0.013	-7941.1	0.0077	0.0205	0.018	-10974
湖南	0.0032	0.0043	0.002	-4753.8	0.0033	0.0294	0.015	-10315	0.0047	0.0268	0.034	-21169
广东	0.0008	0.0015	0.012	-8800.0	0.0014	0.0048	0.003	-25992	0.0021	0.0035	0.008	-51015
广西	0.0045	0.0024	0.004	-2747.2	0.0059	0.0180	0.007	-5231.2	0.0076	0.0180	0.035	-12606
海南	0.0095	0.0056	0.024	-787.4	0.0113	0.0152	0.007	-973.4	0.0071	0.0120	0.007	-2291.4
四川	0.0115	0.0046	0.008	-3252.3	0.0081	0.0381	0.039	-10906	0.0092	0.0446	0.030	-20467
贵州	0.0073	0.0045	0.005	-2130.0	0.0080	0.0467	0.033	-3162.2	0.0151	0.0506	0.081	-3840.9
云南	0.0049	0.0040	0.011	-377.0	0.0068	0.0225	0.037	-3752.8	0.0130	0.0424	0.047	-6944.7
西藏	0.0312	0.0024	0.001	1457.9	0.0229	0.0069	0.006	2485.2	0.0249	0.0056	0.036	1959.0
陕西	0.0100	0.0107	0.054	-1003.3	0.0200	0.0537	0.076	-3742.1	0.0306	0.0713	0.085	-6726.5
甘肃	0.0121	0.0079	0.033	-786.1	0.0153	0.0412	0.035	-1466.6	0.0220	0.0577	0.047	-2219.3
青海	0.0216	0.0079	0.072	84.7	0.0276	0.0420	0.117	1094.2	0.0477	0.0371	0.100	958.1
宁夏	0.0027	0.0183	0.000	-532.3	0.0040	0.1026	0.033	-517.4	0.0157	0.0853	0.120	-629.4
新疆	0.0433	0.0159	0.315	-1865.3	0.0333	0.0585	0.208	1472.3	0.0331	0.0664	0.246	4216.5
均值	0.0130	0.0108	0.046	-4166.1	0.0123	0.0458	0.044	-5753.9	0.0166	0.0475	0.057	-9439.3

资料来源：根据《中国统计年鉴》（2002，2005，2008）计算整理。

（新疆），最小值为0.001（上海），中位值为0.0435；生态盈余/赤字均值为－5753.9，地区盈余最大值为2485.2（西藏），最小值为－25992（广东），中位值为－4998.2。

2007年，全国资源贡献率均值为0.0166，地区最大值为0.0477（青海），最小值为0（上海），中位值为0.01375；全国就业结构单一化均值为0.0475，地区最大值为0.1895（山西），最小值为0（上海），中位值为0.0435；采矿业投资占总投资的比例均值为0.057，最大值为0.246（新疆），最小值为0.002（江苏、浙江），中位值为0.034；生态盈余/赤字均值为－9439.3，最大值为4216.5（新疆），最小值为－51015（广东），中位值为－6956.65。

接下来集中分析西部地区六省份在这四个指标上的动态变化：

1. 西南地区

贵州省：2001—2007年资源贡献率逐渐变大，就业结构单一化程度逐步加深，采矿业投资占总投资的比例也逐渐增长。可见其对资源（能源）行业的依赖程度逐步加深，且生态赤字越来越严重。

云南省：三项指数都逐渐变大，但是数值相比全国均值来说较小。生态赤字现象严重，恶化幅度也越来越快。

2. 西北地区

陕西省：资源贡献率逐步增大，2007年更是达到7.13%，就业结构单一化程度也逐渐加深，远远大于全国均值。采矿业投资也是越来越多。在生态方面，赤字现象较严重，且程度逐渐加深。

甘肃省：三项指数也逐渐增长，但是增长的幅度较小，生态赤字也逐步增大。

青海省：资源贡献度逐步增大，但是就业结构单一化程度和对采矿业的投资比例从2004年之后有所下降。青海一直处于生态盈余状态。

新疆维吾尔自治区：资源贡献度逐年变小，但就业结构单一化程度逐步加深，采矿业的投资比例2001—2004年有所下降，而2004—2007年又逐步上升。新疆由2001年的生态赤字逐步转为盈余状态。

二 资源开发依赖对西部地区困扰程度的动态评价

（一）资源依赖困扰程度的指标评价

接下来分析西部地区各省份在这四个指标上的动态变化：

1. 西南地区

四川省：2001—2007 年资源贡献率逐渐变小，就业结构单一化程度逐步加深，采矿业投资占总投资的比例稳步下降。可见其对资源（能源）行业的依赖程度逐步下降，且生态赤字越来越严重。

贵州省：资源财政贡献率逐渐变大，就业结构单一化程度逐步加深，采矿业投资占总投资的比例也逐渐增长。可见其对资源（能源）行业的依赖程度逐步加深，且生态赤字越来越严重。

云南省：资源贡献率等三项指数都逐渐变大，但是数值相比全国均值来说较小。生态赤字现象严重，且恶化的幅度也增快。

广西壮族自治区：资源贡献率逐渐扩大，就业结构单一化程度逐步加深，采矿业投资占总投资的比例稳步下降。可见其对资源（能源）行业的依赖程度逐步下降，且生态赤字越来越严重。上述指标数值都超过全国均值。

西藏自治区：资源贡献率逐渐下降，就业结构单一化程度逐步加深，采矿业投资占总投资的比例稳步下降。可见其对资源（能源）行业的依赖程度逐步下降，且生态盈余趋于增加。

2. 西北地区

陕西省：2001—2007 年，随资源开发规模和强度增大，资源贡献率也逐步增大，2007 年更是达到 7.13%；就业结构单一化程度也逐渐加深，远远大于全国均值。对采矿业的投资也是越来越多。在生态方面，赤字现象较严重，且程度逐渐加深。

甘肃省：三项指数也逐渐增长，但是增长的幅度较小，生态赤字也逐步增大。

青海省：资源贡献度逐步增大，但是就业结构单一化程度和对采矿业的投资比例从 2004 年之后有所下降。青海一直处于生态盈余状态。

宁夏回族自治区：随资源开发规模和强度增大，资源贡献率逐步增大，但小于全国均值。就业结构单一化程度也迅速加深，远远大于全国均值。对采矿业的投资主要是以国家为主地方为辅的模式。在生态方面，赤字现象较严重，且程度逐渐加深。

新疆维吾尔自治区：资源贡献度逐年变小，但就业结构单一化程度却是逐步加深，采矿业的投资比例 2001—2004 年有所下降，2004—2007 年又逐步上升。生态赤字逐步转为盈余状态。

（二）对西部地区"荷兰病"程度的比率指标评价

以上对在全国各地区比较的基础上对西部地区的省份进行了分析，以下将通过指标值相对变动对这些省份"资源诅咒"的变化程度进行进一步的分析和预警，并根据以上指标体系的结果剖析西部地区发生"资源诅咒"的深层原因，即其发生"资源诅咒"的传导机制。

在此用 $\hat{\lambda}$、$\hat{\beta}$、$\hat{\gamma}$ 分别表示某地区某种资源开采业的产值占该地区 GDP 的比例、该地区就业结构单一化程度，一年内对某种资源开采业的投资额占该地区总投资额的比例等几个指标值的变化率，用 δ 表示该地区的生态盈余/赤字比率。可以对该地区"资源诅咒"现象的变化趋势进行简单判断。即当 $\Delta\lambda/\lambda$、$\Delta\beta/\beta$、$\Delta\gamma/\gamma$ 这几个指标值的变化率都连续大于 0，且 δ 连续赤字，表明该地区的"荷兰病"引发的"资源诅咒"现象在加剧；前三个指标值的变化率越大，且 $\Delta\delta$ 的绝对值逐渐增大，表明该地区"资源诅咒"现象恶化的速度就越大；反之，当 $\Delta\lambda/\lambda$、$\Delta\beta/\beta$、$\Delta\gamma/\gamma$ 这几个指标值的变化率都小于 0 时，且 δ 逐渐处于盈余状态，表明该地区的"荷兰病"现象在趋于改善；前三个指标值的变化率越大，且 $\Delta\delta$ 的绝对值逐渐增大，表明该地区的"资源诅咒"现象改善的速度就越大。据此就可以对西部"资源诅咒"现象进行进一步分析和预测。

表 8-6 是西部地区六个省份 2004 年和 2007 年的资源贡献率增幅比率，就业结构单一化加快程度比，采矿业投资占总投资的增幅比率以及生态盈余/赤字的变化值。

表 8-6　　　　　2004 年和 2007 年西部六省份四项指标变化比率

地区	2004 年 $\dfrac{\Delta\lambda}{\lambda}$	2007 年 $\dfrac{\Delta\lambda}{\lambda}$	2004 年 $\dfrac{\Delta\beta}{\beta}$	2007 年 $\dfrac{\Delta\beta}{\beta}$	2004 年 $\dfrac{\Delta\gamma}{\gamma}$	2007 年 $\dfrac{\Delta\gamma}{\gamma}$	2004 年 $\Delta\delta$	2007 年 $\Delta\delta$
贵州	0.0875	0.4702	0.9036	0.0771	0.8485	0.5926	-1032.2	-678.7
云南	0.2794	0.4769	0.8222	0.4693	0.7027	0.2128	-3375.8	-3191.9
陕西	0.5000	0.3464	0.8007	0.2468	0.2895	0.1059	-2738.8	-2984.4
甘肃	0.2092	0.3045	0.8083	0.2860	0.0571	0.2553	-680.5	-752.7
青海	0.2174	0.4214	0.8119	-0.1321	0.3846	-0.1700	1009.5	-136.1
新疆	-0.3003	-0.0060	0.7282	0.1190	-0.5144	0.1545	3337.6	2744.2

其中，贵州的 2004 年和 2007 年的 $\Delta\lambda/\lambda$，$\Delta\beta/\beta$，$\Delta\gamma/\gamma$ 的值都大于 0，且 δ 一直为赤字，可见其"资源诅咒"现象在加剧，但是 2004—2007 年的 $\Delta\beta/\beta$，$\Delta\gamma/\gamma$ 和 $\Delta\delta$ 的绝对值都变小了，说明其加剧程度的速度是放慢了。也有可能是其他产业的发展速度和规模提高了，同时生态效率也有所提高。云南的情况与贵州非常类似。$\Delta\lambda/\lambda$，$\Delta\beta/\beta$，$\Delta\gamma/\gamma$ 也都连续大于 0，δ 为赤字，但 $\Delta\beta/\beta$，·$\Delta\gamma/\gamma$ 和 $\Delta\delta$ 的绝对值变小了，因而加剧情况也放缓了。

陕西的"资源诅咒"情况也在加剧，但加剧速度逐渐变慢；甘肃情况是"资源诅咒"现象逐渐加剧，且恶化速度越来越快；青海三项指标的变化率有正有负，而且 $\Delta\beta/\beta$ 和 $\Delta\gamma/\gamma$ 都逐渐变为负值，可见其"资源诅咒"情况在逐渐改善，这与该省确立生态省目标，国家也对三江源等生态脆弱重点地区采取了特殊生态补偿政策有关；新疆的指标变化率也是有正有负，$\Delta\lambda/\lambda$ 的变化值相比 2001—2004 年变小了，$\Delta\beta/\beta$ 也变小了，$\Delta\gamma/\gamma$ 也由负变为正了，生态盈余 $\Delta\delta$ 也变小了，可见其"荷兰病"现象由轻度向中度恶化。

三 地区资源产业"荷兰病"的发生成因剖析

由以上分析可知，在西部大开发中，部分资源区已发生了"荷兰病"的部分效应，而且部分地区这种现象仍在加剧，以下我们在"荷兰病"机理的基础上进一步剖析西部地区发生"荷兰病"效应的原因。

（一）单一的经济发展模式

观察我国的能源大省或资源富集地区，在其发展过程中，大多产业结构单一，第二产业比例畸高。在以上建立的指标体系中，西部地区的资源贡献率相对偏高，可见其过度依赖于能源资源产业。其工业中也多以采掘业和原料工业为主，产业链条低，附加值低，挤占了附加价值大、科技含量高的产业的比重。而且这种单一、初级的产业结构很容易患上"荷兰病"，这种结构将严重排斥制造业，对制造业和传统农业都产生挤出效应。而制造业承担着技术创新和培养人才的使命，而农业承担着相当一大批就业人口；制造业的不振或衰落势必对地区经济可持续性造成严重的问题，农业的衰败势必使得社会就业的压力转嫁到采掘业上。这样会进一步强化这些地区对能源资源开发的路径依赖。这种过度依赖能源的采掘和开发，忽视制造业发展的经济发展模式势必会造成西部经济发展水平的落后。

（二）人力资源不足，创新机制落后

由于西部地区的就业结构单一化程度较高，人力资源大多投入采掘业和原料工业中。而作为初级的传统产业，采掘业和原料工业对人才的知识水平要求相对不高，它们需要的是低技术的廉价劳动力。这样高技术人才在这些产业不能实现自身的价值，也得不到对其高科技劳动的回报，因而很不利于人才的积累和科技的创新。这些人才只有在现代制造业和高科技产业中才能发挥其作用，而西部地区对制造业的忽视必将造成高科技人才的外流。每年西部地区的大学生都有很多投身到东部沿海地区。另外，在资源丰裕地区，由于人力资本的投入无法得到相应的回报，也降低了人们接受教育的意愿。可见资源丰裕地区除了对制造业产生挤出效应外，对人力资本也造成了一定的挤出效应。没有人力资本的积累，没有相应的创新机制，自然难以支撑高速的经济增长，这对西部地区可持续发展和经济增长都形成了严重的制约。

（三）产权的不明晰和制度的不完善

在产权不明晰和相关法律制度不完善的情况下，丰裕的资源容易导致市场失灵和寻租行为。为了获得采矿权，私人向政府官员进行贿赂，一方面使得资源收入被私人获得，另一方面会造成嫌贫弃瘦的掠夺性开采。产权的不明晰还造成地方、国家、企业和个人利益无法协调，而管理的漏洞也造成了大量的资源浪费。另外政府官员在利益的驱动与矿主相互勾结，造成矿难频发，非法经营，最后环境污染的外部效应还要整个地区来承担。可见产权的不明晰和制度的不完善，会造成经济效率低下，严重阻碍地区经济的增长。

（四）生态环境的恶化

西部地区万元产值能耗高于全国均值，而我国的万元产值能耗水平在世界上本来就已是偏高的，因此说明西部经济的增长是以大量耗费自然资源为代价的。在低效率、高能耗、高排放的增长模式下，势必会增加生态环境的负荷，造成环境的恶化。资源浪费、水土流失等问题给当地造成了巨大的经济损失。根据有关对西部地区 12 省市区生态足迹的研究，西部地区除云南和西藏人均生态足迹为盈余外，其余 10 省区市均为赤字。①

———————————

① 张志强、徐中民等：《中国西部 12 省（区市）的生态足迹》，《地理学报》2001 年第 5 期。

人们的生活生产强度已严重超过原本就比较脆弱的生态系统的承载能力。生态环境的恶化不仅阻碍了地区优势的发挥，还成为经济增长的障碍。生产条件和生活环境的恶化不仅使得本区的资金和人才大量外流，而且打击了外商投资的积极性。这严重危及西部地区的经济和社会的可持续发展。

第五节　资源区（城市）经济转型和接替产业选择

一　国内资源区（城市）转型的模式和产业接替

对于资源型城市，发展接续产业和替代产业，在不同区域的资源城市，其意义不一样，转型的要点也不一样。根据不同的产业选择方向，国内资源型城市转型模式主要划分为四种。

一是优势延伸模式，即充分发挥现有优势，使资源优势转化为经济优势，使现有的产业优势转化为矿业城市经济发展的全面优势；对于那些区位条件比较差，远离经济中心的资源型城市，发展接续产业，也就是利用它的资源加工延伸，比如由煤变成电、煤化工由石油变成石化、由木材变成家具，等等。

二是优势互补模式，即通过异地异质资源开发来形成自身的产业优势及地区经济的整体优势。

三是优势组合模式，即将一个地区同时赋存的多种资源组合和配套好，进行综合开发和利用，形成优势组合的发展模式。

四是再造模式，即对于一些单一资源型地区原有资源枯竭，后续资源接替不上，原有产业体系缺乏活力的地区，从资源状况、现存基础、区位条件、技术条件及投资来源等方面重新认识和确立新的优势，通过改变资源配置方式，重整资源存量，将资产增量转移到效益较好的行业及部门。

如图8-7所示，将资源型产业发展的生命周期分为四个阶段，即形成期、扩张期、繁荣期和衰退期，图中分别用1、2、3、4表示。对于不同资源型城市的政府及处于不同阶段的资源开发型企业可以根据自己的能力与判断决定各自的转型和产品生产接替最佳时间。

随着资源城市经济规模的扩大和产业分工期的加深，任何单个产业都难以独立承担带动整个区域经济发展的重任，通常必须依靠产业群来带动城市经济发展。然而由于对资源产生的过度依赖，使得产业群难以形成。但是从资源区域或城市角度来看，决策者必须从可持续发展角度考虑，"未雨绸缪"，及早制定产业接替发展规划，并有效指导实施产业转型，从而实现对资源型产业"以进为退、循序渐退"的平稳退出，以及接替产业的有序介入和互补结合型成长或替代性成长。否则就可能随着资源产业的衰竭而使整个区域或城市经济和民生陷入危机。

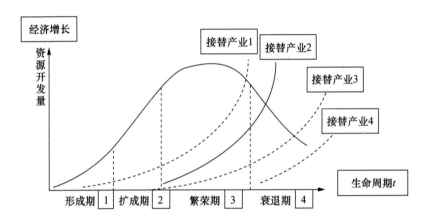

图8-7 资源型产业发展的生命周期各阶段与接替产业发展

资源城市的产业转换，主要应考虑培育和发展主导接替产业。通过对资源城市各产业的经济指标进行分析，产业接替的培育和成长可以有不同阶段的考虑及安排。

首先，在资源型产业的形成期（1）即开始推动建立相应的接替产业，则在资源型产业一旦进入衰退期，就可以使接替产业尽快取代资源型产业成为主导或支柱产业；但是，这需要很强的战略勇气、足够的资金和市场扩张能力，而且机会成本较大。

其次，在资源型产业的扩张期（2）即开始推动建立相应的接替产业，则在资源型产业进入衰退期初期时，就可以使接替产业尽快成长起来；但是这需要相当的资金和市场扩张能力。

再次，在资源型产业的繁荣期（3）开始推动建立相应的接替产业，则在资源型产业进入衰退期时，就可以使接替产业尽快成长起来；这时，当地资金已相当充沛，有助于企业发展和市场扩张能力。这时企业内部各种要素都处于最充实阶段，外部环境也较有利，其转型会较为顺利。

最后，在资源型产业的衰退期（4）出现后才开始推动建立相应的接替产业，由于资源型产业已进入衰退期，地方经济增速明显减缓，新增利润必须为维护民生所用，对产业转型需要的资金供给已出现短缺，短期内难以支持接替产业快速大规模发展，因此接替产业难以支撑或挽回资源型产业下滑所造成的经济衰落态势，转型困难重重。尚未进入衰竭期的资源型企业须依据开采年限系数、开采结构系数等指标判断企业主业的成熟点和衰退点，及早建立资源枯竭的预警机制，未雨绸缪地进行产业转型。

以往政府和企业大都是在当地的资源型产业进入衰退期后，才被动地考虑发展接替产业，但往往见事太迟，贻误了发展时机，使得城市转型相当困难，甚至落入鬼城的境地。然而，人们也不可能超越阶段，甚至在资源产业的形成阶段就去发展接替产业，这既取决于财力和物力的限制，也有可能形成对资源产业成长性的破坏，并导致巨大的损失。因此，需要科学、审慎地把握接替产业的发展时机。相对有利的时机，是在繁荣期的前中期阶段着手进行。

二　接替产业的选择原则和方法

（一）选择原则

一是产业发展的高级化。要求选择的接替产业必须是具有高科技含量、高潜力的产业，能支撑起区域未来的经济，不至于沦落到很快就被其他产业发展或技术创新所淘汰。

二是产业带动性和关联度强，这样接替产业不仅自身能形成规模效益，而且能对前后后产业起到较强的辐射扩散功能，从而带动整个区域经济的发展。

三是产业的集群化和多元化。

（二）选择方法

为简便起见，本章采用产业关联效应法和区位商法选择接替产业。

1. 关联效应法

关联效应包括前向关联效应和后向关联效应。在投入产出法中，前向关联效应的量值称为感应度系数，后向关联效应的量值称为影响力系数。

（1）感应度系数。感应度系数的计算公式为：

$$E_i = \frac{\sum\limits_{j=1}^{n} \overline{b}_{ij}}{\frac{1}{n}\sum\limits_{j=1}^{n}\sum\limits_{i=1}^{n} \overline{b}_{ij}}(j = 1,2,\cdots,n) \qquad (8.9)$$

式中，E_i 代表感应度系数，E_i 越大则 i 部门对其他部门的推动作用越大。感应度系数越高的部门，其他经济部门对其的需求依赖程度越高，所以其能制约其他部门的发展。因此增加对感应度系数高的部门的投资，会带动其他部门的需求量，继而推动整个经济的发展。

（2）影响力系数。影响力系数的计算公式为：

$$F_j = \frac{\sum_{i=1}^{n} \overline{b}_{ij}}{\frac{1}{n}\sum_{i=1}^{n}\sum_{j=1}^{n} \overline{b}_{ij}} (j = 1,2,\cdots,n) \tag{8.10}$$

式中，F_j 代表影响力系数，F_j 越大则 j 部门对其他部门的拉动作用越大。影响力系数越高的部门，它对其他部门需求依赖程度越高，所以也能制约其他部门的发展。增加对影响力系数高的部门的投资，能引起各个产业部门需求量的增加，继而带动整个国家经济的发展。

在选择区域未来的接替产业时，应将产业关联度大小作为选择和确定的基本准则之一。

2. 区位商法

本书采用区位商法对当地产业分工的优、劣势进行分析判断。其计算公式为：

$$LQ = \frac{O_d^A / O_d}{O_a^A / O_a}$$

式中，LQ 表示区位商，Q_d^A 为某地区 A 部门产出水平、Q_d 为某地区全部产出水平、Q_a^A 为区域 A 部门产出水平、Q_a 为区域总产出水平。

此方法是通过测算各产业部门在当地的专业化程度来反映地区间经济联系的结构以及方向。可以用产量、产值和就业人数等指标测算。一般来说，LQ 值越大，表明某产业的专业化水平越高，就可能成为地区经济发展中的支柱产业、优势产业。

第六节　本章小结

本章首先讨论了资源开发的生命周期与资源区（城市）盛衰，从资源型国家的经验教训、各国资源枯竭后的产业振兴等多方面进行比较和讨论。

其次，从贸易角度，分析了一国资源区和加工区之间的生产和交换行为，并应用若干指标对资源区"荷兰病"识别和评价。

再次，资源区和资源型企业需要未雨绸缪，及早筹划，避免陷入资源枯竭进一步导致的"荷兰病"陷阱与产业经济恶化；应形成逆周期策略和延迟资源生命周期的战略构想，前瞻性地预见和积极安排谋划接替产业，并提出了接替产业的选择思路和阶段进入培育安排。

最后，对资源区接替产业发展定位进行了分析，认为仅仅以能源资源的开采业作为唯一的主导产业和支柱产业有相当大风险，一旦资源开发出现下行对地区经济产生很大的影响。因此，资源富集区一方面需要大力发展能源的深加工产业，延长石油、煤炭等不可再生资源的产业链，提高能源产品的附加值，实施好接续产业发展；另一方面，同时要积极发展新兴产业、现代农业和现代服务业，优化开发模式，实施好替代产业发展。产业链条的延伸、优化设计和关键技术的应用实施乃是能源化工业基地可持续发展的关键。

第九章 区域"资源诅咒"状况的评价和实证检验

本章将首先通过对"资源诅咒"现象建立"资源诅咒"评价指标体系来进行多维测度;其次,建立回归模型进行进一步检验,并对其结果进行分析;最后,深入分析全国和西部资源富集区域层面和典型区域的"资源诅咒"是否成立,表现在哪些方面,应当采取什么措施来规避坠入"资源诅咒"陷阱。

第一节 "资源诅咒"评价指标体系的建立

"资源诅咒"假说是从经济社会属性角度来观察与矿业资源开发相关的经济社会问题。由于对某种相对丰富的资源的过分依赖,在一定发展阶段,有证据发现,一些自然资源丰富的国家比资源稀缺的国家增长得更慢。丰富的自然资源可能是经济发展的福音也可能成为诅咒,经济学家将其原因归结为贸易条件恶化、"荷兰病"或人力资本的投资不足等多种原因所致。

一 "资源诅咒"产生的内外部影响因素

建立指标体系,是"资源诅咒"评价和预警的一个关键环节。指标体系是否能客观、全面地反映出评价对象的实际情况,直接关系到评估的质量。

根据"资源诅咒"评价和预警指标体系的设计原则和设计思路,本章首先列出对资源富集区"资源诅咒"的影响因素(见表9-1)。

基于上述影响因素,"资源诅咒"指标体系可以分资源丰裕度、经济发展度、生态容纳度、环境平衡破坏度和社会平等度六个类别。这形成了"资源诅咒"指标体系的六个维度(见图9-1)。

表9-1　　　　　　　　　　地区"资源诅咒"的影响因素

影响因素类别	内部因素	外部因素
影响因素	单一的资源依赖性战略 "荷兰病"态式的产业结构 贫困人口多、经济发展水平落后 科技、教育程度低 缺乏合理、透明的开采制度 资源定价不合理 分配制度不合理 治理责任不明确 经济、政治体制改革滞后	计划分工体制单一、模式单一 缺乏内生的生态补偿机制 贸易条件恶化 交易地位弱化 掠夺式开采、企业缺乏社会责任 资源价格波动性 行贿寻租

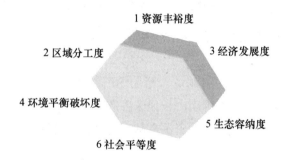

图9-1　　"资源诅咒"指标体系的六个维度

二　"资源诅咒"的评价指标及其含义

通过讨论，咨询和分析，本章进一步确定了由6类16个具体指标构成的评价指标体系。该指标体系的详细内容如表9-2所示。

表9-2　　　　　　　　　　"资源诅咒"的评价指标体系

类别	1. 资源禀赋	2. 区域分工和产业依赖	3. 经济发展
二级指标	①资源丰裕度 ②资源贡献度	①区位商 ②产业结构单一化 ③就业结构单一化	①人均GDP ②经济增长水平 ③经济增长速度
类别	4. 生态容纳和环境补偿	5. 能源消耗	6. 收入分配与公平
二级指标	①生态盈余/赤字 ②生态足迹效率 ③环境补偿水平	①（资源）能源开采率 与回采率 ②能耗弹性系数	①居民人均可支配收入增长率 ②基尼系数 ③恩格尔系数

对各类指标含义说明分析如下：

（一）资源禀赋

1. 资源丰裕度

资源丰裕度，是指一个国家或地区的资源供给总量。本书以土地资源、水资源和矿产能源为代表的资源丰裕度指数来衡量：

$$RAI_i = \frac{1}{3} \times \frac{land_i}{land} + \frac{1}{3} \times \frac{water_i}{water} + \frac{1}{3}\left(\frac{coal_i}{coal} \times 75 + \frac{oil_i}{oil} \times 17 + \frac{gas_i}{gas} \times 2\right)$$

(9.1)

式中，RAI_i 代表某省份的资源丰裕度指数；$\frac{land_i}{land}$、$\frac{water_i}{water}$、$\frac{coal_i}{coal}$、$\frac{oil_i}{oil}$、$\frac{gas_i}{gas}$ 分别为某省份可耕地面积、水资源、煤炭、石油、天然气储量占全国这几种资源储量的比重。

2. 资源贡献度

资源贡献度 = ［能源（采矿）行业的产值/地方财政收入］%

如果资源财政收入贡献度大于地区各产业平均值，则说明当地财政对矿业的依赖性高于其他行业；资源贡献度越大，当地财政对矿业的依赖性越大。

（二）区域分工和产业依赖

1. 区位商

$$LQ = \frac{O_d^A/O_d}{O_a^A/O_a}$$

(9.2)

式中，LQ 表示区位商，Q_d^A 为某地区 A 部门产出水平、Q_d 为某地区全部产出水平、Q_a^A 为区域 A 部门产出水平、Q_a 为区域总产出水平。此方法是通过测算各产业部门在当地的专业化程度来反映地区间经济联系的结构以及方向。可以用产量、产值和就业人数等指标测算；这里用就业人员数据计算。一般来说，LQ 值越大，表明某产业专业化水平越高，这就成为地区经济发展中优势产业。

2. 产业结构单一化

产业结构单一化 = ［能源（采矿）行业的产值/全地区 GDP］%

（0 < 产业结构单一化程度 < 100%）；该比例越高，说明当地产业结构单一化越高，当地经济对该产业的依赖性越大。

3. 就业结构单一化

就业结构单一化 = （能源行业的就业人员/所有行业的就业人员）%

（0 < 就业结构单一化程度 < 100%）；该指标值越大，表明区域经济对能源行业的依赖程度越高，产业结构越不合理。

（三）经济发展

1. 人均 GDP

人均 GDP 为一定时期 GDP 与同期平均常住人口的比值，可反映区域综合经济实力的差异。

2. 经济增长水平

经济增长水平用地区人均 GDP 年均增长率或 GDP 年均增长率作为衡量地区经济增长的指标来衡量，即：

$$I = \frac{1}{T} \left(\ln GDP_r - \ln GDP_o \right) \times 100\% \tag{9.3}$$

式中，I 代表人均 GDP 的年均增长率或 GDP 年均增长率；GDP_r 和 GDP_o 分别代表计算期和基期的人均 GDP 或 GDP；T 为从基期到计算期的年份间隔。

3. 经济增长速度

经济增长速度有两种测量方式，一是年度经济增长率，指的是两年之间的经济变化；二是年均经济增长率，指的是若干年经济的平均变化情况。

（四）生态容纳和环境补偿

1. 生态盈余/赤字

生态足迹，又称生态需求，指人口对自然资源的开发利用程度；生态承载力，即满足一定人口需求的土地和水域面积。生态盈余/赤字是生态承载力与生态足迹的差值。区域生态足迹如果小于区域所能提供的生态承载力，就表现为生态盈余；如果超过区域生态承载力，则出现生态赤字。生态盈余/赤字反映了区域人口对自然资源的利用状况。

2. 生态足迹效率

生态足迹效率 = 万元 GDP/生态足迹，指单位生态足迹所创造的经济收入。该指标值越大，表示单位生态足迹所创造的经济收入越多。

3. 环境补偿水平

指在开发中对环境破坏的补偿程度，环境的补偿水平介于0—1之间。

最大值 1 表示对环境破坏全部予以补偿；最小值 0 指对环境破坏无任何补偿。

（五）资源（能源）消耗

1. 资源（能源）开采率与回采率

资源有效开采率 = 资源开采成品数额/（资源开采成品数额 + 资源开采损失数额）

回采率：已经上报停采的矿物资源，再开采时的产量占勘探总量的比重。

2. 能耗弹性系数

万元产值能耗 = 能源消耗总量（吨标准煤）/工业产值（万元）

（六）收入分配与公平

1. 居民人均可支配收入增长率

居民人均可支配收入增长率包括城镇居民人均可支配收入增长率与农村居民人均纯收入增长率。具体算法与人均 GDP 年均增长率一样。

2. 基尼系数

基尼系数指在居民收入中，不平均分配的那部分收入占总收入的比重。基尼系数数值介于 0—1 之间。基尼系数是反映居民之间贫富差异程度的指标，可以预警和防止社会出现贫富两极分化。

3. 恩格尔系数

恩格尔系数是食品支出占居民总支出的比重。本书分为城镇居民恩格尔系数与农村居民恩格尔系数。恩格尔系数反映的是食品支出占个人消费支出的比重。随着家庭和个人收入的提高，收入中用于食品方面的支出比例将逐步缩小。根据联合国粮农组织的标准划分，恩格尔系数在 60% 以上为贫困，50%—59% 为温饱，40%—49% 为小康，30%—39% 为富裕，30% 以下为最富裕。

（七）其他

以上只是考虑了一些重要且相对容易收集数据的指标。此外还应该有些诸如产业结构指标、人力资源指标以及腐败、安全、交易地位等指标，但因数据采集和收集困难等原因，在此暂未列入。

三 地区"资源诅咒"困扰状况横向比较分析

（一）指标计算

本章对全国 30 个省份（除重庆）进行"资源诅咒"评价指标体系的

计算，旨在通过各地区在"资源诅咒"的六个维度上的表现，与其他地区的对比来分析地区"资源诅咒"的陷入程度。

由于数据的缺乏，指标体系中舍去了产业结构单一化、能源的回采率和基尼系数这几个指标。另外，由于 2008 年金融危机的影响，这一年数据可能存在很大的波动，对一些指标可能产生一定影响，为了能更好地反映西部地区的真实情况，故而舍弃这一年的数据。

（二）指标值分布及特点分析

首先，看表 9 - 3 给出的各指标值的分布特点。

表 9 - 3　　　　　　　　　　"资源诅咒"的地区困扰分布特征

资源禀赋角度	资源丰裕度的平均值为 0.0527，最大值 8.1085（山西），最小值为 0.0012（上海），中位值为 0.4602；资源贡献度的均值为 0.0166，最大值为 0.0477（青海），最小值为 0（上海），中位值为 0.01375
区域分工	区位商均值为 1.0357，最大值 4.1347（山西），最小值为 0（上海），中位值为 0.9487；就业结构单一化均值为 0.0475，最大值为 0.1895（山西），最小值为 0（上海），中位值为 0.0435
经济发展	人均 GDP 均值为 22217，最大值为 66367（上海），最小值为 6915（贵州），中位值为 16575.5；经济增长水平均值为 0.136，最大值为 0.159（浙江），最小值为 0.119（贵州），中位值为 0.135
生态容纳和补偿	生态足迹均值为 13766，最大值为 57826（广东），最小值为 518.7（西藏），中位值为 10070.3；生态盈余/赤字均值为 - 9439.3，最大值为 4216.5（新疆），最小值为 - 51015（广东），中位值为 - 6956.65；生态足迹效率均值为 0.7413，最大值为 1.2781（新疆），最小值为 0.3291（广西），中位值为 0.71485
资源（能源）消耗	万元产值能耗均值为 1.511，最大值为 3.954（宁夏），最小值为 0.714（北京），中位值为 1.354
收入分配与公平	城镇居民人均可支配收入增长率均值为 0.121，最大值为 0.139（北京），最小值为 0.108（海南），中位值为 0.124；农村居民人均可支配收入增长率均值为 0.098，最大值为 0.112（浙江），最小值为 0.081（西藏），中位值为 0.0975 城镇恩格尔系数均值为 43.0%，最大值为 50.9%（西藏），最小值为 30.4%（内蒙古），中位值为 36%；农村恩格尔系数均值为 43.0%，最大值为 55.9%（海南），最小值为 33.3%（北京），中位值为 40.8%

从表9 - 3可知，资源富集省份资源丰裕度较高，资源对财政贡献度较高，矿业区位商均值、就业结构单一化程度较全国程度高；且生态足迹、万元产值能耗较高。

接下来将西部11个省份（除重庆外）的指标计算结果与其他省份和全国均值进行一个比较（见表9 - 4）。

表9 - 4　　　　　"资源诅咒"在西部地区的困扰分布特征

西南地区	资源丰裕度、经济发展和生态赤字（盈余）
云南省	云南省的资源丰裕度与其经济增长速度很不匹配，人均GDP较低，生态方面与贵州省较相似
贵州省	贵州省资源丰裕，可是经济发展却很落后。资源尚未达到充分利用，导致资源对经济增长的贡献度较低。人均GDP为全国最低，其恩格尔系数无论是城镇还是农村都远高于全国均值。生态方面处于赤字状态，生态效率也较低
四川省	四川省拥有的资源和其经济增长程度比较匹配，产业结构单一化程度较平均值低，相对全国来看，其人均GDP相对低一点。生态赤字较大，生态效率也较低
西藏自治区	西藏自治区经济增长速度较慢，人均GDP较低，农村居民人均可支配收入增长率和城镇恩格尔系数都为全国最低。但西藏自然矿产资源勘探开发较慢，所以生态足迹为全国最低，生态也处于盈余状态
广西壮族自治区	广西壮族自治区拥有的资源较少，资源对经济发展的贡献度也较低。无论经济增长速度还是居民生活水平都处于全国的中间水平。但其生态赤字较大，已超过平均水平，生态足迹效率更为全国最低
西北地区	资源丰裕度、经济发展和生态赤字（盈余）
陕西省	拥有丰厚的资源，可是经济增长速度却较慢，人民生活收入水平提高也较慢，而且产业结构存在较强的单一化现象。生态处于赤字状态，生态足迹效率也不高
甘肃省	经济增长速度与其拥有的资源也比较不匹配。但生态方面比云南的赤字小一些，生态足迹效率高一些
宁夏回族自治区	资源不是很丰裕，其人均GDP也接近全国均值的一半，经济发展速度大约为全国发展速度的平均值。但万元产值能耗为全国最高。生态处于赤字状态，但赤字较小，生态足迹效率较高
青海省	经济发展速度较慢，人均GDP较低，而且其万元产值能耗远高于全国均值，生态处于盈余状态，资源贡献度为全国最高

续表

西北地区	资源丰裕度、经济发展和生态赤字（盈余）
新疆维吾尔自治区	资源丰裕，但是人均GDP较低，经济增长速度和人民收入增长速度都慢于全国平均水平，产业单一化程度也较高。由于其资源尚处于未开发阶段，因而生态处于盈余状态，且盈余值和生态足迹效率都为全国第一
内蒙古自治区	拥有丰厚的资源，并且充分利用这些资源发展能源产业。其资源对本地贡献度远高于其他省份，从而其无论是经济发展速度，还是人均GDP都高于全国平均水平。城镇居民收入和农村居民收入都高于平均水平，城镇恩格尔系数和农村恩格尔系数都低于平均水平，且城镇恩格尔系数为全国最低。在生态方面，内蒙古处于生态盈余状态，且生态足迹效率较高，为全国第二。但是其就业结构单一化程度较全国程度较高，另外万元产值能耗较高

由以上分析得出，GDP和生态足迹是呈正相关的，在无控制和干预的条件下，经济的高速发展必然会以大量资源消耗为代价。西部地区贵州、云南、陕西、甘肃、青海、新疆都存在一定的"资源诅咒"效应，其中青海和新疆的生态方面处于盈余状态，为可持续发展提供一定的空间。为了探究其"资源诅咒"的程度，除了上述的资源禀赋、生态、经济发展和区域分工等特征之外，更加突出的表征就是当地的财政、就业乃至投资也都会体现出对资源的严重依赖，从而反映出地区经济的单一性和脆弱性。此外还可以从生态盈余/赤字的差异探究地区经济发展的可持续性。

第二节 区域性"资源诅咒"假说的检验

一 回归模型与统计方法

文献中对经济增长的回归方程一般会采取以下形式：

$$G^i = \beta_0 + \beta_1 \ln Y_0^i + \beta_2 NR^i + \beta_3 Z^i + \varepsilon^i \tag{9.4}$$

其中因变量 G^i 反映地区经济发展的速度或水平，通常采用的指标是人均GDP增长率，也有用人均可支配收入或真实收入的（Neunayer，2004），本章承袭绝大多数文献的做法，继续使用人均GDP增长率指标。

$\ln Y_0^i$ 是统计期初人均GDP或可支配收入的对数值，加入该变量是基于索罗新古典主义增长模型中的条件收敛假设，即离自身产值稳态越远增长速度越快，或者更通俗一点，期初收入水平越低的地区增长越快。但是本章将不再采用该变量，原因在于：

（1）在我国初始收入水平低的省份增长也比较慢，并不符合条件收敛假设。

（2）De′murger 等（2002）也提到条件收敛现象在我国不显著，因为收入水平会聚背后的驱动力是 Stolper - Samuelson 机制所描述的劳动力和资本流动，而我国特有的计划经济体制在很大程度上阻止了这种流动，例如户籍制度使农民离开土地依然存在障碍，垄断的国有银行优先贷款给国有企业，地方保护主义降低了省际的贸易等。尽管该文章主要是针对 20 世纪八九十年代所做的研究，现在的情况未必如此，但因为我们的研究时间范围大半也包含在这一期间，加上时滞的影响，笔者以为，该文列举出的这些条件依然适用于我们的分析。

（3）本章拟采用 1979—1991 年人均 GDP 增速来指代各省份的自然条件和地理位置状况（这是我们将引入的控制变量之一），这种方法源于萨克斯和沃纳（Sachs and Warner，2002，2001）。然而，该指标与 1992 年（统计期间是 1992—2007 年）人均 GDP 或可支配收入明显正相关，为避免统计中出现多重共线性，将此处并不显著的 $\ln Y_0^i$ 变量删除是比较合理的选择。

NR^i 是资源丰度或依赖度变量，第二节将具体描述这些指标的选择。Z^i 表示一系列控制变量，本书引入的控制变量包括：投资率（INV）、人力资本（HR）、地理位置（GEO）和开放政策（OPEN），这样，本书中的主要回归方程就可以表示为：

$$G^i = \beta_0 + \beta_1 NR^i + \beta_2 INV^i + \beta_3 HR^i + \beta_4 GEO^i + \beta_5 OPEN^i + \varepsilon^i \qquad (9.5)$$

需要说明的是，许多外文文献的回归方程中都包含了各种制度和政策变量，像阿特金森和汉密尔顿（Atkinson and Hamilton，2003）或 Papyrakis 等（2004），这样就涵盖了促成经济增长的自然、物质、人力和社会资本各个方面。但在本书中，由于数据的不可得，加之同一国家内部各省区的制度与政策区别毕竟不会太大，就不再引入各项制度变量，只保留唯一的政策变量，即开放政策。因为，根据 Bao 等（2002），我国东部沿海省份改革后的快速增长多半得益于 FDI 和出口加工工业，是典型的出口导向型，因此，预计对外开放程度将是决定增长速度的一个关键因素。很多研究也提到优惠政策是吸引外资的重要手段，于是有必要将该变量纳入回归，考察此类政策对于地区发展的影响。

由于资源通过一系列传导机制对增长形成间接影响，即部分解释了投资和人力资本等其他变量的变化。这一过程可简单解释为：

$$Z^i = \gamma_0 + \gamma_1 NR^i + \mu^i \tag{9.6}$$

具体到模型中即：

$$INV^i = \gamma_{01} + \gamma_{11} NR^i + \mu_1^i \tag{9.7}$$

$$HR^i = \gamma_{02} + \gamma_{12} NR^i + \mu_2^i \tag{9.8}$$

将方程（9.4）和（9.5）代入（9.2）式，得到：

$$G^i = (\beta_0 + \beta_2 \gamma_{01} + \beta_3 \gamma_{02}) + (\beta_1 + \beta_2 \gamma_{11} + \beta_3 \gamma_{12}) NR^i$$
$$+ \beta_4 GEO^i + \beta_5 OPEN^i + (\varepsilon^i + \beta_2 \mu_1^i + \beta_3 \mu_2^i) \tag{9.9}$$

资源对增长的直接与间接效应之和等于 $\beta_1 + \beta_2 \gamma_{11} + \beta_3 \gamma_{12}$，$\gamma_{11}$ 与 γ_{12} 的显著性分别代表了投资与人力资本传导机制的显著程度，若它们显著为负，说明这两项传导机制在起作用。所以 $\beta_2 \gamma_{11} + \beta_3 \gamma_{12}$ 属于间接效应，而 β_1 则包含了资源对增长的直接效应和除上述两项传导机制外的其他间接效应。

本书先用 OLS 初步估计方程（9.2），对资源与增长之间的关系形成一个基本认识，然后通过检验、排除异方差性和多重共线性修正上述估计量，得到更加确切的结论。

由于各决策变量对增长的影响都是长期的，并且存在难以估计的时滞，不是每一年的自变量样本数据恰好对应因变量样本数据，所以本书将样本的原始面板数据通过求平均值办法压缩为截面数据后再进行回归。具体做法是，将 31 个省、自治区、直辖市各自 1992—2007 年的数据求平均值，然后作为一个样本点出现。例如陕西省人均 GDP 增长率计算的是 1992—2007 年每年人均 GDP 增长率的平均值，而陕西省投资率也是 1992—2007 年各年投资率的平均值，这样得到关于陕西省的一组数据，是为一个样本，总共包含 31 个样本。由于数据不可得，加之地区经济发展历史背景迥异，没有统计中国台湾与中国港澳。这种方法在关于"资源诅咒"的实证研究被普遍采用，例如吉尔法森（Gylfason，2001），而国内一些研究却简单采用某一年的数据直接回归，容易造成偏误。

在此从 1992 年开始计量，主要有两个原因：首先，在此之前的经济体制改革基本上还处于试行阶段，政府对能源与矿产这样的战略资源管制比较严格，不能反映真实的市场规律。改革初期的"双轨制"使作为原料主要供应地的中西部利益受到损害，部分利益由内地厂商转移到沿海厂商处，直到 1990—1991 年"双轨制"才取消。其次，1992 年以后省际差异进一步扩大，因此产生了研究的必要。

二 指标选择与数据来源

（一）经济表现指标

作为回归方程中的因变量，文献中最常用到的经济表现指标是统计期内人均 GDP 年增长率的平均值，计算公式如下：

$$G^i = \frac{1}{T} \cdot \ln \frac{PCGDP^i_T}{PCGDP^i_0} \tag{9.10}$$

式中，i 表示样本中的各个省份，G^i 是省份 i 人均 GDP 平均年增长率，$PCGDP^i_0$ 和 $PCGDP^i_T$ 分别是该省份统计期初和期末（本书中是 1992 年和 2007 年）的人均 GDP，T 是统计期间的时间跨度，以年为单位，本文内取值为 15。

该指标明显未考虑价格因素。虽然在各地区物价基本统一的前提下，得到的数据依然可以准确反映不同地区增长速度的差别，但为使指标含义更加简单明确，本书将沿袭 Neumayer（2004）的方法，采用"真实增长率"指标更加合适。该指标在计算中直接消除了通货膨胀的影响，公式表示为：

$$G^i = \frac{1}{T} \cdot \ln \frac{GDP^i_T/P_T}{GDP^i_0/P_0} \tag{9.11}$$

式中，P_0 和 P_T 分别是期初与期末的一般物价水平，计算时我们代入 1992 年及 2007 年的居民消费价格指数。为统一表达方式，后文中提到人均 GDP 年均增长率或人均 GDP 增速指的都是通过（9.8）式计算出来的 G^i，即消除了通货膨胀影响之后的增速。

此外，各地区 GDP、人均 GDP 和 GDP 增速也被一些文献用来衡量经济表现（韩亚芬等，2007），但人均 GDP 不能反映地区未来经济发展的势头，而 GDP 增速则可能包含了人口增长的因素在内，皆不是理想的指标，我们就不再计算了。

（二）资源丰裕度和依赖度指标

应当采用什么样的指标来指代回归方程中的自然资源变量 NR，理论界一直存在较大争议。原因在于：首先，直观地去理解，"资源富饶或贫瘠"是一个丰度概念，应该用反映自然资源禀赋优劣程度的指标来衡量，例如将各种资源剩余未开发储量的租金值加总后求人均值，计算公式如下：

$$NR = \frac{1}{Popu} \cdot \sum_i \sum_t \frac{(P_t^i - MC_t^i) \times Extr_t^i}{r_t} \tag{9.12}$$

式中，NR 为地区人均资源禀赋，P_t^i 和 MC_t^i 分别是第 i 种资源第 t 年的国际价格和边际开采成本，两者之差为单位资源租金收入，$Extr_t^i$ 指第 i 种资源第 t 年的开采量，r_t 为折现率，$Popu$ 是地区总人口。

然而一方面，严格按照（9.9）式计算人均资源禀赋存在巨大的困难——因为未来的资源价格、边际成本、开发强度、利率均难以预期，资源品质的优劣和产地的远近都会对租金量产生影响，加之自然资源的范畴也很宽泛，储量难以确定，量化该指标几乎没有可能；另一方面，该指标反映的是尚未开发的资源禀赋，而影响当前经济状况的恰恰应该是已经开发的那部分资源，所以为使研究更能反映资源与增长之间的真实关联，有的文献就建议采用人均年度租金流量这样表示开发强度的指标来取代资源丰度指标（更准确地讲，应该用历史租金流量和来表示，但实际中很少有人使用），公式表示为：

$$RENT_t = \frac{1}{Popu} \times \sum_i (P_t^i - MC_t^i) \cdot Extr_t^i \tag{9.13}$$

一般文章中不大将资源丰度与开发强度指标做严格的划分，经常统称作资源丰度指标，这里特别提出，希望读者在概念上更加清晰。

此外，因为开发强度指标几乎和丰度指标一样难以计算，所以学者们又想到用各种资源年度租金流量和占 GDP 比重或初级品出口占 GDP 比重这样表示资源产业对国民经济的贡献度的指标来取代上述丰度或开发强度指标（Davis et al.，1995；胡健、焦兵，2007）。此类指标常被称作依赖度指标，出现的理由是：（1）容易计算，数字统计误差小；（2）依赖度与丰度在很大程度上是正相关的；（3）能够反映出一国经济的比较优势和专业化程度；（4）实际中发生诅咒的往往是依赖度大的国家而非丰度大的国家，我们有理由猜测影响经济增长速度的其实是依赖度而非丰度。

由于依赖度指标的分母中包含了其他产业产值，所以尽管与丰度、开发强度指标相关，却并不等同。简言之，即便一国资源储量丰富，开发强度也很大，但因其他产业非常发达，便会对资源产业产生稀释作用，使其依赖度看上去比较小。所以依赖度不等于丰度，若想从概念出发确切地了解丰度的作用，就不应误用依赖度指标。很多文献都忽视了这一点，使指标的选用非常混乱。鉴于此，笔者在文中同时采用丰度与依赖度指标，通过比较回归结果来验证结果的稳定性，使之更具说服力。

此外，学者们对造成"诅咒"的"资源"范围理解也有差别，他们或者认为能源资源是导致"诅咒"发生的主要原因，从而特别针对能源进行研究，或者将这一范围扩大到所有主要矿产资源，也有文章把许多绿色资源也考虑进来；加之他们获取数据的渠道和能力有差别，结果是统计指标看上去复杂多样。不仅如此，许多文章在理论描述中声称自己所做的研究是针对"资源诅咒"，而实证中的数据却只覆盖了某一类资源，或者说是自然资源的一个子集。当然出于各种现实原因，研究一个子集并非不合理。笔者将尽力在本书避免上述问题，那么首要的就是划分清楚前人文献中使用过的各类自然资源指标，比较后选择合适地引入自己的实证过程，相互印证说明问题。本书将文献中经常出现的资源指标总结如表9-5所示。

表9-5　　　　　　　　　常用的资源丰裕度及依赖度指标

	丰裕度指标	依赖度指标
能源	能源丰裕度指数 能源财富	
矿产资源 =能源+金属+非金属	人均矿产资源租点 资源禀赋 采掘业基本建设投资/固定 资产投资	矿业产值/GDP 矿产资源/物质资本 矿产品出口/GDP 矿产品出口/总出口
绿色资源 农林牧渔业资源为主	人均耕地面积 散资源禀赋	绿色资源/物质资本 农产品出口/GDP
全部资源 =矿产+绿色资源	人均总自然资本	资源租/GDP 资源租/总收入 初级产品出口/GNP 自然资源出口/GDP 自然资本/国家财富 自然资本/物质资本

下面对表9-5中提到的部分自然资源指标的含义作一些补充说明。

(1) 能源丰裕度指数。

（2）自然资本/国家财富。吉尔法森（2001）用"自然资本占国家财富的比例"表示一国资源富集的程度，其中国家财富包含所有自然资本、物质资本以及人力资本。根据世界银行的定义，自然资本等于预期所有绿色资源和矿产资源能够带来的租金流现值之和。计算租金的公式是：

租金 = 出售资源所得 –（开采、粗加工和运输成本）– 资本投入的正常收益

（3）自然资本/物质资本。Stinjns（2006）引入这一指标的目的是修正指标 b 的一个主要误差。"自然资本占国家财富的比例"指标的分母中有人力资本，如果使用这一指标的同时又使用了人力资本积累变量，问题就出现了。比如 A 国在教育方面的投资比 B 国更见成效，则即便两国自然资源丰裕度相当，在指标 b 中也会表现为 B 国比 A 国资源更加富足。采用这一指标容易使人形成错误的观念，认为资源越富足的地方教育投资越少。

（4）初级产品出口/GNP。萨克斯和沃纳（1995）采用初级产品出口强度这一指标，将其定义为所有农产品、矿产品和能源产品出口总和比 GNP。这一指标在文献中很流行，但是诟病也很多。如 Stinjns（2005）批评说这一指标实际衡量的是贸易单一化程度，而不是资源丰度。同指标 b 一样，它存在内生于经济发展水平的问题。GNP 大的国家指标值偏低，容易带给大家越是发达的国家资源禀赋越差的错觉，干扰了我们探究资源在国民经济中的真实表现，形成误导。此外，认为农业和矿业部门在经济发展中起相同的作用也是说不通的，因为这两大部门产生的租金量区别悬殊，而萨克斯和沃纳的指标混淆了这两个部门的作用。

（5）人均耕地面积。伯索尔（Birdsall，2001）等根据人均可耕种面积的大小来对国家进行分类，1970 年人均耕地面积在 0.3 公顷以下的被划入资源贫乏国家，并在此基础上得出了资源富裕的国家积累的人力资本较少的结论。然而，人均可耕种面积是否能够作为一个可靠的资源丰度指标是令人怀疑的。有很多例外，如沙特阿拉伯，耕地很少，却不能因此认为其资源贫乏。

（6）矿产品出口/总出口。戴维斯（Davis，1995）提出的这个指标衡量的也是贸易单一化程度。虽然根据赫克歇尔—俄林（Hecksher – Ohlin）模型，一国会出口密集使用该国富余要素生产的产品，但这并不意味着矿产储量丰富的国家就一定会出口较多的矿产品，因为它也可以选

择出口以这些矿产为原材料的制成品。

（7）资源租金/总收入。汉密尔顿和克莱蒙斯（Hamilton and Clemens, 1999）引入这一指标，他们统计的资源包括煤炭、石油、天然气等能源，锌、铁、磷酸盐、矾土、铜、锡、铅、镍、金、银等金属与非金属矿产以及木材，并指明由于数据来源有困难，没有统计钻石。计算租金时由于天然气没有统一的国际价格，他们决定采用世界几个主要出口地点的FOB价格平均值来代替。

上述指标中，以各类资源出口量为分子的指标不适用于国内研究，因为没有数据统计进、出某一省的资源产品价值。而凡是需通过计算租金来估计资源财富的方法在我们这里也不可行，因为没有成本方面的数据。所以，在本书研究中，重新构建了一些指标来反映各省在不同类型的资源禀赋及产业依赖度方面的差异，归纳为表9－6。

表9－6　　　　　　　本章采用的自然资源丰度及依赖度指标

	丰裕度指标	依赖度指标
能源	能源丰裕度指数	
矿产资源＝能源＋金属＋非金属		采矿业从业人员/地区就业总人口
绿色资源（农林牧渔业资源为主）		农林牧渔业从业人员/地区就业总人口
全部资源＝矿产＋绿色资源		第一产业产值/地区总产值

第一，能源丰裕度指数。能源丰裕度指数是国内学者为表现我国省际层面上的能源资源富集程度而构造的指标：

$$RAI^i = \frac{coal^i}{coal} \times 75 + \frac{oil^i}{oil} \times 17 + \frac{gas^i}{gas} \times 2 \qquad (9.14)$$

$coal^i$、oil^i、gas^i 分别是 i 省煤炭、石油和天然气储量，而 $coal$、oil、gas 则是全国煤炭、石油、天然气总储量。这三种能源占我国一次能源生产和消费的比例大约是75%、17%、2%，以此为依据，分别给予三种资源相对权重。本书采用的能源丰度指数计算公式与（9.11）式基本相同，只是权重并非文献中直接拿来使用的75∶17∶2，而是将1992—2007年我国各类能源生产量的比重求平均值，得到80∶17∶3，作为权重代入公式。另外各类能源储量也是通过将《中国统计年鉴》2003—2007年各省能源储量统计值求平均得到，而不像其他文献只是采用某一年的统计量，这样做的目的是尽量减小样本统计误差。之所以没有计算2003年以前的数据，是因为此前年鉴上并没有统计分地区能源储量。

第二，资源依赖度指数。采矿业从业人员比例和农林牧渔业（后文统称农业）从业人员比例均是从就业人口的角度反映地区经济对矿业和农业的倚重程度。至于为何不将各类资源的依赖度指标统一到产值比重或从业人员比重，是因为某些数据不可得。

（三）投资率指标

鉴于物质资本在经济建设中的作用至关重要，几乎所有增长方程中都包含了投资率自变量，例如阿特金森和汉密尔顿（Aikinson and Hamilton，2003）、Papyrakis 和 Gerlagh（2004）、Neumayer（2004）、萨克斯和沃纳（1999）、Costantini 和 Monni（2008）、胡援成（2007）等都将投资率作为方程中的控制变量。不仅如此，Papyrakis 和 Gerlagh（2004）认为，租金收入降低了人们储蓄和投资的动力。萨克斯和沃纳（1999）则提出"荷兰病"效应下，制造业衰退降低了投资收益率，因而也减少了投资。所以他们还把投资率当作因变量对资源变量作回归，以验证"资源诅咒"传导机制是否降低了储蓄和投资率。本章同样将投资率引入模型，数据是《中国统计年鉴》1992—2007 年各省投资率平均值。

（四）人力资本指标

人力资本也是经济快速发展的先决条件，它能够通过提高劳动效率、促进民主建设和管理水平、保障健康和平等多种渠道加速经济增长（Aghion et al.，1999；Barro，1997），所以，绝大多数增长方程也将其作为重要的控制变量考虑。此外，人力资本也可能是"资源诅咒"的重要传播途径。因为资源产业本身对人力资本要求不高，而它的繁荣打击了人力资本要求较高的制造业，结果是教育回报下降，对高质量教育的需求自然也下降，教育投资不再增加，需要强大的人力资本做支持的新兴产业发展受限制，技术传播受到阻碍。所以很多模型也会像（9.5）式一样将人力资本对自然资源作回归，检验这项传导机制的显著性。

文献中人力资本指标的选择比较多样化，大致分为：（1）平均受教育年限；（2）女性平均受教育年限；（3）大专以上文化程度人口比例；（4）中学入学率；（5）公共教育支出占财政总支出的比重；（6）研发投入；（7）预期寿命。

Gylfason（2001）先后使用指标（2）、（4）、（5）将各国教育投入和产出水平量化，得到结论：一是它们全部与资源丰度负相关。二是经济增长与教育水平正相关。两者结合即可说明资源丰度通过弱化公共和私人积累人力资本的动机阻碍经济增长。

需要说明的是，指标（5）在实际应用中包含三个方面的问题：一是没有考虑公众对教育的需求，仅体现政府在这方面所做的努力。二是没有涵盖私人教育投资的影响。事实上，中上阶层获得资源租收入后可以支付得起更多的私人教育；政府获得资源租收入，可以支付更多公共教育投资，同时也挤出私人教育投资。三是不同于国际研究，由于毕业生完全可以在国内自由流动，所以该指标应用于国内省际的研究可能不是太准确。

戴维斯（1995）认为，健康也是人力资本的一个重要内容，特别是在发展中国家。另外，萨克斯和沃纳（1999）、Costantini 和 Monni（2008）也用到这个指标。

从准确代表和数据可获得两个原则出发，本书拟分别采取以下四项指标来反映各省人力资本水平的差异：

$$\text{高中以上文化程度人口比例} = \frac{\text{地区高中及以上学历人口}}{\text{地区 6 岁及以上人口总数}}$$

$$\text{女性高中以上文化程度人口比例} = \frac{\text{地区高中及以上学历女性人口}}{\text{地区 6 岁及以上女性人口总数}}$$

如前所述，以上两指标分子中还包含中专、职高、技校毕业生和在校生。

$$\frac{\text{科教从业}}{\text{人员比例}} = \frac{\text{科学研究、技术服务、地质勘探从业人员 + 教育从业人员}}{\text{地区就业总人口}}$$

$$\frac{\text{科学、教育事业支出占}}{\text{财政总支出的比重}} = \frac{\text{公共教育支出 + 科学技术支出}}{\text{地方财政总支出}}$$

数据均来自《中国统计年鉴》，为 1992—2007 年相关计算量的平均值。

（五）地理位置指标

毫无疑问，地理位置条件也是造成地区差异的重要原因，它通过市场可达性、交通成本与技术扩散成本等对经济增长产生影响。江苏、浙江、福建、广东等经济最发达的地区几乎全部集中在东南沿海，那么它们的快速增长究竟是根源于位置优势还是资源劣势？这是本章欲说明的主要问题之一。

很多实证研究都表明，在解释地区差异时，地理因素十分显著，如 Chang 和 Li（1995）皆认为，地理因素可以解释 60% 增长方面的差距（Chang and Li，1995）。

关于地理位置指标的选取，一般有以下几种方式：

（1）由于地理条件太过复杂，难以量化、观察，可以考虑用统计期之前较长时间内的增长速度来代替，因为之前的增长与地理条件密切相关。萨克斯和沃纳（1997）就采用了这种方法，控制住前十年增长后发现资源的负面效应依然存在。

（2）直接控制地理位置变量，例如距海岸线100公里以内的土地面积占国土面积的百分比、该国中心位置到最近港口的距离、处于热带的国土的比例、瘴气指数（Gallup，1999）、坡度10%以上的面积占全省面积比例、一省的平均坡度（Bao et al.，2002），有时候也用虚拟变量表征地理条件差异，如萨克斯和沃纳（1999）设置了内陆国家虚拟变量（完全内陆国家取值1，否则取0）和热带气候虚拟变量。阿特金森和汉密尔顿（2003）也使用了虚拟地理位置变量。

本章计划采用的地理位置控制变量有两个：一是1978—1991年各省人均GDP平均年增长率；二是设置地理位置虚拟变量，如表9-7所示。

表9-7 地理位置虚拟变量

	REG1	REG2
东部	1	1
中部	1	0
西部	0	0

（六）区域开放政策指标

据统计，1992—1997年全国流动到沿海省份的劳动人口共有6000万，其中广东1500万，上海300万。有观点认为政府在改革初期对沿海省份的外资企业给予了很多税收、信贷方面的优惠政策，这些优惠对吸引FDI，促成当地出口导向型加工工业的发展作用不可忽视，所以我们在模型中加入开放政策变量，体现一地区对外开放优先程度的大小。

指标的设计将采用Bao等（2008）的方法，假设开放时间越长、优惠政策越多的地区开放程度更高。表9-8总结了1994年以前建立的不同类型的经济特区，说明沿海省份在改革初期确实获得了更多的政策优惠。

表 9 – 8   各地区逐步开放的时间段（1979—1994 年）

批准年份	开放区类型	位置
1979	3 个经济特区	广东
1980	1 个经济特区	福建
1984	14 个沿海开放城市 10 个经济技术开发区	辽宁、河北、天津、山东、江苏、上海、浙江、福建、广东、广西 辽宁、河北、天津、山东、江苏、浙江、广东
1985	1 个经济技术开发区 3 个沿海开放经济区	福建 珠三角、长三角、福建
1986	2 个经济技术开发区	上海
1988	沿海开放带 1 个经济特区 1 个经济技术开发区	辽宁、山东、广西、河北 海南 上海
1990	浦东新区	上海
1992	13 个主要沿海港口城市的保税区 10 个沿江主要城市 13 个延边经济合作区 所有内地省会城市或自治区首府 5 个经济技术开发区	天津、广东、辽宁、山东 江苏、浙江、福建、海南 江苏、安徽、江西、湖南 湖北、四川、吉林、黑龙江、内蒙古、新疆、云南、广西 福建、辽宁、江苏、山东、浙江
1993	12 个经济技术开发区	安徽、广东、黑龙江、湖北 辽宁、四川、福建、吉林、浙江
1994	2 个经济技术开发区	北京、新疆

按照以下原则将各省经济区类型转化成相应的权重，总结入附表 9 – 1，然后计算平均值得到开放程度。

权重 3：经济特区、上海浦东新区；

权重 2：经济技术开发区、边境经济合作区；

权重 1：沿海开放城市、沿海经济开放区、沿海经济开发带、沿长江主要城市、保税区。

内地省份（自治区）的省会（首府）城市；权重 0：未开放地区。

第三节　统计结果分析

一　初步回归

首先再明确一下选定的指标，如表9-9所示。

表9-9　　　　　　　　初步回归中各类变量的指标

变量	经济表现	资源丰裕度、依赖度	投资率	人力资本	地理位置	开放度	常数项
指标	人均GDP平均年增长率：GRW	能源丰度指数：ENG 采矿业从业比例：MIN 农业从业比例：AGR 第一产业产值比重：PRM	INV	高中以上文化程度人口比例：SEC 女性高中以上文化程度人口比例：WOM 科教从业比例：EDU 科教财政支出：FIN	前13年人均：GDP平均年增长率：BEF 地理位置虚拟变量：REG1、REG2	OPEN	C

本着同一变量只选取单一指标的原则，可以得到 $4 \times 4 \times 2 = 32$ 组回归结果，如附表9-2所示。

从附表9-2的统计结果得到以下结论：

（1）选取能源丰裕度指数作为资源变量指标时，该变量不显著或在10%程度上系数显著为正，说明能源富集地方人均GDP增速并不慢，如果以此为标准衡量"资源诅咒"，则这种"诅咒"至少到目前为止在我国并没有明显的征兆。在我国，能源开发或许能够为当地发展带来微弱的资源优势。

（2）如果选取采矿业从业比例作为资源依赖度变量的代表，则"诅咒"初露端倪。因为该变量系数在某些回归方程中已经变成了负值，尽管它们并不显著。

（3）需要特别强调的是，此处农业（其实包含了农、林、牧、渔业）从业比例与增长之间微弱的负相关关系并不能说明绿色资源带来了"诅咒"，因为在我国农业从业人口中大多数是由于工业不发达，所以农业的比重大，而不是因为土地或其他绿色资源丰富。以农业从业比例为资源变量指标的回归并不能直接用于解释"诅咒"的存在性，但是可以用于解释能源和矿产资源在我国的表现为何与国际上常见的情况不同。因为在我国，很多资源贫乏地区的主导产业依旧是传统农业，其实力甚至还不及那些以矿业为主的地区，所以整体看来，矿业发达的地区经济表现并不显得很差。

（4）以第一产业产值比重来衡量资源依赖度，其结果类似于农业从业比例，显示出轻微的"资源诅咒"现象。资源变量系数几乎全部为负，但是均不显著。这一条也证明了农业比重与增长速度之间的弱负相关，因为根据第（2）点所述，矿业与增长之间的关系本来是正的（虽然不显著），但是加上农业合并为整个第一产业后，关系就变成了负的，显然是农业的负面作用抵消了矿业的正面作用。

显然，本章数据分析的结果并没有绝对肯定"资源诅咒"存于我国，而是认为农业的投入程度与增长速度弱负相关，矿业的投入程度与增长速度弱正相关。至于为什么会出现这样的结果，我们分析可能是下列原因造成的：

（1）表9-7直观地反映出，尽管发展最快的几个省份矿产资源储量都比较贫乏，如江苏、浙江、福建、广东；但是，发展最慢的省份中也有资源贫乏的；反过来，很多矿产资源富集的省份如内蒙古、新疆、山东、河南，也有较好的经济绩效表现。在我国，决定经济增长速度的关键因素应该不是资源的富集程度而是工业化程度，后者与地理位置优势密切相关。从数据分析只能看出资源优势的作用远不及地理位置优势明显，但并不能反过来证明资源的作用是负的，像其他国内研究的结论那样。

（2）某些国内研究得到"诅咒"的结论确实存在，据本章估计，主要是因为他们在回归方程中只引入资源丰度这唯一的一个自变量，而没有分离出控制变量，特别是像地理位置这样重要的控制变量。那么计量结果所显示的负相关，实际上很有可能包含了其他增长变量（例如地理位置）影响的综合结果，这样结果就是有偏的。

随着自变量的增加，资源的负面作用越来越不显著，甚至在有些方程里系数开始为正，这样的话资源对增长就可能是无害的了。

（3）"荷兰病"机制不能在方程（9.2）中直观地反映，因为它不是通过已有控制变量起作用，如果荷兰病确有发生，则资源通过该传导机制挤出制造业，负面影响与其本身对经济直接的正面作用相互抵消，也有可能造成资源变量不显著的结果。

（4）与上述"荷兰病"机制一样，从方程（9.2）中也看不出资源对制度的影响，因为没有引入制度变量。但是倘若这项传导机制存在，也必然如"荷兰病"一般，抵消资源的正面作用，造成不显著的结果。

综上所述，（矿产）"资源诅咒"在我国省际层面上的表现不明显，没有国际研究表现得那么突出。资源禀赋虽未能普遍地推动地区经济快速增长，但还不至于成为障碍；资源优势虽然发挥得不是很充分，倒也没有掉转成为"劣势"。基本上它对地区发展不起关键作用，但这并不意味着我们就可以满足于现有状态不作任何防范，因为：

（1）近年来国内能源价格猛涨，使得一些与能源相关的产业正处于"红利收获期"。以石油和天然气为例，1990—2003 年的 14 年间，油气资源价格上涨幅度为 392%。其中的前 9 年（1990—1998 年）涨幅还不算太大，大约为 74%；而其后仅仅 5 年（1999—2003 年），价格就上涨了 3 倍还多，之后也一直维持在高位运行（Bulte et al.，2005）。如此优越的市场条件下，一些能源富集省份暂时性地获得了难得的发展机遇，比起以往只能从事低效率的传统农业生产，收益是大了很多，但是这种状态是不可持续的。一则易受国际市场价格波动的冲击，二则能源等大多矿产资源本身是可耗竭的，比如陕北的石油最多能再开采 10 年左右。以矿业为主的经济是不能持久繁荣的，像甘肃玉门这样油尽城衰的先例摆在面前，无时无刻不在提醒我们需及早为转型准备。加之我国的矿产资源储量总体上并不丰富，许多矿种开采不了多久就会枯竭，需要早作安排，从长计议。

（2）采用人均 GDP 平均年增长率作为经济表现指标的最关键问题在于没有把自然资本折耗和环境因素考虑在内。也就是说，尽管看上去许多资源型地区的 GDP 增长并不慢，但这是以使用掉了资源本身的价值（即资源租）以及破坏生态环境为代价的，这部分价值并没有在传统的国民经济核算体系 SNA 中作为成本投入从产出中扣除，导致粗放式的增长表面上的成就比实际要好得多。事实上，消耗掉的资源使用者成本和环境成本都是相当大的。如果再加上技术水平低下时进行掠夺式开采造成的巨大资源浪费，以及安全措施不过关导致的事故损失，没有统计进来的成本是相当高的。

实证研究表明，仅陕北地区近年来开发资源就消耗了大量的自然资本，这些都没有计入 GDP，当然，也不能从其增长率中反映出来。现在联合国正在试行其 1993 年提出的环境与经济综合核算体系（SEEA），可以预见，将资源耗减与环境降级涵盖入 GDP 的测算后，资源型地区的表现恐怕就不那么令人乐观了。因此，"资源诅咒"的威胁并没有被排除。

（3）采矿业通过"荷兰病"机理的传导机制会挤出制造业，其危害在长期必然更加突出，远超过到目前为止的数据所能显示的程度。因为制造业在规模报酬、干中学、技术革新、企业家培养以及带动相关产业的正外部效应等方面的优势都会随着时间的流逝发挥得越来越充分。所以，在工业化起步阶段利用资源产品出售的收入作为原始资本投入升级产业是必要的，一味"靠山吃山，靠水吃水"是短视的行为，把危机留给了后代。

（4）受资源租刺激的寻租行为占用正常生产要素，并且伴随着租值耗散；租金在官员和经营者之间分割，导致分配不公，同时腐化官员，使政府行政效率低下，道德滑坡。这些社会影响深远、难以估量，绝不是这 16 年的数据可以充分反映出来的，因此在"诅咒"端倪尚未呈现之时就需及早预防。若以为当前的"诅咒"现象还不明显就放松警惕听之任之，将来发展偏离正规严重的时候再修正就很困难了。

（5）我们的研究结果表明地理位置劣势是造成西部地区发展滞后的主要原因，这也佐证了第三章中提出的综合环境决定因素，是有说服力的。地理位置优劣实质上是综合环境各因素作用的总体体现，绝不仅仅是一个地理位置问题。然而，地理位置不是人为可以改变的，人们能做的只有更加充分地发挥西部省份的综合资源优势，通过一定手段，使其原来落后的交通、通信和信息地理位置的劣势降低，积累资本，聚集人才，引进技术，逐步进行产业升级，以及结合地区特征发展替代产业，力求跟上全国和沿海地区步伐。

在"资源诅咒"假说悖论警示下，人们展开了对"资源诅咒"问题的探讨。而学者们在研究中发现，造成"诅咒"的根本原因是资源开发挤出了其他有益的经济活动，使得资源对经济的负间接效用超过了正直接效用。但是，现实中也有可能存在负的间接效用没有超过正的直接效用的情况，就如同我们的回归结果所显示的那样，资源富集的省份发展未必不及资源贫乏的省份。所以在近年来一些文章中，"资源诅咒"的概念已经被演化成"资源的负面影响"，规避"资源诅咒"就是要在正确认识资源开发自然和经济社会不同属性的条件下，趋利避害。规避资源开发的负面影响。资源变量系数不显著为负只能说明"诅咒"不严重，不等于没有问题，不需要进行规避。

下面简单地分析其他各控制变量对增长的影响：

（1）常数项很显著，说明1992年以后各省发展总体态势良好。

（2）投资率系数只有在个别情况下显著为正，而且均是在10%的程度上，其他绝大多数情况下都不显著，说明投资率的不同不是造成各省份增长差异的原因。

（3）人力资本变量系数或者不显著，或者显著为负，只有以政府教育支出占财政总支出比重为指标时系数在5%程度上显著为正。这样的结果与我们的常识是相违背的，可能由三种原因造成：一是统计年鉴上的人员归属是按照户口所在地划分，而之前我们提到过改革后我国出现了巨大的人口流动，原本户口在A地的文化程度较高的劳动力选择去经济更发达的B地工作，这样的现象很普遍，但是在统计中无法反映出来，容易造成结果的偏差；二是关于人力资本的前三项指标衡量的都是教育的数量，不能体现质量；三是也许在我国，教育转化成生产力还存在一定障碍。而最后一项指标系数显著为正大约是由于政府教育投资力度大的地方通常也是学府云集的较发达地区，吸引人力资本集中于此，发展自然迅速。

（4）地理位置变量在任何情况下都很显著，说明地理位置条件的差异是造成我国地区差距的最主要因素，这一点与 Bao 等（2002）及 Demurger 等（2002）的结论完全一致，他们认为地理位置变量解释了60%增长方面的差距。此外 REG1 系数显著为正，而 REG2 系数不显著说明差距主要体现在沿海和内地的差别，中部和西部间的差别不明显。这样的结果完全证实了90年代以来沿海地区的增长主要由 FDI 驱动，从事出口导向型加工工业的"三资"企业、民营企业以及由此催生的其他民营经济是沿海省份的主要增长点这样一个结论。

（5）开放政策变量一直都不显著，分析有两方面原因：其一，自1992年开放14个港口城市后仅两年，内地的所有主要城市也开放了，优惠政策很快覆盖其他地区，沿海省份在这方面并不是独占优势；其二，说明吸引 FDI 的主要还是地理位置上的便利，政府在税收及信贷上的优惠政策作用不是很大。

二 删除奇异点后的回归

图9-2是人均 GDP 平均年增长率和四个不同的资源指标之间的散点图。从图9-2中我们发现，内蒙古这个样本比较特殊。一则距离拟合线

很远，可以当作一个奇异点；二则它的资源丰度和依赖度都很高，人均
GDP 增长率也很高，于是不能不怀疑这样一个特殊的样本对造成现在比
较乐观的估计结果具有举足轻重的作用。

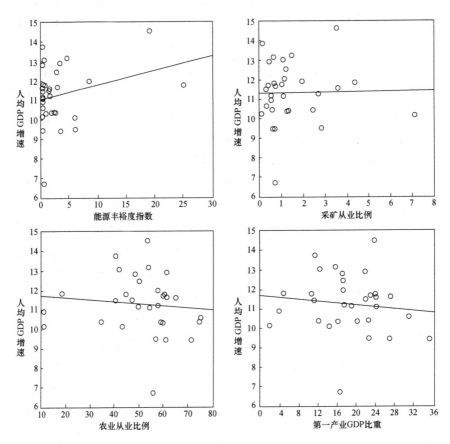

图 9－2　人均 GDP 增速和四个不同的资源指标之间的散点

　　既然存在这一奇异点，就有必要分析一下去除奇异点之后的回归结
果，本书把它归纳入附表 9－2。

　　将附表 9－1 和附表 9－2 中资源变量的系数比较可知，去掉奇异点内蒙
古后，能源丰度指数和采矿业从业比例的系数都减小了，有的还转变成了
负值，尽管所有的数据依然不显著。说明那些矿产资源禀赋为当地发展带来
一定的但不是显著的优势——去除奇异点后依然成立，不过其作用强度有所
下降。也就是说，若不计内蒙古近些年来的高速发展，矿产资源所表现出的
对经济的正面推动作用只会更加不显著，"诅咒"的潜在危险原本更加严重。

同时应该看到，一方面，资源大省内蒙古在资源产业的"红利收获期"获得丰厚的收益是很自然的事情；另一方面，内蒙古的数据也存在我们之前描述过的无法将自然资本折耗、环境破坏损失、产业单一的隐患以及制度滑坡的风险量化计入 GDP 的问题。当前的良好表现在多大程度上是真实的、可持续的？我们对此似乎不应过于乐观。总之，资源的负面影响有可能比初步回归中表现出的更为严重。

第四节　本章小结

本章认为，产生我国部分区域"资源诅咒"的部分原因是矿产资源开发过程可耗竭性的自然属性，即资源开发导致的资源枯竭所造成的，由此造成地方经济一段时期依托的资源产业已无法承担当地经济发展，在无接替产业承接时造成人们就业和收入水平的大幅下降，同时也包括违背自然规律的滥砍滥挖行为，对人们所处的生态环境已难以居住，甚至被迫搬迁；部分原因则是因为人们对矿产资源开发过程的经济社会属性缺乏把握，或是违背市场经济规律，或是对产权制度、法律规则缺乏精心安排导致的结果；价格波动则是造成资源富集区域经济增长高低起伏不定的极其重要的原因。

本章建立了"资源诅咒"评价指标体系，对"资源诅咒"状况的年度区域评价说明，重要资源富集省份的资源丰裕度较高，资源对财政贡献度较高，矿业区位商均值、就业结构单一化程度较全国程度高；且生态足迹、万元产值能耗较高。如果建立多年统计观察，并建立指数分析，可以根据变动趋势判断省域层次"资源诅咒"的变化趋势。

对"资源诅咒"的实证检验说明：

（1）选取能源丰裕度指数作为资源变量指标时，该变量不显著或在10% 程度上系数显著为正，说明考察期能源富集的地方人均 GDP 增速并不慢。

（2）如果选取采矿业从业比例作为资源依赖度变量的代表，则"诅咒"初露端倪。

（3）以第一产业产值比重来衡量资源依赖度，其结果类似于农业从业比例，显示出轻微的"资源诅咒"现象。资源变量系数几乎全部为负，但是均不显著。这一条也证明农业比重与增长速度之间的弱负相关。本章数据

附表9-1　地区资源诅咒指标分析及其差异比较

地区	资源禀赋		区域分工（以采矿业为例）		经济发展		生态容纳和补偿			能源消耗	收入分配与公平			
	资源丰裕度	资源贡献度	区位商	就业结构单一化	人均GDP（元）	经济增长水平	生态足迹（万公顷）	生态盈余/赤字（万公顷）	生态足迹效率（万元产值/公顷）	万元产值能耗（吨标准煤/万元）	居民人均可支配收入增长率		恩格尔系数	
											城镇	农村	城镇（%）	农村（%）
北京	0.0527	0.0002	0.0911	0.0042	58204	0.138	8762.8	-8486.5	1.0674	0.714	0.139	0.110	32.2	33.3
天津	0.1062	0.0011	0.7685	0.0352	46122	0.141	4347.0	-3823.1	1.1618	1.016	0.132	0.104	35.3	38.7
河北	1.0133	0.0305	1.1980	0.0549	19877	0.145	13500	-9344.0	1.0155	1.843	0.119	0.107	33.9	36.8
山西	8.1085	0.0433	4.1347	0.1895	16945	0.135	5164.0	-3787.4	1.1103	2.757	0.128	0.100	32.1	38.5
内蒙古	6.4035	0.0339	1.5499	0.0710	25393	0.158	4776.8	32.6	1.2752	2.305	0.137	0.104	30.4	39.3
辽宁	0.6898	0.0224	1.3652	0.0626	25729	0.125	11101	-1676.3	0.9930	1.704	0.121	0.097	37.8	39.6
吉林	0.4627	0.0108	1.4884	0.0682	19383	0.134	6553.8	-2739.0	0.8064	1.520	0.128	0.092	33.2	40.5
黑龙江	1.8380	0.0349	2.3207	0.1064	18478	0.123	7534.3	-4260.3	0.9377	1.354	0.124	0.094	35.0	34.6
上海	0.0012	0.0000	0.0000	0.0000	66367	0.134	14590	-14258	0.8354	0.833	0.136	0.093	35.5	36.9
江苏	0.2052	0.0019	0.4381	0.0201	33928	0.157	29282	-22597	0.8791	0.853	0.134	0.107	36.7	41.1
浙江	0.0208	0.0037	0.0483	0.0022	37411	0.159	30526	-26056	0.6152	0.828	0.136	0.112	34.7	35.7
安徽	0.6480	0.0137	1.9084	0.0875	12045	0.129	16245	-11456	0.4533	1.126	0.124	0.105	39.7	43.3
福建	0.0519	0.0062	0.2287	0.0105	25908	0.149	19783	-6968.6	0.4675	0.875	0.130	0.109	38.9	46.1
江西	0.0831	0.0138	0.6822	0.0313	12633	0.135	14534	-11972	0.3784	0.982	0.130	0.100	40.9	49.8
山东	1.4530	0.0173	1.4755	0.0676	27807	0.152	27919	-8763	0.9300	1.175	0.129	0.111	32.9	37.8
河南	1.0373	0.0247	1.5511	0.0711	16012	0.149	19986	-15273	0.7511	1.285	0.128	0.111	34.6	38.0

续表

地区	资源禀赋		区域分工（以采矿业为例）		经济发展		生态容纳和补偿			能源消耗	收入分配与公平			
									生态效率		居民人均可支配收入增长率		恩格尔系数	
	资源丰裕度	资源贡献度	区位商	就业结构单一化	人均GDP（元）	经济增长水平	生态足迹（万公顷）	生态盈余/赤字（万公顷）	生态足迹产值（万元产值/公顷）	万元产值能耗（吨标准煤/万元）	城镇	农村	城镇（%）	农村（%）
湖北	0.0757	0.0077	0.4473	0.0205	16206	0.130	16502	-10974	0.5594	1.403	0.121	0.099	39.7	47.9
湖南	0.1812	0.0047	0.5853	0.0268	14492	0.137	25624	-21169	0.3590	1.313	0.127	0.098	36.1	49.6
广东	0.0433	0.0021	0.0756	0.0035	33151	0.146	57826	-51015	0.5375	0.747	0.118	0.094	35.3	49.7
广西	0.0990	0.0076	0.3933	0.0180	12555	0.137	18098	-12606	0.3291	1.152	0.118	0.090	41.7	50.2
海南	0.0134	0.0071	0.2625	0.0120	14555	0.123	3287.4	-2291.4	0.3721	0.898	0.108	0.090	42.8	55.9
四川	0.5540	0.0092	0.9726	0.0446	12893	0.136	25160	-20467	0.4175	1.432	0.117	0.103	41.2	52.3
贵州	1.1514	0.0151	1.1039	0.0506	6915	0.119	5384.6	-3840.9	0.5092	3.062	0.124	0.094	40.2	52.2
云南	0.6575	0.0130	0.9248	0.0424	10540	0.120	9039.6	-6944.7	0.5245	1.641	0.118	0.088	45.0	46.5
西藏	0.0590	0.0249	0.1226	0.0056	12109	0.125	518.7	1959.0	0.6597	-	-	0.081	50.9	48.7
陕西	2.6864	0.0306	1.5559	0.0713	14607	0.137	8054.0	-6726.5	0.6786	1.361	0.119	0.089	36.4	36.8
甘肃	0.6538	0.0220	1.2597	0.0577	10346	0.125	4134.0	-2219.3	0.6537	2.109	0.118	0.094	35.9	46.8
青海	0.2811	0.0477	0.8099	0.0371	14257	0.123	959.4	958.1	0.8168	3.063	0.120	0.087	37.3	43.7
宁夏	0.4577	0.0157	1.8599	0.0853	14649	0.131	1028.0	-629.4	0.8650	3.954	0.119	0.095	35.3	40.3
新疆	1.9339	0.0331	1.4489	0.0664	16999	0.125	2756.7	4216.5	1.2781	2.027	0.114	0.086	35.1	39.9
平均	0.0527	0.0166	1.0357	0.0475	22217	0.136	13766	-9439.3	0.7413	1.511	0.121	0.098	37.2	43.0

说明：表中生态足迹主要是根据 2000 年、2004 年的数据主要以年平均变化速度推测的 2007 年数值；生态盈余/赤字中，数值为负为赤字，数值为正为盈余。

资料来源：根据《中国统计年鉴》(2008)，《新中国五十五年统计资料汇编》计算整理。

附表9-2　人均GDP年增长率平均值对各项指标求回归结果

	(1)	(2)	(3)	(4)	(5)	(6)	(7)	(8)	(9)	(10)	(11)	(12)	(13)	(14)	(15)	(16)
C	8.048***	8.200***	8.070***	8.020***	8.049***	7.241***	5.152*	3.686	7.460***	7.674***	7.467***	7.482***	7.396***	6.676**	4.508	2.993
ENG	0.088*	0.065	0.088*	0.067	0.088*	0.065	0.088*	0.064								
MIN									0.149	-0.024	0.150	-0.013	0.157	-0.012	0.156	-0.013
AGR																
PRM																
INV	-0.010	0.054	-0.010	0.055	-0.006	0.077	-0.004	0.037	-0.003	0.070	-0.002	0.070	0.002	0.093*	0.011	0.050
SEC	0.009	-0.077*							0.005	-0.081*						
WOM			0.007	-0.073*							0.004	-0.076*				
EDU					0.0003	-0.402*							-0.018	-0.422*		
FIN							0.229	0.255**							0.230	0.265**
BEF	0.420*		0.418*		0.411*		0.160		0.490**		0.489**		0.482**		0.234	
REG1		2.161*		2.117**		2.151**		1.394*		2.557***		2.500***		2.525***		1.731**
REG2		0.415		0.410		0.276		-0.409		0.018		0.012		-0.108		-0.821
OPEN		0.009	0.018	-0.021	0.051	-0.047	0.177	0.169	-0.192	-0.021	-0.183	-0.048	-0.151	-0.076	-0.038	0.150
R²	0.284	0.395	0.283	0.394	0.282	0.414	0.349	0.438	0.209	0.351	0.209	0.346	0.208	0.370	0.276	0.395
N	31	31	31	31	31	31	31	31	31	31	31	31	31	31	31	31

续表

	(17)	(18)	(19)	(20)	(21)	(22)	(23)	(24)	(25)	(26)	(27)	(28)	(29)	(30)	(31)	(32)
C	11.131**	7.875*	11.248**	7.558*	9.619***	6.173*	5.890	1.044	8.566**	8.896***	8.607***	8.671***	8.752***	7.242**	5.547	2.500
ENG																
MIN																
AGR	-0.024	-0.003	-0.027	-0.001	-0.020	0.008	-0.007	0.027								
PRM									-0.010	-0.050	-0.011	-0.053	-0.016	-0.025	-0.006	0.013
INV	-0.004	0.070	-0.002	0.071	0.003	0.090	0.002	0.065	-0.010	0.075	-0.009	0.077	-0.006	0.095*	0.004	0.053
SEC	-0.033	-0.087							0.005	-0.114**						
WOM			-0.037	-0.078							0.003	-0.111**				
EDU					-0.144	-0.378							-0.025	-0.475**		
FIN							0.225	0.236**							0.227	0.268
BEF	0.447*		0.444*		0.434*		0.210		0.451*		0.450*		0.438*		0.199	
REG1		2.525***		2.484***		2.556***		2.146**		2.657***		2.618***		2.520***		1.750
REG2		0.033		0.023		0.0002		-0.319		-0.168		-0.204		-0.252		-0.702
OPEN	-0.355	-0.017	-0.383	-0.048	-0.360	-0.073	-0.173	0.069	-0.269	-0.022	-0.264	-0.070	-0.250	-0.071	-0.106	0.138
R²	0.198	0.350	0.199	0.346	0.201	0.371	0.259	0.428	0.191	0.378	0.191	0.376	0.192	0.378	0.256	0.398
N	31	31	31	31	31	31	31	31	31	31	31	31	31	31	31	31

说明：*** 表示 1%程度下显著；** 表示 5%程度下显著；* 表示 10%程度下显著。

附表 9－3　人均 GDP 平均年增长率对各项指标求回归结果（30 样本）

	(1)	(2)	(3)	(4)	(5)	(6)	(7)	(8)	(9)	(10)	(11)	(12)	(13)	(14)	(15)	(16)
C	8.692***	9.506***	8.718***	9.340***	8.708***	8.575***	3.740	3.684	8.732***	9.646***	8.757***	9.492***	8.708***	8.739***	3.852	3.891
ENG	0.036	0.029	0.036	0.031	0.036	0.030	-0.005	-0.006								
MIN																
AGR									0.024	-0.080	0.024	-0.071	0.032	-0.068	-0.022	-0.065
PRM																
INV	-0.020	0.032	-0.020	0.032	-0.017	0.053	-0.003	0.009	-0.021	0.032	-0.020	0.033	-0.018	0.053	-0.003	0.009
SEC	0.010	-0.072*							0.010	-0.070						
WOM			0.008	-0.068*							0.008	-0.065				
EDU					0.012	-0.373*							0.018	-0.360*		
FIN							0.430***	0.359***							0.429***	0.351***
BEF	0.414*		0.413*		0.407*		-0.074		0.429*		0.429*		0.426*		-0.079	
REG1		1.827**		1.786**		1.823**		0.823		1.965**		1.913**		1.951**		0.895
REG2		0.820		0.818		0.669		0.185		0.665		0.666		0.529		0.138
OPEN	-0.075	-0.207	-0.064	-0.236	-0.033	-0.247	0.152	-0.244	-0.159	-0.275	-0.148	-0.302	-0.117	-0.311	0.159	-0.255
R²	0.244	0.343	0.243	0.342	0.242	0.359	0.466	0.519	0.231	0.340	0.231	0.302	0.229	0.354	0.466	0.522
N	30	30	30	30	30	30	30	30	30	30	30	30	30	30	30	30

分析的结果认为，农业的投入程度与增长速度弱负相关，矿业的投入程度与增长速度弱正相关。

（4）在我国，改革开放以来，决定经济增长速度的关键因素应该不是资源的富集程度而是工业化程度，后者与地理位置优势密切相关。从数据分析只能看出资源优势的作用远不及地理位置优势明显，但并不能反过来证明资源的作用是负的，像其他国内研究的结论那样。

（5）如果"荷兰病"确有发生，则资源通过其传导机制挤出制造业，负面影响与其本身对经济直接的正面作用相互抵消，也有可能造成资源变量不显著的结果。与上述"荷兰病"机制一样，从方程（9.2）中也看不出资源对制度的影响，因为本书没有引入制度变量。但是，倘若这项传导机制存在，也如"荷兰病"一般，会抵消资源的正面作用，造成不显著的结果。

第十章　环境库兹涅茨曲线与人口、经济及污染重心轨迹变化分析

第一节　空间污染转移与环境危害

中国区域间的产业转移在给承接地区带来产业升级和 GDP 增长机会的同时，也带来了相应的环境问题，具体表现为一段时期内 GDP 东部比重增加、西部比重缩小，而化学需氧量等反映环境污染指标在东部的缩小和在西部的增加，即所谓的"GDP 东移和污染西移"；其成因在于东部通过区域间贸易和投资等方式将污染密集型产业从东部转移到西部，产生了与产业转移相伴随的污染转移问题。曾有报道，2000 年，西部某地区从东部引进的 43 个项目中，有 39 个是在东部地区因排污大而被淘汰的小造纸、小化肥生产项目。①

与此同时，城市污染向农村转移的问题也相当普遍。来自环境保护部的统计表明，我国农村目前尚有 3 亿多人喝不上干净饮用水，1.5 亿亩耕地遭到污染，环保设施少得可怜，甚至某些地方的环境污染已经危及群众的生存与发展。因环境污染而引发的疾病，使一些农民的生活因医药费支出而雪上加霜。因此，不加控制的产业转移很可能使农村环境问题更加严峻。

由于西部大开发初期污染转移现象非常严重，以至于 2000 年 9 月 22 日，国家环保总局和国家经贸委联合发出《关于禁止向西部转移污染的紧急通知》，规定关停的十五类严重污染环境的小企业、国家经贸委要求

---

① 杨昌举、蒋腾、苗青：《关注西部：产业转移与污染转移》，《环境保护》2006 年第 15 期。

关停的小火电机组和清理整顿的小玻璃厂、小水泥厂、小炼油厂、小钢铁厂等一律不得在西部地区建设中立项建设。并要求各地要加强对"十五小"、"新五小"及淘汰工艺设备的监督管理,对已经取缔的"十五小"及淘汰的工艺设备,各级环保、经贸部门要建立、实行淘汰设备登记、销毁制度,并落实具体的销毁办法与措施,禁止向西部地区转移。针对废弃物转移,《通知》要求各地要严格遵守《中华人民共和国固体废弃物污染防治法》的规定,严格执行固体废弃物转移报告审批制度,加强废弃物的综合利用,制定和落实有关废弃物利用的优惠政策,严格控制固体废弃物的转移,禁止中国境外的固体废弃物进境倾倒、堆放、处置。西部地区各省、自治区、直辖市环境保护行政主管部门要从严控制固体废弃物转移进入本行政区域的审批,强化监督力度。这一措施在控制污染从东部向西部转移取得了一定成效。

另外,除统一的国家标准之外,部分地区还制定并执行地方标准,且地方标准较国家标准更为严格。截至2010年2月,执行地方环境标准的东部地区包括北京、上海、广东、浙江;西部地区包括重庆、贵州、陕西和内蒙古。从环境标准来看,似乎不存在污染转移的基本条件。但是考虑到各地在经济增长面前对环境标准的执行态度和实施力度,对此应当有所保留。根据中国环境保护部历年环境统计数据,全国各省、区、市的工业排污达标率排名,西部地区多位列最后。这就从一个侧面说明了西部污染问题的严重性。

西部地区在依托自身资源优势发展经济过程中,在"有水快流"的指导思想下,存在着长期忽视环境保护和可持续发展问题。以榆林地区为例,仅煤田开发一项已有17300公顷的植被被毁,20000公顷土地已出现风蚀荒漠化。

第二节 全国和西部地区环境库兹涅茨曲线分析

"环境库兹涅茨曲线"(EKC)是通过人均收入与环境污染指标之间的演变模拟,说明经济发展对环境污染程度的影响,也就是说,在经济发展过程中,环境状况先是恶化而后得到逐步改善。发展方式的转变和生活质量的提高可以用人均收入水平的变化来表示，而这些方面都会对环境质量提出更高要求。

在此，本书从政府对环境的治理及所实施的政策和规制手段的变迁角度来考察。在经济发展初期，由于国民收入低，政府的财政收入有限，而且整个社会的环境意识还很薄弱，因此，政府对环境治理的手段少，能力和控制力较差，环境受污染的状况随着经济的增长而恶化（由于规模效应与结构效应）。但是，当国民经济发展到一定水平后，随着政府财力的增强和治理理能力的加强，一系列环境法规的出台与执行，环境污染的程度逐渐降低。若单就政府对环境污染的治理能力而言，环境污染与收入水平的关系是单调递减关系（有人称为消除效应）。

一　全国各省区市工业废水、二氧化硫、固体废弃物的排放总量

通过前面的分析可知：环境治理与经济社会发展是一个与激励有关的政治经济学行为。也反映了两者之间一个动态变化的关系。在分别对污染指标与人均 GDP 关系进行分析之前，本书主要根据"环境库兹涅茨曲线"理论研究每万人工业废水、工业二氧化硫、固体废弃物的排放量与人均实际 GDP 之间的关系。

本书先对全国各省区市的工业"三废"数据做一简单统计分析。表 10 - 1 是对各省区市工业废水、工业二氧化硫、固体废弃物的排放总量数据做的统计分析。

表 10 - 1　全国各省区市工业废水、二氧化硫、固体废弃物排放总量

	工业废水	工业二氧化硫	固体废弃物	人均实际 GDP
均值	76309.83	592820.70	3557.508	10330.620
中间值	53678.00	515129.50	2751.500	7723.094
最大值	2210184.00	9007021.00	19769.00	52627.780
最小值	3396.00	16891.00	68.94	110.1670
标准差	119059.90	564981.10	3168.358	8544.407
总量	32050130	2.49E + 08	1494154	4338859
SumSq. Dev.	5.94E + 12	1.34E + 14	4.21E + 09	3.06E + 10

表 10 - 2 是对各省区市人均工业"三废"数据做的统计分析。

表 10 - 2　各省区市人均工业废水、二氧化硫、固体废弃物状况

	人均工业废水	人均二氧化硫	人均固体废弃物
均值	17. 77636	156. 9074	0. 901985
中间值	14. 11603	136. 1158	0. 733199
最大值	312. 7905	2734. 372	4. 753152
最小值	2. 695442	23. 31304	0. 090472
标准差	17. 92687	157. 4500	0. 693972
总量	7466. 071	65901. 12	378. 8336
SumSq. Dev.	134655. 1	10387227	201. 7893

从表 10 - 2 可看出，各省区市的工业"三废"人均排放量存在较大差异，这与各地区的发展阶段和发展方式有较大关系。

（一）全国工业废水排放

工业废水主要源于工业生产过程中产生的废水和污水，会对周围环境造成较大的影响，也是近年来造成几大污染事件的主要污染物。它主要源于化工、造纸、火力发电、钢铁制造等企业。随着产业的升级和人们对环境质量的更高要求，这些传统产业的环保标准将随着区域经济发展而进一步提高，当然也可能被淘汰或转移。

从图 10 - 1 可看出，我国工业废水的排放量在 1995—1997 年处于逐年递减的趋势，而 1997—2007 年处于整体逐年增加的趋势，而 2008 年比上年有所减少。

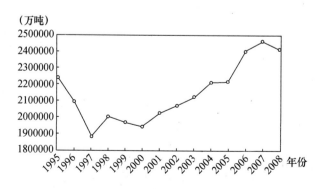

图 10 - 1　全国工业废水排放量变化

（二）全国工业废气排放

二氧化硫主要源于煤炭、石油等含硫化合物的燃烧，是造成大气污染的主要污染物。从图10-2我们也可看出我国二氧化硫的全国年排放总量的趋势。由于二氧化硫排放所导致的酸雨污染，给生产生活造成较大影响。

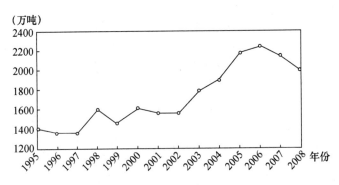

图10-2　全国二氧化硫排放量变化

国家《国民经济和社会发展"十一五"规划纲要》指出，2010年，全国二氧化硫的排放总量应比"十五"期间减少10%，即总量控制在2295万吨。

（三）全国工业固体废弃物排放

固体废弃物是指在生活和生产过程中产生的固态、半固态废弃物质，其会对空气、土壤及水体造成严重污染。从图10-3可看出，我国固态废弃物的排放量总体呈上升趋势，也就是说，随着我国经济、工业及城市化发展，固体废弃物的排放量呈逐年增加的趋势。

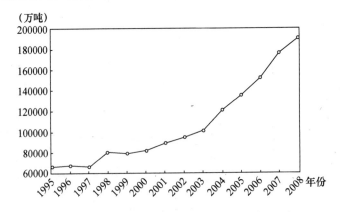

图10-3　全国工业固体废弃物弃物排放量变化

二 西部地区与东部、中部工业"三废"排放总量及强度比较

自1999年以来，西部地区工业废水、废气和固体废弃物排放量占全国总排放量的比重保持一个相对稳定的份额，波动不超过2%，西部GDP占全国比重也在17%—18%徘徊。然而西部地区三种主要污染物的排放强度（单位GDP排放量）居高不下，远远超过全国平均水平。说明西部地区由于资源开发、环境治理缺位而面临着严重的环境和生态问题。

（一）西部地区与东部、中部工业废水排放总量和强度比较

1. 西部地区与东部、中部工业废水排放总量比较

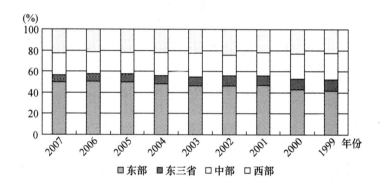

图 10 - 4　1999—2007 年各地区工业废水排放总量比较

从工业废水排放总量来看，东部地区工业废水排放量占工业废水排放总量的50%左右，其次是中部、西部；再次是东北地区。

2. 西部地区与东部、中部工业废水排放强度比较

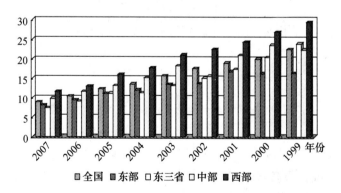

图 10 - 5　1999—2007 年全国及主要地区工业废水排放强度比较

从 2007 年工业废水排放强度来看，东部地区最低，其次是中部，再次是东北地区，最高是西部地区。尽管不同时期，不同地区废水排放强度有变化，但西部地区强度最大的地位没有变化，但有明显下降。

（二）西部地区与东部、中部工业废气排放总量和强度比较

1. 西部地区与东部、中部工业废气排放总量比较

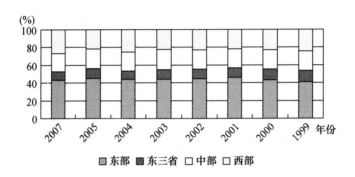

图 10 - 6　1999—2007 年各地区工业废气排放总量比较

从工业废气排放总量来看，东部地区工业废气排放量占工业废气排放总量的 45% 左右；其次是中部、西部；再次是东北地区。

2. 西部地区与东部、中部工业废气排放强度比较

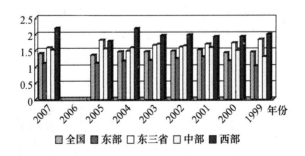

图 10 - 7　1999—2007 年全国及主要地区工业废气排放强度比较

从 2007 年工业废气排放强度来看，东部地区最低，其次是中部，再次是东北地区，最高是西部地区。尽管不同时期，不同地区工业废气排放强度有变化，但西部地区强度最大的地位没有变化。

（三）西部地区与东部、中部工业固体废弃物排放总量和强度比较

1. 西部地区与东部、中部工业固体废弃物排放总量比较

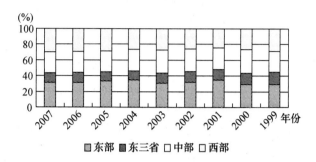

图10-8　1999—2007年各地区工业固体废弃物排放总量比较

从工业固体废弃物排放总量来看，东部地区工业固体废弃物排放量占工业固体废弃物排放总量的45%左右；其次是中部、西部，再次是东北地区。

2. 西部地区与东部、中部工业固体废弃物排放强度比较

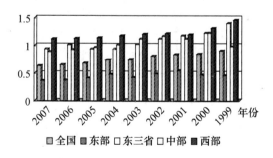

图10-9　1999—2007年全国及主要地区工业固体废弃物排放强度比较

从2007年工业固体废弃物排放强度来看，东部地区最低，其次是中部、再次是东北地区，最高是西部地区。尽管不同时期，不同地区固体废弃物排放强度有变化，但西部地区强度最大的地位几乎没有变化。

三　我国环境库兹涅兹曲线

在此，本书利用我国省区市的数据，分别对三类工业污染指标与人均GDP关系进行回归分析检验。数据源于《中国统计年鉴》公布的数据，

收集了 1995—2008 年我国 30 个省区市的工业废水、工业二氧化硫、工业固体废弃物及人均实际 GDP 等资料（因为资料所限，本书未包含我国西藏自治区及台湾省的数据）下面将对二氧化硫、固体废弃物及废水的排放量与经济发展的关系作详细的分析。

（一）EKC 的计量经济学模型

利用分省市区数据，建立如下计量经济学模型，分析"环境库兹涅兹曲线"的经济学意义及环境与经济和谐发展的模式。

$$y_{ijt} = c_0 + c_1 x_{it} + c_2 x_{it}^2 + \nu_i + \varepsilon_{it} \tag{10.1}$$

其中，y_{ijt} 表示 i 省区市第 t 年排放的 j 种污染物，单位为吨。x_{it} 表示以 1995 年为基年计算的 i 省区市第 t 年的人均实际 GDP。ν_i 表示东部沿海和中部地区的省区虚拟变量，反映了东部、中部及西部省市之间持续存在的差异，如资源禀赋、发展阶段、发展方式、人口环境等诸多因素。ε_{it} 为随机误差项，表示 y_{ijt} 的变动无法由 x_{it} 解释的部分。

通过数据分析可知，区域之间存在较大差异，且模型具有序列相关性，遂加入区域虚拟变量和滞后一期的误差项。由于省区市之间存在较大差异，存在异方差，用面板 OLS 固定效应回归方法得到如表 10-3 所示。

表 10-3　　　　　　　　模型的回归与检验结果

Independent	Coefficient	t	Coefficient	t	coefficient	t
常数 C	16.33	7.04	88.96	4.44	—	—
Rpcgdp	0.55	1.78	10.25	3.76	0.12	18.25
Rpcgdp^2	-0.024	3.40	-0.21	3.51	-0.002	12.47
省区固定效应	包括	—	包括	—	包括	—
Dependent	pwasterw	$R^2 = 0.39$	PwastersR^2 = 0.81	$R^2 = 0.41$	pwastersw	

表 10-3 分别给出每万人工业废水、二氧化硫及固体废弃物对人均实际 GDP 的回归结果。除了关注省区固定效应的显著性外，主要观察 c_1 和 c_2 的显著性和符号是否符合倒 U 形的曲线关系。通过回归结果可知，三大区域的各省区市之间存在较大的差异。R^2 告诉我们各省区市不同污染物的排放量由 GDP 解释的部分也存在较大的差异。

对每万人工业废水排放量的回归分析可知，东部沿海地区大多具有正的省区固定效应，而中西部地区大多具有负的省区固定效应。这一差异是与其产业结构和发展阶段有关，由于各地区所具有的水资源禀赋、产业发展阶段及其发展战略是决定产业结构的重要因素。中部地区人口稠密，产业发展落后于东部地区。除西南地区外，西部地区干旱少雨，不适宜发展需水量较大的产业。

对每万人二氧化硫排放量的回归分析可知，各地固定效应与工业废水排放量的固定效应具有较大差异。例如东部沿海区域的天津、辽宁、上海具有正的固定效应，其他省市具有负的固定效应。中西部区域的内蒙古、山西、重庆、贵州、宁夏、陕西具有较大的正的固定效应，吉林、黑龙江、安徽、江西、河南、湖北、湖南、云南、青海具有较小的负的固定效应。中西部区域工业二氧化硫排放大省主要是一些煤炭资源较丰富的西部区域，丰富的煤炭资源决定了其火力发电和煤化工产业的发展，对环境造成较大的污染，而陷入"资源诅咒"的怪圈。通过对固体废弃物的回归分析可知，常数项不显著，遂对此回归分析不包括常数项。

在上述三个回归结果中，人均实际 GDP 的二次项的系数都显著为负。但我们并不能由此推断污染物的排放量与人均实际 GDP 之间存在倒 U 形的关系，这也许是由东部区域已经进入环境库兹涅茨转折区域的缘故。我们去除省区市的固定效应而加入区域虚拟变量，其中，$dummyd$ 和 $dummyz$ 分别表示东部和中部区域的虚拟变量，做如下计量经济模型的回归：

$$y_{ijt} = c_0 + c_1 x_{it} + c_2 x_{it}^2 + c_3 dummyd + c_4 dummyz + \varepsilon_{it}$$

通过模型回归结果可知，区域虚拟变量 $dummyd$ 和 $dummyz$ 具有显著性，而对不同污染物回归分析的区域虚拟变量的显著性也存在差异，这一结果说明不同区域和不同污染物排放之间具有显著的差异，从具有差异的省区市的固定效应也可看出这一点。这就要求对不同区域的不同污染物的排放问题应区别对待。对已经越过库兹涅茨曲线转折区域的省市，经济规律的作用，政府环境治理能力的提高，企业社会责任和居民环保意识的提高，使生产减排成为可能，而对于不满足库兹涅茨曲线或还很难预测其何时越过库兹涅茨曲线转折点的区域，政府应实施必要的政策措施引导企业加快产业升级，淘汰落后产能，然而这与当地追求经济快速发展的冲动欲望又是矛盾的。去除不显著变量，可得出如下的工业"三废"散点与预测曲线的环境库兹涅茨曲线（EKC）。

（二）工业废水散点与环境库兹涅茨曲线（EKC）

图 10 - 10 横轴表示人均 GDP，纵轴表示工业废水排放量，黑点表示

实际值，孤点线表示预测值。我们发现，虽然人均工业废水的排放量受诸多因素的影响，但其大致符合环境库兹涅兹曲线的规律。

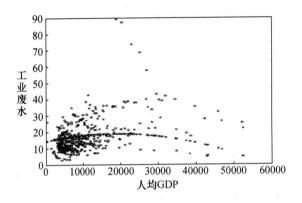

图 10-10 全国工业废水散点与库兹涅茨曲线

（三）工业废气散点与环境库兹涅茨曲线（EKC）图形

对图 10-11 工业二氧化硫的排放与人均 GDP 回归分析发现，东部沿海和中西部区域之间存在较大的差异，较多离散点远离弧线预测点，且为中西部省份。

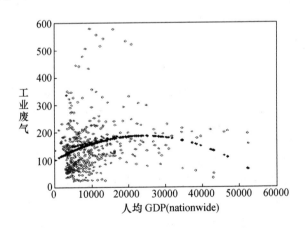

图 10-11 全国工业废气散点与库兹涅茨曲线

因此，我们遂对两大区域的数据分别做回归分析，得到图 10-12 和图 10-13。其中图 10-12 为中西部区域的工业废气散点图，图 10-13 为东部区域的工业废气散点图。

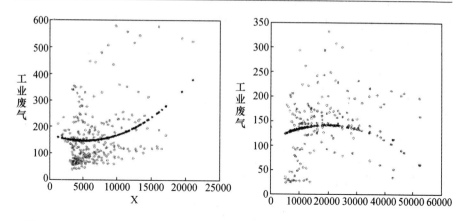

图10-12 中西部工业废气库兹涅茨曲线　图10-13 东部工业废气库兹涅茨曲线

从图10-12可看出，工业二氧化硫的排放量随人均GDP的增加而增加，无法预测其库兹涅茨曲线的转折区域。倒U形的环境库兹涅茨曲线在中西部并不成立；从图10-13可看出，东部区域状况已满足此曲线。东部沿海区域的许多省市已经越过库兹涅茨曲线的转折区域，经济规律的自然调节可使其在发展的情况下持续改善人居环境。这与区域发展的不平衡以及沿海区域部分产业向内陆转移不无关系。中国的经济发展存在较大的区域差异，随着沿海区域比较优势的丧失，而内陆地区承接了沿海区域的产业转移，可用所谓的"新雁阵模型"来解释中国区域的发展。因此，中西部区域政府在直接沿海区域转移的同时，应限制一些高消耗、高污染

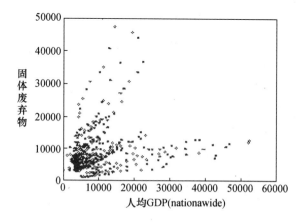

图10-14 全国固体废弃物散点图

产业的发展，并制定环境污染激励和惩罚措施，督促企业节能减排，推动地区可持续发展。

（四）工业固体废弃物散点与环境库兹涅茨曲线（EKC）图形

对固体废弃物排放的回归分析发现，从全国水平来看，东部和中西部区域之间也存在较大的差异，这一点从图 10－14 全国固体废弃物散点图中也可以看出。

我们对中西部区域和东部沿海区域分别作回归分析，得出散点图，图 10－15 为中西部区域，图 10－16 为东部沿海区域。

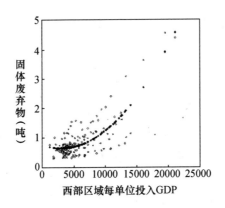

图 10－15　中西部固体废弃物散点与库兹涅茨曲线

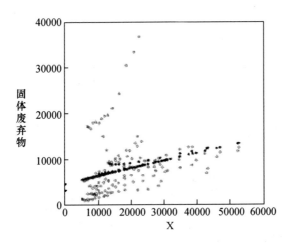

图 10－16　东部固体废弃物散点与库兹涅茨曲线

从图 10-15 和图 10-16 可看出，在固体废弃物方面，东部和中西部区域之间也存在较大差异，但都不满足库兹涅茨曲线，或者说都还未到达库兹涅茨曲线的转折区域。

四　西部区域环境库兹涅茨曲线

（一）西部区域工业废水的环境库兹涅茨曲线

由于西部区域分布广泛，地理差异性较大，从工业废水散点图可看出，各省、区、市之间存在较大差异性，这在很大程度上是由其地理环境条件决定的。但随着西部区域经济社会文化环境的发展和改善，部分省区市已进入环境库兹涅茨曲线的转折区域。

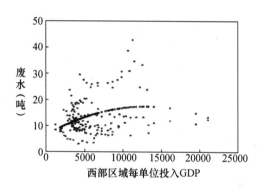

图 10-17　西部工业废水散点与库兹涅茨曲线

这在一定程度上是由西部区域的地理环境条件决定的。西部区域部分省区市位于雨水充沛的西南地区，而部分省区市位于干旱少雨的西北地区，由于水资源的匮乏，一定程度限制了高耗水产业的发展。西部区域经济，特别是在西部大开发之后取得了较快的发展，产业结构得到了进一步调整和完善，基础设施建设进一步完善，能源开发和加工有了进一步发展（上述产业单位 GDP 的耗水量较低）。西部部分省区市已进入库兹涅茨曲线的转折区域，随着经济的发展，人均 GDP 提高产生的废水呈递减趋势。

（二）西部区域工业废气的环境库兹涅茨曲线

从图 10-18 西部工业废气散点图可看出，随着 GDP 的增加，环境并没有随之改善，或者说经济发展还未进入库兹涅茨曲线的转折区域，环境将随着经济发展而进一步恶化，这在一定程度上验证了随着东部沿海区域的进步，一部分高污染、高耗能企业由沿海发达地区转移西部地区的猜测。

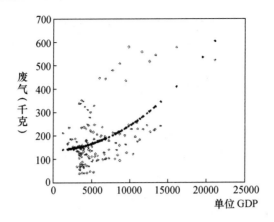

图10-18 西部工业废气与库兹涅茨曲线

（三）西部区域工业固体废弃物的环境库兹涅茨曲线

从图10-19工业固体废弃物散点可看出，随着西部人均 GDP 的增加，环境并没有随之改善，或者说经济的发展还未进入库兹茨曲线的转折区域，环境随着当地资源开发经济的发展而进一步恶化，这在一定程度上验证了随着东部沿海区域的发展，一部分高污染、高耗能企业由沿海发达地区转移至西部地区的猜测。

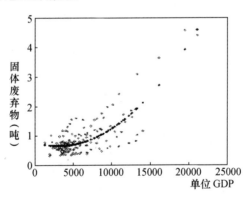

图10-19 西部工业固体废弃物排放与库兹涅茨曲线

第三节 重心分析原理和计算方法

重心本来是力学概念，应用到经济、社会活动中，是指在区域空间上存在某一点，在该点前后左右各个方向上的力量对比保持相对均衡。经济重心是指在区域经济空间里的某一点，在该点各个方向上的经济力量能够维持均衡。因此，它类似国民生产总值、物价指数，可作为宏观分析的经济指标之一，研究国家或区域发展的方向、平衡等问题，以及用来评估空间发展政策的效果；同理，环境污染重心是指区域环境污染空间中某一点，在该点的各个方向上，环境污染的力量能够维持均衡。本章综合使用人口、经济（投资与产出）和环境污染重心是通过权衡经济变量、环境污染变量空间作用，反映人口、经济—环境污染重心空间移动状态及其效果的一种描述方法，也是经济—环境污染空间场的具体应用体现。

一 重心计算方法

在力学中，重心是力矩最小的点。总力矩为 $S = \sum_{i=1}^{n} M_i \cdot R_i$ ，要使总力矩最小，即 S_{min} 则应满足：$\partial s/\partial x_i = 0$，$\partial s/\partial y_i = 0$，由于此式无解析解，需用以下迭代公式求解：

$$X^{(k+1)} = \frac{\sum_{1}^{n} \dfrac{m_i \cdot x_i}{\sqrt{(x_i - x^k)^2 + (y_i - y^k)^2}}}{\sum_{i=1}^{n} \dfrac{m_i}{\sqrt{(x_i - x^k)^2 + (y_i - y^k)^2}}}, Y^{(k+1)} = \frac{\sum_{1}^{n} \dfrac{m_i \cdot y_i}{\sqrt{(x_i - x^k)^2 + (y_i - y^k)^2}}}{\sum_{i=1}^{n} \dfrac{m_i}{\sqrt{(x_i - x^k)^2 + (y_i - y^k)^2}}}$$

若令 $R_i' = \sqrt{(x_i - x^k)^2 + (y_i - y^k)^2}$，则该式亦可写为：

$$X^{(k+1)} = \frac{\sum_{1}^{n} \dfrac{m_i \cdot x_i}{R_i'}}{\sum_{i=1}^{n} \dfrac{m_i}{R_i'}}, Y^{(k+1)} = \frac{\sum_{1}^{n} \dfrac{m_i \cdot y_i}{R_i}}{\sum_{i=1}^{n} \dfrac{m_i}{R_i}}$$

假设一个区域由 n 个次级区域（或称为质点）P 构成，第 i 个次区域的中心城市的坐标为 (x_i, y_i)，M_i 为 i 次区域的某种属性的量值（或称为质量），求其重心，设重心在 Q 处。对一个拥有若干个次一级行政区域的国家来说，计算某种属性的"重心"通常是借助各次级行政区的某种属性和地理坐标来表达。

当 $R_i \Rightarrow \infty$，说明第 i 个地区与全国经济重心（或环境污染重心）的空间距离越远，就越处在与经济重心（或环境污染重心）偏离的地区，甚至为边缘地区。

当某种属性的重心随着时间变化出现移动时，移动方向就指示了空间现象的"高密度"部位，偏离的距离则指示了非均衡程度。对此可采用欧氏距离公式来计算。

设各次区域中心城市 $P(x_i, y_i)$ 到重心 $Q(\bar{x}, \bar{y})$ 的距离为 R_i，根据欧氏距离公式可得：$R_i = \sqrt{(x - x_i)^2 + (y - y_i)^2}$ （$0 \leqslant R_i \leqslant \infty$）。

当 $R_i \Rightarrow 0$，说明第 i 个地区与全国经济重心（或环境污染重心）的空间距离越近，越处在与经济重心（或环境污染重心）接近的地区。

当 $R_i = 0$，说明第 i 个地区为全国重心。

这样不仅可以了解在一个时期内大尺度范围内中国经济重心和环境污染重心的变化轨迹，也可以了解同期某一个具体地区（省、直辖市和自治区）在变动中的偏离程度。从而可以更深入了解和把握不同地区在这个时期中经济发展和环境污染的时空变化特征。

二 同属性量值和不同属性量值重心坐标的空间变动差及其斜率分析

为便于分析人口、经济、环境污染重心的移动轨迹，本书同时研究同一属性量值和不同属性量值重心坐标点的空间变化。所谓同一属性量值，是指由单一性质的某种特定的投入或产出要素形成的区域集合，例如国民生产总值、固定资产投资、人口总量以及环境污染总量等。所谓不同属性量值，是指由不同性质的某种特定的投入或产出要素形成的区域集合，例如国民生产总值与废水污染、固定资产投资与废水污染等。经济—环境污染重心就是一个典型的两种不同属性的量值组合而成的复合重心。在分析方法上，定义空间变动差来度量和分析同一属性量值和不同属性量值重心坐标点的空间变化。

（一）同一属性量值的空间变动差及其斜率分析

某类属性量值重心坐标点的空间变动差：

$$X^{k+1} - X^k \qquad Y^{k+1} - Y^k$$

如果 $X^{k+1} - X^k = 0 \qquad Y^{k+1} - Y^k = 0$

说明同属性量值的重心坐标点在两个时间阶段完全重合。

如果 $X^{k+1} - X^k < 0 \qquad Y^{k+1} - Y^{k2} < 0$

说明同属性量值的重心坐标点在两个时间阶段不重合；$k+1$ 时期 X 坐标相对于 k 时期走向为经度减少的方向，即重心相对西移；$k+1$ 时期 Y 坐标相对于 k 时期走向为"纬度"减少的方向，重心相对南移。

如果 $X^{k+1} - X^k < 0 \qquad Y^{k+1} - Y^k > 0$

说明 $k+1$ 时期 X 坐标相对 k 时期走向为经度减少的方向，重心相对西移；$k+1$ 时期 Y 坐标相对于 k 时期走向为"纬度"增加的方向，重心相对北移。

如果 $X^{k+1} - X^k > 0 \qquad Y^{k+1} - Y^k > 0$

说明 $k+1$ 时期 X 坐标相对于 k 时期走向为经度增加的方向，重心相对东移；$k+1$ 时期 Y 坐标相对于 k 时期走向为"纬度"增加的方向，重心相对北移。

$X^{k+1} - X^k > 0 \qquad Y^{k+1} - Y^k < 0$

说明 $k+1$ 时期 X 坐标相对于 k 时期走向为经度增加的方向，重心相对东移；$k+1$ 时期 Y 坐标相对于 k 时期走向为"纬度"减少的方向，重心相对南移。

同属性量值的重心经"纬度"坐标点在同一时间阶段的移动状态和大小，可以用斜率表示。

$k = \left[Y^{(k+1)} - Y^k \right] / \left[X^{(k+1)} - X^k \right]$

根据斜率 k 的取值范围，我们可知其区间分布如下：

第一，当 $0 < k_i < \infty$ 时，说明同属性量值的重心经"纬度"坐标点在同一时间阶段的移动状态是同向的，移动距离不同。其中包括以下三种特殊情形：

当 $k_i = 1$ 时，说明同属性量值的重心经"纬度"坐标点在同一时间段的移动状态是同向的，移动距离相同。方向为正东北方向或正西南方向。

当 $0 < k_i < 1$ 时，说明同属性量值的重心经"纬度"坐标点在同一时间阶段的移动状态是同向的，但移动距离不同。表现为"纬度"方向移动量小于经度方向移动量。方向为正东方向与正东北方向之间，或正西方向与正西南方向之间。

当 $1 < k_i < \infty$ 时，说明同属性量值的重心经"纬度"坐标点在同一时间阶段的移动状态是同向的，但移动距离不同。表现为"纬度"方向移动量大于经度方向移动量。方向为正北方向与正东北方向之间，或正南方向与正西南方向之间。

第二，当 $-\infty < k_i < 0$ 时，说明同属性量值的重心经"纬度"坐标点在同一时间阶段的移动状态是异向的，移动距离不同。其中包括以下三种特殊情形：

当 $k_i = -1$ 时，说明同属性量值的重心经"纬度"坐标点在同一时间阶段的移动状态是异向的，移动距离相同。方向为正西北方向或正东南方向。

当 $-1 < k < 0$ 时，说明同属性量值的重心经"纬度"坐标点在同一时间阶段的移动状态是异向的，但移动距离不同。表现为"纬度"方向移

动量小于经度方向移动量。方向为正西方向与正西北方向之间或正东方向
与正东南方向之间。

当 $-\infty < k_i < -1$ 时，说明同属性量值的重心经"纬度"坐标点在同
一时间阶段的移动状态是异向的，且移动距离不同，表现为"纬度"方
向移动量大于经度方向移动量。方向为正北方向与正西北方向之间，或正
南方向与正西南方向之间。

（二）对于不同属性量值重心坐标点的空间变化，我们可用同一时间
阶段的空间变动差来度量及分析

设 X^{k1}、Y^{k1}、X^{k2}、Y^{k2} 分别为不同属性的空间重心坐标，则不同属性
量值坐标点的空间变动差可以表示为：

$$X^{k1} - X^{k2} \quad Y^{k1} - Y^{k2}$$

如果 $X^{k1} - X^{k2} = 0$，$Y^{k1} - Y^{k2} = 0$，说明这两种不同属性量值的重心坐
标点完全重合。

如果 $X^{k1} - X^{k2} < 0$ $Y^{k1} - Y^{k2} < 0$，或者 $X^{k1} - X^{k2} > 0$，$Y^{k1} - Y^{k2} > 0$，说
明这两种不同属性量值的重心坐标点不重合；可根据历史数据的比较和不
同属性量值的重心坐标点不重合程度来判别二者之间的离散或聚合程度，
进而分析二者之间的同步、异步关系。其他以此类推。为分析方便，我们
取空间变动差绝对值来分析。

为比较不同属性量值的重心坐标点在同一时间阶段的移动状态和大
小，我们可以通过其各自斜率的比较来表示，以反映不同属性量值重心的
同向、异向关系。

不同属性量值的重心经、"纬度"坐标点在同一时间阶段的移动状态
和大小，可以用斜率 k_i 表示。

其中，$k_i = [Y(k+1) - Yk] / [X(k+1) - Xk]$（$i = 1$，2，3，
4，5）；k_1、k_2、k_3、k_4、k_5 分别表示投资、经济、废气、废水和固体废
弃物重心坐标斜率。根据斜率 k_i 的取值范围，我们可知其区间分布如下：

第一，当 $0 < k_i < \infty$ 时，说明不同属性量值的重心经"纬度"坐标点
在同一时间阶段的移动状态是同向的，移动距离不同。其中包括以下三种
特殊情形：

当 $k_i = 1$ 时，说明不同属性量值的重心经"纬度"坐标点在同一时间阶
段的移动状态是同向的，移动距离相同。方向为正东北方向或正西南方向。

当 $0 < k_i < 1$ 时，说明不同属性量值的重心经"纬度"坐标点在同一

时间阶段的移动状态是同向的，但移动距离不同。表现为"纬度"方向移动量小于经度方向移动量。方向为正东方向与东北方向之间或正西方向与正西南方向之间。

当 $1 < k_i < \infty$ 时，说明不同属性量值的重心经"纬度"坐标点在同一时间阶段的移动状态是同向的，但移动距离不同。表现为"纬度"方向移动量大于经度方向移动量。方向为正北方向与东北方向之间或正南方向与正西南方向之间。

第二，当 $-\infty < k_i < 0$ 时，说明不同属性量值的重心经"纬度"坐标点在同一时间阶段的移动状态是异向的，移动距离不同。其中包括以下三种特殊情形：

当 $k_i = -1$ 时，说明不同属性量值的重心经"纬度"坐标点在同一时间阶段的移动状态是异向的，移动距离相同。方向为正西北方向或正东南方向。

当 $-1 < k < 0$ 时，说明不同属性量值的重心经"纬度"坐标点在同一时间阶段的移动状态是异向的，但移动距离不同。表现为"纬度"方向移动量小于经度方向移动量。方向为正西方向与西北方向之间或正东方向与正东南方向之间。

当 $-\infty < k_i < -1$ 时，说明同属性量值的重心经"纬度"坐标点在同一时间阶段的移动状态是异向的，且移动距离不同。表现为"纬度"方向移动量大于经度方向移动量。方向为正北方向与西北方向之间或正南方向与正西南方向之间。

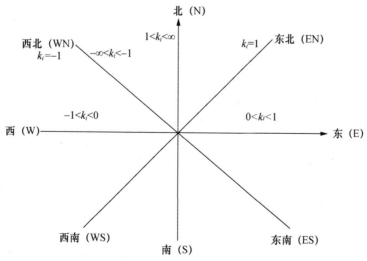

图 10 - 20　重心斜率 k_i 在空间各象限的方向变化及其特征

第四节 全国人口、经济—环境污染
重心演变轨迹及特征

应用以上方法分析我国和西部地区经济—环境污染重心轨迹变动，在指标选取上，本书使用了以各省省会城市所在地地理坐标作为各省经济重心所在地（在研究期间省会城市地理坐标保持不变），同时选取国民生产总值、全社会固定资产投资、工业废气排放量、工业废水排放量和工业固体废弃物排放量等总量指标分析经济重心、投资重心、废气重心、废水重心、固体废弃物重心的移动轨迹。

一 我国经济重心、投资重心与人口重心空间演变轨迹及其特征

由图 10 - 21 可看出，我国经济重心整体走势为明显的高经度、低"纬度"方向的变动轨迹。1978—1987 年，我国经济重心变动为经度增加，"纬度"减少，说明我国东西部经济差距在扩大，南北不均衡性加剧；1988—1991 年经济重心表现为经度减少，"纬度"较少，说明东西部差距有所收敛，南北不均衡性没有改善；1992—1996 年我国经济重心走势为经度急剧增加，"纬度"急剧减少，说明此阶段我国东西部差距及南北不均衡性急剧扩大；1997—2008 年，尤其是 2003 年之后，我国经济重心走势为经度减少，"纬度"增加，表明东西差距、南北不均稍微有所改善。值得关注的是，1997 年以来，我国东西部差距，南北不平衡的扩大趋势有所收敛，特别是 2000 年以来重心有在经度方向减少，"纬度"方向增加的趋势回归，说明东西南北差距在缩小，区域经济发展在走向平衡。这可能主要得益于我国目前正在实施的"西部大开发"以及"振兴东北老工业基地"等国家政策的有力实施。然而东西差距以及南北不均衡性在一定时期难以消除。

从经、"纬度"的变化比较看，本书采用斜率 k 表示二者比值的变化范围。对全国经济重心来说，$k > 0$（k 表示重心移动方向斜率）的年份共有 15 年，表示此时经济重心坐标变化同向（同增或同减）；在此期间，$k > 1$ 的年份共有 11 年，此时，经济重心在"纬度"上移动速度大于在经度上移动速度；$0 < k < 1$ 的年份共有 4 年，此时，经济重心在"纬度"上移动速度小于在经度上移动速度。$k < 0$ 的年份共有 15 年，表示经济重心

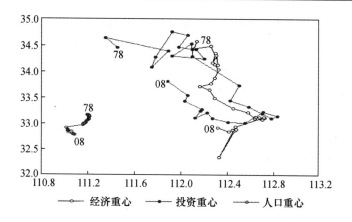

图 10 – 21 1978—2008 年我国人口重心、经济重心与投资重心的空间演变轨迹

坐标变化异向；具体分析，$k < -1$ 的年份共有 10 年，此时，经济重心在"纬度"上移动速度大于在经度上移动速度；$-1 < k < 0$ 的年份共有 5 年，此时，经济重心在"纬度"上移动速度小于在经度上移动速度。

我国投资重心大致走势的空间演变轨迹为高经、低纬方向→低经、高纬方向→高经、高纬方向。1978—1995 年投资重心走势为高经、低纬方向，表明东南方在固定资产投资的增长速度及规模上超过了西北方向，这与我国经济重心向东南方向移动形成了鲜明的呼应。1996—2000 年投资重心走势为低经、高纬方向，此时，我国经济重心东南方向移动的趋势减缓。2001 年后，投资重心走势为高经、高纬方向，说明随着对东北老工业基地投资的增加，东北对经济重心的"拉动"作用明显增强，经济重心有向东北移动的趋势。对于投资重心的斜率分析，首先，$k > 0$ 的年份共有 12 年，表示此时投资重心坐标同向变化；具体来说，$k > 1$ 的年份共有 10 年，此时，投资重心在"纬度"上移动速度大于在经度上移动速度；$0 < k < 1$ 的年份共有 2 年，此时，投资重心在"纬度"上移动速度小于在经度上移动速度；其次，$k < 0$ 的年份共有 18 年，此时，投资重心坐标异向变化；在此期间，$k < -1$ 的年份共有 9 年，此时，投资重心在"纬度"上移动速度大于在经度上移动速度；$-1 < k < 0$ 的年份共有 9 年，此时，投资重心在"纬度"上移动速度小于经度上移动速度。

我国人口重心的空间移动轨迹大致呈现为高经、高纬方向→低经、低纬方向→高经、低纬方向→低经、高纬方向。1978—1984 年我国人口重心呈现经度增加、"纬度"减少；1985—1998 年重心走势呈现经度减少、

"纬度"减少；1999—2000 年人口重心经度增加、"纬度"减少，2001—
2008 年人口重心经度增加、"纬度"减少，且在 2004 年后这一走势更加
明显；整体来看，我国人口重心基本走势为：2000 年之前经度减少、"纬
度"减少，2001 年"纬度"减少、经度增加，且两个阶段对比非常明显；
相对经济重心和投资重心，人口重心空间变动比较缓慢。就人口重心的斜
率变化，首先，$k > 0$ 的年份共有 17 年，表示此时人口重心经"纬度"坐
标变化同向；在此期间，$k > 1$ 的年份共有 14 年，此时，人口重心在"纬
度"上移动速度大于在经度上移动速度；$0 < k < 1$ 的年份共有 3 年，表示
在"纬度"上移动速度小于在经度上移动速度。其次，$k < 0$ 共有 13 年，
此时，人口重心坐标变化异向；具体地，$k < -1$ 的年份共有 9 年，表示
人口重心在"纬度"上移动速度大于在经度上移动速度；$-1 < k < 0$ 的年
份共有 4 年，表示在"纬度"上移动速度小于在经度上移动速度。

　　结合我国大地原点①，在空间上更能够清楚看到经济重心和投资重心
都处在不同程度地偏向经度增加、"纬度"减少的位置，并且偏向的趋势
在加强，因此，我国东西差距大、南北不均衡的情况将长期存在，且具有
扩大的趋势。

　　从图 10 - 21 可以看出，我国经济重心 1978—2004 年变动为"纬度"
减少，即我国经济的南北差距逐年扩大，南北不平衡加剧。但在国家实施
东北老工业基地振兴计划之后，南北差距有所缩小。2004—2008 年经济
重心变动为"纬度"增加，即南北差距有所缩小。而从经济重心的经度
变动来看，1978—2001 年东西差距有所扩大，但西部大开发之后，东西
差距有所缩小。从上述分析可看出，经济差距的变化主要在南北方向上，
但绝不能忽略东西之间的差距。从动态来看，南北差距在逐年扩大；而从
静态来看，东西差距没有缩减。而实际上，从大地原点与重心的偏离来
看，东西差距要大于南北差距。投资重心的经度"纬度"变动可类似的
分析。人口重心在经度上的变化不太明显，在"纬度"上有逐年轻微减
少的趋势，其与我国的户籍管理制度、各地的人口基数和出生死亡率不无
关系。我国严格的户籍管理制度限制了户籍的自由移动，虽然人口的流动

---

　　① "大地原点"亦称"大地基准点"，即国家水平控制网中推算大地坐标的起标点。1975
年根据"原点"的要求，综合地形、地质、大地构造、天文、重力和大地测量等因素实地考察、
分析，最后将我国的大地原点确定在陕西泾阳县永乐镇石际寺村境内，坐标是东经89.333°，北
纬34.55°。

具有较大的自由度。区域经济发展的不平衡，是由多种因素综合作用的结果，其对整体国民经济发展的影响也是复杂和多方面的，需要从我国经济社会发展战略高度来看待这一问题。我国区域经济发展的不平衡，在一定程度上反映了我国区域经济的一个基本特征。

二　我国环境污染重心的空间演变轨迹及其特征

由于数据原因，我们只计算了1995—2008年我国环境污染重心的轨迹，相对大地原点来说，废水重心位于经度较大、"纬度"较小的方向，且"纬度"继续减小。废气重心位于经度相对较大、"纬度"相对较低的位置，且整体在向经度较小、"纬度"较大位置转移。固体废弃物重心处于经度相对较大，"纬度"相当的位置，且在向"纬度"较小位置转移。可见，我国环境污染重心与经济重心经度较大、"纬度"较小的偏向形成了明显对应。

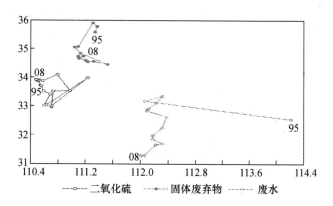

图 10－22　1995—2008 年我国环境污染重心的空间演变轨迹

我国废水重心整体走势为：经度走向在高低之间变化，"纬度"走向低纬。1995—1999 年，废水重心经度小范围波动，"纬度"减少。2000年以来，废水重心的"纬度"急剧减少。废水重心的变动轨迹反映了我国各省区市在废水排放中的比重变化及增长速度的快慢。"纬度"方向减少表明我国南方废水排放增长快于北方，并且所占比重不断增大。对于废水重心的斜率变化来说，首先，$k > 0$ 的年份共有 9 年，表示废水重心坐标变化同向；在此期间，$k > 1$ 的年份共有 6 年，此时，废水重心在"纬度"上移动速度大于经度上移动速度；$0 < k < 1$ 的年份共有 4 年，此时，在"纬度"上移动速度小于在经度上移动速度。其次，$k < 0$ 的年份共有

3 年，表示废水重心坐标变化异向；在此期间，$k < -1$ 的年份共有 1 年，此时，废水重心在"纬度"上移动速度大于在经度上移动速度；$-1 < k < 0$ 共有 2 年，此时，废水重心在"纬度"上移动速度小于在经度上移动速度。

我国废气重心整体走势为经度增加，"纬度"减小。1995—1996 年经度增加、"纬度"减少；随后 1997—1998 年"纬度"减少，经度增加，出现"纬度""跳跃"；1999—2000 年废气重心经度减少、"纬度"减少；2000 年以后，除 2002 年出现异常外，废气重心表现出经度减少、"纬度"增加的趋势，逐步回到 1995 年的水平。对于废气重心斜率分析来说，首先，$k > 0$（k 表示重心移动方向斜率）的年份共有 8 年，表示废气重心坐标变化同向；在此期间，$k > 1$ 的年份共有 5 年，此时，废气重心在"纬度"上移动速度大于经度上移动速度；$0 < k < 1$ 的年份共有 3 年，表示在"纬度"上移动速度小于在经度上移动速度；其次，$k < 0$ 的年份共有 5 年，表示废气重心经"纬度"坐标变化异向；在此期间，$k < -1$ 的年份共有 4 年，此时，废气重心在"纬度"上移动速度大于在经度上移动速度；$-1 < k < 0$ 的年份共有 1 年，此时，废气重心在"纬度"上移动速度小于在经度上的移动速度。

我国固体废弃物重心整体表现为一个逆时针"圆环"移动轨迹，其中，2001—2003 年呈现了经度减少、"纬度"增加走势，说明我国固体废弃物重心变化复杂，没有明显规律性，但整体走势为经度减少、"纬度"增加→经度减少、"纬度"减少→经度增加、"纬度"减少→经度减少、"纬度"增加。对于固体废弃物重心斜率分析来说，首先，$k > 0$ 的年份共有 6 年，表示固体废弃物重心经"纬度"坐标变化同向；在此期间，$k > 1$ 的年份共有 3 年，此时，固体废弃物重心在"纬度"上移动速度大于在经度上移动速度；$0 < k < 1$ 的年份共有 3 年，此时，在"纬度"上移动速度小于在经度上移动速度。$k < 0$ 的年份共有 7 年，表示固体废弃物重心坐标变化异向；在此期间，$k < -1$ 的年份只有 5 年，此时，固体废弃物重心在"纬度"上移动速度大于在经度上移动速度；$-1 < k < 0$ 的年份共有 2 年，此时，固体废弃物重心在"纬度"上移动速度小于在经度上移动速度。

从环境污染重心移动轨迹来看，就总体而言，废水重心、固体废弃物重心和废气重心之间并不具有同步变动趋势，废气重心变动为经度在高低之间变动而趋于低经度，在"纬度"上走向低"纬度"；废气重心的轨迹表现为一个逆时针的"圆环"；固体废弃物重心表现为在"纬度"上的变化轨迹为先减少后增加，经度重心拥有先减少后增加再减少的轨迹。

三　我国经济—环境污染重心在经度上和纬度上的变动轨迹对比

由图10-23可知，人口重心在经度方向总体处于相对较低的位置，变动较为平稳，从1995年开始出现了向更低经度移动的趋势。人口重心与废水重心空间变动差未呈明显变化，而与废气重心空间变动差大致减小，即人口重心与废气重心走向聚合；人口重心与固体废弃物重心空间变动差先减小后增大，即先聚合后离散。

投资重心在经度上变动剧烈，总体走势呈向高经度移动趋势。投资重心与废水重心空间变动差波动变化，二者在重合、聚合与离散之间交织变化。投资重心与废气重心空间变动差总体趋小，呈聚合变化之势。投资重心与固体废弃物重心空间变动差先增大后减小，变动特征为先离散后聚合。

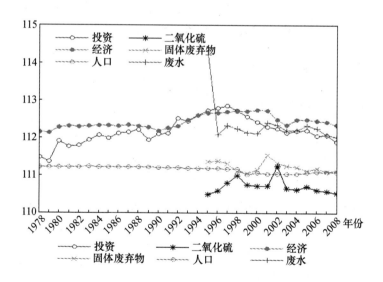

图10-23　我国人口、经济—环境污染重心在经度上的变动轨迹对比

经济重心从低经度向高经度移动。经济重心与废水重心空间变动差变化过程为增大→减小→为零→增大→减小→增大的特点，说明经济重心与废水重心变动特点为离散→聚合→重合→离散→聚合→离散。经济重心与废气重心空间变动差变化特点为减小→增大→减小→增大，说明经济重心与废气重心在聚合与离散之间交织变化。经济重心与固体废弃物重心空间变动差不断增大，说明经济重心与固体废弃物重心之间趋向离散。

由图 10 - 24 可知，在"纬度"方向，人口重心变动幅度最小，1995年以后明显向低"纬度"移动，且移动趋势继续扩大。人口重心与废水重心空间变动差先减小后增大，即人口重心与废水重心先聚合后离散。人口重心与废气重心变化特点为减小→为零→增大（有跳跃），即人口重心与废气重心先后呈聚合→重合→离散的变化特征。人口重心与固体废弃物重心空间变动差未明显变化，但有微弱减小的迹象，说明人口重心与固体废弃物重心有微弱聚合趋势。

投资重心呈现大幅度向低"纬度"移动的趋势，并且与经济重心走向交织重合。投资重心与废水重心空间变动差先减小后增大，即投资重心与废水重心先聚合后离散。投资重心与废气重心空间变动差先减小后增大（有跳跃），即投资重心与废气重心先聚合后离散。投资重心与固体废弃物重心空间变动差先增大后减小，即重心先离散后聚合。

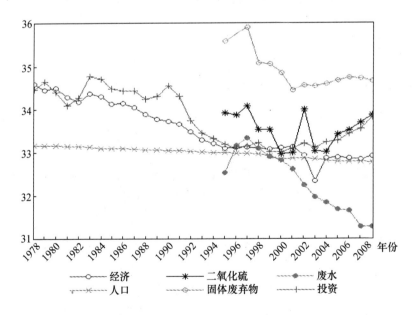

图 10 - 24 我国经济—环境污染重心在"纬度"上的变动轨迹对比

经济重心呈现向低"纬度"移动轨迹。经济重心与废水重心空间变动差先减小后增大，即经济重心与废水重心在"纬度"方向先聚合后离散。经济重心与废气重心空间变动差呈现为增大趋势（有跳跃），即走向离散。经济重心与固体废弃物重心空间变动差变化不大，但呈现微弱离散趋势。

进一步由上述斜率分析得到如下认识：首先，从人口重心与经济重心、投资重心坐标移动斜率分析看，三者同向年份有 10 年，异向年份有 17 年；人口重心与经济重心斜率同向变动年份有 12 年，异向年份有 13 年；人口重心与固定资产投资重心斜率同向变动年份有 13 年，异向年份有 12 年；经济重心与投资重心斜率同向变动年份有 14 年，异向年份有 11 年。

其次，从人口重心与环境污染重心斜率比较来看，1986—2003 年，人口重心斜率变动与废气重心斜率同向变动年份有 10 年，异向变动年份有 8 年；人口重心与废水重心斜率同向变动年份有 12 年，异向变动年份有 6 年；人口重心与固体废弃物重心斜率同向变动年份有 9 年，异向变动年份有 9 年。

再次，从投资重心与环境污染重心的斜率比较来看，1986—2003 年，投资重心与废气重心斜率同向变动年份有 11 年，异向变动年份有 7 年；投资重心与废水重心斜率同向变动年份有 11 年，异向变动年份有 7 年；投资重心与固体废弃物重心斜率同向变动年份有 9 年，异向变动年份有 9 年。

最后，从经济重心与环境污染重心斜率分析看，1986—2003 年，经济重心与废气重心斜率同向变动年份有 11 年，异向变动年份有 7 年；经济重心与废水重心斜率同向变动年份有 8 年，异向变动年份有 10 年；经济重心与固体废弃物重心斜率同向变动年份有 8 年，异向变动年份有 10 年。

通过以上分析可知，经济—环境污染重心空间演变特征及相互之间的离散、聚合、同向、异向关系，从而了解了人口、经济、投资变量和环境污染变量的空间动态变化格局。但是究竟是什么因素影响经济—环境污染重心的移动，以及影响的大小和作用如何，还需要作进一步深入探讨和分析。

第五节 西部人口、经济、投资和环境 污染重心变动轨迹分析

一 西部12省（区）市经济、投资、人口重心轨迹及特征

（一）西部12省（区）市人口重心轨迹及特征

从图 10 - 25 中可知，西部人口重心相对处在东南角，也就是说，西部12省区市的东南方向省市人口密度相对较大，且对于经济重心来说，人口重心的移动相对缓慢。我国西部省区市的人口重心在经度和"纬度"上都只有微弱的变化，其重心移动轨迹的大致趋势为：1978—1998 年，西部省区市的人口重心在经度上几乎没有变化，在"纬度"上的变化为先增加后减少，但其变化也不大。1999—2008 年，西部省市的人口重心在经度上基本维持在 107.4°。而在"纬度"上趋于增加。这一变化趋于说明，我国西部省市的人口增速要快于东南地区。人口重心在整个研究年份未有较大变化，在一定程度上是由严格的户籍管理制度造成的，严格的户籍管理制度限制了人口户籍的变动，其与经济重心和投资重心的变动轨迹并不一致。西部人口重心在"纬度"上的变化较小，1978—2008 年只有稍微降低；$k>0$ 的年份共有 9 年，表示人口重心经度"纬度"的变化同方向；$k>1$ 的年份共有 7 年，说明人口重心在"纬度"上的移动速度大于在经度上的移动速度；$0<k<1$ 的年份共有 2 年，说明人口重心在"纬度"上的移动速度小于经度的移动速度；$k<0$ 的年份共有 21 年，表示人口重心在经度和"纬度"上的变化方向不一致；$k<-1$ 的年份共有 19 年，此时，人口重心在"纬度"上移动速度大于在经度上移动速度；$-1<k<0$ 的年份只有 2 年，人口重心在"纬度"上移动速度小于在经度上移动速度。

（二）西部12省（区）市经济产出重心轨迹及特征

我国西部区域经济重心整体走势的趋势不够明显。1978—1985 年，西部区域经济重心的经度表现为"之"形变化，"纬度"表现为先增加后减少再增加的趋势，说明在这一时期我国西部省区市经济的整体差距没有扩大。1986—1995 年，我国西部区域经济重心的经度趋于降低，"纬度"也趋于降低，说明这一时期我国西部区域的东西和南北差距有所收敛，即

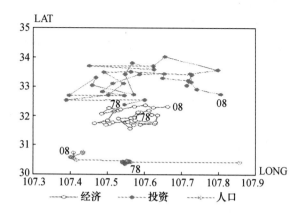

图10－25　西部12省区市跨省域人口、经济增长与投资重心的空间演变轨迹

我国西北地区省区市的发展快于西部地区的西南省区市。1996—2008年，西部省区市的经济重心走势为经度增加，"纬度"增加，说明西部省区市之间经济重心向东北方向移动。但从整个数据年限来看，西部区域之间的南北差距没有较大变化，而东西差距有了进一步扩大。这一重心轨迹变动的原因可能是南北省区市之间的差距没有明显的变化，但位于西部区域东部的省区市如内蒙古、四川、陕西等要快于西藏、青海、贵州等位于其西部的省区市，而使其差距进一步扩大。从经度、"纬度"的变化比较来看，我们可以采用 K 表示比值的变化范围。从西部经济重心来说，$k>0$ 的年份共有21年，表示经济重心经度"纬度"的变化同方向；$k>1$ 的年份共有18年，说明经济重心在"纬度"上的移动速度大于在经度上的移动速度；$0<k<1$ 的年份共有3年，$k<0$ 的年份共有9年，$k<-1$ 的年份共有8年，$-1<k<0$ 的年份只有1年，其经度"纬度"的移动速度比较可类似分析。

20世纪90年代以后的经济重心相对于80年代来说，往西南方向偏移，说明西南方向在经济总量上的增长较快。而最近几年经济重心一直往东北方向偏移，说明东北方向经济在逐渐增强，但还需要一段时间才能回到原来的经济位势。投资重心移动范围最大，移动剧烈频繁，同时与经济重心的移动趋势较为相似，说明投资是经济发展的先导条件。

（三）西部12省区市固定资产投资重心轨迹及特征

我国西部省区市投资重心大致走势的空间演变轨迹为：经度呈"之"形变化而趋于增加，"纬度"呈现为先增加后减少的循环变化。1978—

1998 年，我国西部省区市的投资重心走势为经度呈"之"形变化，"纬度"区域增加，说明西部省区市之间的固定资产投资规模和增速在南北方向上没有较大的差异，而东部方向上的投资要快于西部方向上的投资。1999 年后，投资重心在维度上的走势为先增加后减少，在经度上的走势呈"之"形变化而趋于增加，说明这一时期，西部区域省区市之间的投资差距在东西方向上有扩大的趋势，且东部方向上要快于西部方向上；在南北方向上没有较大的变化。通过观察西部省区市的经济重心和投资重心的变化轨迹可知，其整体变化趋势具有一致性，这在一定程度上也可由投资是经济增长的主要促进因素来解释。我国西部省区市的投资重心的移动轨迹，从西部投资重心来说，$k > 0$ 的年份共有 17 年，表示投资重心经度"纬度"的变化同方向；$k > 1$ 的年份共有 13 年，说明投资重心在"纬度"上的移动速度大于在经度上的移动速度；$0 < k < 1$ 的年份共有 4 年，说明投资重心在"纬度"上的移动速度小于在经度上的移动速度；$k < 0$ 的年份共有 13 年，表示投资重心在经度和"纬度"上的变化方向不一致；$k < -1$ 的年份共有 10 年，$-1 < k < 0$ 的年份只有 3 年，其经度"纬度"的移动速度比较可类似分析。

二 西部 12 省区市环境污染重心轨迹及特征

从图 10 - 26 可知西部 12 省区市环境污染重心空间格局及变化特征。

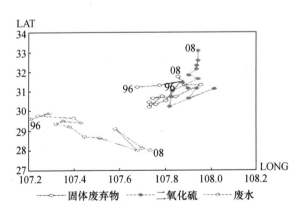

图 10 - 26 西部 12 省区市环境污染重心的空间演变轨迹

（一）西部 12 省区市工业废气排放重心轨迹及特征

西部省区市的废气重心大致走势的空间演变轨迹为低"纬度"、高经度走向，后又趋于高"纬度"、高经度走势。1996—2001 年，西部省区市废气重心的经度轨迹呈先增加后减少再增加再减少的"之"形变动，而纬度呈现持续的降低。这一变动轨迹说明，西部省区市的南部区域的废气排放量的增量要大于北部区域，而在东西方向上变化不定。2002—2008年，西部省区市废气重心在"纬度"和经度上都呈现增加趋势，特别是在"纬度"上有较大的增加。这一变动趋势说明在实施西部大开发之后，西部省区市位于西部省区市的废气排放量的增加量要大于南部省区市，这一现象也与西部区域所具有的丰富的自然资源，以及大量的资源开发和消耗的事实相符。对于废气重心的经度"纬度"的变化速率，即斜率变化来说，$k > 0$ 的年份共有 9 年，表示废气重心坐标变化同向；在此期间，$k > 1$ 的年份共有 8 年，此时，废气重心在"纬度"上移动速度大于在经度上移动速度；$0 < k < 1$ 的年份只有 1 年，此时，在"纬度"上移动速度小于在经度上移动速度。其次，$k < 0$ 的年份共有 4 年，表示废气重心坐标变化异向；在此期间，$k < -1$ 的年份共有 4 年，此时，废气重心在"纬度"上移动速度大于在经度上移动速度；无 $-1 < k < 0$ 的年份，说明废气重心在"纬度"上的移动速度较快，在"纬度"上的移动速度较慢。

（二）西部 12 省区市工业废水排放重心轨迹及特征

我国西部省区市废水重心的整体走势为向东南方向移动。1996—2001年，西部省区市废水重心在经度的轨迹呈"之"形变动而趋于增加，"纬度"上表现为减小，说明在这一时期废水重心缓慢向东南方向移动。2002—2008 年，废水重心在经度上表现为持续的增加，在"纬度"上表现为持续的减小，说明废水重心进一步向东南方向移动，位于西部省区市的东南部的区域水的污染进一步加重。对于废水重心的斜率变化来说，$k > 0$ 的年份共有 3 年，表示废水重心坐标变化同向；在此期间，$k > 1$ 的年份共有 3 年，此时，废水重心在"纬度"上移动速度大于在经度上移动速度；无 $0 < k < 1$ 的年份。其次，$k < 0$ 的年份共有 10 年，表示废水重心坐标变化异向；在此期间，$k < -1$ 的年份共有 7 年，此时，废水重心在"纬度"上移动速度大于在经度上移动速度；$-1 < k < 0$ 共有 3 年，此时，废水重心在"纬度"上移动速度小于在经度上移动速度。

（三）西部 12 省区市工业废弃物排放重心轨迹及特征

我国西部省区市的工业固体废弃物重心呈现经度先增加后减少再增加后减小的变动轨迹，在"纬度"上呈现先减小后增加的变动路径。1996—2001 年，固体废弃物重心的"纬度"趋于降低，经度呈"之"形先增加后减小。2002—2008 年，固体废弃物重心的"纬度"趋于增加，经度呈现"之"形先增加后减小的变动路径。对于固体废弃物重心的斜率变化来说，首先，$k > 0$ 的年份共有 9 年，表示固体废弃物重心坐标变化同向；在此期间，$k > 1$ 的年份共有 8 年，此时，固体废弃物重心在"纬度"上移动速度大于在经度上移动速度；$0 < k < 1$ 的年份只有 1 年，此时，在"纬度"上移动速度小于在经度上移动速度。其次，$k < 0$ 的年份共有 4 年，表示废水重心坐标变化异向；在此期间，$k < -1$ 的年份共有 3 年，此时，废水重心在"纬度"上移动速度大于在经度上移动速度；$-1 < k < 0$ 只有 1 年，此时，废水重心在"纬度"上移动速度小于在经度上移动速度。

三　西部 12 省区市人口、经济—环境污染重心的复合对比

（一）西部 12 省区市人口、经济—环境污染重心的空间格局

从图 10 - 27 可以看出，经济重心和投资重心大致处于陕西省西南部，固体废弃物和废气重心处于经济和投资重心的东南方，废水重心位于其西南方，而人口重心位于经济和投资重心的南方，说明经济、环境与人口重心并未重合，三者的重心并未处于同一区域。从三种环境污染物来看，固体废弃物和废气重心大致处于同一区域，而废水重心位于上述二者重心的西南部，说明西部各省区市环境污染的程度和污染物的类型存在较大的差异，西部省区市的西南地区水污染加重而东部地区固体废弃物和二氧化硫污染较重。西部各省区市经济和投资重心偏离于环境和人口重心，经济环境与人口发展不平衡。从地图上可看出，新疆、青海、甘肃和宁夏位于大地原点的西北方向，而无省区市位于大地原点的东南方向。西部经济和投资总量较大的几个省区市如：内蒙古、陕西、四川、重庆，大致位于大地原点的东北和西南方向，贵州、云南和广西大致位于大地原点的南方。按照重心的计算公式推算可知，若西部省区市经济、环境和人口发展较平衡，则各项指标的重心应比实际的位置偏向西南方向。从西部各省区市的地理位置与经济和投资重心的位置对比分析可看出，西部各省区市之间也存在较大的差异。通过上述分析简单说明了西部 12 省区市经济—环境污染空间场的空间状态特征，为改善这种关系提供了支持。为进一步阐述经济—环境污染—人口重心之间的关系，将从经度和"纬度"两个方面作深入分析。

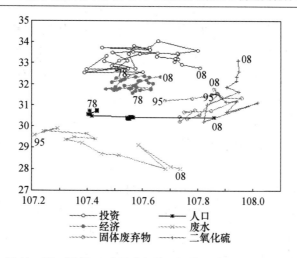

图 10 - 27　西部 12 省区市经济—环境污染重心空间格局

（二）西部 12 省区市经济—环境污染重心在经度和"纬度"上的动态轨迹

从经度上对比分析可知（见图 10 - 28），人口重心在经度方向总体处于相对较低的位置，变动较为平稳，从 1999 年开始出现了向更低经度移动的趋势。人口重心与废水重心空间变得差呈现明显变化，其路径为：减少—增大—减少—增大，废水重心由小于人口重心的经度而变化为大于人口重心的经度，并趋于变动差最大。人口重心与固体废弃物和废气重心的经度偏离较大，但三者重心的经度在整个时间区间内变化不大，较平稳，因而空间变动差无明显变化。

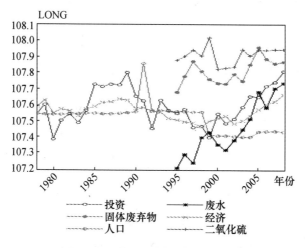

图 10 - 28　西部 12 省区市经济—环境污染重心在经度上的轨迹

投资重心在经度上变动剧烈，2001 年之前在经度上有较大的波动，2002 年之后向高经度移动；总体走势呈现先向高经度移动后降低再向高经度移动的趋势。投资重心与废水重心的经度空间变动差波动变化，先减小后增加再减小，总体呈聚合变化之势。投资重心与固体废弃物和废气重心的经度变动差的趋势为先离散后聚合。经济重心 1978—1998 年趋于降低，1999 年之后趋势向高经度移动。经济重心和投资重心在经度上呈现波动性变化，二者在重合、离散和聚合之间交织变化，整体表现出较好的共同趋势，但经济重心在经度上的波动性明显小于投资重心在经度上的波动性。经济重心与废水重心的空间变动差变动过程为减小→增大→减小→增大→减小的特定，其整体趋势趋于聚合，说明经济重心和废水重心的变动过程为聚合—离散—聚合。固体废弃物和废气重心处于高"纬度"，经济重心在与固体废弃物和废气重心相同的年份由低经度走向高经度，因此，经济重心与固体废弃物和废气重心经度的变动差总体趋小走向聚合。固体废弃物重心与废气重心的经度处于高经度，且两者在经度上的偏离较小，废水重心由低经度走向高经度，废水重心在 1996—2001 年之间呈波动增加趋势，2002 年之后，在经度上表现为逐年增加，其中只有 2006 有所减小，其与废气和固体废弃物在经度上的变动轨迹并不吻合，且在经度上具有较大差距，但在 2001 年之后，其与固体废弃物和废气重心经度的变动差趋于减小而趋于聚合，说明环境污染的三种指标在空间上趋于聚合，区域的环境污染将同时受三种不同污染物污染的可能性变大。

（三）西部 12 省区市人口、经济—环境污染重心在"纬度"上的动态轨迹

通过"纬度"上的分析（见图 10-29），可以清楚地看到，西部 12 省区市不同属性量值重心在南北方向上的变化特征。人口重心处于低"纬度"，且变动幅度最小，呈直线形。人口重心与废水重心经度的空间变动差呈逐年增大的趋势，只有 2006 年趋于减小，即人口重心与废水重心走向离散。人口重心与废气重心变动差的变化特征为减小→增加，即人口重心与废气重心在"纬度"上呈现先聚合后离散的变化特征。人口重心与固体废弃物重心空间变动的特征与人口和废气重心空间"纬度"的变动特征相似，但固体废弃物在"纬度"上的波动性要大于废气在"纬度"上的波动性。固体废弃物重心和废气重心在 2000 年之前，具有较好的聚合性和共同变化的趋势，但在 2000 年之后逐渐走向离散，且变动差有逐

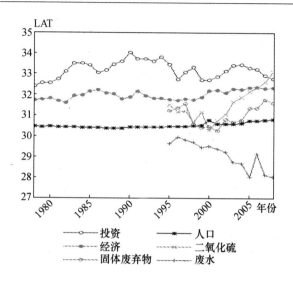

图 10 - 29　西部 12 省区市经济—环境污染重心在"纬度"上的轨迹

年增大的趋势。废水重心处于较低"纬度",且有逐年向低"纬度"移动的趋势,只有 2006 年出现了向高"纬度"的跳跃。从整体变化趋势来看,废水重心与固体废弃物和废气重心的变动差呈逐年增大的趋势,即趋于离散。

投资重心的"纬度"呈现大幅度波浪形波动,且处于相对较高的"纬度",并且在经济重心的"纬度"之上,投资重心的"纬度"始终偏离于经济重心的"纬度"。投资重心与废水重心的"纬度"空间变动差呈逐年增大趋势;与废气和固体废弃物重心的"纬度"空间变动差先增大后减小,即投资重心与固体废弃物和废气重心先离散后聚合。投资重心的"纬度"明显高于人口重心"纬度",在数据时间区间内并没有减小的趋势。

经济重心的"纬度"位于人口和投资重心"纬度"之间,处于相对较高的"纬度",且具有较小的波动性,呈小波浪形变动,其整体有向高"纬度"变动的趋势。经济重心与固体废弃物、废气和废水"纬度"的变动差的分析类似于投资与固体废弃物、废气和废水重心"纬度"的变动差的分析,在此不再详述。

进一步由上述斜率分析得到:从人口重心与经济重心和投资重心坐标移动的斜率分析来看,三者同向年份由 9 年,异向年份由 22 年;人口重心斜率与经济重心斜率同向变动年份有 15 年，异向变动年份有 15 年；人口重心斜率与投资重心斜率同向变动年份有 14 年，异向变动年份有 16 年。

从投资重心与环境污染重心的斜率比较来看，1995—2008 年，投资重心斜率与废气重心斜率同向变动的年份有 9 年，异向变动的年份有 4 年；投资重心斜率与固体废弃物重心的斜率同向变动的年份有 8 年，异向变动的年份有 5 年；投资重心斜率与废水重心斜率同向变动的年份有 3 年，异向变动的年份有 10 年。

从投资重心与环境污染重心的斜率比较来看，人口重心与固体废弃物重心斜率同向变动的年份有 4 年，异向变动的年份有 9 年；人口重心与废水重心的斜率同向变动的年份有 8 年，异向变动的年份有 5 年；人口重心与废气重心斜率同向变动的年份有 6 年，异向变动的年份有 7 年。

最后，从经济重心与环境污染重心斜率看，1995—2008 年，经济重心与废气重心斜率同向变动的年份有 8 年，异向变动的年份有 5 年；经济重心与废水重心斜率同向变动的年份有 4 年，异向变动的年份有 9 年；经济重心与固体废弃物重心斜率同向变动的年份有 8 年，异向变动的年份有 4 年。

通过对以上西部 12 省区市经济—环境污染重心在同属性和不同属性条件下进行比较分析，从而能够在宏观上把握西部 12 省区市经济—环境污染变量之间的动态变化格局，这样，不仅把西部与东部的经济—环境污染变量进行对比分析，对西部 12 省区市经济—环境污染重心的研究使得研究深入西部本身的比较当中，从而为西部各省区市的经济决策提供了更为实际的工具和参考。

第六节　本章小结

本章分析了全国省域层面环境库兹涅茨曲线和人口、经济—环境污染重心轨迹，得出以下结论：

首先，在水污染排放方面，倒 U 形的环境库兹涅茨曲线在中国中西部并不成立；而东部区域状况已满足此曲线。在固体废弃物方面，东部和中西部区域之间也存在较大差异，但都不满足库兹涅茨曲线，或者说都还未到达库兹涅兹曲线的转折区域。环境随着当地资源开发经济的发展而进一步恶化。

其次，通过分析可知，我国人口、经济—环境污染重心演变特征及相互之间在不同时期存在的离散、聚合、同向、异向等各种关系及其变化特征。但究竟是什么因素影响经济—环境污染重心的移动，以及影响大小和作用如何，我国东西差距大、南北不均衡的情况将长期存在，且具有在东部和西部、华南和北部地区进一步扩大的趋势；但是通过经济发展和环境治理应当逐步缩小，而不是任其扩大。因此，通过西部大开发，促进我国东西南北区域相对均衡发展是完全必要和十分有益的。

再次，经济重心和污染重心不断出现聚合和离散的变化，但近年来，经济重心和污染重心出现了相对离散的趋势，结合污染排放强度的分析，可以得出西部欠发达地区环境污染比东部发达地区更为严重的结论。

最后，通过对西部12省区市跨省域人口、经济—环境污染重心的轨迹专门分析，以及在整体格局的复合对比和经"纬度"两个方向上的进一步探讨，我们可以清晰地看到我国西部人口重心的移动表现为经度增加，而"纬度"基本保持不变。其经济和投资重心处于相对均衡，即重心的移动轨迹没有明显的趋势性。

可以看出，经济重心和投资重心相对处在西部12省区市的西北方向，而环境污染重心相对处在西部12省区市的东南方向，说明经济与环境污染的逆向关系，即经济越是落后的地区，环境污染越严重；相反，经济较好的地区，环境污染正在得到逐渐改善。这充分说明西部12省区市经济—环境污染空间场的空间状态特征，为改善这种关系提供了支持。

总之，通过对比分析，一方面，通过图示法确定来重心位置的方法，即通过移动方向和移动距离来确定重心移动的位置；另一方面，为国家在区域政策和西部大开发发政策制定方面提供了参考，还为区域社会均衡发展、经济增长与环境污染之间的协调关系提供了宏观控制思路。

第十一章　区域资源开发与环境治理中的利益关系协调

在中国区域资源开发和利益分配中，形成了中央政府与地方政府、政府与企业、国有企业和民营企业以及当地居民之间等多方面的利益关系交叉格局，需要认真厘清、科学合理地进行调适。本章分析区域资源开发与治理中的利益者相关模式、中央与地方利益关系和博弈、西部地区资源开发利益冲突的成因与协调机制以及西部资源开发与生态补偿机制。

第一节　中央政府与地方政府利益关系和博弈

一　中央与地方的一般关系分析

（一）中央与地方的关系辨析

中央与地方的关系，主要是指中央与地方之间职能关系和权力关系，但其实质是中央与地方之间的利益关系。无论是分权制国家，还是集权制国家，中央与地方的关系都是决定国家结构形态的主脉。从利益角度讲，中央代表社会全局利益，地方则代表局部利益。但地方利益往往具有双重性，一方面，它是中央全局利益的组成部分，因而与中央的根本利益具有相对的一致性；另一方面，地方利益的主要特征是它具有明显的独立性，尤其在分权制国家中，更是如此。从权力角度讲，中央与地方关系也表现为双向互补与相互制约关系，即"中央制约地方，地方也可以通过有关手段限制中央，从而达到反制约的效果"。① 因此，中央与地方双方既有相对的共同点，又存在明确分歧点。其共同点决定了"共生共存、相互依赖"是双方的必然选择，而其分歧点，又注定了双方之间必然存在

---

① 林尚立：《国内政府间关系》，浙江人民出版社1998年版，第12、73—81页。

"彼争我夺、讨价还价"的博弈关系。

所谓的非合作博弈，就是指各方为了获得自身利益最大化而采取不利于对方（或有利于己方）的策略和战略。但在实际博弈中，由于协调成本和机会成本的存在，双方多重博弈的总收益往往是递减的，即随着博弈时间的延长和博弈过程的复杂化，双方博弈的总得益是逐渐减少的。所以说，在总利益一定情况下，现实生活中的多重博弈不大可能真正存在零和博弈，而且这种纯粹的博弈关系是建立在公平的博弈条件之上的，在此情况下，双方博弈的结果是由博弈规则和博弈策略决定的。但中央与地方之间存在的博弈关系，却与此略有不同，一是中央与地方的关系并不是利益完全冲突或对立的关系；二是中央与地方是在信息、职权不对称情况下的博弈关系。这就决定了中央与地方的博弈特征，必然是比较温和但又是不平等的博弈，或说是属于不对等的"主从"博弈。

在高度集权制的国家，中央与地方的不对等博弈更为明显，这主要表现在博弈规则往往由中央单方面制定，地方缺乏应有的参与权，因此，其双方博弈条件还不很成熟或说两者的博弈初始条件相差悬殊，在这种情形下的博弈，必然导致博弈结果的极端不平等。一般而言，中央与地方关系是一个国家实现有效的宏观调控、市场监管、社会管理、公共服务基本职能的最主要关系。影响这种关系的核心是中央与地方权力架构设置，以及由此延伸的利益关系调整。

（二）中央与地方的利益关系历史沿革

中共十一届三中全会之前约 30 年的中国中央与地方关系，基本属于极端不对等的博弈关系，也可称为"强中央政府"与"弱地方政府"之间的不对等博弈。之后，随着经济体制和政治体制改革的深化，中央权力逐渐下放，使双方的博弈条件得以改善。如 1984 年以后，国家财政体制改革基本上是以"包干制"思想展开的，即实行"分灶吃饭"的财政包干制，使地方财政收入占全国财政总收入的比重不断提高，如 1987 年为51.2%，1990 年为 60%，1992 年达到 71.3%。① 但这种财政包干制的弊端也是极为明显的，主要是随着地方财力的增长和权力的膨胀，一方面，极大削弱了中央的宏观调控能力；另一方面，也极大地滋长了地方保守势

---

① 郭为桂：《中央与地方关系 50 年略考：体制变迁的视角》，《中共福建省委党校学报》2000 年第 3 期。

力，致使地方保护主义、经济割据或所谓的"诸侯经济"大行其道，如此，在抬高社会协调成本的同时，也造成了社会资源的极大浪费，从而制约了国家经济的进一步发展。①

为此，从1994年开始，国家财政实行分税制，把税种划分为中央专有税、地方专有税以及中央和地方共享税，并且采取财政转移支付政策。分税制的实施，改善了中央与地方的博弈条件，使双方进入了相对较为公平的和良性的"主从"博弈轨道，具体表现在双方可以通过讨价还价、友好协商方式制定博弈规则（如财政制度），从而使中央与地方的关系逐渐朝着法制化和制度化方向迈进，这是博弈条件逐渐成熟的标志，也是双方能够进行良性博弈的基础。

然而，1993年的税制改革设计，增值税是其中关键的内容，作为最大的税种占整个税收比重的43%—47%，占流转税的75%。按照分税制改革的设计，中央和地方收支比重目标是中央60%，地方40%；支出是中央30%，地方70%；中央收的60%中，有30%通过转移支付补贴给地方。作为中央与地方共享的税种，切入点就在增值税的增量分成比例上。我国增值税到目前还是生产环节征收，要保证最大的税收来源，投资办厂就是最佳途径，再加上总店纳税模式，导致各地在自办的各种"园区"内，自杀性压低地价邀请国内外大企业入驻，对于本地高污染小企业采取睁一只眼闭一只眼的态度。由于我国的财政政策和税费收入分配政策不合理，分级财政政策使许多中央财政应该负担的费用转嫁到地方，例如适龄儿童义务教育的责任由流入地政府负责；而税费收入分配政策又使大部分税费收入归中央。

换言之，1994年分税制改革在划分中央和地方分享比例和税源的时候，没有很清晰而合理地将税源与所提供的公共服务的责任挂钩，导致地方政府责任大于所获得的税额。问题的关键是如何通过制度改善，调整中央和地方对税源的分享比例，将地方政府必须提供的公共服务与所能获得的税源高度挂钩。

因此说，中央与地方之间权力博弈的根本动机是利益。如果中央权力过度集中，全局利益非但不能得到根本保障和彰显，反而会因为地方利益

① 李周炯：《地方保护主义对中央与地方关系格局的影响》，《国家行政学院学报》2002年第6期。

的受损而付出加倍的代价（即经济利益和政治利益都将受损）；再者，地方在无权或权力微弱之时，影响了地方积极性，其不满情绪必然日增，因此，地方将以"消极怠工"方式来对抗中央，而且会对企业对当地环境破坏行为听之任之，并可能动摇国家的政权基础，其结果只能是中央与地方两败俱伤，既损害了双方利益，又伤了两者的关系。[①] 反之，若地方过度分权，将不利于市场经济环境的发育和改善，也不利于全国统一市场的形成和培育，尤其是对像中国这样幅员辽阔、民族众多的国家而言，如果地方过度分权，必将由于地方势力的高度崛起和过分强大，而滋生出独立倾向，最终导致国家四分五裂。此外，由于传统的惯性影响，也决定了适度的地方分权和较强的中央集权，是现实条件下我国国家政治结构形式的必然选择。

二　中央与地方政府利益博弈模型

（一）背景

1994 年之后，我国政治体制和经济体制改革已从政经一体化模式向政经二元化模式转变。在微观经济领域，过去的"条条专政"体制已被大为削弱，地方政治权力和经济权力已得到明显加强，市场经济格局已初步建立，国家指令性计划的内容和范围也已大为缩小。在物资流通领域，国家调拨产品和物资的比重极小，产品价格基本已转向市场自由调节模式，如 1992 年，政府定价部分仅占所有产品种类的 5%，中央直接管理的企业已不足企业总数的 1%。因此，本书认为，目前的中央财政收入完全可视为从地方财税总收入中按一定比例分成而得。但由于各地方贫富状况相差悬殊、条件不一，中央向地方财政转移支付的程度也各不相同。

（二）模型与假设

财政分税制条件下，中央政府从各地方政府财税收入中的提成制度变迁中的权力博弈成比例是不相同的。对于较富裕地区，中央的提成比例可以高些，而较贫困的地区或情况特殊的地区，其提成比例可以低些，此外中央政府还可通过财政手段向地方政府进行转移支付，而地方政府之间也可产生利益互动（见图 11-1）。

---

① 薄贵利：《建立和完善中央与地方合理分权体制》，《国家行政学院学报》2002 年专刊。

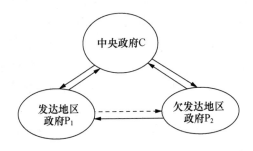

图 11 -1　中央与资源输出地和输入地之间关系

由于中央政府与地方政府之间存在"主从"关系，因此，中央与地方之间存在的讨价还价，应该是以中央政府主动叫价，地方政府被动应对为特征的。

由于在博弈过程中存在协调成本和机会成本，中央与地方的财税（利益）博弈必然是有限度的，即博弈时间不可能无限期延长，博弈回合也应该是有限的。为此，在构建中央与地方利益博弈模型之前，提出如下假设：

（1）假设中央政府每年从各省地方财税收入中的提成比例在最低值和最高值之间，假定 10％ —60％ 范围内。

（2）博弈回合最多为三次。第一次由中央政府提出方案（即对某省提出某一提成比例），地方政府应对，若地方政府接受，博弈结束：若地方政府不接受，则启动第二次博弈回合，此时由地方政府提出修正方案，中央政府应对，若中央政府接受，博弈也结束；若中央政府拒绝，博弈进入第三回合，在这一回合中，中央政府拥有最终方案终结权，也就是说，中央政府在第三回合提出的方案，地方政府必须接受，博弈到此结束。

三　中央与地方分税方案的多方讨价还价博弈

（一）财政分税方案谈判规则

假设中央政府和两个地方政府，一个是发达地区（资源输入地）政府，另一个是欠发达地区（资源输出地）政府，就采取何种比例方案进行谈判，并且定下了以下规则：首先由中央政府（参与者1）提出一个分税方案（可表示为分割比例），对此，其余参与者（参考者2、参考者3）可以接受也可以拒绝；如果其余参与者拒绝中央政府的方案，则他们应按顺序各自提出一个方案，让参与者1选择接受与否。如此循环。在上述循环过程中，只要有任何两方同时接受对方的方案，博弈就告结束，而如果方案被拒绝，则被拒绝的方案就与以后的讨价还价过程不再有关系。

由于谈判费用和利息损失等，双方的得益都要打一次折扣，折扣率为 $\delta(0<\delta<1)$，我们称它为消耗系数。如果限制讨价还价最多只能进行三个阶段，到第三阶段，如果协商不成，谈判中止；或者在协商一致条件下，各方必须接受参与者1的方案，这是一个三阶段的讨价还价博弈。

（二）分税方案的谈判参与方和相关参数

为了讨论方便，可假设参与者共三方，其中参与者1为中央政府，参与者2为资源输入地政府，参与者3为资源输出地政府。各自的分税方案顺序由 S_{ti}（$i=1$，2，3）表示，三者减让比例依次为 $S_{t1}<S_{t3}<S_{t2}$；

作为多边谈判，只有三方均接受的方案，才可作为谈判正式实施的方案（或基础）。假定议事规则，按照参与者序号依次轮流提出各自的方案，方案1、方案2、方案3分别以①②③进行序贯博弈，谈判最多进行两轮，每轮最多进行2次。

（三）分税方案的三方谈判博弈

如图11-2所示，在首轮谈判中，只有参与者1、参与者2按顺序向各方提出各自方案。在三方中，参与者1属于强势方。第一阶段开始时，首先由参与者1向参与者2、参与者3同时提出分税方案 S_{t1}，如果其余两地政府都能接受方案，期望所得 S_{t1} 也自然最大，这样留给参与者2、参与者3的份额则为 $S_{t1}-k_{11}S_{t1}$；参与者2、参与者3若接受这一方案，在这种情况下，博弈结束。（参与者1的收益为 $k_{11}S_{t1}$，参与者2、参与者3的份额收益分别为 $1-(k_{11}+k_{31})S_{t1}$、$S_{t1}-(k_{11}+k_{21})S_{t1}$）。然而由于中央政府分税比例过于激进，使得参与者2、参与者3感到调整压力过大，难以接受（这种情况下，博弈将继续进行，进入第二阶段）。由参与者2、参与者3分别向参与者1同时提出分税方案 S_{t2}，地方政府2提出的方案建议参与者1的收益 k_{12}，留给参与者2、参与者3的份额则为 $(1-k_{12})$。参与者1、参与者2、参与者3若同时接受这一方案，在这种情况下，博弈结束（参与者1的收益为 k_{12}，参与人2和参与者3的收益分别为 $1-(k_{12}+k_{32})$，$1-(k_{12}+k_{22})$）。然而，对这样一个参与者2、参与者3共同提出的方案，参与者1显然不能同意，因为参与者2作为发达地区与参与者3若采取同样的分税比例，有悖于区际公平和效率。

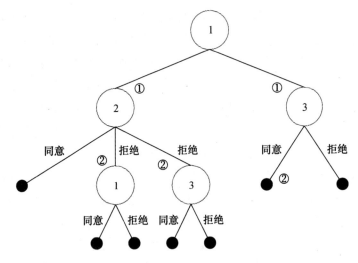

图 11 - 2　分税方案的三方讨价还价博弈

四　中央政府与地方政府分税方案的两方讨价还价博弈

从区域公平和效率起见，并为防止地方政府合谋联合行动造成压力，中央政府可以采取一对一谈判方式。这时中央政府和两个地方政府的多方谈判就转为中央政府和一个地方政府一对一的两方谈判。

（一）中央政府与欠发达地区政府分税方案的博弈

1. 谈判方案与规则

如图 11 - 3 参与者 1 提出新方案，谈判重启。本书假设某省今年的财税总收入为 T；中央政府第一次提出的分成比例为 S_{t1}（ $10\% \leqslant S_{t1} \leqslant 50\%$ ）；若地方政府不接受中央叫价，地方政府提出的中央应得提成比例为 S_{t2}，此时 S_{t2} 必然满足条件： $10\% \leqslant S_{t2} < S_{t1}$；到第三博弈回合时，中央提出的分成比例（终结价）为 S_{t3}， S_{t3} 应满足条件： $S_{t2} < S_{t3} < S_{t1}$。

因上述博弈成本（由谈判成本和机会成本构成）的存在，每增加一次博弈回合，博弈总收益 T 值必然逐步减少。现设增加一次博弈的总收益折扣率为 $k(0 < k < l)$，进入第二轮谈判，假定议事规则有所修改，为了保证谈判效率，此轮谈判必须达成一致，否则中止谈判或重新谈判（甚至即按参与者 1 的方案处理）。根据规则，第一阶段开始时，参与者 1 向参与者 2 提出分税方案 S_{t1}，这样，留给参与者 2 的份额则为 $T - S_{t1}$；参与者 2 若接受这一方案，谈判即结束（这种情况下，博弈结束，参与者 1 和参与者 2 的收益分别为 S_{t1}， $T - S_{t1}$ ）。

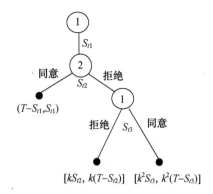

图 11 - 3　中央政府与欠发达地区分税方案的讨价还价博弈

若地方政府 2 不接受中央政府第一阶段方案，则其需在第二阶段向中央政府提出分税方案 S_{t2}，此时 S_{t2} 必然满足条件：$10\% \leqslant S_{t2} < S_{t1}$；参与者 1、参与者 2 若接受这一方案，谈判即结束；参与者 2 和参与者 1 的收益分别为 S_{t2}、$1 - S_{t2}$。若地方政府 1 不同意，则到第三阶段博弈回合时，中央提出的新分税方案 S_{t3}（终结方案），S_{t3} 应满足条件：$S_{t2} < S_{t3} < S_{t1}$。这时，参与者 1 和参与者 2 的收益分别为 S_{t3} 和 $1 - S_{t3}$。

2. 逆向归纳法分析

用逆推向归纳法解出此三阶段博弈解。首先分析博弈的第三阶段。参与者 1 提出的条件，参与者 2 必须接受，假定参与者 1 得到 S_{t3}，参与者 2 得到 $1 - S_{t3}$，这时二者的得益分别为 $k^2 S_{t3}$ 和 $k^2 (T - S_{t3})$。

第二回合：参与者 2 提出的条件 S_{t2} 既要满足参与者 1 接受，又要使自己的得益比在第三阶段的得益大，才是最优的条件。S_{t2} 应满足参与者 1 的得益 $kS_{t2} = k^2 S_{t3}$，即 $S_{t2} = kS_{t3}$。这时参与者 2 的得益为 $k(T - S_{t2})$。因为 $0 < k < 1$，该得益比第三阶段的得益 $k^2 (T - S_{t3})$ 要大一些。

（二）中央政府与发达地区政府分税方案的博弈

至于中央政府与发达地区的分税方案，根据公平原则，在比例上应略高于中央政府与欠发达地区的分税方案。但由于发达地区财税总收入一般均高于欠发达地区，因此其比例也不宜过高。但是中央政府还需要考虑地区间的转移支付和生态补偿等问题，因此需要适当调整不同地区的分税比例。

第二节 资源开发中的央地政企利益关系和冲突

一 中央政府（央企）与地方政府（地企）之间的利益关系

（一）资源开发中主要利益方关系沿革与分析

根据公共经济学原理，一般来说，地方性公共物品应当由地方政府提供，全国性公共物品应当由中央政府提供，而交叉性公共物品应当由中央和地方政府根据实际情况共同提供。这样，才能发挥中央政府和地方政府各自的比较优势，提高公共物品供给的整体水平。

为了适应这种需要，中央政府对地方政府实施制度化分权措施。分权的具体体现就是在特定地域内，中央政府把自己所拥有的部分事权和财权授予地方政府，而地方政府之间的关系，则相当于市场中企业之间的关系。中央与地方政府之间的一体化关系开始为授权分工机制所取代，授权和代理之间的"市场化的交易"开始替代中央与地方政府之间的行政命令与执行关系。

虽然我国是单一制国家，中央拥有不可挑战的权威，但是在这种金字塔形体制中，中央责任是通过向下级层层分解而构成的。因此，地方也承担不少本应由中央政府或者社会来承担的职能和责任，如地区经济增长、地区就业、地区企业的发展、地区农民的增加收入等。由于地方政府承担一定的社会和经济职能，它也获得了相应的自主权。这种自主权使地方政府得以更好地发挥本地区的地理和资源禀赋方面的优势，更快地促进本地区的经济发展。

从理论上讲，中央与地方政府经济利益关系的形成主要由一国的产权制度和财政分配体制决定。我国《宪法》规定，我国的矿产资源归国家所有，中央政府拥有矿产资源的所有权和控制权，因此中央政府或代表中央政府的中央企业比地方政府在能源开发中可以享受更多的经济利益。在财政分配体制上，中央与地方政府实行的是在事权划分的基础上根据税种划分其财政收入的政策。这样，一方面，矿产资源产地的地方政府从理性角度出发，更关注吸纳就业和增加地方财政收入等地方利益，会偏向利税贡献更大的地方企业；另一方面，矿产资源属于不可再生资源，中央企业缴纳的低水平资源税难以补偿其在开采过程中对地方造成的环境污染损害，因此，中央企业与地方政府之间就会不可避免地产生利益矛盾。由于现行法律及相关制度规定的缺陷，造成资源所在地在利益分配上处于相对弱势的地位，导致在自然资源分配中中央与地方各利益主体之间的矛盾和资源开发利用的短期行为。

（二）中央企业与地分企业在油气资源开发中的利益分享与矿权、地权矛盾

陕西作为国内油气资源开发最早的省份，早期与其他地区一样，服从国家一级所有和一级开采的油气资源开发管理体制。但在 20 世纪 70 年代中，一方面，国家出于照顾陕北老革命根据地经济发展的考虑；另一方面，由于延长油矿缺乏足够的后备资源而难以大规模发展，故将延长油矿管理权下放给陕西省政府，实际形成了在全国具有特殊性的陕西省内油气资源一级所有和二级开采的局面，即油气资源归国家所有，国家授权长庆石油勘探局（隶属石油部的国家企业）和延长油矿管理局（隶属陕西省政府的地方企业）共同开采，国家统一进行勘探开发区域配置和产品配置。后来进一步允许陕西省在国家计划外自行决定延长油矿的产品配置。

20 世纪 90 年代，随着鄂尔多斯盆地（包括陕西境内）大规模油气勘探的完成，新的石油和天然气储量不断被发现，西部地区已成为国内油气富集的主要地区，国务院将西部油气开采列入国家重点发展规划。由于在西部（包括榆林、延安）地区的油气勘探开发生产中国家主体长庆石油勘探局与省属延长油矿管理局的作业区域犬牙交错，加之地方（市、县）政府利益的渗入，使国家与陕西省在西部油气资源开发权和区域划分等方面产生了矛盾和冲突。为此，1994 年，原中国石油天然气总公司代表国家与陕西省政府签订了《关于开发西部石油资源的协议》，进一步明确了西部油气资源的两级开发体制。以长庆石油勘探局［现改制为中石油股份公司长庆油田分公司）和延长油矿管理局（现改制为延长石油（集团）有限责任公司］为合法油气开发生产主体，西部油气开发生产体制正式形成。

但是，由于我国油气资源矿权一元化与地权二元化之间固有矛盾的作用，加之西部地区社会经济发展相对滞后，造成西部地区油气资源浪费严重局面。可以说我国油气资源开发中的各种矛盾得到了充分的暴露。西部在能源开发中形成了中央政府、陕西省政府、资源所在地的市县政府、中央石油企业和地方石油企业五类目标各异的利益主体，作为理性经济人的

中央政府和地方政府在追求各自效用最大化的过程中，不可避免地会为争夺资源权利而产生利益冲突。陕西油气资源开发中主要利益关系的冲突，实质是中央政府、省政府和地方市县政府之间的利益冲突，现实经济活动中所表现的中央企业与地方政府、中央企业与地方企业的冲突，实际上不过是中央政府、省政府和地方市县政府之间利益冲突的表现形式。

利益冲突主要体现在以下三个方面：一是油气资源开发权归属的矛盾。央企从中央直接免费获得自然资源的开发使用，中石油、中石化在西部的大宗油气田都是无偿拥有，地方政府只对部分小型资源有所有权和出让权，从而造成其在资源权利金上的收入流失。二是油气资源开发收益权的分配矛盾。我国企业所得税为共享税，中央财政和地方财政的分享比例是6∶4。按照中央政府的特殊规定，中石油、中石化在西部的机构是不具法人资格的分支营业机构，其40%的企业所得税不缴给地方，而是全额上缴中央国库。由于这些央企并不在地方设立具有法人资格的子公司，因此地方得不到一分钱的企业所得税，造成税收与税源、GDP 与税收的背离。三是能源资源开发对经济发展推动作用及对当地环境损失补偿的矛盾。煤、电、油气资源以较低的价格大量外调，支持了内地资源短缺省份的经济发展，产生了较多的经济利益。例如受收益地区由于使用天然气替代原煤，可以减少大量污染。但资源开发对生态环境基础本来就很脆弱的西部地区造成了较大压力，水源、植被、土地、大气都受到了不同程度的污染和破坏，但这种生态成本没有计入资源价格，也没有获得相应补偿。这些矛盾的核心是油气资源的利益如何分享的问题。

二　中央政府与地方政府事权和财权分析

从根本上讲，政府最重要的职责是向国民提供公共品，而要分析在公共品（不包括国防等特殊的公共品）供给中配置各级政府事权的问题，即确定公共品的供给责任应该属于哪个级别的政府，这需要从分析公共品的特性出发。

公共品的特性之一是受益范围的有限性，公共品仅对区域内有限的居民具有公共性。根据巴斯特布尔提出的财政支出的受益原则，政府提供的公共品应该按其受益范围划分支出责任，因此公共品受益居民的范围决定了履行其供给职能的政府应该是地方政府。公共品的受益范围就是其成本负担的范围，即受益者必须同时是成本的负担者，这样就有利于财政将公共品的成本收益内部化，从而建立起有效的资源配置约束机制，使地方政府的财政行为受到提供公共品的成本和收益两方面的制约。除了受益原则外，由当地政府而不是更高级别政府（州/省或者中央政府）提供公共品的另外一个原因是，地方政府相比上级政府而言更加了解当地的居民对公共品的需求和偏好。

如图 11-4 所示，假设存在两个不同发展水平的地区 1、地区 2，由于收入的差异，其中来自欠发达地区 1 的居民对公共品的需求曲线是 D_1；来自发达地区 2 的居民对一般公共品的需求曲线是 D_2；公共品的供给成本（也可以视为税负）是 P。地区 1 期望的公共品的最佳供给量是 Q_1，而地区 2 期望的公共品的最佳供给量是 Q_2，但中央政府为平衡统一提供 Q_3 的量。这样，对地区 1 居民而言，公共品显然供给过度，产生的效率损失为 $\triangle CDE$；而对地区 2 居民来说，则是供给不足，产生效率损失是 $\triangle ABC$。

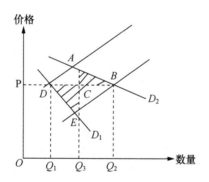

图 11-4　无外溢性时的区域生态公共品供给

如果公共品分别由两个地区的当地政府提供，那么地区 1 的供给量将回落到 Q_1，地区 2 的供给量将上升到 Q_2，两个地区居民的状况都得到改善，并消除了效率损失。从公共品受益范围的有限性和地方政府对当地居民公共品需求的信息优势来看，公共品应该由当地的政府来供给。然而现实当中还存在国家公共服务均等化的责任，因此必须考虑不同地区政府的供给能力的差异。这时，就存在对中央政府对地区 1 的转移支付要求。

然而仅仅这样分析是不周全的，还必须考虑生态公共品的另外一个特性，即受益上的空间外溢性。在存在外溢性情况下，生态公共品受益范围扩散到以外的区域，使得其他地区居民在不承担任何成本的情况下也受益。这时如果由地方政府提供，那么由于它仅仅考虑本居民的效益而忽略其他受外溢影响的地区的效益，从而导致公共品的供给水平低于最佳规模，产生资源配置的不合理性。如图 11－5 所示。

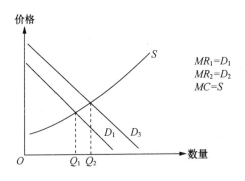

图 11－5　存在外溢性时区域生态公共品的购买

其中，MR_{11} 表示地区 1 内居民希望从公共品中获得的社会边际收益，即当地居民对公共品的需求曲线 D_1；用 MR_{21} 表示当地 1 居民和受到外溢影响的外地 2 的居民从公共品中获得的社会边际收益，即全部受益居民对公共品的需求曲线 D_2，MC 表示提供该公共品的社会边际成本，即社会供给曲线 S。可见当地居民的需求曲线与全部受益居民的需求曲线之间存在着差距，这个差距就是该公共品的外溢性的表现。如果该公共品由地区 1 当地政府提供，那么由于它考虑的需求是 D_1，因而公共品的供给量是 Q_1，而不是从整个社会来看的最优供给水平 Q_2，于是导致供给不足以及由此造成的公共品消费拥挤状况。但在确定主体功能区分工这种情况下，就必须采取或由中央政府直接购买，或者由中央政府安排，使其他受益地区 2 的政府就地区 1 公共品的供给进行全部或部分购买，从而使公共品的外溢性在跨界范围内部化，这样就可以使公共品达到最佳供给水平 Q_2。但是如果受到外溢性影响的区域很难界定，或者涉及地区太多，相互协调成本比较高，难以达成一致意见，在这种情况下就应该由中央政府或上级政府采取包括行政指令、提供转移支付、组织相关地区政府共同提供或者由自己购买等措施，但无论采用何种方式，中央政府干预的目的是将生态公共品的供给量达到最优水平 Q_2。

在分析了各级政府事权的配置问题之后，还应该进一步讨论各级政府财权的配置。政府提供公共产品是在行使其财政职能，而财政职能的行使需要相应的财政能力作为其支持和保障。政府财政能力是政府以公共权力为基础而筹集财力、提供公共产品或服务以满足公民的公共需要、稳定经济、进行合理再分配的能力的总和。政府的财政能力对政府提供公共产品的数量和质量都有直接影响。所以只有保证政府的财力，才能使其有足够能力来履行自己的职责。如何确定各级政府的财政能力，主要依据的是"事权和财权相统一"的原则。首先需要构建各级政府的事权体系，划分各级政府的事权范围，使其事权与政府职责相结合；然后根据各级政府担负的责任，配置给它相应获取财政收入的权力。这个原则简单而言就是"谁办事，谁拿钱"。

从实际情况来看，中央政府和地方政府之间往往争议最多、争夺最激烈的权力就是经济权力，因为经济权力代表了在国民经济运行中调控配置资源的能力，是能够直接带来收益的，也是为了追求良好政绩而努力的官员所积极追逐的。

三　分税制下的中央政府与资源区地方政府事权和财权利益

分税制财政体制改革至今，我国地方财政收入快速增长，年均递增17.78%，但地方财政收入总量占国家财政收入的比重不断下降，从1993年的78%降为2004年的45.1%。比重的下降导致地方财力大幅下降，尤其是财政收入初次分配中地方直接可控财力大幅度下降。与此同时，地方财政支出总额持续上升，2004年地方财政支出总额是1990年的9.8倍。1998年后地方财政支出增长比例明显高于地方财政收入增长比例。由于地方财政支出的盘子原来就比收入盘子大得多，支出增长比例提高后地方财政收支缺口快速恶化。将地方财政支出占全国财政支出比重与地方财政收入占全国财政收入的比重进行对比，可以看出，1994年之后两者差距一直都在20%以上。收入比重下降和支出比重增加的逆向变化给地方财政支出带来巨大的压力。

1994年的分税制改革将税收立法权过分集中于中央，地方缺乏必要的税收立法权，给地方经济发展和中央地方关系的协调带来不利影响。同时，给地方留下的是大税种的小部分、小税种的大部分，利大的税基、税种归中央；地方的税基偏小、不稳定、征收难度大，且有几个税种后来又陆续减免。

【案例分析11-2】以资源大省陕西省为例。2001—2005年，陕西地方税平均增长 9.39%，中央税年均增长 21.11%，中央与地方共享税年均增长 28.11%。中央税、共享税大幅度增长以及中央在共享税中分成比例不断提高，导致同期陕西地方级税收仅增长 17.52%，中央级税收增长高达 24.44%。从陕西总财力结构看，2005 年，陕西总财力为 654.89 亿元，地方一般预算收入仅占 42.04%。中央转移支付所占比重高达 57.96%。也就是说，2005 年，陕西近 60% 的财力要靠中央转移支付。而在中央对陕西的各项转移支付中，专项拨款高达 45.05%。由于专项拨款有特定用途，地方不能作为财力进行安排，由此使陕西可用财力仅占总财力的 73.76%。从陕西一些贫困县看，有些县的地方财政收入占总财力的比重不到 10%，90% 以上靠上级补助。如佳县 2005 年地方一般预算收入仅占总财力的 3.81%，大荔县占 8.56%。从国家税制改革方向看，按照"简税制、宽税基、低税率、严征管"原则，近期，国家研究推出的增值税转型、内外资企业所得税合并等税制改革，将使我国税种进一步减少。

如果仍维持现行分税制财政体制，陕西向中央的税收纵向背离将会更加严重。这种纵向税收背离的加大，一方面，使地方政府可用财力相当有限，难以满足经济发展、各项改革和构建和谐社会的需要，而中央专项拨款有固定用途，其支持的项目，未必都是陕西经济、社会发展急需财政支持的项目。这样一来，便降低了财政资源配置效率。另一方面，大量税收向中央纵向转移，一定程度上挫伤了地方政府发展经济的积极性，产生"等、靠、要"思想，形成了对中央转移支付的过度依赖。

所以，我国的政府间财政关系混乱、财权与事权高度不对称，是造成我国中央政府与地方政府利益冲突日益加剧的重要原因。要真正推进西部地区的经济社会可持续发展，就需要从制度上解决这个难题。

第三节 资源开发中相关利益方利益冲突的成因与协调机制

一 资源开发与治理中的利益者相关模式

区域资源开发中的利益者相关模式中，形成了中央政府、省（自治区、直辖市）政府、资源所在地市、县政府、中央资源企业和地方资源企业五类目标各异的利益主体。这些利益主体在西部资源开发中的利益冲突主要体现在资源开发权归属的矛盾、资源开发收益权的分配矛盾和能源资源开发对经济发展推动及对环境损害作用的矛盾这三个方面。而利益冲突的重心和焦点是中央政府、省（自治区、直辖市）政府和地方市县政府之间的利益冲突。

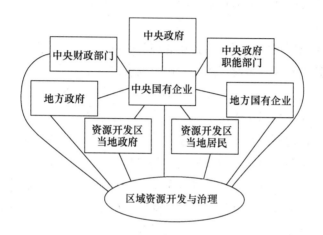

图 11 - 6　区域资源开发与治理中的利益者相关模式

造成区域资源利益冲突日益加剧原因的根源在于央企与地方企业对地方政府财政贡献的巨大差距，以及不同开发主体对当前环境破坏、补偿及未来当地可持续发展所担负责任的严重失衡。例如属于央企的长庆油田每生产一吨原油对地方财政的贡献仅为 38—50 元，而非央企的延长油田每生产一吨原油对地方财政的贡献却高达 500 余元。在地方各级政府事权与财权严重不对称、财政压力极大的情况下，地方政府在央企与非央企的纠纷中偏袒非央企，自然就是其理性选择。

由于历史原因，西部的勘察、开采权基本被央企登记。如榆林市国土总面积 98% 以上的勘察、开采权被中石油长庆油田公司登记；延长油矿管理局只在横山县靠近延安子长县的地方登记了 50.6 平方千米的勘察、开采权；中石化华北局在榆阳区靠近内蒙古登记了 500 多平方千米的天然气资源勘察开发权。由于种种原因，一方面是央企拥有勘察、开采权的区段不能及时勘察、开采；另一方面造成地方企业无区段可以进行勘察、开采，资源开发无后备资源的状况，严重地妨碍了西部地区资源的开发利用，也妨碍了西部地区的经济可持续发展。

本书认为，上述这些矛盾的核心是资源利益如何分享问题。要从根本上解决这个问题，就需要建立资源开发的利益协调和生态补偿机制。而资源开发中的利益协调机制的核心，应该是使各利益相关者都能够从资源开发中得到相应的利益，共同分享区域经济发展的成果，同时也必须共同承担在开发中对生态环境损害修复的责任，绝不能为了己方的利益而牺牲其他方的利益。

二　不同所有权资源开采企业的利益关系

资源开发利用本身对经济的直接影响应该是正面的，但如果政策制度供给不足，治理不力，也会通过多种传导机制对经济造成间接的负面影响，并且往往负的间接作用要大于正的直接作用．

本书拟通过不同利益集团委托代理人的利益博弈模型解释资源开发中利益相关者关系的另一条传导机制——寻租。概括地讲，就是在产权不清晰、法律制度不完善、市场不健全等情况下，丰富的资源租金诱使人们把很多资金和人力投入寻租活动，从而降低了当地发展生产、创造财富的动力，导致社会总产量下降，对经济发展和福利水平都不利。

（一）模型的基本设定

假设某资源区域内有两大竞争性的利益集团通过各自代理人企业进行资源开发，同时，两大利益集团试图通过向政府的寻租活动以获取更多优势。

贺卫在《寻租经济学》一书中，把政府创租活动分为三类：一是政府无意创租；二是政府被动创租；三是政府主动创租。[①] 在现实经济中政府在这三个方面的创租活动都是可能存在的，并且在当前，政府被动创租和主动创租活动尤其需要给予特别关注。设租是权力人利用权力通过对经济活动的干预和管理阻止供给增加，形成某种生产要素人为的供给弹性不足，使权力人获得非生产性利润即租金的环境和条件。寻租则是个体利用合法或非法手段获得特权以占有租金的活动。在权—钱交易过程中，设租是从权到钱，寻租则往往是钱—权—钱的增量。以资源探矿权和采矿权的招投标拍卖为例，在此，招标方，政府官员作为权力人；投标方，企业为寻租主体。设租具体表现为行政干预、虚假招标、歧视招标、规避招标、

---

① 贺卫：《寻租经济学》，中国发展出版社 1999 年版。

串通投标等行为，寻租具体表现为串通投标、围标、贿标等行为。

每个集团拥有 H_i 企业（$i=1$、2），其中一人担当领导者的角色，决定如何将本集团内的生产要素（劳动力）分配于生产活动或是利益寻租活动。

又假设将投入生产的劳动力定义为 P_i，投入寻租的劳动力定义为 S_i，则 $H_i = P_i + S_i$。为简化分析，再假设劳动是唯一的生产要素，并且是同质的，忽略人力资本方面的差异，进一步假设劳动的生产报酬率不变，定义生产函数：

$$Y_{iP} = f(P_i) = E_j \cdot P_i \quad i = 1, 2, \ j = F, \ C, \ E \in (0, \ \infty) \tag{11.1}$$

其中，Y_{iP} 是企业 i 从生产中获得的收益，E_j 是环境参数，E_C 表示和谐的生产环境，E_F 表示非和谐的生产环境。

在下面的模型中首先分析 $E_C = E_P = E$ 时的情况，然后分析 $E_C > E_P$ 时的情况，因为通常和谐环境下的生产效率更高，这样的假设应该是合理的。

从区域资源冲突中得到的收益为：

$$Y_{iS} = s_i(S_i, \ S_j) \cdot R$$

其中，S_i、S_j 分别是己方和对方投入争夺的要素量，s_i 表示在此条件下企业 i 能够获得的资源租比例，R 是被争夺的资源租价值。

$$s_1 = \frac{S_1}{S_1 + S_2} \qquad s_2 = 1 - s_1 \tag{11.2}$$

假定企业领导者的决策将分两个阶段进行。第一阶段，决定是否参与对租金的争夺；第二阶段，如果参与，则决定投入多少人力，如果不参与，则无须再决策，可将所有人力投入生产。下面采用逆向归纳办法先分析第二阶段的优化问题。

如果双方都选择放弃争夺，那么两集团的收入均为将全部人力投入生产后的产出加上一半的租金，即 $H_i E_C + \dfrac{R}{2}$。反过来假如一方不参与争夺，则另一方只需投入极少量人力即可获得全部的租金，得到总收入 $(H_i - S_i) E_C + R$，$S_i = \mu$，$\mu \to 0$。本书将其简化为 $H_i E_C + R$，另一方收入为 $H_j E_C$。如果双方都参与争夺，则形成古诺博弈。为得到均衡解，这里通过求解劳动力约束条件下的期望收益最大化问题来获得反应方程。

$$\max_{P_i, S_i} Y_i = Y_{iP} + Y_{iS} = f(P_i) + s_i(S_i, \ S_j) \cdot R$$

$$\text{s. t. } P_i + S_i = H_i$$

一阶条件是：
$$\frac{\partial f(P_i)}{\partial P_i} = \frac{\partial s_i(S_i, S_j)}{\partial S_i} \cdot R$$

即：
$$E_F = \frac{\partial s_i(S_i, S_j)}{\partial S_i} \cdot R$$

由 (11.2) 式及双方条件的对称性，得到：

$$S_1^* = S_2^* = \frac{R}{4E_F} \tag{11.3}$$

从 (11.3) 式中可以看到，只要两利益集团企业的劳动力要素禀赋多到能够保证内解的存在（即 $H_i \geqslant \frac{R}{4E_F}$），则最优配置与禀赋多少无关，两利益集团企业会选择投入相同力量于争夺中，所以租金会在它们之间平分，这样两集团企业最终得到的收益为：

$$Y_i = (H_i - S_i^*)E_F + \frac{1}{2}R \tag{11.4}$$

利益集团2

	放弃	争夺
利益集团1 放弃	$H_1 \cdot E_C + \frac{1}{2}R$, $H_2 \cdot E_C + \frac{1}{2}R$	$H_1 \cdot E_C$, $H_2 \cdot E_C + R$
利益集团1 争夺	$H_1 \cdot E_C + R$, $H_2 \cdot E_C$	$(H_1 - S_1^*)E_F + \frac{1}{2}R$, $(H_2 - S_2^*)E_F + \frac{1}{2}R$

图 11 -7　两个利益集团博弈的报酬矩阵

现在回到第一阶段的决策，看图 11 -7 中的报酬矩阵，既然

$$E_iA_C + \frac{1}{2}R < E_iA_C + R$$

（放弃，放弃）不可能成为纳什均衡。如果下述条件满足：

$$H_i \cdot E_C > (H_i - S_i^*)E_F + \frac{1}{2}R \tag{11.5}$$

将会存在两个纯策略纳什均衡（放弃，争夺）、（争夺，放弃），和一个混合策略纳什均衡 $(\sigma_{1C}^*, \sigma_{1F}^*)(\sigma_{2C}^*, \sigma_{2F}^*)$，其中，

$$\sigma_{1C}^* = 1 - \frac{R}{2[H_2E_C - (H_2 - S_2^*)E_F]} \tag{11.6}$$

$$\sigma_{1F}^* = \frac{R}{2\left[H_2 E_C - (H_2 - S_2^*)E_F\right]} \tag{11.7}$$

$$\sigma_{2C}^* = 1 - \frac{R}{2\left[H_1 E_C - (H_1 - S_1^*)E_F\right]} \tag{11.8}$$

$$\sigma_{2F}^* = \frac{R}{2\left[H_1 E_C - (H_1 - S_1^*)E_F\right]} \tag{11.9}$$

在混合策略均衡下，四种结果都有出现的可能，其中（争夺，争夺）的结果将构成一个陷阱。现在来看另一种情况：

$$H_i \cdot E_C < (H_i - S_i^*)E_F + \frac{1}{2}R \tag{11.10}$$

此时"争夺"为占优策略，因而（争夺，争夺）是唯一可能出现的结果。另外还有可能一个集团满足条件（11.5），而另一个集团满足条件（11.10）。为便于分析起见，对这些情况暂不作讨论，留待下一步研究中再进行拓展。

（二）模型的进一步分析

假设 $E_C = E_F = E$，根据（11.3）式，条件（11.10）一定满足，"争夺"对双方都是占优策略，（争夺，争夺）是唯一可能出现的结果。此时双方投入争夺的劳动力之和为：

$$S_1^* + S_2^* = \frac{R}{2E}$$

由此损失掉的产量：

$$D = f(S_1^* + S_2^*) = E \cdot \frac{R}{2E} = \frac{R}{2}$$

有一半的资源在争夺过程中耗散掉了。此外，从人均收入的角度：

$$\frac{Y_i}{H_i} = \frac{E(H_i - S_i^*) + \frac{R}{2}}{H_i} = E + \frac{R}{4H_i}$$

如果利益集团1的企业成员数目大于利益集团2，则集团1的人均收入要小于集团2，因为既然双方都选择去争夺，那么争夺得到的净收益 $R/2 - ES_i^*$ 必然大于零。正的净收益在更多人之间平分，每个人的所得自然就少了。

现在再来分析 $E_C > E_F$ 时的情况，因为可以想象激烈的争夺会破坏企业正常的生产秩序，要素的生产效率自然低于和平共处时。注意，现在条件（11.10）不再是唯一的可能，条件（11.5）：

$$H_i \cdot E_C > (H_i - S_i^*) E_F + \frac{1}{2}R$$

也完全有可能满足，只需：

$$E_C - E_F > \frac{R}{4H_i}$$

也就是说，当和谐环境带来的（个人）生产效率的提高超过了争夺来的（人均）租金收益时，争夺不再是占优策略，（争夺，争夺）也不再是唯一的均衡。根据前面的分析，此时形成了所谓的"协调博弈"，包含着两个纯策略纳什均衡和一个混合策略纳什均衡。因此，只要给定对方的选择，参与者就没有激励偏离均衡策略；或者即使不给定对方的策略，参与者也只能通过协调来实现均衡。

这两个纯策略均衡都不是占优策略均衡，并且都意味着一方获取了全部资源租。此时消耗在争夺行为上的要素 $S_1^* + S_2^* = \mu + 0 \to 0$，所以租值耗散情况并不严重，几乎可以忽略不计。但是租金全部被一方攫取，分配并不公平。

混合策略均衡下，双方决策者各自以一定的概率选择放弃或争夺，四种结果都有可能出现。如果决策人执行混合策略，（争夺，争夺）也会以一定的概率出现，此时的人均收入

$$\frac{Y_i}{H_i} = \frac{E_F(H_i - S_i^*) + \frac{R}{2}}{H_i} = E_F + \frac{R}{4H_i} < E_C$$

如此分析的寻租结果，说明区域经济境况还不如完全没有资源时的情形，因为此时争夺来的资源租还不足以抵补为之付出的代价，当然这是一个极端的情形。这一现象又可称作"设租和寻租的陷阱"，可以当作"资源诅咒"在开发权利争夺中的一个相当有意思的递进解释。

第四节　资源开发、输出与生态利益补偿机制

一　资源税问题

在既有技术、经济条件下，区域自然矿产资源的开发，不可避免地要对当地环境造成破坏。基于成本—效率的考虑，采取由企业缴纳税金、由政府统一进行生态环境保护和污染治理方式，无疑是最优方案。实际上由

于开采的外部性，由单个企业来对其污染进行治理也是不可行的。这就是国外资源税中含有相当部分的资源保护税的原因。

（一）资源税

资源税是对自然资源征税的税种的总称。可以从一般资源税和稽查资源税两方面认识。一般资源税就是国家对国有资源，如我国《宪法》规定的城市土地、矿藏、水流、森林、山岭、草原、荒地、滩涂等，根据国家的需要，对使用某种自然资源的单位和个人，为取得应税资源的使用权而征收的一种税。级差资源税是国家对开发和利用自然资源的单位和个人，由于资源条件的差别所取得的级差收入课征的一种税。

资源税是对在我国境内开采应税矿产品及生产的单位和个人，因其资源条件差异所形成的级差收入征收的一种税。由于资源自然条件不一致，同样的开采企业会有不同的利润水平，因此级差收入部分应收归政府，而不是企业。这样不仅使开采企业都能获得平均利润，而且有利于资源的综合开采利用。因此，它的征收，可以排除因资源条件差异形成的资源级差收入，平衡企业利润水平，为企业竞争创造公平的外部环境。开征资源税则可以把因自然资源条件优越这一客观因素而形成的级差收入收归国家所有，排除因资源差异造成的利润分配上的不合理，使利润水平能真正反映企业主观努力程度，为社会主义市场经济条件下的企业竞争创造公平的外部环境。

根据美国财政学家马斯格雷夫提出的税收划分原则，资源税的种类、功能和征收与管理者如表 11 - 1 所示。

表 11 - 1　　　　　资源税的种类、功能和征收与管理者

资源税的种类	征收与管理者	功能
资源租	中央	再分配职能
使用开采税	省、地	地方公共服务
资源保护税	省、地	地方公共产品

（二）我国石油天然气资源税的征收

我国资源税是 1984 年第二次"利改税"时期增开的，为了调节资源开采中的级差收入、促进资源合理开发和利用，我国从 1984 年 10 月 1 日起对资源产品开征资源税，征收对象仅限于原油、天然气和煤炭，实行从

量定额征收。1993 年 12 月，国务院颁布《中华人民共和国资源税暂行条例》，提出了从量定额征收的办法，确定了原油、天然气、煤炭、其他非金属矿原矿、黑色金属矿原矿、有色金属矿原矿和盐七大税目。从 1994 年 1 月 1 日起，实行"普遍征收、级差调节"的资源税制，对开采七种资源品的企业不论盈利与否都征税。该条例沿用至今，再加上一些补充法规和各地的地方性管理办法，构成了现行的资源税体系。

2005 年 7 月，财政部、国家税务总局联合发布了《关于调整原油天然气资源税税额标准的通知》，规定从 2005 年 7 月 1 日起，调整后的原油资源税税额标准为 14—30 元/吨，天然气资源税税额标准为 7—15 元/千立方米。新标准规定了 30 元、28 元、24 元、22 元、18 元、16 元、14 元/吨七个原油资源税税额档次，15 元、14 元、12 元、9 元、7 元/千立方米五个天然气资源税税额档次。具体地讲，大庆、新疆、吐哈、塔里木、青海油田以及中国石化西部分公司等的原油课税标准为 30 元/吨，华北、长庆油田及延长油矿为 28 元/吨，冀东、大港、江汉、中原油田为 24 元/吨，胜利、辽河、吉林、华东、江苏、河南油田为 22 元/吨，玉门油田、西南田为 18 元/吨，其他资源开采企业为 16 元/吨，各企业稠油和高凝油课税标准为 14 元/吨。而此时我国的原油价格已与国际接轨，每桶原油的价格已高达 100 美元以上。

据统计，1993 年，原油平均销售单价在 478 元左右，资源税税额为 12 元/吨，资源税占销售收入的比重为 2.51%；2004 年，原油平均销售单价 1615 元，资源税税额为 24 元/吨，资源税占销售收入的比重降为 1.49%。尽管 2005 年 7 月国家调整了原油、天然气资源税税额标准，按最高税额 30 元/吨、原油价格 2804 元/吨计算，但目前原油资源税占销售收入的比重仍然偏低，仅为 1.07%。2004 年西部地区 9 个省（直辖市、自治区）的资源税贡献率（资源税/地方税务部门组织的税收收入额）中，资源税贡献率最高的是新疆，贡献率仅为 5.59%。相比之下，中国三大资源性公司在资源上有着垄断性，近年因为资源涨价而获利惊人，三大资源公司在 2004 财会年度获利逾 1700 亿元；在新疆开采资源的几大资源企业 2004 年获利约 200 亿元，远远高于当年新疆资源、天然气的资源税收入 4.6 亿元。西气东输工程每年向东部地区输送天然气 120 亿立方米，以 15 元/千立方米的最高税额计算，留给西部资源产地的资源收益仅 1.8 亿元，而按 1.3 元/立方米的门站价格计算，其价值达 156 亿元，即使按照平均井口价格 0.57 元/立方米粗略计算，收益也近 70 亿元。我国最近的资源税调整并未显著增加地方相关税入。中国资源类公司之所以成为世界上市值最高的公司，是与我国的资源税制度密切相关的。

自《中华人民共和国资源税暂行条例》实施以来，我国经济发展形势已有了很大变化。经济高速增长对资源的需求急剧增加，使得现行资源税的缺陷日益凸显，突出表现在单位税额较低且征税范围较窄，与自然资源的价值、种类相去甚远。一方面，在资源价格节节攀升情况下，从量计征方式已明显落后于实际，资源税收入不能随资源产品价格和资源企业收益的变化而变化，过低的税负难以正常反映资源的稀缺程度，直接导致从事资源开采的企业和个人利润畸高，开采效率低下，资源浪费严重。另一方面，现行的资源税主要面向矿产资源，对生态价值和经济价值越来越明显的水、森林、草原、滩涂等资源的开发利用并没有征税，导致对这些自然资源的浪费现象比较严重。因此，根据经济社会发展需要适时推进资源税改革，势在必行。当前，推进资源税改革，对于加快经济发展方式转变具有多方面意义。

现实发展表明，现有资源税状况已不能真正发挥保护资源的激励和保护功能，既不利于国家保护资源，又不利于地方经济发展。况且由于资源企业基本上都是央企，其企业利润基本上全部上缴中央财政，故本应该属于国税的资源租，中央通过企业上缴的利润得到了；而属于地税的使用开采税、资源保护税，却因为资源税过低而几乎没有所得。与此同时，这部分税收却以企业利润形式转移到中央财政。故现在我国的资源税制度如同抽水机一样，将本来属于资源产地的财富转移到中央政府和外国股民手中，加剧了地方政府与中央政府的利益冲突。此外，从现实情况看，我国现行资源税覆盖面小，调控力度弱，其税收规模约为全国税收总额的5‰，与资源应有的巨额市场价值简直不成比例。资源税调控机制作用的薄弱，收入分配中的严重不公，也与资源开采中的巨大损耗、使用中的严重浪费形成强烈的对比。

（三）从量计征和从价计征比较

1. 从量税

从量税就是从量征税，按货物的数量征税。即以征税对象的计量单位为征税标准，按每计量单位预先制定的应纳税金额乘以应税实物总量计征税。货物的数量有重量、件数、长度、面积、体积、容积等，每一计量单位的税金是固定的，应缴纳的关税总额就是货物数量乘以单位税金，这是一种古老的征税办法，由于税率是按规定的计量单位确定的单位税额，又称为定额税率。从量税的征税对象多是棉花、小麦、大豆等大宗商品和标准商品。从量税适用于商品品质较同一者。

目前，我国资源税的征税范围包括原油、天然气、煤炭、黑色金属矿原矿、有色金属矿原矿、其他非金属矿原矿和盐7个税目大类，均按量规定定额税负计征，如原油的资源税税率为每吨14—30元，天然气为每千立方米7—15元。这些偏低的数字，与国际上不断上涨的原油、天然气价格，形成了鲜明的对比。

（1）计算公式。从量税税额＝商品销售量×从量税税率（单位税额）

（2）从量税的优点。①对从量征收关税的货物仅调查其数量，而对货物的品质、规格、价格无须审定。因此征税手续简便，计算简单。②从量税适用于课税价格不宜掌握的商品。有些商品其价格构成复杂，难以估价，也就难以按价格乘以税率的方法实施从价税。采用从量税则可避开这一矛盾，完成税收征纳。③从量税能消除伪报价格的违法行为。其税额只与货物实物量有关，所以能消除低、瞒报价格，逃偷关税的违法行为。

（3）从量税的缺点。①不能适应商品的质价相关关系。对同种商品，不论质量档次、价格高低，按同一待遇征税，这样，高档商品所受的限制反而小于低档商品。所以在商品质量及价格的差距不是很大的条件下，从量税可以起到促进高价优质产品进出口的作用。但质价差距过大，从量税税负不合理的负面作用就会很明显。②不能适应市场行情与通货变化。当市场和通货变化时，从量税一般不会及时调整，其税负不合理的缺陷随价格变化幅度的增长而加强。尤其在通货膨胀物价上涨时，税额不会增加税负相对降低，其在保护和财政方面的作用都相对减弱。因此，当通货变化到一定程度时，从量税就应调整其税率。在从量定额征税方式下，资源税税额标准不能随着产品价格的变化及时调整，不利于发挥税收对社会分配的调节作用。改革现有的从量计征方式，实行从价征收方式，成为各方的共识。③从量税税则的制定费时费力。

（4）从量税图解分析。图11－8中横轴表示某单位当量商品的价格（P_n），

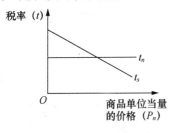

图11－8　从量税示意

纵轴表示该种商品的税率，实际税率 $[t_s(P_n)]$ 等于单位商品从量税税负 (T_n) 与单位当量商品价格之比。t_n 是从量税税率，它与商品单位当量的价格无关，对于特定的一种商品来说是平行于横轴的水平线。由图 11 - 8 可见，因为 $\dfrac{dt_s}{dP_n} < 0$（从量税税率不随商品单位当量的价格变化而变化，因此 P_n 越小，t_s 越大），当单位当量商品的价格降低时，实际税率增加，因此对质次价低的商品具有抑制作用。

2. 从价税

从价税就是从价征税，以征税对象的价格为征税标准计征资源税。其税率表现为商品价格的一定百分比。以从价标准计征的税收也称为比例税。经完税价格乘以税则中规定的税率，就可算出应纳的资源税金额。从价税的计征对象一般是制成品。

（1）计算公式：从价资源税税额 = 商品销售额 × 从价资源税税率。

（2）从价税的优点：①能适应商品的质价相关关系，税负合理。同类商品档次高、价格高者，其应纳税的金额也高；相反，低档货价格低，纳税金额也就低。加工程度高的商品，由于其价格高，税额高，资源税对其作用就强。②能适应市场行情与通货的变化。物价上涨下落，按从价税征税，可归结为高价高税，低价低税，故资源税的财政作用和保护作用都不会有影响。③从价税率按百分比表示，便于进行比较和谈判。

（3）从价税的缺点。①货物完税价格的审定手续烦琐，需要一定的专业技术。因此，进口商品的价格难以准确、可靠。②从价税存在着低报价格逃税的可能，因此使用从价税可能发生低报价格规避税负之事，而且当国外产品价格低廉时，无法达到保护国内产业之目的。③在从价税的条件下，货物税后价格的变化率与国际市场价格变化率一致，但变化额放大。所以，从价税将反映国际市场价格对国内经济的影响。

（4）从价税的图解分析。图 11 - 9 左图中，纵轴表示从价税税率，横轴表示单位商品价格。从价税税率随着单位商品价格的增加而增加，Ⅰ、Ⅱ、Ⅲ分别是三种不同的增加方式，Ⅰ是凸函数，Ⅲ是一条 45° 的斜线，Ⅱ是凹函数。无论是以Ⅰ、Ⅱ还是Ⅲ的方式（随某种单位商品价格的增加而）增加从价税税率，均有 $\dfrac{dt}{dp} > 0$，也就是说，对于某种特定的商品而言，由于其在同类商品中档次较高、质量好，导致该种商品的单位价格也较高，因而对这种商品也应该征收较高的从价税。这符合从价税的质价相关原则。但是，假如我们把 $t_s = \dfrac{t}{P}$ 定义为单位商品的实际税率，由图 11-9 的右图可以看出，三种增加方式导致的实际税率的变化情况却是各不相同的。I'、II'、III' 分别对应于左图三种从价税增加方式的实际税率的变化。因为 I 是凸的从价税函数，单位商品价格 P 的增加会导致从价税税率 t 以一个更大的幅度增加，所以实际税率 t_s 随 P 的增加而增加，如右图 I' 所示。反之，II' 则表示随着单位商品价格的增加实际税率下降。III 表示从价税税率与单位商品价格同比例的增长，因此对应于右图中不变的实际税率线 III'。

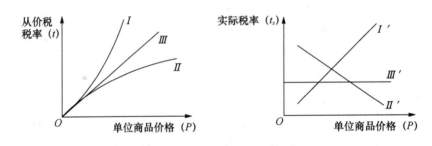

图 11-9　从价税示意

在此，只是说明了从价税率和单位商品价格之间的三种不同的增加方式，具体应根据资源产品特点进行进一步详细设计。

3. 两种最基本的征税标准——从量税和从价税的比较

在从量定额征税方式下，资源税税额标准不能随着产品价格变化及时调整，不利于发挥税收对社会分配的调节作用；资源税属于地方税，由于资源税税负较低，地方所获收益不明显等。近年来，随着我国经济持续快速发展，资源产品日益增长的需求与资源有限性、稀缺性的矛盾越来越突出，现行资源税税制存在与经济发展和构建资源节约型社会要求不相适应的问题。一些资源产品，特别是原油、天然气等能源产品的现有资源税税额标准已明显偏低，不利于资源的合理开发和节约使用。而从价税则较为敏感，且便于调整。

（四）资源税改革

还资源税以本来目的，提高资源税税率，已是当务之急。

　　首先，适度调高现行资源税的税率。在充分考虑市场因素的前提下，应当秉承"不可再生资源高于可再生资源，稀有程度大的资源高于普通资源，经济效用大的资源高于经济效用小的资源，对环境危害大的资源高于危害程度轻的资源，再培育周期长的资源高于再培育周期短的资源"的宗旨，重新确定税率，适度提高资源税税率标准。在我国资源税税率设计时，应当参考其他国家的标准。如 1996 年美国颁布的《矿物税法》，是按矿物经营者年度 13% 的收益计征矿物税；在加拿大，矿物税是同联邦和省所得税完全不同的第三类税种，是由省和土地的所有者根据实际情况对矿物经营者征收的，主要用于补偿不可再生资源的耗损。例如，加拿大萨斯喀彻温省对开发铀矿不仅征收 5% 的基本特许开采税，而且附加征收一定额度的经营收益税。综合考虑以上五个因素后，原油和天然气的资源税中的使用开采税的税率应当调整到 5% 以上。按照现行资源价格，原油资源税标准至少在 100 元/吨以上。

　　其次，税率设计中必须考虑资源开采利用对环境的损害成本。尽管本书还没有掌握开采对资源、环境成本损失的核算数据，但可参考国外经验，如布基纳法索 1988 年因土地退化引起的庄稼、牲畜、薪柴损失占 GDP 的 8.3%，哥斯达黎加 1989 年因过度砍伐引起的环境损害成本为 7.7%，印度尼西亚 1984 年因土壤侵蚀及过度砍伐产生的损失为 4% 等资料分析，资源税中资源保护税税率至少应在 5% 以上。

　　再次，扩大资源税的征税范围，开征新的资源税。现行资源税制度覆盖的征税范围较小，基本只属于矿藏资源占用税性质，征税范围远远小于世界其他国家的资源税，不能充分发挥税收杠杆保护自然资源和生态环境的作用。应将矿产资源、土地资源、植物资源、水资源等纳入征税范围。首先考虑将煤炭等主要能源资源纳入征税范围，煤炭消费量约占我国消费量的 70%，并提供了 80% 的电力，因此在煤炭领域进行资源税改实际效果将更大；同时要考虑将水资源等生态资源逐渐纳入征税范围，取消水资源补偿费，对用水单位和个人区别对待，征收水资源税、环境保护资源税，对不按规定退耕还林、造成大气污染和水土流失的企业和单位，按影响环境程度设置税率，逐步用经济手段约束环境治理行为。待条件成熟后，再逐渐扩大对土地、森林、草原、山岭、滩涂等其他资源征收资源税。

　　最后，确定合理的资源税税额，调整资源税的计税依据。根据资源的稀缺性、不可再生性和不可替代性特点，应当取消资源生产环节的产品税，改变现行资源税以销售量和自用数量为依据计算税额的方法。对于纳入资源税税收范围的应税税目，应根据其稀缺程度、人类依赖程度、其替代品的开采成本、自身的开采成本及该行业利润等因素来计算课税税额，同时依照资源本身优劣和地理位置差异向从事资源开发的企业征收高低有别的税额。对于那些不可再生、不可替代的稀缺资源课以重税，通过扩大资源税的征税范围和上调税额来引导资源利用企业有效利用有限的资源。同时将税额与资源回采率挂钩，将资源回采率和环境修复指标作为确定税额标准的重要参考指标，以促进经济主体珍惜和节约资源，保证资源得到充分合理利用。

目前国家对新疆原油、天然气资源税由过去从量税 5%/单位重量计征，调整为按产品销售额的 5% 计征（其应纳税额的计算公式是：应纳税额 = 原油、天然气销售额 × 税率）原油、天然气的销售额，按照《〈中华人民共和国增值税暂行条例〉及其实施细则》的有关规定确定。对原油、天然气资源税实行从价计征，主要考虑有三点：一是原油、天然气是资源税的主要征税品目，目前从量定额的计征方式，资源税税负水平相对较低，实行从价计征有助于缓解主要资源品目高价格与低税负之间的矛盾。二是我国油、气资源相对集中在经济欠发达的中西部地区，实行从价计征使资源税收入与产品价格挂钩，有利于保障地方财政收入，统筹区域协调发展。三是我国原油价格已与国际市场接轨，天然气出厂价格实行政府指导价，实行从价计征具有可行性。

（五）营业税改革

石油、天然气的管道运输一般从产地出发会经过几个省区市境内最终到达使用地，按照现行营业税规定，管道运输的营业税在纳税人机构所在地，那么该管道经过的其他省区市虽然耗费了人力、物力修建管道，却不能得到税收收入，造成税收收入的转移，再加之石油、天然气管道运输经过地区大多为经济欠发达地区，这种由于纳税地点确认带来的不公平性更为突出。建议油气输送企业的营业税应由开采地和管道经过地分享，同时将西气东输产生的管输营业税加大对油气产地的返还数额，并根据产地产气量合理确定返还补助基数列入专项支付，为资源地进行环境修复提供资金支持以保护环境，实现经济社会的可持续发展。

进一步提高革命老区、贫困地区和自治地区对矿产资源补偿费、探矿权、采矿权的使用费和价款收入的分成比例，并在开支方面打破"用于矿产资源勘查"的界限，赋予地方自主决定资源费使用范围的权力。

二　基于税收政策的中央和地方利益协调机制

企业对政府财政收入的贡献主要体现在税收和上缴的红利上。由于税制设计不合理，造成央企对地方财政的贡献远远低于其应有的水平。而其中最突出的就是资源税设计不合理。要建立中央地方共赢的利益协调机制，最根本的是要改革目前的资源税税制。

根据税收划分原则，资源税可以具体分为资源租、使用开采税和资源保护税。其中资源租属于级差地租，由中央政府征收与管理；使用开采税属于绝对地租；资源保护税属于补偿资源开发对环境破坏，它由地方政府政府征收和管理。

从国外的实践来看，虽然原油生产的政府税收总和的范围跨度很大，但政府税收总和比较高，为资源开采税前利润的 51%—95%，多数国家在 75% 以上。据此算来，各国资源税一般达到资源收益的 15% 以上[1]，其中使用开采税一般为其资源收益的 5%，资源保护税会因开采对当地的环境损害的程度不同而不同。

与国外相比，我国目前原油资源税仅占销售收入的 3%，数额显然偏低。而且由于央企占了西部资源企业的半壁江山，其企业利润基本上缴中央财政，故资源税中本应属于国税的部分，中央通过企业上缴的利润得到了，而本应属于地税的部分，地方政府却因为资源税过低而几乎没有得到，而是以企业利润形式转移到了中央财政，故现在我国的资源税制度如同抽水机一样，将本来属于资源产地的税收转移到了中央政府手中，加剧了地方政府与中央政府的利益冲突。

因此，还资源税以本来目的，提高资源税税率，已是当务之急。故本书建议，我国应当参考其他国家的标准，将资源税税率提高到 10% 以上，其中使用开采税和资源保护税的税率都为企业开采资源收益的 5%[2]，这

---

[1]　为了与国内的情况具有可比性，在此将外国中央政府或州政府的矿区转让金也视为税收。

[2]　目前还没有掌握陕北油气开采对资源、环境成本损失的核算数据，但根据布基纳法索 1988 年因土地退化引起的庄稼、牲畜、薪柴损失占 GDP 的 8.3%，哥斯达黎加 1989 年因过度砍伐引起的环境损害成本为 7.7%，印度尼西亚 1984 年因土壤侵蚀及过度砍伐产生的损失为 4% 等资料分析，陕北油气开采对资源、环境成本损失至少占 GDP 的 5% 以上。

两部分由地方政府征收和管理；级差收入部分归入资源租，由中央政府征收和管理。

三 转移支付

虽然分权可以带来经济的增长、效率的提高，然而分权也有其负面效应。一些学者认为财政分权导致了地方保护主义、重复建设，以及地区之间的不平衡发展。伴随着中国放权让利式的改革，1994 年分税制改革给地方政府造成了很大的财政收支压力。中央政府在下放事权的同时并没有合理下放相应的财权，地方政府的财政自给率严重下降。地方政府为了保留更多的自由资金，纷纷将预算内资金转移到预算外，造成非体制外收入膨胀，贫富地区提供公共物品和服务的能力差距也在逐渐拉大。由此，地区差距进一步扩大。为此，需要转移支付来解决这个问题。

中央政府对地方政府的转移支付，对西部地方经济的发展，是非常重要的。鉴于我国目前的税制，地方政府为资源开发提供的服务，要大于央企上缴的地税，再加上为了保证央企和其他地区的发展而牺牲的发展机会①，以及资源开发给该地区的生态环境带来十分严重的污染和破坏，这些都应该由西部开发的最终受益者中央政府，通过转移支付的形式，来对地方政府给予一定的补偿。

另外，鉴于资源税的改革是不同利益主体之间的利益的再调整，过程会比较复杂，历时会较长，故在资源税到位之前，中央政府也应该通过转移支付，使西部地区得到使用相当于开采税和资源保护税的资金，以使西部政府可以有财力提供地方公共服务和保护环境。

四 可持续发展基金与社会分红

为防止"荷兰病"、保证地区经济的可持续发展，资源开发区的各级政府还需要投入一定的资金发展接替产业。但由于在我国税种的设立和税率的确定是中央政府的权限，故在目前的国情下，提高资源税税率无疑是一个漫长的过程。

---

① 如长庆油田在榆林市境内埋设输油气管线 3800 多公里，占地约 22 万亩（含生产线两侧限制区用地），并只补偿建设期的土地收入，但实际情况是管线埋设后主管线两侧 15 米、支管线两侧 5 米内不许有永久性建筑物，不得从事开挖、采石、放炮等作业，这样就限制了土地的使用权和收益权，甚至影响到该市土地利用的整体规划。还有在油气管线的安全保卫方面，油气管线的埋设给地方带来很大的安全隐患，在国家没安排专项经费的情况下，地方承担安全保卫任务，客观上增加了地方的负担。

　　一方面是时不我待，迫切需要地方政府进行生态环境保护、污染治理和发展接替产业；另一方面是在一个相当长的时期内既有资源税格局难以有大的改观。为实现西部的可持续发展，开征可持续发展基金应该是一个可行的选择，它的开征不但相对简便，而且还有兄弟省份的成功经验可资借鉴。故近期应在西部省份开征可持续发展基金。开征可持续发展基金是为了促进经济社会的可持续发展，其使用重点应该投向单个企业无法解决的区域生态环境治理、资源型城市和重点接替产业发展、因开采所引起的其他社会性问题。

　　可持续发展基金可由地税部门征收后按比例直接缴入各级金库，纳入预算统一管理。按照"规划先行、统筹安排、分级管理、专款专用、国库集中支付"的原则，编制基金使用规划，实行计划管理、项目管理和预算管理制度。可持续发展基金的支出应主要用于单个企业难以解决的跨区域生态环境治理、支持资源型城市转型和重点接替产业发展、解决因开采而引起的社会问题，并支持与产业可持续发展密切相关的科技、教育、文化、卫生、就业和社会保障等社会事业发展。

　　诺贝尔经济学奖得主米德认为，社会分红是公民经济权利的重要来源，而且是兼顾公平与效率的。社会分红是全体公民都有，且一样多，与失业无关。社会分红的来源并不仅仅是税收，还包括公有企业的利润和出售公有土地的收入。经济学家们将基金分红的效果与用于资金和业务预算的开支进行比较，得出的结论是：这一方案是刺激地区经济活动的最有效的措施。永久基金分红方案可以看作是一个兼顾公平与效率的策略，也激发了公民在非常环境下对集体财产的责任感。

　　美国阿拉斯加州从1978年起已经实现了社会分红制度，所有的阿拉斯加公民每个月都能从政府那里收到一张支票，它就是几百美元的社会分红，分享阿拉斯加公共油田储备的收入。委内瑞拉、以色列和美国新墨西哥州等，均已出现要求建立阿拉斯加州式的社会分红的主张。欧洲推动社会分红的运动更为强大，他们把社会分红叫作"基本收入"。

　　为此，为使资源收入能被资源地区的居民参与分享，可以考虑在西部地区试点设立资源永久基金，由在西部的所有资源开发类企业缴纳其利润的一定百分比作为本金组建，为西部地区的居民发放社会分红。以利于增强当地居民与资源企业之间的和谐关系。

　　鉴于提高资源税会是一个较漫长的过程，而开征可持续发展基金则相对比较简便，故近期可考虑在资源地区开征可持续发展基金。可持续发展基金是为了促进经济社会的可持续发展，其使用重点投向单个企业无法解决的区域生态环境治理、资源型城市和重点接替产业发展、因开采所引起的其他社会性问题。鉴于原油和天然气等资源产品属于国家战略资源，具有广泛的外部性，其生产、供应和价格变化直接影响国家工业化进程和国加经济安全。而这些战略资源的开采、加工、销售大多由中央垄断企业控制，这些企业凭借垄断地位，在开采环节实行国家定价，然后按市场价格进行销售，从而获得高额垄断利润，扩大了行业之间的收入差距；在上市能源公司利润以红利形式分配给国内、国外股东时，又实际上形成了国有资产流失。因此，建议中央进一步加快能源产品价格形成机制改革，使价格真实反映能源资源稀缺程度和完全开发成本。在能源产品市场形成机制未理顺之前，允许资源地区征收能源产品可持续发展基金，以调节行业垄断利润，弥补地方因能源产品非市场定价而造成的收入损失，使地方政府有相应财力去支持能源化工区的生态环境保护和污染治理，从而形成能源化工基地建设与当地经济社会发展的良性循环。

可持续发展基金可由地税部门征收后按比例直接上缴各级金库，纳入预算统一管理。按照"规划先行、统筹安排、分级管理、专款专用、国库集中支付"原则，编制基金使用规划，实行计划管理、项目管理和预算管理制度。可持续发展基金的支出应主要用于单个企业难以解决的跨区域生态环境治理、支持资源型城市转型和重点接替产业发展、解决因开采而引起的社会问题，并支持与产业可持续发展密切相关的科技、教育、文化、卫生、就业和社会保障等社会事业发展。

五　基于税收政策的地方政府之间利益协调

（一）地方政府之间的利益博弈分析

对于一个地区来说，任何外地的经济利益借助本地的经济条件实现，往往会出现利与弊两个方面问题，尤其是地区间的经济交往更是如此，完全没有矛盾的地区间的经济交往是不存在的。即使在一项明显互惠的经济协作中，也有相互间的让步与牺牲。地区经济的产需分离，使地区经济利益的实现过程延伸至本地以外，与外地经济利益的实现过程相联系，既统一又矛盾，既互为条件，又难免产生摩擦和冲突。从而外地经济利益的实现，既可以惠及也可以损害本地的经济利益，两种结果往往并存，地区之间的经济利益矛盾由此产生。

　　区域经济合作的一个突出特点就是竞争与合作并存，竞争是手段，反映出各个地区追求各自利益最大化时表现的利益冲突；合作是目的，反映出各个地区对共同利益的认识。传统的区域经济合作只注意到了各个地区之间存在的经济上的互补性和互利性可能推动它们之间经济联系的深化，但却忽视了利益协调对区域经济合作的重要作用。获利的动机会促使各个地区求同存异，通过有效磋商，协调彼此的政策，最终达成共同认可的有约束力的协议，分享合作带来的利益。在此前提下，可以运用合作博弈的方法，将区域经济一体化的形成看成是各个地区间的一个合作博弈。

　　理论分析表明，地区之间的经济合作动力来源于一个市场均衡点，即边际收益等于边际成本，就是说参加合作的各成员利益的提高，至少等于由于参加合作而引起的各成员直接收益的损失。同时，合作能够产生收益转移效应，即边际贡献与利益补偿存在一种合理的分配关系和分配机制，使获利较多地区补偿获利较少的地区，并使获利较多的地区在补偿获利较少的地区之后的福利比未参加合作之前提高。

　　从地区经济发展的实际看：第一，地区经济的产需分离，使地区间的合作有了客观需要，并成为可能。第二，各地区都有追求各自利益最大化的动机。单个局中人为了克服本身的弱点（如力量或财力有限）或出于共同的兴趣，寻求与他人进行合作，以得到或完成单个局中人所不能得到或完成的结果。相互合作或结盟所能获得的收益往往比它们单独所获得的收益多得多。第三，地区间的外溢性也是合作的内在机制之一。使地区的外溢性内部化，也是促使地区合作的一个原因。解决地区新公共品外溢性问题的有效办法是中央进行有条件的转移支付。但这并不意味着所有的地区性公共品的外溢性问题都应该用财政拨款来解决。如果把科斯定理运用到公共品领域，似乎可以得到这样的启发，当地区的外溢性只涉及少数几个地区时，中央政府不一定需要用拨款来使地区的外溢性内部化。中央政府完全可能通过鼓励有关地区之间的相互谈判来协商解决公共品的外溢性问题，从而达到资源的合理配置。第四，各个地区对共同利益的认识。在竞争与合作共存的区域经济一体化实现过程中，达到合作各方共同认可约束力的协议，对实现区域经济一体化十分重要。而约束力的协议达成既是通过合作成员之间的有效磋商来实现，更是基于各方对共同利益的认同而存在的，离开各方对共同利益的认同，合作将是空谈。

　　从市场经济发达国家财政转移支付的运作实践来看，政府间的财政转移支付一般有两种形式：一种是"补助模式"，即纵向模式，是上一级次政府对下一级次政府的补助（我国采用的也是这种模式）；另一种是"罗宾汉模式"，即横向模式，是经济发达地区与经济较落后地区的合作模式，又称为兄弟互助模式。改革开放后，我国经济快速发展，在地区发展差距拉大的同时，也使发达地区具备了横向转移支付的能力。

（二）资源省份在税收利益分配中的不利局面——税收与税源之背离

目前，西部省份在税收利益分配中存在的主要问题是税收与税源背离问题，也即税源地产生的税收并不能全部体现为当地税收收入。现行税制导致的税收与税源背离主要由总分机构和跨区经营引起。根据对西部地区国税局和地税局的调查统计，由总分机构、跨区经营造成的税收与税源背离，主要体现在企业所得税、营业税、城建税及教育费附加等税种上。

［案例 11 - 3］以陕西为例，2001—2005 年，这两个税种及附加，陕西向外省净转移 126.00 亿元，净转移年平均增长 34.26%。在陕西省向外省净转移的税收中，企业所得税占 86.50%，营业税占 12.27%，城建税和教育费附加占 1.23%。

（1）企业所得税转移。2001—2005 年，陕西向外省转移企业所得税 110.43 亿元，外省向陕西转移企业所得税 1.44 亿元，陕西向外省净转移企业所得税 108.99 亿元，年平均增长 35.86%。企业所得税转移主要发生在金融、能源、铁路运输、建筑安装、路桥施工等行业。这 5 个行业 5 年累计净转移企业所得税 105.44 亿元，占陕西同期净转移企业所得税的 96.74%。

2007 年，为了保证新企业所得税法顺利实施，财政部、国家税务总局、中国人民银行联合制定了《跨省市总分机构企业所得税分配及预算管理暂行办法》，规定从 2008 年 1 月 1 日起，属于中央与地方共享收入范围的跨省区市总分机构企业缴纳的企业所得税，实行"统一计算，分级管理，就地预缴，汇算清缴，财政调库"处理办法。总机构统一计算的当期应纳税的地方分享部分，25% 由总机构所在地分享，50% 由分支机构所在地分享，25% 按一定比例在各地间进行分配。从总体上看，中央制定的跨省市总分机构企业所得税分配及预算管理新办法，既考虑了总机构和分支机构所在地的利益，又考虑了各地经济发展水平及其对全国所得税的贡献程度，分配办法有其合理的一面，各省区市分享系数的计算办法也比较简便，改变了按企业逐一计算各省区市分享系数的做法。

　　但是，从国际通行的税收属地原则和资源性企业的特殊性上看，这一分配办法没有考虑我国跨省区市总分机构企业总部集中在少数发达地区，而能源资源大部分分布在中西部经济欠发达地区的实际情况，因而使部分地区、部分行业的企业所得税分配明显不公平，加剧了税收与税源背离的程度。按照新的分配办法，跨省区市总分机构企业总部所在地分享的总分机构企业所得税总量，与原体制比较增加了10%。如果总部注册地在某一地区，则这一地区将得到较多的外部税收利益，形成所谓的"总部经济"。这种情况，在跨省区市经营的能源资源性总分机构企业表现得尤为突出。因为，这类企业的总部大部分在东部发达地区，分支机构绝大部分在能源资源富集的中西部经济欠发达地区，企业利润和所得税也主要来源于能源资源产地，按照中央制定的跨省区市总分机构企业所得税分配新办法，能源资源产地在所得税分享上将处于明显的劣势，导致大量的所得税向经济发达的总部所在地转移。

　　以神华能源股份有限公司为例，根据原来的企业所得税分配办法，该企业所得税40%部分按产量比例在陕西省与内蒙古自治区、山西省之间进行划分。实行新办法后，神华公司上缴企业所得税地方分享的40%部分，25%缴入公司总部所在地北京，50%由总公司按照系数在陕西省和内蒙古、山西之间进行分配，25%由财政部按照系数在全国各省区市进行分配。2007年，神华公司缴纳在陕西省的企业所得税收入为13.3亿元，其中中央级7.98亿元，陕西省地方5.32亿元。2008年，该企业所得税按照新办法分配和缴库后，陕西省的财政收入和地方财政收入均受到较大影响。据榆林市国税局测算，如果按老办法分配缴库，2008年神华公司缴纳入库在陕西省的企业所得税收入将达到15.6亿元。实行新办法后，神华集团企业所得税应纳税额的50%部分按照总部确定的各分支机构营业收入、职工工资、总资产进行分摊，将大幅度减少在陕西省和内蒙古企业所得税收入。仅陕西省财政总收入就将大致减少12.6亿元，地方财政收入减少5.04亿元。

　　（2）营业税、城建税及教育费附加转移。2001—2005年，陕西向外省转移营业税12.30亿元，外省向陕西转移营业税0.14亿元，陕西向外省净转移营业税12.16亿元，年平均增长22.83%。同期，陕西向外省转移城建税及教育费附加1.67亿元，外省向陕西转移城建税及教育附加为0.13亿元，陕西向外省净转移城建税及教育附加1.54亿元，年平均增长 33.33%。

再以西气东输为例，从 1993 年起，中石油长庆油田分公司在陕西榆林先后建成第一、第二、第三天然气采气厂；从 1997 年起，先后建成靖西（靖边—西安）、陕京（靖边—北京）、陕宁（靖边—银川）、靖榆（靖边—上海）五条输气管线。陕京线全长 293.5 公里，在陕西长度 38.9 公里。"陕沪"线系"西气东输"工程的东段，途经陕西、山西、河南、安徽、江苏、上海以及浙江 10 省（区、市）66 个县，主干线全长 3900 公里，支线 300 公里，在陕西境内 344 公里。穿越戈壁、荒漠、高原、山区、平原、水网等各种地形地貌和多种气候环境，施工难度世界少有，沿途各省区市特别是西部省区市资源地都为工程建设注入了人力、财力和物力。然而这三条管线的机构核算地分别在北京、银川和上海，按《营业税暂行条例》规定，其营业税、城建税及教育费附加分别在北京、银川和上海缴纳。2001—2005 年，上述三条管线共输气 128 亿立方米，在北京、银川和上海共缴纳营业税、城建税及教育费附加 2.33 亿元，由此造成陕西税收与税源的严重背离。随着社会需求不断扩大，这三条天然气管线输气量将迅速增长，势必使陕西税收与税源的背离进一步扩大。

（三）对建立横向转移支付制度的建议

由于西部丰富的资源对东部发达省份的经济发展具有举足轻重作用，故根据上节分析，西部省份与东部省市是有可能建立罗宾汉模式转移支付制度的。据此建议，西部省份要加强与中央政府以及北京、上海等东部省份省地方政府的沟通，力争建立起罗宾汉模式转移支付模式，实现在税收体制上实现税收的首次公平分配。按照税收与税源相一致原则，对天然气管道运输营业税的缴纳和分成问题进行相应改革，按照国际通行的税收"属地主义"原则，将天然气管道运输营业纳税地点确定在资源输出地；同时，天然气管输营业税 50% 缴入资源产出区，50% 缴入资源使用区。

六　地方政府和资源开采企业的利益关系协调

（一）妥善处理资源勘查、开采权登记

由于历史原因，西部的勘查、开采权基本上被央企登记殆尽。如榆林市国土总面积的 98% 以上的勘查、开采权被中资源长庆油田公司登记；延长油矿管理局只在横山县靠近延安子长县的地方登记了 50.6 平方公里的勘查、开采权；中石化华北局在榆阳区靠内蒙古登记了 500 多平方公里的天然气资源勘查开发权。由于一些人所共知的原因，一方面是某些央企采取囤积政策，听任其拥有勘查、开采权的区段抛荒而不勘查、开采；另一方面造成地方资源清理整顿和资源企业省内重组完成后，无区段可以进行勘查、开采，资源开发无后备资源的状况，严重妨碍了西部地区资源的开发利用，也妨碍了西部地区的经济发展。

应仿照国外的成熟办法，出台规章制度，规定凡不在规定年限内进行勘查、开采的，由政府无偿收回其勘查、开采权。在实施该制度之前，可考虑实施过渡性政策，以"谁开发谁所有"的原则，对西部的勘查、开采权进行重新登记，凡是已经由企业勘察、开采的，该区段的勘查、开采权就归该企业所有。

（二）明确开发企业社会责任

进入 21 世纪以来，人们对企业的期望，已经不仅限于解决就业、赚取利润和缴纳税收的功能，人们更希望企业能有效承担起推动社会进步、关心环境和生态、扶助社会弱势群体、参与社区发展、保障员工权益等一系列社会问题上的责任和义务。这就是人们常说的"企业的社会责任"。企业得以可持续经营，仅仅考虑经济因素对股东负责是远远不够的，必须同时考虑环境和社会因素，承担相应的环境责任和社会责任，一个负责任的企业必须将社会基本价值与日常商业实践、运作和政策相整合，必须有良好的公司治理和道德价值、对利益相关者负责、对社会环境负责、对社会和经济发展做广义贡献。美国专家的研究表明，如果以十分制来计算声誉的话，一分之差，对一般公司的损失相当于 5150 万美元，而对 500 强公司则相当于 5 亿美元。这一研究的结论是：尽管公司的规模和行业不一样，但声誉每变化 10%，就会引起 1%—5% 的市值变化。如 1982 年，强生公司的泰诺胶囊被查出含氰化物，公司市值下降了 14%；1989 年，埃克森公司的油轮在阿拉斯加发生了原油泄漏，造成严重污染，导致公司市值损失 30 亿美元。

中国加入世界贸易组织以后，中国企业更加深入地参与到国际竞争中去，日益成为全球市场中必不可少的一部分，发达国家的企业社会责任运动也因此通过跨国公司的商品供应链以及供应链之间的竞争传导到了许多中国企业。在全球化的大背景下，那种只讲规模、产值、经济效益而不谈企业社会责任的做法越来越丧失竞争力。未来具有国际竞争力的企业，应该是技术领先、管理领先并且对社会负责任的企业；是把对社会、环境以及企业利益相关者的责任成功地融入企业战略、组织结构和经营过程中的企业。所以，我国《公司法》也明确要求公司从事经营活动，必须"承担社会责任"。公司理应对其劳动者、债权人、供应商、消费者、公司所在地的居民、自然环境和资源、国家安全和社会的全面发展承担一定责任。

在西部，有些企业包括某些国外企业在经营决策时，没有或很少考虑应承担的社会责任；有些企业把履行社会责任当作标语和口号，无法真正在公司运作中承担和实现；当经济利益与社会责任发生冲突时，有些企业往往片面追求眼前的经济利益，而忽视和故意逃避应承担的社会责任，由此引发了大量的社会问题，比较典型的如广西龙江河段发生重金属镉污染，龙江沿岸及下游居民饮水安全遭到严重威胁、苏丹红事件、内蒙古黄河流域最大的淡水湖乌梁素海已变成"污水池"事件，等等。当这些事故发生时，人们一般倾向于对道德规范的反省，却很少从理性上去追究怎样提升一个企业的社会责任；而屡禁不绝的事故报道使中国企业在世界消费者心目中普遍形成了缺失社会责任的形象。近年来发生的"临汾尾矿垮坝事件"、"娄烦铁矿垮塌事件"和"三聚氰胺事件"就是这一问题的集中表现。资源型企业开发给当地带来了环境污染和生态失衡的负面影响。据统计，目前自然环境所遭受的污染物中大约有80%来自企业，如何解决经济发展与环境保护的矛盾已成为世界各国共同关注的全球性问题。由于对环境造成的影响最大，公司在环境污染治理和环境保护方面备受公众的关注，也被认为是责任的主要承担者。因此，企业社会责任已经成为我国企业参与全球竞争面临的严峻挑战，企业增强社会责任意识、切实承担起社会责任的改革刻不容缓。只有主动向国际先进企业学习经验，把对社会、环境以及利益相关者的责任成功融入经营过程中，才能使企业的发展有益于公众、有益于环境、有益于整个社会，实现可持续发展；才能树立负责任的企业形象，也才符合我国《公司法》的要求。

根据中国社会科学院经济学部企业社会责任研究中心编著、社会科学文献出版社出版的2010年《企业社会责任蓝皮书》分析，从整体上看，社会责任指数行业间差异明显。电网行业以65.5分显著高于其他行业，处于领先地位；电力、食品、电信业、保险业、造纸业、银行6个行业处于追赶地位；建筑业、采矿业、交通运输仓储邮政业、石油石化业4个行业处于起步阶段；零售业、电气机械及器材制造、房地产、金属制造业、医药制造业、贸易等13个行业仍处于旁观阶段。另外，2010年中国百强系列企业的社会责任整体水平依然较低，社会责任发展指数平均分仅为17分，整体处于"旁观者"阶段①。对 2011 年发布的 6 份企业责任报告分析表明，报告主体区域分布呈现如下特点：一是东部仍是发布社会责任报告的企业最为集中的区域，几乎占全国发布报告企业数量的 2/3，中部占 16%，西部只占 10.4%。二是大部分省、直辖市、自治区报告的发布数量都有不同程度增长，中国港澳台企业及外资企业报告发布绝对数量增长较多。因此，企业社会责任要落到实处，除了必须建立包含企业社会责任承担与实现机制有效的公司治理结构外，企业还应主动承担当地的环境治理工作，近期应该建立资源企业环境和社会报告制度。

第五节　本章小结

首先，中央与地方之间存在的博弈关系特点表现在两个主要方面，一是中央与地方政府的关系并不是利益完全冲突或对立的关系；二是中央与地方政府是在信息、职权不对称情况下的博弈关系。这就决定了中央与地方的博弈特征，属于"主从"不对称博弈，又是相对温和的、可控的和不平等的博弈。中央与地方的权力关系，主要有联邦分权模式、联邦集权模式、单一集权模式和单一分权模式。

其次，在资源开发中的利益者相关模式中，形成了中央政府、省（自治区）政府、资源所在地的市、县政府、中央资源企业、地方资源企业等五类目标各异的利益主体。这些利益主体在资源开发中的利益冲突主要体现在资源开发权归属的矛盾、资源开发收益权的分配矛盾和能源资源开发对经济发展推动作用的矛盾三个方面。而利益冲突的重心和焦点是中央政府、省（自治区）政府和地方市县政府之间的利益冲突。

再次，目前资源开发区域在税收利益分配中存在的主要问题是税收与税源背离问题，即税源地产生的税收并不能全部体现为当地税收收入。现行税制导致的税收与税源背离主要由总分机构和跨区经营引起。

最后，关于地方政府和资源开采企业的利益关系协调，需要妥善处理资源勘查、开采权登记，同时需要开采企业切实承担经济与社会责任。

---

① 详细结果参见中国企业社会责任发展指数网，www.csrwindows.net。

第十二章 区域环境治理与经济社会发展互动模式

第一节 区域环境治理与经济社会发展主要模式

在地区资源开发、环境治理和生态修复进程中，要解决的突出问题是如何使环境成本内在化，从而尽可能地将空间异置的成本—收益同置化，并相应地逐步解决资源价格、资产价格的合理定价，生态补偿机制的建立以及生态赎买权利交易等，这些活动必须置于经济社会发展进程框架之中进行谋划和考虑。

目前，在西部大开发的实践中，已经采取或正在采取的各类模式包括：已经取得一定成效的生态修复模式，如退耕还林、退耕还草，防护林；有包括生态反贫困在内的各类扶贫开发模式；也有纵向财政转移支付以及具有中国财政横向转移支付特色的省际对口支援模式；还有正在建立的对于资源枯竭城市的生态补偿机制，即将正式推行的资源税改革机制，以及正在探索的排污权交易模式和循环产业链模式等。本章将就西部大开发中形成的上述环境治理与经济社会发展的主要模式及其特点、作用进行阐述、分析和评价。

本章除对上述环境治理和经济社会发展模式梳理、分析和比较之外，还将对未来西部重点地区的开发与输出模式、资源富集区和资源型城市的接续产业发展模式进行分析。

第二节　生态治理与公共产品供给模式

一　区域生态公共产品特性

生态和环境是典型的纯粹公共产品，同时具备消费的非竞争性、受益的非排他性和效用的不可分割等特征。在市场机制作用下，良好生态和环境产品的生产者无法得到生产成本补偿，更无法得到相应的生产收益；在生态产品的生产者和消费者之间存在着大量的外部成本和外部收益不能通过价格反映。生态保护的作用是实现人类生存和发展所处的生态环境不受破坏，保持土地、水源、天然林、地下矿产、动植物资源、大气等自然资本的保值、增值、永续利用，以避免环境污染和退化给社会生活和生产造成短期灾害和长期不利影响。

从受益的角度看，生态环境公共产品具有空间的层次性。某些公共产品的受益者可以遍布全国，如国防、基础研究等；某些公共产品的受益范围仅波及某个地区，这个地区可以大到某个省、自治区、直辖市或者跨省区的流域、交通，如铁路、大型水利设施等区域性公共产品，也可以小到某个街道或村镇等，如街灯、小区治安等地方公共产品。公共产品受益的空间层次性决定了公共产品只能由中央和地方政府分级提供，由中央政府提供全国性公共产品，地方各级政府提供相应的地方性公共产品，从而充分体现不同地区人们的公共产品的需求，保证所有公共产品的供给。

从全国来看，西部地区是我国生态安全保护的重要屏障，其生态环境属于全国性的公共产品，西部生态环境建设是我国生态公共产品供给的极为重要的组成部分，因此维护和补偿西部生态资源，很大程度上就是保护和提供全体中国人生存的安全栖息之地，也就是保护国家生态安全和发展所需的生存环境处于不受破坏和威胁的状态，使自然生态系统状况能够维系我国经济社会的可持续发展。

二　生态环境公共产品供给模式

生态环境公共产品供给指提供有助于推进全国范围的大江大河治理、生态环境修复、山河绿化、灾害防治等；从区域来看主要是指提供当地经济、社会与生态和谐共存，经济可持续发展的公共产品，如农村生态保护、环境建设、村庄绿化、农业灾害防治等。

　　多年来，西部地区严重恶化的生态环境已经从地方性的生态环境公共风险演变为危及全国生态安全和可持续发展的全国性生态环境公共风险。西部地区生态环境建设实际上已经由地方性公共产品演变成为区域性和全国性的公共产品，这就要求中央政府和地方政府，特别是中央政府，作为供给主体为西部地区生态环境建设做出补偿或进行生态赎买，并且引导和通过各级政府的财政投资和其他财政手段运用加大对该地区生态环境建设的供给，尽快修复被破坏的生态环境，控制环境的整体恶化趋势。

　　从生态公共产品的购买角度看，目前采取的主要方式可归纳为三种：

　　第一种是财政转移支付，如国家通过加大对西部重要生态功能区域的财政转移支付，补偿该地区因保护生态环境而导致的财政减收，特别是因发展方式和发展机会受到一定限制而导致的收入减少；然而由于缺乏科学的制度设计和法律保障，在实践中时有时无，时多时少，补偿水平也仅以当地温饱水平为基础；缺乏一种长期的可持续的制度保障。

　　第二种是生态赎买或称项目支持，包括对各种生态环境保护与建设项目、生态环境重点保护区域替代产业和替代能源发展项目，以及生态移民项目的支持。这种方式实际上也是国家财政转移支付的另一种表现形式；但目前通常是一种短期性的安排，尚未上升到长期政策层面予以确定下来。缺乏对当地经济社会发展作为支持变量的考虑和系统安排。

　　第三种是征收生态环境补偿税（费）。这是在我国许多地区已经试行的一种补偿方式。通过建立生态环境税（费）制度，设立固定的生态环境保护与建设资金渠道，实现生态环境保护与建设投入的规范化、社会化和市场化。

　　从实施效果来看，第一种财政转移支付方式和第二种赎买（项目支持）方式最为成功；但也存在着难以制度化的问题，这两种方式也是本节将要重点论述的问题；第三种方式为生态补偿的制度化和资金来源提供了法律保证，也是我国下一步建立生态补偿机制的方向。这种财政补偿机制实际上是中央和各级地方政府代表全社会公众通过财政供给机制的设计和运行对关系国家环境安全和经济利益的地区生态环境建设做出的生态补偿，是政府站在国家层面和基于对该地区作为国家生态安全和可持续发展的战略地位考虑，在生态环境建设领域做出的最高层次和最具深刻意义的生态补偿。

第三节 财政转移支付模式

一 纵向补偿模式

西部大开发战略实施以来，中央财政对西部无论是转移支付，还是预算内基本建设投资，都重点向西部地区倾斜。10 年来，中央财政对西部地区的转移支付总量达到 4 万多亿元，中央预算内基本建设投资安排西部地区的总量达到 8900 亿元。

为配合西部大开发战略，支持民族地区发展，国务院决定自 2000 年开始实施民族地区转移支付。民族地区转移支付对象为民族省区和非民族省区的民族自治州，包括内蒙古、广西、宁夏、新疆、西藏、贵州、青海、云南 8 个民族省区，以及吉林延边州，湖北恩施州，湖南湘西州，四川凉山、阿坝、甘孜三州，甘肃甘南、临夏两州及海南原黎族苗族自治州。2006 年，中央财政将重庆酉阳土家族苗族自治县、黑龙江杜尔伯特蒙古族自治县等非民族省区、非民族自治州管辖的民族自治县纳入民族地区转移支付范围。数年来，民族地区专项转移支付资金不断增加，2000 年 25.5 亿元，2001 年 33 亿元，2002 年 39 亿元，2003 年 55 亿元，2004 年达 76.9 亿元，2006 年增加到 155.6 亿元，年均增长率 44.2%。

二 横向补偿模式——省际对口支援

除了财政能力这一硬性前提，我国在建立基于生态补偿的横向转移支付制度的道路上迈出了坚实的一步，省际对口支援作为一种非正规的罗宾汉式的横向转移支付方式，在我国已取得了长足发展，这为整个制度的建立提供了突破口和参考。

我国对口支援在 20 世纪 50 年代开始萌芽，60 年代初首次出现。1979 年，"全国边防工作会议"首次提出并通过"中央 52 号文件"，以国家政策的形式正式确定下来（国家民委政策研究室，1988：242）。随着这一政策在实践中的不断发展和广泛应用，对口支援的内涵和形式也在不断丰富，目前，对口支援涉及工业、农业、商贸、科技、人才、文教、卫生、扶贫、劳务等各个领域，包括地区间、援助主体与受援助地区部门内部、行业内部的人力、财力、物力等的广泛支援。

对口支援发展成目前的三种主要政策模式，即对边疆地区对口支援、对重大工程对口支援、对重大公共危机和灾害损失严重地区对口支援（赵伦、蒋勇杰，2009；熊文钊、田艳，2010）。作为一项中国特色的横向资源转移和区域合作机制，对口支援引起了社会各界的广泛关注和热烈反响。

以上海为例，多年来承担了对口支援新疆、宁夏、西藏、云南等西部民族省区的任务。据不完全统计，仅"九五"期间，上海在云南、三峡库区、西藏、新疆4个对口省、区共无偿援助资金5.1亿元，实施经济合作项目134项，投入资金达4.83亿元。通过上海对口地区的共同努力，云南三地州（文江、红河、普洱）目前已有150万人解决温饱；三峡库区有8000多移民得到妥善安置；西藏日喀则地区的受援县近几年来保持两位数的增长速度，牧民人均年收入增长30%以上。

（一）全国对口援藏

迄今为止，全国18个省市、中央国家机关59个、17个中央企业参与对口支援西藏。对口支援在项目资金安排上从一般性建设项目向生产型、特色化和重点项目转移，在援助重点上从注重城镇基础设施建设向注重促进农牧区经济社会发展转变，在经济社会发展规划、基础设施建设、社会事业发展、实用技术推广、扶贫开发、招商引资、发展特色经济、培育新的经济增长点，特别是增加农牧民收入、提高农牧民生活质量等方面做了大量工作。据统计，各省市援建西藏项目达1600多个，完成投资50多亿元，援助物资、设备折合资金4.2亿元和其他专项资金4.1亿元。援藏工作有力地推动了西藏经济跨越式发展。

（二）全国对口汶川灾区重建

灾后恢复重建是一项十分艰巨的任务。为举全国之力，加快地震灾区灾后恢复重建，并使各地的对口支援工作有序开展，经党中央、国务院同意，建立灾后恢复重建对口支援机制。2008年6月，《汶川地震灾后恢复重建对口支援方案》（以下简称《方案》）确定。根据各地经济发展水平和区域发展战略，对口支援由中央统筹协调，组织东部和中部地区省市支援地震受灾地区。按照"一省帮一重灾县"原则，依据支援方经济能力和受援方灾情程度，合理配置力量，建立对口支援机制。在具体安排时，尽量与安置受灾群众阶段已形成的对口支援关系相衔接。对口支援期限按3年安排，在国家的支持下，集各方之力，基本实现灾后恢复重建规划的目标。考虑支援方的经济实力和受援方的灾情程度，兼顾安置受灾群众阶段已形成的对口支援格局，表12-1反映了我国汶川灾区重建对口支援格局。

表 12 - 1　　　　　　　　　　　　汶川灾区重建对口支援格局

支援省、市	受支援省（县、市）	支援省、市	受支援省（县、市）
山东省	四川省北川县	北京市	四川省什邡市
广东省	汶川县	上海市	都江堰市
浙江省	青川县	河南省	江油市
江苏省	绵竹市	福建省	彭州市
河北省	平武县	山西省	茂县
辽宁省	安县	湖南省	理县
吉林省	黑水县	湖北省	汉源县
江西省	小金县	重庆市	崇州市
黑龙江省	剑阁县	安徽省	松潘县
广东省（主要由深圳市）	甘肃省受灾严重地区	天津市	陕西省受灾严重地区

　　未纳入对口支援的受灾县（市、区）由所在省人民政府组织本省范围内的对口支援。社会各界及境外提出对口支援的，由受灾省人民政府统筹安排。对口援建集中力量推进灾后恢复重建的有效方式。对口支援坚持"硬件"与"软件"相结合，"输血"与"造血"相结合，当前和长远相结合，调动人力、物力、财力、智力等多种力量，优先解决灾区群众基本生活条件。基层政权建设由中央和地方财政为主安排，各级党政机关办公设施不列入对口支援范围。各支援省市每年对口支援实物工作量按不低于本省市上年地方财政收入的1%考虑。具体内容和方式与受援方充分协商后确定。

　　（三）全国对口支援新疆

　　西部大开发10年来，新疆民生财政投入增长了10倍，使自治区民生状况大为改观。但同时，民生问题依然突出，在扶助贫困人口、完善社会保障、解决就业难题、改善公共服务等方面仍需做大量工作。目前全自治区有30个贫困县，其中国家级贫困县27个，贫困人口253万，其中少数民族贫困人口占96%。新疆社会科学院《2009—2010年：新疆经济社会形势分析与预测——经济社会蓝皮书》认为，必须把改善民生放在更加突出的位置，通过切实提高各族群众的生活水平，为稳疆兴疆、富民固边构筑牢固的群众基础。

　　2010年3月30日，全国对口支援新疆工作会议在北京闭幕，会议确

定北京、天津、上海、广东、辽宁、深圳等 19 个省市承担对口支援新疆
的任务。根据会议精神，19 个援疆省区市将建立起人才、技术、管理、
资金等全方位对援疆的有效机制，把保障和改善民生置于优先位置，着力
帮助各族群众解决就业、教育、住房等基本民生问题，支持新疆特色优势
产业发展。

过去 13 年从全国各地派往新疆援建的干部达到 3749 人。2010 年新
一轮援新疆计划启动，第七批对口援疆干部达到 2600 余人，这几乎是过
去 10 年的总和。从最初只有 8 个省市参与援建，到现在扩大到 19 个省市
援建，对口援助省市翻了一倍还多，新一轮援疆将是新中国成立以来支援
地域最广、涉及人口最多、资金投入最大、援助要素最全的一次对口
支援。

在中央政府引导下的我国各级政府之间的这种对口支援，虽然没有以
法律形式固定下来，也没有明确各对口关系的援助条件与金额，是一种未
通过立法予以确认的、非规范的横向援助帮扶措施，但它的存在就已经说
明我国在中央政府引导下构建横向转移支付制度的可能性。与此同时，这
项工作虽然取得了一定成效，但是仍存在对口支援中机制统筹能力弱、法
律法规及政策配套不健全、资金管理不到位，以及对口支援内容方式遭遇
瓶颈、基础管理不扎实、社会参与未能充分调动等一系列问题。

三　生态赎买的项目支持及其评价

生态赎买可理解为是中央政府或地方政府对某些特定区域的某种资源
使用权利的赎回或购买，使之成为某种公共产品的行为，一般应超出生态
意义的补偿。在我国，生态赎买多以项目为载体，是实施生态补偿的重要
方式，是国家实施财政转移支付的一种具体形式，目前在西部已经实施
的、已经初见成效的生态环境和建设项目包括天然林资源保护工程（天
保工程）、三北防护林工程、退耕还林还草工程、野生动植物保护及自然
保护区工程等大型生态保护工程以及刚刚开始不久的三江源生态保护建设
工程等均受到中央财政的有力支持。

天然林保护工程实施 20 年以来，国家累计总投入达到 1069.8 亿元
（《人民日报》2004 年 3 月 19 日）；退耕还林还草工程实施 9 年来，中央
财政累计投入资金达 1300 多亿元；三江源生态保护工程规划的资金投入
为 75.07 亿元，已投入 10.26 亿元，生态环境建设取得一定成果。

生态赎买的另一项重点内容是生态移民。生态移民是指政府为了保护

某个地区特殊的生态或让某个地区的生态得到修复而进行的移民，也指因自然环境恶劣，不具备就地扶贫条件而将当地人民整体迁出的移民。在财政投入上，生态移民既包括中央财政投入，也包括地方财政投入。例如，2010—2012 年，宁夏回族自治区和中央财政将投入 10 亿元，对宁夏沿黄区域、生态移民和南部山区黄河支流三个重点示范区集中开展农村环境连片整治项目建设。自 2000 年实施生态移民以来，仅西部地区约有 700 万农民通过移民来脱贫。但是，现行的生态移民也面临着接收地选择和安置问题，特别是移民的再就业和收入问题尤为突出。

第四节　现有生态修复与补偿模式

一　国内生态补偿实践

我国生态补偿实践始于 20 世纪 90 年代初期，通常以国家部委推动的国家政策形式出现；还包括地方政府在本地区采取的流域内生态补偿措施。目前，我国生态补偿机制包括自然保护区的生态补偿、重要生态功能区的生态补偿、矿产资源开发的生态补偿和流域水环境的生态补偿四个重点区域；地方层面的生态补偿机制多为流域水环境生态补偿，例如，浙江省 2006 年出台的《钱塘江源头地区生态环境保护省级财政专项补助暂行办法》和 2008 年出台的《浙江省生态环保财力转移支付试行办法》，成为全国第一个实施省内全流域生态补偿的省份。

（一）森林与自然保护区的生态补偿

森林与自然保护区的生态补偿工作起步较早，国家投入较多，取得了较明显成效，除了森林生态效益补偿基金制度之外，天然林保护、退耕还林等六大生态工程也是对长期破坏造成生态系统退化的补偿。自 1992 年宣布"实行森林资源有偿使用制度" ［1992 年国务院批转国家体改委《关于一九九二年经济体制改革要点的通知》（国发［1992］12 号）］以来，中央政府逐步建立起森林和自然保护区生态补偿制度。2004 年正式建立中央森林生态效益补偿基金，并由财政部和国家林业局出台了《中央森林生态效益补偿基金管理办法》。中央森林生态效益补偿基金的建立，标志着我国森林生态效益补偿基金制度从实质上建立起来了。

（二）矿产资源开发的生态补偿

在政策设计上考虑矿产资源开发的生态补偿问题，始于 1997 年的《中华人民共和国矿产资源法实施细则》。该细则对矿山开发中的水土保持、土地复垦和环境保护做出了具体规定，要求不能履行水土保持、土地复垦和环境保护责任的采矿人，应向有关部门缴纳履行上述责任所需费用，即矿山开发的押金制度。这一政策理念，符合矿产资源开发生态补偿机制的内涵。

在地方实践中，多是按照矿产资源销售量或销售额的一定比例征收生态补偿费，用于治理开发造成的生态环境问题。例如，浙江省对于新开矿山，通过地方相关立法，建立矿山生态环境备用金制度，按单位采矿破坏面积确定收费标准，同时，按照"谁开发、谁保护；谁破坏、谁治理"的原则解决新矿山的生态破坏问题，做到不欠新账。对于废弃矿山，采用两种办法治理和恢复：若受益者明确的废弃矿山，按照"谁受益、谁治理"的机制实施；若废弃矿山已没有或无法确定受益人的，则由政府出资并组织实施；广西则采用征收保证金的办法，激励企业治理和恢复生态环境，若企业不采取措施，政府将用保证金雇用专业化公司完成治理和恢复任务。

（三）流域的生态补偿

流域水生态补偿范围有两层含义：一是生态补偿的区域；二是生态补偿的服务类型，即对哪些生态服务进行补偿。流域水生态补偿应该遵循保护者受益、损害者付费、受益者补偿原则，双方应建立"环境责任协议"，如果上游地区污染下游就要对下游地区赔偿；反之，如果上游地区提供给下游的是得到有效保护的、优于标准的水质，下游地区就应该对上游地区所做的贡献给予适当的补偿。流域水生态补偿的受益者应该是流域水生态的保护者或流域水生服务的提供者，以及流域水生态破坏的受害者，流域水生态补偿的支付者应该是流域水生态服务的受益者流域水生态的破坏者。

实践中，流域生态补偿可由中央政府和地方政府分别进行。如在跨省流域被誉为"中华水塔"的三江源区，是我国海拔最高的天然湿地分布区，也是世界最高海拔地区生物多样性最集中的地区，这一地区生态环境的好坏直接影响当地和澜沧江、长江、黄河三大江河下游地区乃至整个亚洲地区，因此，这类地区的生态补偿必须以国家为主导。对于流域生态补偿，中央财政应加大对上游地区等重点生态功能区的均衡性转移支付力度，同时鼓励同一流域上下游生态保护与生态受益地区之间建立生态补偿机制；而地方政府作为补偿主体，主要集中在城市饮用水源地保护和跨行政辖区内外流域上下游间的生态补偿问题。在政策手段上，主要包括中央政府对被补偿地方政府的实行纵向财政转移支付，上级政府对被补偿地方政府的纵向财政转移支付，或整合相关资金渠道集中用于被补偿地区，同时也要积极尝试实施不同地区同级政府间的横向转移支付。同时，有的地方也探索了一些基于市场机制的生态补偿手段，如水资源交易模式。在宁夏回族自治区、内蒙古自治区也有类似水资源交易的案例，上游灌溉区通过节水改造，将多余的水卖给下游水电站使用。

（四）对重要生态功能区的生态补偿

从 20 世纪 80 年代以来，中国开始了大规模生态建设工程，包括防护林体系建设、水土流失治理、荒漠化防治、退耕还林还草、天然林保护、退牧还草、"三江源"生态保护等一系列生态工程均具有明显的生态补偿意义，投入资金数千亿元之多。

2000—2003 年，中央政府用于西部基本建设的国债资金达到 2200 亿元，占同期国债发行总量的 37%；中央财政转移支付额从 2000 年的 53 亿元迅速增加到 2003 年的 170 亿元，4 年达到 450 亿元。在中央的基本建设基金中，用于西部的资金从 2000 年的 170 亿元增加到 2003 年的 240 亿元。2000—2003 年，中央用于西部扶贫资金是 175 亿元。从区域补偿角度看，尽管这些财政转移支付和发展援助政策没有考虑生态补偿的因素，也极少用于生态建设和保护方面，但其对西部地区因保护生态环境而牺牲的发展机会成本，或承受历史遗留的生态环境问题的成本变相给予了一定补偿；从某种意义上来说，天然林保护、退耕还林等六大生态工程也是对长期破坏造成生态系统退化的补偿。

二　现有生态补偿模式评价

生态补偿推行以来，取得了生态、社会发展和经济收益。以修复生态、摆脱贫困为目标的生态移民将取得巨大的经济效益。根据马力（2009）的测算，生态移民工程资金主要包括对当地居民的生产、生活安置费用等一次性投入人均 8 万元左右，以及为期 5 年的后期扶持基金每年人均 4800 元，资金需求将达到 2138 亿元；同时，马力认为，生态移民投入大多属于投资、消费需求，对产业经济的影响力强，这笔资金的投入可以增加经济规模（GDP）7890 亿元。以 2007 年为基数计算，对经济增长的贡献可达 3.16 个百分点。同时，退耕还林工程实施 10 年以来，退耕还林工程区森林覆盖率平均提高 3 个多百分点，风沙危害、水土流失减轻；在经济收益上，退耕还林工程涉及全国 3200 多万农户、1.24 亿农民，中央财政已累计投入资金 1300 多亿元，退耕农民平均每户获得补助 3500 元；据国家统计局抽样监测，1999—2007 年，抽样监测的退耕还林县地区生产总值增长了约 2 倍，第一、第二、第三产业结构由 33∶36∶31 调整为 21∶48∶31，县级地方财政一般预算收入增长了 3 倍。截至 2008 年年底，退耕农户平均获得补助 5113 元，约占同期人均纯收入的 10%；1999—2007 年，退耕还林县农民人均纯收入从 1716 元提高到 3249 元，扣除价格因素，年均增长 6.2%；在地区社会发展上，中央财政累计安排巩固退耕还林成果专项资金 224 亿元，国家有关部门累计下达基本口粮田建设任务 1624 万亩，户用沼气池 117 万口，节煤节柴灶 74 万台，太阳灶（热水器）42 万个。期间，生态移民 31 万人，安排林果茶业、种植业、养殖业等一批后续产业项目，补植补造 3901 万亩，农民技能培训 318 万人，有效提高了当地农民脱贫致富的能力。

在多年的生态补偿实践中，中央政府和地方各级政府均形成了一些初步的、制度化的生态补偿政策，但是仍然存在一定的局限。在责任主体上，我国现行生态补偿政策多从部门角度出发，区域补偿演变成为部门补偿，从而造成生态保护与受益脱节的"三多三少"现象：一是部门补偿多，农牧民得到的补偿少；二是物资、资金补偿多，产业扶持、生产方式转换补偿少，没有建立长效机制以变输血功能为造血功能；三是直接向生态建设补偿多（如栽树），相应的经济发展、扶贫结构调整不足。

在补偿方式上，现有生态补偿政策缺乏长期有效的法律支持，在制度化建设方面极为欠缺（黄金民，2009），例如，我国最为成功的"退耕还林"、"退牧还草"工程期限为 5—8 年。长期机制的缺乏难以刺激被补偿者行为长期化，难以保障生态保护和生态修复成果的可持续性。

生态补偿标准普遍过低，当地居民获得的生态补偿远远低于其在同一土地进行其他经济活动所产生的收益，因此不能有效激励当地居民参与地方生态保护和生态修复，其根本原因在于现行的部门生态补偿法律政策的制定缺乏相关利益者广泛参与，更多地反映职能部门的意志，却不能代表生态保护利益攸关方利益。

在资金来源上，现有生态补偿政策的资金来源转移支付和专项基金两种方式，其中，纵向转移支付占绝对主导地位，而区域之间、同一流域、不同省区上下游之间的横向转移支付微乎其微，导致这一现象的主要原因是我国生态和环境产权的界定尚不清晰，不同利益主体之间如何分配相关收益和成本尚不明确，不同省区之间横向转移支付的模式难以确定。

与现有生态补偿政策不同，正在起草的《生态补偿条例》在生态补偿制度化建设上迈出了新的一步。这一条例将明确实施生态环境补偿的基本原则、主要领域、补偿主体、补偿对象、补偿资金来源、补偿方式、补偿标准、补偿项目审计和资金使用监管等内容，解决谁来补、补给谁、补什么、怎么补问题，通过建立健全生态补偿机制，推进统筹区域协调发展，加快国家生态文明建设。确定相关利益主体间的权利义务和保障措施，力求各地生态建设布局和经济社会发展合理协调，在完成生态保护和生态修复的同时，促进地方经济社会和谐发展。

《西部大开发"十二五"规划》明确指出，按照谁开发谁保护、谁受益谁补偿的原则，加快建立生态补偿机制，研究制定《生态补偿条例》。通过提高生态建设和环境保护支出标准及转移支付系数等方式，加大中央财政对重要生态功能区均衡性转移支付力度，建立省级财政对省以下生态补偿转移支付体制。进一步完善青海三江源、南水北调中线水源区、国家级自然保护区等生态补偿试点，启动祁连山、秦岭—六盘山、武陵山、黔东南、川西北、滇西北、桂北等生态补偿示范区建设。

第五节　基于生态供给与赎买的空间开发战略模式

一　西部大开发与主体功能区确定和存在的问题

（一）西部主体功能区进一步细分确定

国家"十一五"规划中提出，按照资源环境承载能力、现有开发强度和未来发展潜力三个因素划分四类主体功能区（优化开发、重点开发、限制开发和禁止开发），实施不同的发展战略、思路和模式。在960万平方公里土地上进行这样的划分只能是第一层次的、框架性划分，还需要进行进一步的细分，即使联系到西部，近2/3的国土面积进行这样的划分也是很粗线条的，需要进行再细分，具体可根据各省、直辖市、自治区的具体情况，在每个大类下，可以再分成若干个子类，这样既有利于主体功能区的实施，也有利于地方发挥各自的积极性和创造性。

（二）西部大开发主体功能区划分存在的问题

从全国来看，西部地区划为限制开发、禁止开发的地区面积最多，因为西部大多属于中国大江大河的上游地区，被认为是中国天然的生态屏障。根据国家《"十一五"规划纲要》和西部大开发"十一五"规划确定的主体功能分区，西部地区大部分面积都属于限制开发区域，24 个限制开发区域，17 个属于西部；全国 22 个限制开发区，18 个在西部。全国243 个国家级自然保护区，127 个在西部；全国 31 处世界文化自然遗产，11 处在西部；565 个国家森林公园，223 个在西部；138 个国家地质公园，52 个在西部。这样看来，西部地区在我国主体功能区划中，承担更多的是生态系统服务功能的提供区域或"代价付出区"，不仅承担了生态环境建设的成本，而且因主体功能区划发展要求而限制了许多经济产业尤其是工业的发展，丧失了相应的发展机会。在功能定位上，这些地区的主要功能是向全国提供良好的生态和环境产品，成为全国的生态屏障；在产业选择上，这些地区将限制现代化大工业的发展，扶持和培育特色优势产业。在政策导向上，限制开发区和禁止开发区重在通过生态补偿机制的建立和财政转移支付的支持来加强和完成生态保护和生态修复的效果。

然而，从能力视角和公平视角看，限制和禁止开发政策不仅剥夺了当地取得经济快速增长的机会，还剥夺了当地居民平等参与摆脱贫困的机会，剥夺了当地居民在本乡本土取得经济发展的能力和权利。而且这些也是当地居民为全国其他地区（优化开发区域和重点开发区域）提供良好的生态产品所付出的成本，若仅由当地居民负担，且不能获得合理收益，既不符合公平原则，也不能保证生态保护和修复政策的长期可持续性。因此，从共利双赢角度看，由中央和地方政府以及优化开发区和重点开发区分别对限制开发区和禁止开发区进行纵向和横向生态补偿，其本质是对生态功能区发展能力和发展权力的赎买，是在完成生态保护和修复功能的同时，摆脱贫困、保障民生的有效途径。

生态环境的保护与落后地区开发的矛盾，也是西部大开发战略与主体功能区规划理念如何衔接的问题。目前的基本思路是：一部分生态移民，从限制、禁止开发区迁出来，发展相对集中的小城镇；同时国家对这些地区加大转移支付力度。但问题是，生态移民如何才能大规模、有序可持续地进行，转移支付也只能解决公共服务均等化问题，老百姓的生活改善和地区经济繁荣还需要靠经济发展。根本出路在于发展教育、传播知识，培育培训人才；采用现代科技发展生态经济、低碳经济、绿色经济和循环经济，走新型的工业化和城镇化道路，但这需要一个相当长的过程。

二　针对不同主体功能分区的开发与补偿政策

（一）主体功能区和纵向、横向及混合转移支付模式

我国目前的主体功能区从开发和保护角度可以区为两种功能区。其中，优化开发区、重点开发区是以开发型为主的地区，主要承载经济发展和集聚城镇、人口、产业功能；限制开发区、禁止开发区则是以保护型为主的地区，主要承载生态服务功能。两类区域社会经济功能虽然不同，却要求基本公共服务的均等化，即无论是承担经济功能还是生态功能，地区居民都可以享受与全国经济发展水平相一致的公共服务。这就要求财政进行相应的生态补偿。另外，不同类型主体功能区在多样、多层次要素交流中，逐步形成功能分工、优势互补、战略支撑、协调发展的多重逻辑联系，其中，对限制开发区、禁止开发区实施生态补偿是这一逻辑的关键（白燕，2010）；同时还提出了一个多元化的生态补偿模式，这一模式以政府补偿为主、市场补偿为辅，同时包含了中央政府和地方政府间的财政转移支付。

主体功能区视角下的生态补偿机制，地方政府间的横向财政转移支付应多于中央政府对地方政府的纵向转移支付，前者也是本节将要讨论的重点。地方政府间横向财政转移支付的具体实现，则可以通过优化开发区和重点开发区对限制开发区和禁止开发区的生态赎买完成，也可以通过从限制开发区和禁止开发区向优化开发区和重点开发区的生态移民完成。

由于经过治理的限制开发区和禁止开发区向全国提供了优良的生态产品，产生了极大的外部性收益，自身承担了极大的外部性成本，产生了生态收益—成本空间异置现象。因此，主体功能区之间的生态补偿实质是将空间异置的收益—成本同置化，理论上，不同生态功能区之间的横向财政转移支付多于纵向转移支付。

如图 12 - 1 所示，中央政府可以通过在全国优化开发区和重点开发区获得的税收，同时产生纵向转移支付，通过地方政府，向全国限制开发区和禁止开发区实施生态赎买；地方政府可以通过在当地优化开发区和重点

开发区获得的税收，同时产生地区纵向转移支付，通过地方政府向限制开发区和禁止开发区实施生态赎买；此外，受惠区域的地方政府则应采取纵向和横向转移支付结合的混合转移支付模式，根据受惠收益，向本地和相关利益溢出外地的限制开发区和禁止开发区实施生态赎买。

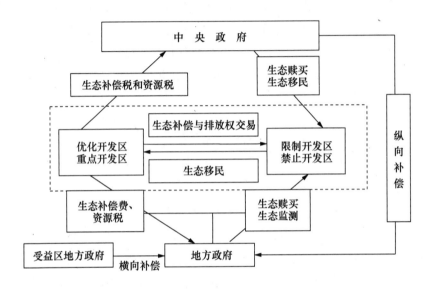

图 12 - 1　基于主体功能区的中央和地区政府生态补偿模式

1. 横向财政转移支付

主体功能区之间的生态补偿制度最直接的实现机制是地方政府间的横向财政转移支付，具体而言，地方政府间的横向转移支付特指生态受益的优化开发区和重点开发区向提供优良生态产品的限制开发区和禁止开发区进行财政转移支付，以此实现下游地区对上游地区、开发地区对保护地区的生态补偿。在我国目前生态补偿实践中，横向财政转移支付多针对流域生态补偿，主要集中在城市饮用水源地保护上。但是，由于各个主体功能区之间各种利益关系难以协调，每级地区都可能涵盖多个同一级别的政府，每个同一级别的政府又下辖多个层级的政府，政府之间的财政资金横向转移将形成一个极为复杂的网络，政府行政级别越低，网络越复杂，利益关系越难以协调，资金转移越困难，实际操作越复杂（陈辞，2009）。

2. 征收生态环境补偿税和资源税

征收生态环境补偿税和资源税是一种我国已经开始试行的生态补偿制

度。从本质上看，生态环境税和资源税是一种矫正外部性的庇古税收方式。我国目前推行的税种中，包括资源税和排污收费制度，后者是我国最早的环境税，并且是一项专款专用的生态收费制度。通过生态环境补偿税和资源税，建立生态补偿基金和矿山复垦基金，或建立可持续发展基金，并通过中央纵向财政转移支付的方式补偿给限制开发区和禁止开发区，完成生态补偿、项目支持和特色产业支持的生态保护和修复项目，使优化开发区和重点开发区能够通过财政上缴的方式完成财政转移支付；从这个意义上讲，生态环境补偿税和资源税是一个横向财政转移支付纵向化的方式。

3. 生态补偿的市场实现机制

生态补偿的市场实现机制是指生态服务的受益方与支付方之间的直接交易，这一补偿制度建立在产权理论基础上，通过初始分配和许可证买卖方式达到污染物排放总量控制的目的。市场补偿方式常见于产权比较明确的森林生态系统、水域系统与其周边受益地区，有时也可能是某些保护组织和商业机构达成为保护生态系统功能而支付的报酬等（万本太、邹首民，2008）。在我国实践中，环境治理的市场机制发展速度快于生态补偿的市场实现机制。排污权交易已开始逐步在全国推行，以杭州为例。2006—2008 年，杭州市政府出台了一系列与污染物排放相关的细则和规章制度，并于 2008 年正式推行污染物排放权交易。2009 年 4 月 8 日，杭州市主要污染物排放权首次在杭州产权交易所进行了竞拍，通过电子交易平台竞价，19 家企业获得了 1095 吨二氧化硫和 180 吨化学需氧量（COD）的排放权，获得排污配额交易收入共 2980 万元，并将其纳入市级财政管理。

在我国目前生态补偿实践中，中央政府对限制开发区和禁止开发区的纵向财政转移支付多于地方政府间的横向转移支付。补偿方式的单一化和资金来源的单一化至少部分导致我国目前生态补偿中普遍存在的"三多三少"问题，即一是部门补偿多，农牧民得到的补偿少；二是物资、资金补偿多，产业扶持、生产方式转换补偿少，没有建立长效机制，变输血功能为造血功能；三是直接向生态建设补偿多（如栽树），相应的经济发展、扶贫结构调整不足。①

在主体功能区的构建之下，地方政府间的横向财政转移支付将成为生态补偿的主要方式。如何使这一支付方式长期化、制度化，将是下一步生态转移支付中要解决的重要问题之一。

第六节　生态扶贫开发模式与启示

随着对贫困认识的深入，20 世纪 80 年代以来，我国反贫困模式逐步从单纯的贫困救济走向大规模的战略性扶贫开发的反贫困之路。地区反贫困的重要任务之一是解决绝对贫困人口的生存问题和温饱问题，即首先保证贫困人口的生存权。然而，反贫困的任务不仅局限于保证贫困人口的生存权和健康权，为贫困人口，尤其是绝对贫困人口提供基本的社会保障和基本的公共卫生服务等，还需要通过大量教育投资、就业培训等措施，保证贫困人口的受教育权和就业权等一系列权利，从而使贫困人口具备基本的发展能力，得到基本的发展机会。

一　区域扶贫开发模式

（一）以工代赈的扶贫开发模式

以工代赈计划始于 1984 年。该计划要求救济对象通过参加必要的社会公共工程建设而获得赈济实物或资金的救济性扶贫方式。这一计划通过资金投向和项目选择，直接瞄准扶贫对象；在项目选择上注重贫困地区基础设施，包括公路、桥梁、基本农田水利、山区水土保持、小流域治理等，也为农村贫困地区经济长远发展打下坚实基础。以工代赈计划强调发挥贫困人口自身潜力，最大限度地培养贫困地区自生能力，标志着我国扶贫开发从"输血式"扶贫向"造血式"扶贫转换。

（二）小额信贷扶贫模式

20 世纪 90 年代以来，我国政府逐步推行小额信贷扶贫。小额信贷扶贫是专门向低收入阶层持续提供额度较小的信贷服务，以解决贫困户脱贫过程中资金短缺的问题。小额信贷通过其运作机构及其服务人员向贷款农

---

① 董小君：《建立生态补偿机制实现西部"不开发的发展"》，《中国经济时报》2007 年 7 月 23 日。

户提供相关的配套服务，在解决资金困难的同时，对贫困农户的农业生产过程进行积极指导，从而解决贫困户自身能力不足问题。小额信贷扶贫促使贫困户采取措施积极自救，扶贫开发模式从"被动式"转为"参与式"，从而培养贫困人口的自身发展能力。

（三）整村推进扶贫开发模式

进入 21 世纪以来，随着"八七"扶贫攻坚计划的顺利完成，我国农村贫困人口不再以县为单位集中分布，而是以村为单位零星分布。在这一背景下，整村推进以贫困村为对象，直接瞄准绝对贫困人口，依靠当地贫困农民和各界参与，以完善农村基础设施建设、社会化服务体系和改善农民生产生活条件为基础，以增加贫困农民收入为核心，通过对当地农村经济整体发展的统一规划和综合开发，以实现农村贫困地区经济、社会、文化全面发展目标的扶贫方式。[1] 这一模式是典型的参与式扶贫开发模式，项目选择过程中充分尊重当地贫困户意愿，围绕当地特色产业和资源优势，灵活选择项目。在项目实施过程中，扶贫资金落实到村，扶贫项目直接与农户挂钩，扩大资金和项目的覆盖范围，不仅可以实现贫困村整体脱贫，还可以提高贫困地区农民的整体素质。[2] 在全国确定了 15 万个贫困村，逐村制定扶贫规划。到 2009 年年底，已在全国 10.84 万个村实施过整村推进规划，其中革命老区、人口较少民族地区和边境一线地区贫困村 4 万多个。

（四）移民搬迁开发模式

"八七"扶贫攻坚计划的实施，将我国贫困人口数量减少到 3000 万，占我国农村人口比重下降到 3% 左右；尚未摆脱贫困的 3000 万贫困人口，除丧失劳动能力者外，多集中在生态特别恶劣的地区[3]，且多集中在西部地区。因此，西部地区要采取进一步的反贫困战略，必须改变西部地区恶劣的生态面貌，从根本上杜绝贫困的发生。对居住在生存条件恶劣地区的 620 万特困人口实行了搬迁扶贫。改善了生存与发展的条件，提高了公共服务的水平，为提高农村后备劳动力基本素质创造了条件。

通过移民搬迁的方式解决贫困问题，多发生在生存条件极端恶劣，农业生产条件极差、发展成本高、难度大的贫困地区。通过移民搬迁方式，

①　张万钧：《整村推进：扶贫开发的有效形式》，《民族经济与社会发展》2004 年第 10 期。
②　袁翀：《在全面建设小康社会进程中大力推进扶贫工作》，《甘肃农业》2005 年第 2 期。
③　http：//news.sina.com.cn/c/281300.html。

将该地区贫困人口搬迁至生存条件相对较好的地区，以达到脱贫的目的。目前，较为成功的移民搬迁模式有"三西"模式、粤北喀斯特地区模式和广西"公司＋农户"模式。① 其中，广西"公司＋农户"搬迁模式由扶贫开发公司与贫困户签订合同、并统一规划、实施移民搬迁，是一种充分发挥市场机制作用、利用市场主体提高扶贫资金利用效率的搬迁模式。② 就发展现状来看，像陕南山区、陕北白于山区、宁夏固原等山区等地的自然条件非常不利于当地少数民族群众脱贫致富，非常不利于发展。针对这种现状，陕西省从 2011 年开始，实施大规模的移民搬迁，计划用10 年时间，投资 1000 亿元左右，按照"小城镇建设、发展现代农业和避灾扶贫搬迁"三位一体的工作思路，采取进城落户定居、小城镇安置、中心村集中安置、现代农业园区吸纳等多种方式，对连片特困地区和自然灾害频发地区的 297 万人逐步进行搬迁。宁夏回族自治区政府已经实施了"整体搬迁"的发展方针，将生活在干旱缺水地区的少数民族群众整体搬迁到灌区，成功地解决他们的吃水、吃饭难题。截至目前，已经有 30 多万群众在"整体搬迁"中受益。国家发改委对宁夏这项工作已经投入了30 亿元资金，并且在"十一五"期间还继续投入 20 亿元。

根据 2011 年发布的《中国农村扶贫开发纲要（2011—2020 年）》，未来 10 年，全国 11 个连片特困地区（包括六盘山区、秦巴山区、武陵山区、乌蒙山区、滇桂黔石漠化区、滇西边境山区、大兴安岭南麓山区、燕山—太行山区、吕梁山区、大别山区、罗霄山区）和西藏、四省（四川、云南、甘肃、青海）藏区、新疆南疆三地州将是扶贫开发的主战场。其中六盘山区、秦巴山区、武陵山区、乌蒙山区、滇桂黔石漠化区、滇西边境山区以及西藏、四省（四川、云南、甘肃、青海）藏区、新疆南疆三地州都位于西部地区。根据王亮（2011）分析，西部集中连片区共涉及50 个地市级单位，国土面积 242 万平方公里，占西部地区总面积的35.2%。各地州市人均地区生产总值低于全国平均水平的 60%，农民人均纯收低于全国平均水平的 70%，城镇居民可支配收入低于全国平均水平的 75%。不仅经济发展和人民生活水平低下，各片区内部在发展中还存在相对一致的特殊困难。

---

① 文秋良：《新时期中国农村反贫困研究》，博士学位论文，华中农业大学，2006 年。

② 李进参：《中国的异地开发扶贫模式及经验》，《云南社会科学》1999 年第 3 期。

秦巴山—六盘山区地处秦岭、大巴山、六盘山三大山脉腹地及其周边地带，地区山峰林立，断陷盆地星散于群山之中。生态贫困是该地区最突出的特殊困难，该片区地处中国自然地带分界线上，受特殊自然地理位置、地形地貌状况和气候条件的影响，该区域相当大部分面积不适于人类的社会经济活动。

滇西边境山区是"三江并流"的核心区域，这里群山高耸，峡谷切深，地质构造运动十分强烈。地区特殊困难在于，受地质、地貌、气候、水文等因素的综合影响，相当部分区域不适于人类社会经济活动。同时，这里也是多民族聚居区，受教育程度参差不齐，人口素质较低，部分地方还保留着刀耕火种、人背马驮等原始生产方式。

武陵山区位于云贵高原东部，大部分属于武陵山脉腹地。区内沟壑纵横、山峦绵延，地形起伏较大，相当部分地区属于喀斯特地貌，历来有"九山半水半分田"之说。受特殊地貌条件影响，大部分地区自然条件恶劣，极大地限制了社会经济发展。这一地区也是多民族聚居区，各民族交流存在障碍，人口素质普遍较低。

乌蒙山—西江上游山区是典型的山地构造地形，山峦起伏、河流纵横、山高坡陡、耕地贫瘠。该地区特殊困难集中在，部分属于溶岩山区，石漠化情况严重。随着城市规模的扩大。地下水量锐减，地表塌陷灾害日益突出，区域性人畜饮水困难时常发生。此外，本地区贫困分布广泛，绝对贫困显著，呈现出经济、社会、资源环境综合的特殊困难状况。

南疆三地州地处天山南麓和昆仑山北坡之间、塔克拉玛干大沙漠南缘。地区偏远，自然条件严酷，区内大部分地区为山地、荒漠或戈壁覆盖，只有非常小的绿洲适宜人类社会经济活动。民族人口比例极高，受语言、文化、教育水平限制，地方社会经济发展存在特殊困难。

青藏高原东缘地区是我国地形二级阶梯向三级阶梯过渡的区域。该片区是黄河的源头和长江上游地区，与三江源地区有重叠，大部分属于限制开发区，有些地区甚至是禁止开发区。是多民族聚居区，民族问题突出，人口素质较低。

青藏高原高海拔区是长江、澜沧江的源头，大部分地区是限制开发区，部分甚至是禁止开发区。该片区占据了我国三级阶梯的大部分地域，平均海拔高度超过4000米，地形地貌和气候类型复杂多样，冬季高寒缺氧，不适于大面积大规模社会经济活动。

　　总体来看，西部集中连片特殊困难地区主要分布在我国自然地理分界线和主要山脉腹地、重要水系发源地地区。这些地域大多表现为地质地貌上的纵横沟壑、支离破碎。同时，其自然生态环境极其脆弱，人地关系紧张，集中了我国最为贫困落后的地区。从各片区内部发展条件看，其致贫机理的共性较强，地域环境特点较为一致，适于分片区推进扶贫开发建设。

　　（五）技能培训式扶贫模式——雨露计划

　　对贫困家庭劳动力开展务工技能和农业实用技术培训，提高增收能力。2004年以来，实施以劳动力转移为主要内容的"雨露计划"，培训贫困家庭劳动力约400万人次，其中80%以上实现转移就业。

　　（六）产业化扶贫模式

　　将产业化扶贫与整村推进、连片开发、科技扶贫相结合，带动贫困农户增收。一些重点县培育了马铃薯、经济林果、草地畜牧业、中草药、棉花等主导产业，推广防灾抗灾技术。扶持扶贫龙头企业，产业化基地带动400多万贫困农户。在460多个县的9000多个贫困村开展了互助资金试点，投入财政资金12亿元。

　　（七）特困地区综合治理扶贫模式

　　解决连片特困区域贫困问题，需要整合全社会力量、整合资金，抓住主要矛盾，整合各方资源，集中力量攻坚，从整体上解决基础设施和公共设施落后问题，为贫困农户创造良好的发展环境。近年来，广西扶贫开发取得了显著成效，通过整合资源、连片开发，全区农村未解决温饱的贫困人口由2000年年底的150万人下降到2006年年底的76万人，低收入贫困人口由650万人下降到283万人。贫困地区农户收入增长幅度连续五年高于全区水平。除广西之外，四川阿坝州、贵州晴隆、新疆阿合奇等地也产生了综合治理、连片开发的经验。显然，对于这些特困区域，如果局限于贫困村和贫困农户的扶贫开发，贫困农户很难摆脱贫困，很难富得起来。因此，必须以科学发展观为指导，从整体上改变基础设施落后状况入手，在较短的时间内全面提升交通、水利、电力、通信、教育、卫生等基础设施和公共设施的档次，创造区域内贫困农户快速发展的内部和外部环境。而这实质上是基本公共服务均等化的问题，值得下十年西部扶贫开发思考。

　　（八）社区主导型扶贫开发模式

　　针对我国目前扶贫开发模式中存在的社区和农户参与程度不高、农民能力提高缓慢，特别是其自我组织、自我管理、自我发展和自我监督能力严重不足和社区没有建立起可持续性发展的长效机制（夏更生，2007）问题，中国政府于 2006 年将社区主导型发展模式引入中国扶贫开发模式，首批试点包括了广西、四川、陕西和内蒙古四省区、60 个重点扶贫村，预计有 10 万人从中受益，并于当年在广西南宁正式启动。

社区主导型发展（Community Drived Development，CDD），其核心是拓宽当地居民参与发展活动的范围，赋予社区直接管理权，由当地社区决定发展重点，管理资金和项目实施进程。

二　西部地区反贫困战略目标和重点内容

（一）西部地区反贫困战略目标

西部地区反贫困的重要任务之一是解决绝对贫困人口的生存问题和温饱问题，即首先保证贫困人口的生存权。然而，西部反贫困的任务不应局限于保证贫困人口的生存权和健康权，以及为贫困人口，尤其是绝对贫困人口提供基本的社会保障和基本的公共卫生服务等，还需要通过大量教育投资、就业培训等措施，保证贫困人口的受教育权和就业权等一系列权利，从而使贫困人口具备基本的发展能力，得到基本的发展机会。

（二）生态型反贫困模式探讨

生态型反贫困是指当一个贫困地区生态系统失衡情况严重，或生态问题突出阻碍经济、社会发展，使贫困问题难以解决或贫困问题不能得到稳定解决时，通过优先进行生态环境建设和保护，提高生态环境质量，为经济、社会发展创造条件，或者采取措施实施人类社会活动转移以恢复生态环境，进而促进贫困问题的缓解或消除贫困的形态。[1] 从发展经济学理论上讲，贫困成因多被归结于物质资本和人力资本积累不足；20 世纪 70 年代以来，贫困的成因还被归结为市场经济条件下贫困人口权利的被剥夺。这些理论从普遍意义上论证了贫困的来源，并相应提出了反贫困的途径。但是要解决由生态恶劣所导致的贫困，反贫困的路径不能仅仅局限在原有的开发式扶贫思路上，而是要从优先解决生态问题入手，推行生态修复基础上的反贫困，形成科学、有序的开发与治理模式，力图消除贫困的

---

[1]　于存海：《论中国西部贫困特区建设的内涵与制度性建构》，《内蒙古社会科学》2003 年第 2 期。

成因。

　　在反贫困基本思路上，生态型反贫困强调围绕生态环境建设与保护制定反贫困措施；在具体策略上，生态型反贫困包含生态恢复和生态经济发展这两个密切连续的措施，即在进行生态恢复、生态建设的同时，通过发展生态经济发展贫困地区经济，保护生态环境。生态系统的恢复与重建是生态型反贫困的基础。通过对贫困地区生态环境的保护与重建，改善贫困地区生态环境质量，以克服生态问题给脱贫带来的阻力；基本过程是：通过调整贫困地区人口与生态环境的关系，或转变地区生产、生活方式，促进地区生态环境实现良性循环，进而改善贫困者的生存环境和生产、生活条件，实现反贫困的目标。具体措施包括：目前正在实施的退耕还林、退牧还草工程，属于生态重建的重要组成部分；在水土保持方面，荒芜沟坡区治理系统、田间治理系统、村庄道路区的治理系统的结合已收到成效（如宁夏定西地区）；在生态过于恶劣、完全不适合人类居住的地区，整体的或局部的生态移民可能是更加经济、有效的生态反贫困措施。

　　生态型反贫困的另一方面是促进在既定生态环境下的经济发展。当贫困地区具有一定自然资源基础时，需要在保护和建设生态环境前提下，按照生态建设机制，采取适当的经济开发行为，进行生态经济的建设。就自然资源的投入而言，生态经济是降低生态负荷的经济；就经济增长的途径而言，它是保护和优化整个生态环境的经济；就经济产品而言，它是再生产生态产品的经济。具体形式上，生态经济既包括生态农业，也包括生态工业；前者利用具有约束性的环境，结合生态学原则和生态经济学原理设计和安排农业生产，以获得较高的生态经济效益的农业发展模式[①]；后者模拟生态系统的功能，建立起相当于生态系统的"生产者、消费者、还原者"的工业生产链，以低消耗、低（或无）污染、工业发展与生态环境协调为目标的工业。[②] 在实用技术上，生态农业包括沼气利用，病虫害的生物防治，废弃物的处理和再生利用；利用食物链的关系和生物之间的相生相克关系发展农业和畜牧业；以生态工业为主导产业建立的生态工业园区内部以材料再使用、再修复、再循环等途径节约原料使用，促使园区

---

　　① 王善芝：《和谐的立体·生态农业生产与贫困山区的脱贫致富》，《安徽农业科学》2006年第 14 期。

　　② 邓南圣、吴峰：《工业生态学——理论与应用》，化学工业出版社 2002 年版。

内众多工业群落中的生产者和消费者连接起来构成工业生态链或工业生态网，运用积极手段来减少废弃物和污染排放，鼓励企业个体或园区整体不断努力提高园区的环境性能，最终达到经济效益、生态环境效益和社会效益的协调统一。

实践当中，资源开发过程中存在两类利益关系：第一类是中央和地方的利益关系，这其中既有中央政府和地方政府之间的利益关系，也有中央企业和地方企业乃至当地居民等相关利益者之间的利益关系；错综复杂。某些地方的中央和地方利益冲突得不到有效的解决，不仅限制了地方经济发展，甚至构成地方社会不安定的重要因素。第二类是当代人和后代人的利益关系；这就相应地涉及社会发展公平的两个方面：代内平等和代际平等。代际平等要求人们认识到自然资源的有限性，当代人不能因为自己的发展与需求而损害自然资源与环境；要给世世代代以公平利用自然资源和环境的权利。在自然环境资源和财富的配置中，由于所有的财富都掌握在活着的一代人手中，当代人就成了未来几代人资源和财富的托管者。因此，当代人必须考虑后代人的机会和可能获取的资源数量。资源富集区反贫困，不仅要保证当代人生存和发展的权利，还要保证后代人生存和发展的权利；不仅要协调当代人之间的利益关系，还要协调代际的利益关系，保证不同地区之间、不同代际的生存和发展。

三　西部生态扶贫开发绩效评价

西部大开发政策实施以来，扶贫资金渠道、扶贫减贫模式越来越多元化，各种扶贫项目的针对性也越来越强。扶贫项目多从人力资本投资、解决贫困地区发展贫困入手，走开发式扶贫道路。为总结十年来西部反贫困工作的成效，本书采用逻辑框架法（Logic Framework Assessment，LFA）分析我国反贫困事业的目标实现、资金投入和产出，总结 30 年来反贫困事业经验。

LFA 是美国开发署开发并使用的一种用于规划、项目、活动的策划、分析、管理、评价的基本方法，多用于项目事后评估。目前有 2/3 的国际组织把它作为援助项目的计划、管理和评价方法。这一方法用简单框图描述一个复杂项目的内涵关系，其核心概念是事物层次间的因果逻辑关系，即"如果"提供了某种条件，"那么"就会产生某种结果；这些条件包括事物内在的因素和事物所需要的外部条件（张三力，

2006)。在垂直逻辑关系上，LFA（由上到下）包含四层关系，即宏观目标、直接目的、产出和投入；在水平逻辑关系上，也包括（从左到右）四层关系，分别是纲要逻辑、验证目标、验证依据、假设条件，有时还包括经验教训。

在本书对西部反贫困事业的 LFA 分析中，充分使用了国务院扶贫开发办和中国西部开发网所提供的信息和有关统计数据，从扶贫开发资金投入、资金投入效果（包括基础设施、公共服务等多个方面）、贫困地区人均纯收入增加比例、贫困发生率、反贫困的经验教训等多个方面回顾了我国 10 年来反贫困事业的成就（见表 12 - 2）。

表 12 - 2　　　　　1978—2008 年中国生态反贫困项目评估逻辑框架

层次纲要	纲要逻辑	验证指标	验证依据	假定条件	经验教训
宏观目标	消除和缓解贫困，实现共同富裕，减少贫困人口，降低贫困发生率	西部地区低收入线以下贫困人口从 2001 年的 5535.3 万减少到 2008 年的 2648.8 万，贫困发生率从 19.8% 下降到 9.3%，比全国同期快了 4.5 个百分点	《中国统计年鉴》有关数据、《中国农村贫困监测报告》有关数据、《中国农村住户调查年鉴》有关数据、《中国农业年鉴》有关数据	坚持改革开放政策和西部大开发政策	（1）解放思想，体制创新；（2）坚持政府主导；（3）坚持科学发展
直接目的	贫困地区居民收入增加	到 2008 年年底，西部重点县农民人均纯收入从 2001 年的 1197.6 元增加到 2008 年的 2482.4 元，增长 107.3%，比全国重点县的增长幅度高 2.9 个百分点	《中国统计年鉴》有关数据、《中国农村贫困监测报告》有关数据、《中国农村住户调查年鉴》有关数据、《中国农业年鉴》有关数据	坚持开发式扶贫	（1）解放思想，体制创新；（2）坚持政府主导；（3）坚持科学发展；（4）坚持开发式扶贫；（5）实施区域政策，促进区域协调发展

续表

层次纲要	纲要逻辑	验证指标	验证依据	假定条件	经验教训
项目产出	西部农村基础设施大幅度提高，基本公共服务供给水平大幅度提高	基础设施：西部国家扶贫开发工作重点县通公路、通电、通电话、通广播电视的自然村比重分别为 82.5%、95.6%、83.9%和91.2%。公共服务：有幼儿园或学前班、卫生室、合格乡村医生或卫生员、合格接生员的村比重分别为 50%、75.5%、75.6%和72.8%。这两类指标已经非常接近全国平均水平	《中国统计年鉴》有关数据、《中国农村贫困监测报告》有关数据、《中国农村住户调查年鉴》有关数据、《中国农业年鉴》有关数据	坚持基本公共服务均等化	（1）解放思想，体制创新；（2）坚持政府主导；（3）坚持开发式扶贫；（4）加大农村基础设施建设力度，努力促进农村社会事业发展，建立农村最低生活保障制度
项目投入	多渠道融资	2001—2008 年，中央财政扶贫资金投入西部地区累计达到 598.1 亿元，占中央分配到省区市财政扶贫资金的 62.9%。扶贫领域开展的国际交流与合作，民营经济、民间组织等社会力量参与的扶贫项目和活动，主要集中在西部地区	西部开发网公布数据	坚持国家、民间和国际合作扶贫减贫	（1）中央财政和地方财政的大力投入；（2）以财政贴息资金引导金融机构参与；（3）深入宣传，全社会广泛参与

从表 12-2 可以看出，10 年来，我国扶贫开发事业取得了巨大成就，绝对贫困人口数和比例大为减少，但是相对贫困人口下降速度相对缓慢，尤其是进入 90 年代后期以来，发展贫困人口的减少速度更加缓慢；另外，尚未解决温饱的 9.3%的绝对贫困人口，脱贫更加困难，且脱贫效果既不

稳定，又极易发生因病致贫、因灾致贫等现象。未来 10 年我国扶贫开发更加艰巨。

四 西部扶贫开发的新形势和启示

进入 21 世纪以来，我国农村贫困人口明显减少，贫困地区生产生活条件明显改善，扶贫重点地区发展实力明显增强。然而，我国经济社会发展的总体水平还不高，扶贫开发任务仍十分繁重：一是贫困人口数量依然较多。2009 年，我国农村贫困人口还有 3597 万人，占农村总人口的3.6%，且扶贫标准相对较低，按世界银行标准，还有贫困人口 1.5 亿人，因灾、因病或因市场波动返贫现象严重。二是区域和城乡发展差距依然较大。尽管西部地区的发展速度超过了东部地区，区域发展相对差距有所缩小，但绝对差距仍在拉大。城乡居民收入差距 2009 年也扩大到 12022 元。三是集中连片和特殊类型地区的贫困程度依然很深。有些革命老区、民族地区、边境地区和特困地区的贫困发生率超过了 10%，比全国平均水平高 6 个百分点以上。四是制约贫困地区发展的深层次矛盾依然存在。特别是随着工业化、信息化、城镇化、市场化、国际化加快推进和市场经济体制逐步完善，贫困地区的土地、资金、人才等要素将会加速流出，进而影响贫困地区发展和减贫进程的持续推进。

党的十七大提出确保到 2020 年实现全面建成小康社会的奋斗目标，把基本消除绝对贫困现象作为一项重要指标。我国总体已进入以工促农、以城带乡发展阶段，新阶段扶贫工作出现三个明显变化：一是在扶持对象上，过去主要瞄准绝对贫困人口，同时关注低收入人口，现在对低收入人口全面实施扶贫政策；二是在制度安排上，过去主要是开发式扶贫，现在全面建立农村低保制度，不断完善以扶老、助残、救孤、济困为重点的社会救助体系，实行开发扶贫和生活救助"两轮驱动"；三是在主要任务上，过去专项扶贫工作范围比较宽泛，随着大扶贫格局的形成，现在专项扶贫的主要任务是提高贫困人口综合素质和发展能力，更要强调瞄准贫困户。随着我国经济实力和综合国力的日益增强，有能力进一步加大对西部扶贫开发的支持力度；随着城乡一体化趋势的不断加快，城乡发展的协调性将进一步增强；随着区域协调发展战略的顺利实施，要加快解决贫困地区发展中突出困难和问题；要推进强农惠农政策的持续和深入，使农村贫困人口将会得到更多实惠；要推进扶贫开发工作改革，使扶贫开发工作思路更明确、重点更突出、机制更完善。通过加快转变经济发展方式，让西部的贫困人口与全国人民共享改革发展成果。确立统筹城乡发展的方略，贯彻"以工促农、以城带乡"的方针，使西部的扶贫事业呈现出专项扶贫与惠农政策扶贫、社会各界扶贫等多方力量、多种举措有机结合、互为支撑的"大扶贫"的新局面。

第七节　区域能源资源开发与输出的空间产业链模式

一　能源资源开发与输出的空间产业链模式

从空间角度看，随着市场经济发展和能源需求的不断增加，我国能源工业与国民经济其他产业的联系越来越集中体现在西部能源工业与东部其他产业的联系，这是一种广义的跨区域的上下游产业分工与关联关系。目前中国能源生产和加工上下游之间的产业空间关系，通过西气东输、西电东送和西油东输形成了十分明显的区域垂直分工的上下游产业链关系。毫无疑问这些项目都涉及生产力的重新布局、资源的合理配置，涉及工业结构调整，是事关国计民生的战略性重大工程。对国家整体发展和国民福利水平的提高都是有益的。但是鉴于产业链的构建对于增强资源区企业效益和实现当地可持续发展具有重要的意义，更进一步来说，在我国东西部之间的能源产业链的突出问题是煤炭一次能源和电力二次能源的供给和需求的关系。这种分工模式乃至固定化对于西部地区经济的可持续发展的长期影响，值得深入研究。

二　能源资源产业链的纵向延伸模式

（一）能源资源产业从点到链的纵向延伸的时机

对于资源富集区而言，如果长期集中在自然资源的大规模开发和主要向区外出口导致的产业单一化开发路径依赖，将使现有产业无法正常发展，更难以加快发展，从而使本地经济变得更加脆弱，难以提高经济实力和竞争力。资源一旦枯竭，加上对环境的破坏损失，以及无任何接替产业可以接续，当地发展不但不可能，甚至会陷入比资源开发前更为严峻和困苦的窘地。特别是鉴于目前开发和资源利用的水平相当落后，从国家对需求方的节能限制作用相当有限，因此国家从供给方角度，应当采取釜底抽薪的断然措施，控制能源产量的增长速度和供应节拍，否则支持供应中国经济增长的引擎的动力会在不长时期内消耗殆尽。同时必须尽快完善矿业权有偿取得制度，合理分配和使用矿业权出让收益，形成企业节约和合理开发能源资源的机制。根本解决煤电关系，要加快煤电企业的相互融合，解决现在煤电关系里面存在中间环节的问题。而目前这个"深度融合"即产业链延伸的时机现在已经成熟。

（二）对于能源空间产业链布局新思路的政策建议

鉴于单一化路径形成的成本与收益空间异置，而又无法得到及时补偿条件下，在资源产地企业和政府通过融投资形式联合加快形成区域内部产业链，对促进西部地区在能源开发中实现又快又好的可持续发展，是必要和可行的。国家在产业发展战略上，对于全国的能源空间产业链布局，不仅要依据比较优势观点，还要有动态比较优势观点。一方面，根据西部地区资源储量大、开发条件好的特点，进行科学规划，合理开发，坚持高起点、高标准，重点发展具有比较优势的特色产业；另一方面，要看到并科学规划产业链在当地的适当聚合，或者说产业链适度内置；在有条件的地区做大做强以煤—电为主的能源基础工业，以煤转化为主的化学工业，以煤、电为依托的钢、铝、硅和有色金属为主的冶金工业，以及可以借力发展的资源加工业，构建特色鲜明的优势产业体系。

在区域发展上，鼓励资源优势地区率先发展，使之成为全地区经济发展的重要支撑。在城市发展上，按照突出发展大城市、加快发展中小城市和重点发展旗县所在地城镇的方针，构建科学合理的城镇体系，走有本地特色的城镇化道路。

对于西部地区而言，通过接替产业转移产业链适当内置，有助于缓解在西部资源区存在的开发成本与收益外置状况。特别是对于西部资源富集区而言，由于长期产业单一化，集中在自然资源的大规模开发和出口将使本地经济将变得更加脆弱。针对西部地区的能源产业延伸和可持续发展，应当注意控制资源开发的强度和项目的节奏，尽可能使国家和地区有更多的机会和更大的能力调节伴随而来的收入流并发展相关产业和接续产业，改善由"荷兰病"所带来的资源转移效应和挤出效应。具体政策建议如下：

第一，坚持依靠科技进步，走资源利用率高、安全有保障、经济效益好、环境污染少的可持续煤炭工业发展道路，形成资源节约、高效循环利用的煤、电、化产业链，努力构建与区域经济社会发展相协调的新型能源工业体系。

第二，强化规划和管理，有序开发、合理利用煤炭资源。根据西部经济社会发展和人民生产生活对能源资源的需求，以资源定规划，按照优化生产力布局，优化企业组织结构和消费结构，促进能源资源科学、节约、有序和可持续发展的要求编制规划。加大对能源资源勘查的投入，增强能源资源储量保障能力，确保大型能源基地建设需要。同时坚持"在开发中保护，在保护中开发"的原则，有序开发、合理利用能源资源。支持和鼓励煤炭资源与煤层气综合开发利用，对特殊和稀缺煤种实行保护性开发。开展能源资源保障能力动态分析，建立能源资源战略储备制度。

第三，实施资源整合、布局调整，加快结构调整，促进产业升级。切实加强领导，统一部署，规范运作，强力推进。

第四，努力建设大型煤炭电力和资源加工基地，引导和培育组建大型煤炭骨干企业和企业集团。进一步加强矿区内煤炭资源的勘探、开发及建设管理，积极落实矿区开发条件。打破地域、行业和所有制界限，支持大型企业加快规划矿区的重点项目建设。支持大型煤炭企业采取收购、兼并、控股等多种形式整合小煤矿，引导和培育小型煤炭企业按照现代企业制度进行资产重组，实行联合改造。

第五，促进能源与相关产业协调发展。一是全力推进铁路、高速公路、机场的立项、建设，同时加大财政投入，加大路网改造力度，启动一批矿区公路建设，提高煤炭运输能力，从根本上缓解交通运输对煤炭供给的制约。二是加大电网建设力度，保障供电和关联产业用电需要。三是鼓励大型煤炭企业与电力、化工、冶金、建材、装备制造、交通运输等企业联营。促进煤炭产业及相关产业布局的优化，加快煤炭产业与下游产业协调发展。

第六，发展能源循环经济，延长能源产业链。一是启动煤电项目坑口电站建设。二是由以煤转化成电为主，逐步转向以煤电为基础，有序发展煤液化制油、煤气化制合成氨、甲醇、二甲醚、烯烃等煤化工产品，建设煤电化一体化和煤磷电化一体化循环经济项目。三是着力提高煤炭洗选加工程度，积极探索推进洁净煤技术和产业化发展，发展洗煤、型煤、焦炭、水煤浆等深加工产品。四是按照清洁、高效、充分利用的原则，大力开展煤层气、煤矸石、煤泥、矿井水、粉煤灰等的综合开发与利用。积极引导企业开发利用煤矸石、粉煤灰制砖等项目。

第七，营造良好的投资环境。要求各级各部门要在各自的职责内依法加强对能源企业的管理，也要为能源企业搞好服务，帮助能源企业排忧解难。要严格执行国家有关煤炭企业的税收优惠政策，严禁向煤炭企业征收已公布取消的各类基金和收费项目，严禁巧立名目向煤炭企业乱罚款、乱集资、乱摊派。继续下大力气抓好政务、市场、法制、信用等"软环境"的建设，为我区煤炭工业的持续、稳定、健康发展营造良好的投资环境。

一是为了国家和各地区的长远发展，必须建立科学合理的能源和资源价格机制，与市场供需、国际市场、资源储量、开发难易程度密切结合起来，大力开展资源的高效利用、综合利用和循环利用。建设科学合理的定价机制和资源价格体系，从开源和节流两方面综合考虑用价格杠杆调节资源配置，彻底改变由于价格不合理导致的自然资源严重浪费的问题。为此，应进一步深化价格改革，研究有关价格和收费政策，形成有利于节水、节电、节能的价格机制，在提供普遍服务的同时，发挥价格对用水、电和能源特别是不可再生能源需求的调节作用。取消不利于资源节约的补贴政策，取消资源开发利用的各类优惠政策，取消按企业性质确定的优惠政策，取消资源及其产品的出口退税和其他优惠政策。综合平衡补贴政策的不同目标，设计既有利于资源节约和环境保护，又符合经济社会目标的补贴政策。在定价时，必须充分考虑能源开发中的资源代价、生态环境代价、生命代价、后续发展能力代价。并且加上"机会成本代价"。以维持西部地区和全国的经济社会可持续发展。

二是调整完善进出口税收政策。提高高能耗、高物耗、高污染、低效率的资源产品和初级产品出口关税税率，逐步减少直至取消煤炭及焦炭、电解铝、磷矿等国内紧缺且污染环境的产品出口；鼓励到国外建原料供应基地、合作开发及进口国内急需的大宗矿产品，鼓励进口废钢铁、废有色金属，在国外建加工园区并优先满足国内市场的需要。

三是鉴于目前国家制定的初级产品价格较低，资源税税率也很低，而深加工产品的附加值较高，建议国家将深加工产品的部分税收采取适当方式返还资源产地，以支持其经济可持续发展和环境保护。国家要研究制定吸引国内外大企业集团到西部投资的政策，要通过法律和政策引导，鼓励对在当地投资资源开发的外地企业，首先是中央直属国有大中型企业要积极参与西部特色产业开发和基础设施建设，并将其利润中的一部分留在当地进行新产业投资，促进当地经济协调发展。我国资源富集地区多是贫困地区，一定要将资源开发与当地人民的生活水平提高联系起来。中央企业首先要处理好当地资源开发和生态保护的关系，处理好企业与地方的关系。尽快改善当地群众的生产生活条件，促进那些地区的繁荣进步。

第八节　区域生态循环经济和低碳经济模式

一　循环经济示范模式

人们受自然生态系统组成及运动原理启发，对多工业系统进行了分析比较，发现不同的工业系统之间也与自然生态系统中的各种物质一样，在一定条件下可以存在相互关连作用。于是，20世纪90年代，一些经济发达的国家把自然生态学理论，应用到工业体系建立上，使不同的工业企业，不同类别的产业之间形成类似于自然生态链的关系，从而达到充分利用资源，减少废弃物产生，物质循环利用，消除环境破坏，提高经济发展规模和质量的目的。传统工业的生产活动是由"资源—产品—废弃物"所构成的物质单向流动的生产过程，这是一种线性经济发展模式。这种线性经济发展模式，是以高物耗、高污染、低效率为特征的发展模式，是一种不可持续的发展模式。生态工业则是把若干工业生产活动按照自然生态系统的模式，组织成一个"资源—产品—再生资源—再生产品"的物质循环流动生产过程，这是一种循环经济发展模式。在这个经济发展模式中，没有了废弃物的概念，每一个生产过程产生的废弃物都变成下一生产过程的原料，所有的物质都得到了循环往复的利用。这种模式是可持续发展模式。

近年来我国地方各级政府把发展循环经济作为调整经济结构、转变发展方式和实现节能减排目标的重要措施，我国循环经济模式已经初步探索形成企业、企业间或园区、废弃物回收及社会四个层面的循环经济发展模式。在高耗能、高排放行业不同工艺流程的企业，在不同类型的产业园区初步形成了各具特色的循环经济发展模式。经过各方面努力，我国发展循环经济已经取得了积极成效。目前，全国工业固体废弃物综合利用率已达56%，钢铁工业年废钢利用量相当于粗钢产量的20%，废旧有色金属年回收利用量相当于年产量的25%，万元GDP能耗下降2.78%。但是，全国循环经济发展需氧量和二氧化碳排放量首次出现双下降。西部在推进循环经济发展上还面临诸多问题和困难。主要表现在：认识尚未完全到位，一些地方仍然把 GDP 增长作为硬任务、把节能减排当作软指标；科技支撑作用不够，资源节约和环境保护重大技术研发还比较薄弱，资源高效利用和循环利用的关键技术亟待突破；体制不健全，一些资源性产品的价格形成机制还未能充分反映资源稀缺程度、环境损害成本和供求关系，"污染者付费"的原则没有完全落实等。从 2005 年起，我国就在大力发展循环经济，在行业范围以及小区域范围内进行过试点试验。但在甘肃省以及柴达木盆地这样大的范围内，以高起点、高标准进行顶层设计，构建规模宏大的区域循环经济体系，不仅在我国循环经济发展史上未曾有过，在世界上也绝无仅有。目前，西部的循环经济试点从企业"小循环"，到行业"中循环"，再到区域"大循环"，构建区域循环经济，是我国的全新尝试。从循环经济发展史来看，这是西方发达国家所没有经历过的，将对我国加快经济发展方式转变提供新的动力。

二　区域循环经济模式

2009 年 12 月 24 日，我国首个省域循环经济发展规划《甘肃省循环经济总体规划》获国务院批准实施。覆盖甘肃全省的总投资为 2133 亿元，用于发展 72 大类重点支撑项目。此次区域循环经济的提出，相比于小区域而言，设计范围远远扩大了。相比于行业循环而言，区域循环的设计大量增加了行业与行业之间的纵横融合，形成行业联动和区域互动，将大大提高规模效应、聚集效应和深加工能力。这对于我国在资源丰富、生态环境脆弱地区探索发展循环经济，实现科学发展之路具有重要意义。建立促进循环经济发展的区域经济政策目标是以资源—产品—废弃物为主线构建新的成本—价格体系，原则是形成利益驱动机制，方向是改革调整重点经济政策。重点经济政策有：自然资源开采环节的资源税收和价格政策、末端处理处置环节的环境税（费）政策和消费等环节的扶持奖励政策三类。重点经济政策改革的方向：一是提高初始资源价格，提高循环经济比较利益；二是提高废弃物排放成本，增强循环利用废弃物的成本优势；三是降低废弃物再生利用成本，提高再生资源的比较利益；四是降低循环经济的交易成本和市场开发成本，提高循环经济效益。

目前，西部废弃物和包装材料的回收、再生和循环利用已经得到了一定的发展。在单个企业的层次上，一些企业在"三废"综合利用税收减免等政策的鼓励下，通过矿渣的再冶炼、粉尘制砖或烧制水泥、下脚料的回收、冷却水的回用等措施加强了企业内资源的再用或再生利用。在区域和跨区域的层面上，我国目前已经把甘肃省作为循环经济示范省、贵阳市确定为循环经济示范市，重庆、昆明、兰州等城市作为清洁生产试点城市，把石化、冶金、化工、轻工、船舶等行业确定为全国清洁生产试点行业。2011 年 3 月 15 日，《青海省柴达木循环经济试验区总体规划》获国务院批准实施，这是国务院批复的第二个区域循环经济总体规划。这个循环经济园区是国内唯一布局在藏区、也是目前世界上最大的循环经济园区。

三　低碳经济示范模式

工业化、城市化大量消耗化石能源而引发的全球气候变暖正威胁全球的生态平衡，给社会经济的发展带来严重损失，深刻触及能源安全、生态安全、水资源安全和粮食安全。因此，全球气候变暖引起国际社会的极度关注和对现有经济发展模式的反思，从《京都议定书》到"巴厘岛路线图"，世界各国都在为解决气候变暖问题而努力，在经济发展的同时，降低经济增长所带来的二氧化碳排放量，减缓气候变化的速率，避免给人类和自然生态系统带来不可逆转的负面影响。由此，以低碳经济为基本内涵的发展模式在世界范围内得到普遍的认同，并成为新时期人类发展的目标。

中国作为世界第一大能源生产国和消费国，第一大二氧化碳排放国，必须高度重视全球气候变化问题。当前我国正处在全面建设小康社会的关键时期和工业化、城镇化加快发展的重要阶段，能源需求还将继续增长，在发展经济、改善民生的同时，如何有效控制温室气体排放，妥善应对气候变化，是一项全新的课题。积极应对气候变化，是我国经济社会发展的一项重大战略，也是加快经济发展方式转变和经济结构调整的重大机遇。2009 年 11 月，国务院提出中国 2020 年控制温室气体排放行动目标，各地纷纷采取行动落实中央决策部署。不少地方提出发展低碳产业、建设低碳城市、倡导低碳生活。开展低碳省区和低碳城市的试点，有利于充分调动各方面积极性，有利于积累对不同地区和行业分类指导的工作经验，是推动落实我国控制温室气体排放行动目标的重要抓手。发展应对气候变暖，建设环境友好型的低碳经济模式，不仅有利于我国转变经济增长方式，保护生态环境，实现资源的可持续利用，还有利于化解因全球变暖所产生的国际压力，也是我国承担国际义务，提高国际影响力的重大战略举措。

2010 年 8 月 10 日，国家发改委发布公告，统筹考虑各地方的工作基础和试点布局的代表性，选择广东、辽宁、湖北、陕西、云南五省，以及天津、重庆、深圳、厦门、杭州、南昌、贵阳、保定八市首批开展发展低碳产业、建设低碳城市、倡导低碳生活试点工作。未来将在这些试点省市建立低碳排放为特征的产业体系，并将制定支持低碳绿色发展的配套政策。其中西部地区有两省、两市参加试点。国家发改委指出，必须坚持以我为主、从实际出发的方针，立足国情、统筹兼顾、综合规划，加大改革力度、完善体制机制，依靠科技进步、加强示范推广，努力建设以低碳排放为特征的产业体系和消费模式这些试点省市要加快建立以低碳排放为特征的产业体系。试点地区要结合当地产业特色和发展战略，加快低碳技术创新，推进低碳技术研发、示范和产业化，积极运用低碳技术改造提升传统产业，加快发展低碳建筑、低碳交通，培育壮大节能环保、新能源等战略性新兴产业。此外，将在这些试点地区制定支持低碳绿色发展的配套政策。试点地区要发挥应对气候变化与节能环保、新能源发展、生态建设等方面的协同效应，积极探索有利于节能减排和低碳产业发展的体制机制，实行控制温室气体排放目标责任制，探索有效的政府引导和经济激励政策，研究运用市场机制，推动控制温室气体排放目标的落实。

西部作为我国能源的主要产地和接续地，对于我国经济社会的可持续发展意义重大。为了实现人口、资源与环境的和谐发展，保持能源消费与西部环境的平衡至关重要。高效利用能源，保护环境，发展低碳经济应该成为我国的一项长期国策。低碳经济涉及能源、交通、建筑、冶金、化工、石化等各个工业部门，陕西、四川和重庆的工业门类较为齐全，有着发展低碳经济的产业基础。特别是陕西西部既有丰富的煤炭、石油天然气资源，也拥有太阳能、风能等再生能源的丰富资源，适合作为低碳能源的示范。

第九节　资源枯竭区经济转型和接替产业选择模式

资源型城市（包括资源型县、市、区）是以本行政区矿产、森林等自然资源开采、加工为主导产业的城市类型。长期以来，西部作为以资源开采为主的能源基地和原材料供应地，为国家经济社会发展做出了突出贡献。但是，随着国家对西部的依赖性趋强，加之资源的超强度开采和无序开采现象严重，资源综合利用程度低，资源枯竭问题逐渐暴露，产业结构性矛盾突出，接续替代产业发展乏力，生态环境压力巨大，职工再就业困难，企业办社会包袱过重等问题日益突出，解决资源型城市在发展过程中普遍存在的深层次矛盾和问题迫在眉睫。尽快建立有利于资源型城市可持续发展的体制，对保障当前能源资源供给，促进国民经济和西部地区持续协调发展具有重要意义。

一　资源型城市发展接续产业分类模式

作为特殊类型的城市，资源型城市是在资源的大规模开发中，依赖外部大量人力、物力和财力的集中投入发展起来的，对本地资源和外部投入的依赖性大。由于西部大开发正处在第一个十年的尾期，应当吸收其他重要开发地区，如东北地区的重要经验和教训，必须尽早根据资源型城市的自身特点进行分类，并对其发展接续产业进行前期规划，才能使这些城市避免因资源枯竭而丧失发展机遇。根据不同城市的特点进行分类研究，科学地制定并实施不同的转型策略，发展各自的接续产业。

（一）制定资源型城市可持续利用发展战略

首先，要制定资源型城市可持续利用发展战略，对于新建或初具规模的资源型城市，要站在城市可持续发展高度对资源、人口、环境进行科学规划。

其次，要综合规划中期资源型城市多元化发展战略，对于壮年型资源型城市，不能单纯追求资源型产量和业绩而过度耗费资源，要科学制定多元化经济发展步骤，必要时控制主导产业的发展规模，以免因产业接续不善造成城市经济的大起大落。

最后，要面对客观现实，实事求是制定资源枯竭型或资源失去竞争能力的资源型城市经济转型战略，重点考虑发动一切有利条件，研究如何实现发展接续产业和促进就业、再就业及保持经济社会可持续发展的结合，加大后续资源勘探和矿井基本建设的投入，稳定资源自给率。

（二）确定资源型城市实现转型的最佳时期

资源的开发一般经历四个阶段，即前期开发、增产期、稳产期和衰退期，从实际出发，处于开发中期的资源型城市因处于产业上升期，比较容易实现转型、发展接续产业，因此尤其要注意设计发展规划，避免重复以往资源枯竭时投入巨大的转型老路，走出振兴新思路。

（1）对于资源开采中期的资源型产业采取主动转型模式。主动转型模式是一种自觉、超前的行为。与资源衰退产区的被动转型相比，好处是便于选择最佳转型期，力求把转型成本降到最低，同时也利于替代产业的发展，这样转型的效率和结果将会非常明显。与资源衰退产区相比，其突出的特点是资源比较丰富，正处于开采的兴旺时期，机械化程度相对较高，开采成本低，经济效益好，转型面临的问题少，压力小，基本没有历史包袱，具有相当规模的资金积累，是为转型做准备的最佳时期。

（2）充分利用和挖掘现有优势来，推动中期资源型城市转型。处于资源开采中期资源型城市的转型规划，应引导无新资源蕴藏禀赋的资源型城市立足原有的设备、人力及其形成的积累优势做文章，发展接续产业。如陕北延安已处于石油资源开采中后期阶段，但由于其早期在石油开采方面的设备、人力资本等要素投入巨大，如果完全退出资源型城市序列，必将形成大量沉淀成本。因此可以考虑以自身优势为依托、探索一条向资源加工城市方向建设的新路子。这一思路可以概括为：在新的模式下，不存在新的资源禀赋的资源型城市的发展可以依托既有优势延伸产业链条，创造新的增长点。

（三）建立规避"资源诅咒"的制度安排

建立规避"资源诅咒"的制度安排，是促进资源型城市可持续发展的根本制度保障。关键是建立资源开发补偿机制和衰退产业援助机制，促使资源价值得以实现并在各利益主体间合理分配。当前，加快资源价格改革步伐，逐步形成能够反映资源稀缺程度与市场供求关系、环境治理与生态修复成本、代内与代际公平的资源型产品价格形成机制；加快资源税费制度改革，给资源型城市以合理补偿。上述改革涉及重大利益格局的调整，必须以完善市场体系、宏观调控体系及财税体制作保障。

二 资源型城市发展转型的沉淀成本处置

资源型企业的物质资产专用性强，一次性投入大，一旦需要转向，会形成巨大的沉淀成本。该类企业资本有机构成高，固定资产投入尤其是一次性投入比重大，且采掘机、选矿机、专用冶炼炉等设备用途单一。矿产开发中的人力资产专用性也很强，无论是技术人员还是矿工，多年来主要从事与矿产资源相关的技术工作与开发活动，很难适应其他行业工作。此外，围绕资源采掘形成的初加工、配套、生产服务等资源产业家族，其资产的专用性也很强。如服务于采掘业及其资源产业家族的基础设施，包括专用铁路、公路、建筑以及相应的专用运输设备，都很难转作他用。

由于资源品种、赋存条件、开采难易程度、市场供求状况等不同，处理资产专用性问题的方式也不同。依据事前、事中、事后和企业、产业、区域两个维度，可以设计如下解决问题的基本思路：一是事前预提损失，预计生产后弃置费用；对于资源型企业，设立强制性特别保险；建立矿产行业衰退预警与退出机制。二是事中发展接续产业，重塑、挖掘专用性资产价值，对专用性资产进行开发再利用；寻找专用性资产的新价值，通过剥离、利用有效组成部分，活化资产价值，如借鉴德国经验，开发工业遗产旅游。三是事后对资产进行减值处置，如在会计处理上计提折旧，设计会计科目"折旧—资源型产业折旧"；通过资产管理公司，对资产进行处理；从区域层面加强矿产行业劳动力的再就业培训。

第十节　本章小结

本章分析了西部大开发以来环境治理与经济社会发展的主要模式，包括已经取得一定成效的生态修复模式，如退耕还林、退耕还草，防护林、有中国财政转移支付特色的省际对口支援模式、正在建立的对于资源枯竭城市的生态补偿机制，即将正式推行的资源税改革机制，各类扶贫开发模式等。并使用逻辑分析框架进行了简单的定性分析。

在我国主体功能区划分当中，西部大部分地区被划入限制开发区和禁止开发区，承担了为全国提供生态屏障的重要任务和责任。然而，从发展角度看，限制开发和禁止开发意味着生产机会的剥夺。在目前条件下，这种外部成本—收益的异置化只能通过生态补偿来矫正。同时，由于现行经济体制原因，外部成本—收益的异置不仅出现在生态领域，也出现在能源生产领域，以至于资源富集区开始出现"资源诅咒"现象。为解决这一问题，需要延长能源产业加工链，实现西部能源资源产业从点到链的纵向延伸。

第十三章　结语

第一节　基本结论

　　本书提出由于区域资源开发和环境问题的复杂性，对当地生态环境的治理不能采取一元化的单一治理模式，必须进行多元化综合协同治理；不仅要重视对自然界及生态环境的治理，还要重视资源开发的行为模式和人文环境的治理，进行相对落后、缺失的社会基础、人文环境建设，如教育、科技等的建设；为此，提出了综合发展环境治理与经济社会发展的系统环境分析框架，并且深入进行了综合评价和实证分析，取得了一些重要的结论。

　　本书提出了资源开发、生态环境治理的空间外部性异置命题，以及单一资源开发、生态公地保护等引发显著外部性的四种主要表现形式，基于不同主体功能区分工，分别针对限制、禁止开发区和重点开发区的公共品和商品分工模型进行了环境成本内部化博弈分析，指出如果得不到法律的保障和国家的有效支持和干预，以及功能分工处于相对有利地区的参与，这种分工在实际操作中可能难以得到有效实施。从科斯安排、庇古税和管制三个方面分别探讨了如何进行环境成本内在化，提出了破解空间外部性异置思路以及校正这一问题的资源开发利益和成本的制度安排及手段和路径等。

　　本书分析了全国地区的生态足迹和环境容量；从空间梯度场角度，对区域产业及其形成的三种空间梯度转移方式进行分析。指出在产业转移过程中，如不严格控制环境标准和执行力度，就会在提升地区产业经济梯度的同时，不可避免地增加环境污染和生态破坏的梯度，也不可避免地增加生态环境治理的难度和成本；对生态修复的成本收益进行了讨论；也使得成本—收益的空间异置特征更趋明显，后果更为严重，治理更加困难。

本书分析了资源区单一产业和城市的盛与衰过程。通过模型解释资源富集区产业成长中"荷兰病"的作用原理，并构建了基于特定要素的资源富集区产业发展与"荷兰病"模型。本书还提出对于不同资源型城市的政府及处于城市产业生命周期不同阶段的资源开发型企业可以根据自己的能力与判断决定各自的转型和产品生产接替最佳时间，而不宜等到资源型产业进入衰退阶段时才去考虑发展接替产业问题。

本书比较全面、深入地分析了资源开发周期过程中的"资源诅咒"问题。本书认为，资源开发中福音和诅咒是并存的两种现象，不能将"资源诅咒"问题简单化认为是一段时期的经济增长，它包含因资源开发价格、波动、资源耗竭而引致的复杂的结构问题、环境问题、社会问题以及制度变迁等。为此，建立包括经济增长、资源丰裕度和依赖度、投资率、人力资本、开放优先度等多变量的回归方程进行区域检验；并建立了包括由资源禀赋、区域分工和产业依赖、经济发展、生态容纳和补充、能源消耗、收入分配与公平在内的6个维度和15个指标组成的地区"资源诅咒"指标体系，进行了省域层面和资源型城市层面"资源诅咒"的比较研究和评价，并作了相互比对，回答了在资源富集区开发中在资源对当地发展带来福音的同时，确实存在如结构单一、收入差距拉大、环境遭到破坏等"资源诅咒"现象，表现在财政、就业对资源产业的过度依赖，"荷兰病"表现明显；同时减少了生态盈余。从而突破了对于"资源诅咒"研究仅限于经济增长角度的简单理解，并突出分析在区域分工、资源贡献、结构依赖以及生态效率方面的病理特征；此外，也指出了资源价格波动对区域经济增长造成的重大起伏影响。不仅如此，还进一步分析了我国地区"资源诅咒"的形成特点，及其与国外的不同。

本书讨论了区域可耗竭资源开发的最优条件，资源开发中双主体的环境约束、适当的开发强度，并针对石油资源耗竭的预期，通过对可耗竭资源价格问题，具体分析和探讨资源价格的定价及其内涵。讨论了资源区在储采比、技术经济、环境和可持续发展以及资源价格变动等综合约束条件下开发强度的合理安排；并从荷兰病病理出发，分析了资源开采单一产业形成和矿业城市兴衰的机理。

　　本书从环境污染是人口增长、经济增长和投资增长的产物出发，从空间斜率、经"纬度"角度对人口—经济（含投资）—污染（包括工业"三废"）重心的分析，对全国和西部地区的单一重心和复合重心的变化轨迹进行了比较和判断。对环境库兹涅茨曲线进行分析，深入分析了全国和东部、中部、西部增长和污染治理的内在关系及其各自变动差异。

　　本书讨论了资源开发中要素收入在中央与地区之间、东西部之间、西部地区内部之间等相关利益者分配关系，指出在资源开发中的利益相关者模式中，形成了中央政府、省（自治区）政府、资源所在地县政府、中央资源企业、地方资源企业等五类目标各异的利益主体。这些利益主体在资源开发中的利益冲突主要体现在资源开发权归属的矛盾、资源开发收益权的分配矛盾和能源资源开发对经济发展推动作用的矛盾这三个方面。而冲突的重心和焦点是中央政府、省（自治区）政府和地方市县政府之间的利益冲突。应用案例分析和博弈论等方法分析了资源税、国家与地区之间的财政转移支付和生态补偿机制设计问题。

　　本书揭示了生态贫困、资源开发与生态环境治理的相互关系。首先，从系统论与社会学角度分析资源密集区、重点生态区与革命老区、贫困地区、民族地区和边疆地区的综合治理及经济社会发展；其次，重点分析资源富集区开发与枯竭后的困扰；最后，进一步分析了单一产业和资源城市的作用机制与存在的可持续发展问题，提出延伸产业链、建立现代产业体系对西部地区脱贫致富的重要性和必要性。

　　在总结西部大开发前十年经验基础上，讨论重点地区如能源、资源开发基地开发与输出模式，边疆地区、民族地区的开发和援助模式；生态补偿和转移支付模式，贫困地区的生态脱贫模式；西部集中连片特殊困难地区的援助与开发模式，如省际对口支援新疆、西藏以及以四川汶川为代表的川、陕、甘地震灾区开发重建模式，资源富集区和资源型城市的接续产业发展模式等。对其成效和存在问题进行了分析。在上述基础上，进一步讨论了未来西部大开发的深入及其新发展战略和模式，并结合具体的经济社会发展与环境治理战略目标，提出未来十年环境治理与经济社会发展的新方略以及相关模式的政策建议。

第二节 未来展望和政策建议

一 未来十年区域经济社会发展与生态环境治理展望

党的十八大进一步明确要将生态文明建设与经济建设、政治建设、文化建设、社会建设并列，"五位一体"地建设中国特色社会主义。同时，中央强调继续实施区域发展总体战略，西部大开发在国家区域发展总体战略中摆在优先位置。

在第一个十年取得阶段进展的时候，需要清醒地看到，西部地区与东部地区发展水平的差距仍然较大，西部地区仍然是我国全面建设小康社会的难点和重点。绝不能忽视西部经济结构不合理、产业体系尚未形成、自我发展能力偏弱、基础设施落后，人民生活还低于全国平均水平，生态环境依然相当严峻这些基本状况；充分认识西部大开发的艰巨性、复杂性和长期性。因此，深入研究未来十年西部发展的战略路径，科学制定使西部地区经济、民生、生态环境协调发展的策略，具有重要的战略意义和深远的历史意义。

为此，要有效深入实施西部大开发战略，首先，需要更加深入地推进对西部大开发理论和实践的双重探索，进一步提出实践的新任务和前进方向，指导实践探索的深入发展。其次，前事不忘，后事之师。要认真总结历史上西部开发，包括近现代以来的学术研究和实践经验，特别是前十年研究和实践的成效和不足，才能做好前十年和下十年的战略、政策和策略衔接，从而提升实施下十年的战略、政策和策略实施的可行性与可靠性。再次，要深入实施未来十年西部大开发战略，就必须对中央提出的战略目标、战略部署、战略重点和着力点进行更加全面、深入、细致的研究和理解，并紧密结合对西部的区情现状、发展环境、未来趋势有更清晰的把握，在此基础上重点研究要落实的政策、配套措施、开发的模式和实施路径。

国家把西部大开发放在未来十年我国区域协调发展总体战略的优先位置，要求进一步解放思想、开拓创新，进一步加大投入、强化支持，推动西部地区经济又好又快发展和社会和谐稳定，努力实现全面建设小康社会奋斗目标。2010 年 7 月，中共中央、国务院召开的西部大开发工作会议明确指出，今后 10 年，深入实施西部大开发战略的总体目标是：西部地区综合经济实力上一个大台阶，基础设施更加完善，现代产业体系基本形成，建成国家重要的能源基地、资源深加工基地、装备制造业基地和战略性新兴产业基地；人民生活水平和质量上一个大台阶，基本公共服务能力与东部地区差距明显缩小；生态环境保护上一个大台阶，生态环境恶化趋势得到遏制。归纳起来就是提出了西部未来十年的经济社会发展和生态环境与治理的战略目标和战略安排。

本书研究的着力点是如何借力国家的进一步支持和内外开放的条件，在充分发挥西部自身优势的同时，着力解决西部经济结构不合理、自我发展能力不强、人民生活与社会发展水平较低、基础设施落后、生态环境恶化等现实问题。突出西部自我发展能力的培养和提升，研究如何使西部在新十年逐步走上由输血式转向内生型发展道路。

资源开发、环境保护和民族地区、边疆地区、革命老区和贫困地区的经济社会发展问题在我国西部地区是紧密联系和交叉在一起的，它对于地区经济社会发展、边疆繁荣稳定、生态环境安全具有十分重要的战略意义，在西部大开发第二个十年中，这一问题仍是亟待研究解决的一个重大的突出课题。

在区域资源开发进程中如何转变传统的以牺牲资源环境为代价的发展方式，探索生态环境与经济社会协同发展的"双赢"模式，使资源合理开发利用，进而实现生态环境与经济社会良性循环、可持续发展的目标，任务相当艰巨。本书研究已经揭示，丰富的资源禀赋既可能成为区域比较优势的重要依托和经济增长的支撑；但发展理论及实践经验表明，一味依赖某些不可再生资源开发会导致"比较优势陷阱"和"贫困化增长"后果，特别是在资源价格严重波动的情况下，会产生严重的"资源诅咒"。随着开发环境的恶化、资源的枯竭周期到来，甚至可能成为制约当地经济持续发展的主要因素，而且威胁着当地居民的生存。因此对于资源地区而言，如果长期集中在自然资源的大规模开发和出口导致的产业单一化开发路径依赖，将使得本地经济将变得更加脆弱。资源一旦枯竭，加上对环境的破坏损失，以及无任何接替产业可以有效接续的话，当地不但不可能发展，甚至会陷入严峻和衰败的窘地。

西部地区是我国革命老区、资源密集区、多民族集中的地区，我国的内蒙古、新疆、西藏、广西和宁夏五个自治区都位于西部地区。那里的经济发展远远滞后于东部和中部地区，这种经济发展的不平衡，势必体现在社会发展的不平衡上，这种经济社会发展不平衡的矛盾，尽管是局部的问题，但由于发生在民族地区和边疆地区，容易受境内外势力影响、利用甚至对全国产生巨大的破坏作用。虽然在西部大开发第一个十年，西部地区包括民族地区经济社会发展取得了重大发展，但长期积累的经济社会问题还难以从根本上加以解决，有些问题相当严重，有些问题还具有潜伏性和深层隐患特征，一旦冒头就会造成巨大社会影响。因此必须在下一个十年未雨绸缪，着力加以重视和解决，注意经济发展、社会公平与环境和谐。

（一）进一步对外开放，提升资源富集地区引资水平

（1）要把引资与承接国内外产业转移紧密结合起来。一方面，要做大做强支柱产业，引导外资投向这些产业，可以提升产业竞争力，加快西部省区的经济发展。另一方面，要大力培育新兴产业。例如，引导外资向高新技术、环保、电子信息、清洁能源等产业投资。此外，要加快服务业发展。西部现代服务业是个短板弱势产业，应利用我国开放服务市场和国际服务业转移的双重机遇，吸引外资向商业零售、各种中介服务、软件、金融服务等领域投资。鼓励外商向转移服务外包，带动和促进西部地区服务业的成长壮大。在引资中要适当提高某些产业外资进入的门槛，防止污染跨界转移。

（2）"十二五"期间乃至更长的时期，西部各省区需要因地制宜，因势利导，利用各自的地理区位、文化、宗教、民族等联系，在全面开放的同时，面向不同国家地区重点开放，例如新疆对中亚地区，内蒙古对蒙古国，宁夏对阿拉伯伊斯兰地区，云南对缅甸、越南等；同时要增强发展的后劲，积极规划搞好项目的规划、设计和包装，搞好可行性研究，积极向投资商推介，争取合作，取得突破。

（3）要顺应国际资本市场的发展趋势，抓住中国跨国并购条件成熟的时机，积极发展跨国并购；要挑选西部省区的优势企业，经过规范、包装，争取境外上市，以开辟新的融资渠道，提高利用外资的规模和质量。一方面，应积极引进战略投资者，实现国企产权的多元化，为建立法人治理结构，完善现代企业制度奠定基础，创造必要的条件，提高国有经济的竞争力和控制力。另一方面，通过大力引进外资和民营资本，做大做强民营经济，壮大沿边地区企业，搞活经济。

（二）围绕区域生态环境建设与治理、保护状况，制定相应的反贫困措施

资源区域要把生态文明建设放在突出地位，融入可持续发展全过程，坚持开发和保护相互促进，着力推进绿色发展、循环发展、低碳发展，切实解决生态环境问题，为资源型城市可持续发展提供支撑。

在区域反贫困中，应当紧紧围绕当地生态环境建设与治理、保护，制定相应的反贫困措施；在具体策略上，要实施生态恢复和生态经济的发展，即在进行生态恢复、生态建设的同时，通过发展生态经济发展贫困地区经济，保护生态环境。从价值增值方面，要延伸资源地区能源资源外送与深加工产业链的形成，直至形成现代产业体系。资源区要未雨绸缪，及早筹划，避免陷入"荷兰病"陷阱，破解"资源诅咒"的困境；为此应当认真研究发达国家和发展中国家的经验教训，以及资源枯竭后的产业复兴政策等。

严格执行重点行业环境准入和排放标准，把主要污染物排放总量控制指标作为新建和改扩建项目审批的前置条件。强化火电、冶金、化工、建材等高耗能、高污染企业脱硫脱硝除尘，加强挥发性有机污染物、有毒废气控制和废水深度治理。

（三）前瞻性地预见和积极安排谋划接续和替代产业

资源富集区需要前瞻性地预见和积极安排谋划接替产业。需要大力发展能源资源的深加工产业，延长能源资源产业链，提高资源产品附加值，优化开发模式。产业链条的延伸、优化设计和关键技术的应用实施乃是建设可持续发展的西部能源资源产业的关键所在。

（四）调整资源税和进行环境税改革

（1）目前的资源税收入远远不能补偿能源资源开发产生的使用者成本，而这部分价值以超额利润形式进入开发企业的盈利当中，或者以消费者剩余的形式为当代消费者所得，造成的结果都是资源过度开发，而地方政府没有足够的资金发展接续产业，以期在将来获利补偿后代人。因此，资源税税率必须调整。

（2）能源特别是煤炭价格虽已放开，但与国际价格相比还是明显偏低。煤炭的使用者成本损失巨大（若按零折现率计算，6年累积达到1437亿元）。我国的煤炭储量丰富，人们容易低估其价值，产生严重的浪费行为。若不能充分回收煤炭使用者成本，我国能源经济将面临重大损失。因

此有必要在我国建立绿色税收制度，配合生态补偿保证金制度或基金制度，在规范企业行为的同时回收环境成本，为政府征得专项资金，用于承办环保设施和重点环保工程，并为环保科研部门提供研究经费，以科技手段促进地区经济长期、稳定、快速、可持续发展。

（五）建立国家和地区的能源资源发展基金和生态环境补偿机制

建立稳定的能源资源发展基金对于控制资源供给价格的波动，稳定能源生产和就业，同时对发展新能源和不可再生资源衰竭后的产业发展都是十分必要和有益的。建议设立新能源发展基金，用于保障财政补贴、价格补贴、贴息贷款、研发投入等其他可再生能源和非可再生资源政策的落实。专项基金来源可考虑三部分：一是参照设立"三峡建设基金"的做法，在电力终端消费中提取；二是从现存煤炭资源使用费中提出一部分作为发展基金；三是征收化石燃料税。鉴于化石能源资源的有限性及其利用过程产生污染的严重性，借鉴国外对用能企业设立大气影响税和向电力用户征收化石燃料税的做法，通过对化石能源的生产和消费采取抑制的税收政策。

资源基金既可用于海外投资，也可用于稳定收入。具体的方法是从稳定政府预算收支的目的出发，根据国内外市场和供需变化，预设一个资源价格，如果国际市场上的价格超过此价格，则基金收入增加以此来防止增加的收入转为预算支出；如果低于此价格，基金收入的一部分进入政府预算以稳定预算支出。

必须大力推动在能源开发开发建设中加强生态环境保护，在保护生态环境中谋求更大的发展优势，在加快发展中努力实现经济效益、社会效益、环境效益的统一，加快建立健全自然资源有偿使用制度与生态环境补偿机制。按照"资源有偿使用"的原则，严格征收各类资源有偿使用费，完善资源的开发利用、节约和保护机制。按照"污染者付费"和"谁破坏、谁恢复"的原则，严格实行排污总量收费，促进企业治理污染；研究探索建立生态恢复保证金制度，要求因开发建设损害生态服务功能与生态价值的单位与个人缴纳生态恢复保证金。按照"谁受益、谁补偿"的原则，研究建立受益地区对保护地区补偿的生态补偿机制，设立国家、省级和市县级生态保护补偿基金，基金主要来源于对矿产、土地、水、水电、旅游、森林等开发利用项目征收生态补偿费，通过财政转移支付等方式，支持补偿资源开发区、自然生态保护区、水源涵养区等重要生态功能区的地区因恢复和重建生态、保护生态环境而导致的财政损失。

建立我国自然资源开发的资源税费和生态环境税费体系，需要科学确定自然资源开发产品的价格构成。从环境保护角度看，环境污染损失，通过排污费收取；一部分是生态破坏损失，通过拟议中的生态环境补偿费收取，这便构成了自然资源开发的生态环境税费体系，由环境保护主管部门负责征收。自然资源开发的资源税费体系，可由资源产业管理部门负责征收。建议根据这样的体系构想，对现有收费进行清理，保证两个体系之间、每个体系内部各项收费之间的关系明晰，并通过法律文件加以明确。

（六）在技术进步与合理价格基础上对开发能源资源产量进行科学控制

在技术水平落后，价格结构、产业结构不合理，能耗水平高的情况下，能源产量的增长速度无法赶上经济增长的速度。特别是中国经济在投资拉动的高速增长期更是如此。一方面，它给西部生产者的错误信号是，只有多产出才能有收益，有水快流；另一方面，它给予东部用户的错误信号是，能源便宜，供应充足，浪费也无所谓。

对于资源富集区而言，由于产业单一化，集中在自然资源的大规模开发和出口将使本地经济变得更加脆弱。资源开发项目的放缓可能使得一个国家和地区有更多机会和更大能力调节伴随而来的收入流并发展相关产业。显而易见的是，稳定和持续的收入流比快速但巨大、短暂的收入流更易于管理。相应的，由"荷兰病"所带来的资源转移效应和挤出效应也会变得轻微。特别是鉴于目前开发和资源利用水平落后，国家对需求方的节能限制作用相当有限，因此国家从供给方角度，应当采取釜底抽薪措施，控制能源产量的增长速度和供应节拍。否则支持供应中国经济增长的引擎的动力会在不长的时期消耗殆尽。同时必须尽快完善矿业权有偿取得制度，合理分配和使用矿业权出让收益，形成企业节约和合理开发能源资源的机制。

（七）在开放的条件下，鼓励东、西部地区企业更积极大胆地利用两种资源和两个市场

在新的开放条件下之所以要面对两种资源，首先是因为尽管我国西部地区有丰富的资源储量，但人均占有量却无法同发达国家或者周边国家相比。如果从全国角度来看，人均水平更低。西北地区周边中亚、南亚、俄罗斯等国家有着丰富的能源矿产资源，特别是中亚及俄罗斯是世界上仅次

于中东地区的石油天然气密集区，是世界上公认的 21 世纪全球最具开发潜力的能源宝库，而西北地区与中亚和俄罗斯等国有着传统的友好合作关系，特别是哈萨克斯坦目前已是新疆区最大的贸易合作伙伴，他们非常希望中国能够参与他们的资源开发，实现经济的双赢，这也给西部地区对外开放提供了很好的机遇，并成为西部地区对外开放、拉动经济发展的必要条件。因此，要实现全方位对外开放目标，西部地区必须坚持"东联西出，西去东来"，"引进来，走出去"方针，把利用周边国家的优势资源作为我国优势资源转换战略的有机组成部分，从国家能源战略高度进行战略思维和运作，把加大同周边国家经济合作的着力点放在以资源互补为主的深层次合作，不断拓宽优势资源转换战略的实施空间。

为了缓解我国能源资源巨大的供应压力，有必要支持东部地区在境外寻造新的能源资源供应伙伴和基地，真正按照国际市场价格和国际规则进行能源资源贸易，从而有助于提高东部企业技术水平和抗风险能力。

为此，坚持以市场为导向，大力培育和壮大我国出口优势产业和龙头产业，继续抓好大宗商品出口，大力调整调优出口商品结构，提高传统出口商品的质量、档次和水平，培育和扶持优势特色产品和高附加值产品出口，特别要下气力把特色农产品加工做优做大，做出规模。

积极鼓励和扶持有条件的企业到周边国家投资办厂和承包工程，联合开发当地的森林、油气、矿产和农业资源，带动技术、设备、材料和劳务输出，形成一批有实力的跨国公司和著名品牌。支持沿海和内地企业参与西部出口加工区和边境自由贸易区的建设，积极面向中亚、西亚、南亚和东欧市场，实施国际国内两大市场的对接，培育发展"两头在外"的加工企业。在走出去方面，战略重点一是在国外投资建设国内有短缺趋势的战略性资源和初级产品的长期稳定供应地，如油气、矿产、木材及纸浆生产基地。这类项目投资大，市场和投资风险高，建设周期长，不仅项目建设会涉及采掘、加工、运输、仓储、销售、融资、投资方式等极其复杂的系统问题；还往往涉及国际政治、经济、技术和生态环境等不可预见性因素。只有动员国家和政府力量，调动各方面积极因素进行建设。二是投资开发人力资源密集型产品的长期稳定的海外市场和需求源。人力资源密集型产业包括：劳动密集型的一般工业制成品加工工业；从事贸易、物流和分销、金融保险、专业服务等服务业，人才和技术相对密集型的高新技术产业。这些领域的多数企业普遍规模小，跨国经营的融资能力有限，也缺少国际化的经验和人才。因此，先从试点做起，国家在融资、税收、外汇和出入境等方面制定有时限、有条件、有标准的支持性措施，使这些领域中的有进取和有实力的企业率先走出去。三是鼓励我国有竞争优势的产业和企业走出去。如家电、轻纺和成衣、食品加工和轻工业产品、一些质量价格比有明显优势的机电产品，可以通过对外投资在当地设立企业和机构，把国内过剩的生产能力、原材料及零部件出口到国外市场。四是通过对外投资寻求建立国际信息情报网络、国际商业资讯中心、一些生产环节和研发机构，通过建立信息、资讯、研发、技术支持以及物流的国际化网络，可以为更多的国内企业和海外中资投资企业服务。五是充分利用好国外资本市场。

（八）发挥后发优势，实现资源富集地区产业多元化发展

资源富集地区在能源开发中必须突出重点、发挥后发优势，既要发挥优势、突出重点，通过重点突破带动全局；又要强化薄弱环节，促进协调发展。在产业发展上，根据资源储量大、开发条件好的特点，坚持高起点、高标准，重点发展具有比较优势的特色产业，做大做强以煤、电、天然气为主的能源工业，以煤、天然气、氯碱为主的化学工业，以钢、铝、硅和有色金属为主的冶金工业，以工程机械、运输机械为主的装备制造业，以乳、肉、绒、粮加工为主的农畜产品加工业，以生物制药、电子信息为主的高新技术产业，构建特色鲜明的优势产业体系。在区域发展上，鼓励优势地区率先发展，使之成为地区经济发展的重要支撑。在城市发展上，按照突出发展大城市、加快发展中小城市和重点发展旗县所在地城镇的方针，构建科学合理的城镇体系，走有本地特色的城镇化道路。

从全国布局来看，在西部形成若干个以大中城市为主体的经济中心、科技教育中心和现代农业中心、制造业中心、服务业中心不仅是必要的，而且是可能的。因此必须及早筹谋，做好规划，不仅要做大，更要做强；不仅要做表，更要做里；不仅要有宏观大局，而且要有微观支持基础。要从西部在全国，乃至周边、丝绸之路经济带、欧亚大陆和世界的地位谋划未来。

第三节 存在问题和研究方向

一 存在问题和不足

本书虽然几易其稿，经过了多次讨论修改、增删，但由于本书研究内容广泛、涉及面广，加之数据收集困难，并因时间和精力所限，仍然存在一些不足之处，有待进一步深入研究。

一是在理论研究方面有待进一步专题深入，如关于系统环境评价、环境治理与经济社会发展的内涵、可持续发展的基本线索、现代产业的内涵、发展动力机制等理论问题还需要进一步深化；对主体功能区域划分的标准、生态补偿政策工具等理论问题的认识也有待深入；在"资源诅咒"领域内还需要进一步结合资源富集区的发展变化实际深入研究，并得以应用在预警分析中。

二是在研究方法上，需要更加注意研究方法的多样性，力求运用多学科的研究方法，将社会科学的理论、方法与自然科学的理论、方法更好地有机结合进行研究。进一步研究还面临着如何在现有研究的基础上提高、综合，充分体现"整体性、综合性研究"的优势和特色。此外，还需要加强整体的宏观研究，包括对产业群、产业体系、城市群、城市体系、城市及区域系统的整体的宏观研究。与此同时，加强个体企业、产业和城市的微观研究，以及两者相结合的综合研究，也是今后需要重视的任务之一。

二 研究方向

笔者将在以下方面继续努力，深入研究：

（1）开放条件下区域经济社会发展和生态环境治理相适应的系统战略协调理论。在经济—生态—环境空间场的分析基础上，分析为实现区域总体战略目标的系统环境、约束条件和实施路径；

（2）在经济生态系统承载与动力学分析基础上，确定不同生态功能区域的经济社会发展与生态环境协调发展模式；

（3）深入研究"资源诅咒"的演化机理，并提出与生态环境相适应、可持续发展的资源型城市现代产业体系、结构、空间结构和资源利用结构的调整思路；

（4）关于生态环境治理和经济社会持续发展的制度安排、思路和方法，对典型资源富集地区的生态治理、减贫、产业和企业发展管理创新问题进行分类研究，提出解决生态补偿重大关键问题思路和措施；

（5）关于在内外开放条件下，合理控制开发强度、加强环境治理，实行生态重建，提高资源富集区人民生活水平和质量，促进社会平等、减贫、增强基本公共服务能力路径的可持续发展模式研究；

（6）建立科学的、可视化的政策动态模拟仿真系统和评价系统；建立基于全面、协调、可持续发展观的绩效评估系统，对政府、企业绩效做持续、科学的评价与案例分析。

参考文献

[1] Acemoglu, D., Johnson, S., Robinson, J. A., 2005, "Institutions as a Fundamental Cause of Long – Run Growth", *Handbook of Economic Growth*, Volume 1, Part 1, Pages 385 – 472.

[2] Acemoglu, D., 2003, "Why not a Political Coase Theorem? Social Conflict, Commitment, and Politics", *Journal of Comparative Economics*, Volume 31, Issue 4, Pages 620 – 652.

[3] Acemoglu, D., Johnson, S., and Robinson, J. A., 2001, "The Colonial Origins of Comparative Development: An Empirical Investigation". *American Economic Review*, 91 (5), pp. 1369 – 1401.

[4] Aghion, Philippe, Peter Howitt, 1998, "*Endogenous Growth Theory*", MIT Press, Cambridge, MA.

[5] Andreoni, James, Levinson, A., 1998, "The Simple Analytics of The Environmental Kuznets Curve", *NBER Working Paper*, No. 6739.

[6] Ann Mari Jansson et al., 1996, *Investing in natural capital: the ecological economics approach to sustainability.* Brookfield, US: Edward Elgar, 1996, 12 – 33.

[7] Aschauer, A. D., 1989, "Is Public Expenditure Productive?", *Journal of Monetary Economics*, 23 (2).

[8] Auty, R. M., 1998, *Sustainable Development in Mineral Economiesy*, Oxford University Press.

[9] Auty, R. M., 1993, *Sustaining Development in Mineral Economies: The Resource Curse Thesis.* London: Routledge.

[10] Auty, R. M., 2001, The Political Economy of Resource – Driven Growth, *European Economic Review*, Volume 45, Issues 4 – 6, Pages 839 – 846.

[11] Auty, R. M. , 2003, Third Time Lucky for Algeria? Integrating an In-dustrializing Oil – rich Country into the Global Economy, *Resources Poli-cy*, Volume 29, Issues 1 – 2, Pages 37 – 47.

[12] Baecher, G. B. , 2004, *Braden. Analytical Methods and Approaches for Water Resources Project Planning*, National Academies Press, 2004.

[14] Baumol, W. , and W. Oates, 1988, *The Theory of Environmental Poli-cy*, 2nd edition, New York: Cambridge University Press, pp. 331 – 352.

[15] Becker, Gary, S. , 1964, *Human Capital: A Therectical and Empiri-cal Analysis*, New York: Comumbia Univ. Press (for Nat. Bur. Econ. Res.), 1964 (1st ed.), 1975 (2d ed.) .

[16] Benhabib, J. , Spiegel, M. , 1994, "The Role of Human Capital in Economic Development: Evidence from Aggregate Cross – country Da-ta", *Journal of Monetary Economics*, 1994, 34 (2): 143 – 173.

[17] Bhagwati, J. , Hudec, R. E. (Eds.) 1996, *Fair Trade and Harmo-nization: Prerequisites for Free Trade.* , Vol. 2 MIT Press, Cambridge, MA. , pp. 34 – 36.

[18] Bhargava, A. , Jamison, D. T. , Lau, L. J. , Murray, C. J. , 2001, "Modeling the effects of health on economic growth", *Journal of Health Economics*, Volume 20, Issue 3, Pages 423 – 440.

[19] Bills, M. , and Klenow, P. , 2000, "Does Schooling Cause Growth?", *American Economic Review*, 90 (5), pp. 1160 – 1183.

[20] Bougheas, S. , P. O. Demetriades, and T. P. Mamuneas, 2000, "Infrastructure, Specialization, and Economic Growth", *Canadian Journal of Economics*, 33 (2), pp. 506 – 522.

[21] Bovenberg, A. , and S. Smulders, 1995, "Environmental Quality and Pollution – augmenting Technical Change in a Two – sector Endogenous Growth Model", *Journal of Public Economics* 57 (3), pp. 369 – 391.

[22] Bradshaw, A. D. , 1987, The Reclamation of Derilict Land and the E-cology of Ecosystems, Pages 53 – 74 in W. R. Jordan, M. E. Gilpin, and J. D. Aber, editors, *Restoration Ecology: A Synthetic Approach to Ecological Research*, Cambridge University Press, Cambridge, Eng-land.

[23] Buchanan, J. M., 1950, "Federalism and Fiscal Equity", *The American Economic Review*, Vol. 40, No. 4, pp. 583 – 599.

[24] Byrne, M. M., 1997, "Is Growth a Dirty Word? Pollution, Abatement and Endogenous Growth", *Journal of Development Economics*, Volume 54, Issue 2, Pages 261 – 284.

[25] Caballe, J., and Santos, M., 1993, "On Endogenous Growth with Physical and Human Capital", *Journal of Political Economy* 101, pp. 1042 – 1067.

[26] Cairns, J. Jr., 1995, "Ecosocietal Restoration: Reestablishing Humanity", *Environment*, 37, pp. 55, 4 – 4.

[27] Cole, J. H., 2005, "The Contribution of Eeonomic Freedom to World Economic Growth, 1980 – 1999", *Cato Journal*, Vol. 23, No. 2.

[28] Corden, W. M., and Neary, J. P., 1982, Booming Sector and De – Industrialisation in a Small Open Economy, *The Economic Journal*, Vol. 92, No. 368, pp. 825 – 848.

[29] Corden, W. M., and Neary, J. P., 1982, "Booming Sector and De – Industrialisation in a Small Open Economy", *The Economic Journal*, Vol. 92, No. 368, pp. 825 – 848.

[30] Costantini & Monni, 2008, "Environment, Human Development and Economic Growth", *Ecological Economics*, Volume 64, Issue 4, Pages 867 – 880.

[31] Costanza, R., Gottlieb, S., 1998, "Modelling Ecological and Economic Systems with Stella PartII", *Ecological Modelling*, 112, pp. 81 – 84.

[32] Daly, H. E., Cobb, C., 1989, *For the Common Good: Redirecting the Economy toward the Community, the Environment and a Sustainable Future* Beacon Press, Boston, MA.

[33] Daly, H. E., Cobb, C., 1989, "For the Common Good: Redirecting the Economy Toward the Community, the Environment and a Sustainable Future", Beacon Press, Boston, MA.

[34] Davis, R. L., 2001, "Mushroom Bodies, $Ca2^+$ Oscillations, and the Memory Gene Amnesiac", *Neuron*, Volume 30, Issue 3, pp. 653 –

656, 1 May.

[35] Dawson, J. W. , 1998, "Institutions, Investment, and Growth: new Cross - country and Panel Data Evidence", *Economic Inquiry* 36, pp. 603 - 619.

[36] Deacon, Robert, T. , 2005, "Dictatorship, Democracyandthe Provisionof Public Goods", http: www. econ. ucsb. edu P ~ deaconPDict-Dem11 - 05X. pdf.

[37] Demsetz, Harold, "The Private Production of Public Goods", *The Journal of Law and Economics*, 13, pp. 293 - 306.

[38] Donghan Cai, 2002, An Economic Growth Model with Endogenous Fertility: Multiple Growth Paths, Poverty Trap and Bifurcation, *Journal of Computational and Applied Mathematics*, 2002, Vol. 144, No. 1 - 2, pp. 119 - 130.

[39] Doucouliagos, C. , Ulubasoglu, M. A. , 2006, "Economic Freedom and Economic Growth: Does Specification make a Difference? ", *European Journal of Political Economy*, Volume 22, Issue 1, Pages 60 - 81.

[40] Douglas North, 1990, "Institutions , Institutional Change and Economic Performance", Cambridge University Press.

[41] Dunning, J. H. , 1996, "The Geographical Sources of the Competitiveness of Firms: Some Results of a New Survey", *Transnational Corporations* (3), pp. 1 - 2.

[42] D. W. Pearce, G. D. Atkinson, 1993, "Capital Theory and the Measurement of Sustainable Development: An Indicator of "weak" Sustainability", *Ecological Economics*, Volume 8, Issue 2, October 1993, Pages 103 - 108.

[43] E. Ostrom, 1990, *Governing the Commons: The Evolution of Institutions for Collective Action*。Cambridge University Press, Cambridge.

[44] Egan, T. B. , 1996, An Approach to Site Restoration and Maintenance for Saltcedar Control, pp. 46 - 49. In J. Di Tomaso and C. E. Bell (eds.), *Proceedings of the Saltcedar Management Workshop*, 12 June, 1996, Rancho Mirage, California. University of California Cooperative

Extension Service, Holtville, California.

[45] Elbasha, E. H. and Roe, T. L., 1996, "On Endogenous Growth: The Implications of Environmental Externalities", *Journal of Environmental Economics and Management*, Volume 31, Issue 2, Pages 240 – 268.

[46] Elbasha, Elamin H., Terry L. Roe, 1996, "On Endogenous Growth: The Implications of Environmental Externalities", *Journal of Environmental Economics and Management*, 31, pp. 240 – 268.

[47] Forster, J. M., 1977, *Aspects of the Biology of Apion Ulicis* (Forster), MSc Theis, Unicersityof Auckland, New Zealand.

[48] Gallup, Sachs, and Mellinger, 1999, "Geography and Economic Development", *International Regional Science Review*, August, Vol. 22, No. 2, pp. 179 – 232.

[49] Grossman, G., Krueger, A. B., 1992, Environmental Impacts of A North American free Trade Agreement, Princeton University – woodrow Wilson School of Public and International Affairs, 1992.

[50] Grossman, Gene M. and A. Krueger, Lan, B., 1995, "Economic Growth and The Environment", *Quarterly Journal of Economics*, 110, (2).

[51] Gwartney, J. D., Holcombe, R. G., Lawson R. A., 2006, "Institutions and the Impact of Investment on Growth", Kyklos, Volume 59, Issue 2, Pages 255 – 273.

[52] Gwartney, James and Robert Lawson, 2004, Economic Freedom of the World. 2004 Annual Report, Frazer Institute.

[53] Gylfason, T., 2001: Natural Resources, Education, and Economic Devel opment, *European Economic Review*, 45, pp. 847 – 859.

[54] H. Uzawa, 1965, "Optimum Technical Change in an Aggregative Model of Economic Growth", *International Economic Review*, Vol. 6, No. 1 (Jan. 1965), pp. 18 – 31.

[55] Harper, J. L., 1987, The Heuristic Value of Ecological Resoration, Pages, 35 – 46, in W. R. Jordan, M. E. Gilpin, and J. D. Aber, editors, *Restoration Ecology: A Synthetic Approach to Ecological Research*, Cambridge University Press, Cambridge, England.

[56] Hartwick, John and Hageman, Anje, Econimic Depreciation of Mineral Stocks and the Contribution of El Serafy, in E. Lutz (ed.). Toward Improved Accounting for the Environment [C], Washington D. C.: The World Bank. 1993, 211 – 235.

[57] Hausmann, Ricardo, 1995, "En Camino Hacia Una Mayor Integración con el Norte", in Mónica Aparicio and William Easterly (eds.), Crecimiento Económico: Teoría, Instituciones y Experiencia Internacional, Bogotá: Banco de la Republica and the World Bank.

[58] Hicks, J. R., 1946, *Value and Capital*, Oxford: Oxford University Press.

[59] Hobbs, R. J., 1996, "Towards a Conceptual Framework for Restoration Ecology", *Restoration Ecology*, Volume 4, Issue 2, pages 93 – 110, June.

[60] Holtz – eakin, Douglas, Amy Ellen Schwartz, 1998, "Spatial Productivity Sp illovers from Public Infrastructure: Evidence from State High – way", *International Tax and Public Finance*, Vol. 2, pp. 459 – 468.

[61] Hotelling, H., 1931, "The Economicsof Exhaustible Resources", *Journal of Political Economy*, 39 (April 1931), pp. 137 – 175.

[62] Hotelling, Harold, 1991, "The Economics of Exhaustible Resources", *Bulletin of Mathematical Biology*, 53 (1991), pp. 281 – 331.

[63] Hotelling, H., 1925, "A General Mathematical Theory of Depreciation", *Journal of the American Statistical Association*, Vol. 20, No. 151, pp. 340 – 353.

[64] Jackson, L. L., N. Lopoukhine and D. Hillyard, 1995, Ecological restoration: A definition and comments, *Restoration. Ecology*, 3: 71 – 75.

[65] Jones, Larry, E., Rodolfo E. Manuelli, 1995, "A Positive Model of Growth and Pollution Controls", *NBER Working Paper*, No. 5205.

[66] Joseph E. Stiglitz, 2005, *Economic Policy And Technological Performance*, Cambridge University Press.

[67] K. A. Wittfogel, 1957, "Chinese Society: An Historical Survey", *The Journal of Asian Studies*, 16: 343 – 364.

[68] K. J. Arrow, 1962, "The Economic Implications of Learning by Doing",

The Review of Economic Studies, Vol. 29, No. 3, pp. 155 – 173.

[69] Leibenstein, H., 1957, *Economic Backwardness and Economic Growth*: *Studies in the Theory of Economic Development*, New York: John Wiley.

[70] Lewin, M., Devlin, J., 2002, "Issues in Oil Revenue Management", *Oil, Gas, Mining*, 2002.

[71] Li, Jie, Larry, D., Qiu, Qunyan Sun, 2003, "Interregional Protection: Implications of Fiscal Decentralization and Trade Liberalization", *China Economics Review*, 14, pp. 227 – 245.

[72] Liu X., Coal, 1996, "Adjusting National Accounts in China", *Resource Policy*, 22 (3), pp. 173 – 181.

[73] Lopez, Ramon, 1994, "The Environment as a Factor of Production: The Effects of Economic Growth and Trade Liberalization", *Journal of Environmental Economics and Management*, 1994, 27, pp. 163 – 184.

[74] Lucas, Robert, E., 1988, "On the Mechanics of Economic Development", *Journal of Monetary Economics*, 1988, 22, pp. 3 – 42.

[75] Lucas, R. E. Jr., 1988, "On the Mechanics of Economic Development", *Journal of Monetary Economics*, Volume 22, Issue 1, Pages 3 – 42.

[76] Matsuyama, K., 1992, "Agricultural Productivity, Comparative Advantage, and Economic Growth", *Journal of Economic Theory*, Volume 58, Issue 2, December, Pages 317 – 334.

[77] Mikesell, R. F., 1997, "Explaining the Resource Curse, with Special Reference to Mineral – exporting Countries", *Resources Policy*, Volume 23, Issue 4, Pages 191 – 199.

[78] Morrison, A., 2007, "Gender Equality, Poverty and Economic Growth", World Bank, 9: Policy Research Working Paper 4349.

[79] Myrdal, G., 1957, *Rich Lands and Poor*: *The Road to World Prosperity*. New York: Harper &Brothers Publishers.

[80] Nelson, R. R., 1956, "A Theory of The Low – Level Equilibrium Trap in Underdeveloped Economies", *The Ameiran Economic Review*.

[81] North, Douglass C. and Weingast, Barry R., "Constitutions and Commitment: The Evolution of Institutions Governing Public Choice in Seventeenth – century England", *Journal of Economic History* 49 (4),

pp. 803 – 832.

[82] Oates, Wallace E. , 1972, Fiscal Federalism, New York: Harcourt Brace Jovanovich.

[83] Panayotou, T. , 1993, "Empirical Tests and Policy Analysis of Environmental Degradation at Different Stages of Economic Development", Technology and Employment Programme, Working Paper.

[84] Papyrakis Elissaios and Gerlagh Reyer, 2004, "The Resource Curse Hypothesis and Its Transmission Channels", *Journal of Comparative Economics*, 32, pp. 181 – 193.

[85] Papyrakis, E. , Gerlagh, R. , 2004, "The Resource Curse Hypothesis and its Transmission Channels", *Journal of Comparative Economics*, Volume 32, Issue 1, March 2004, Pages 181 – 193.

[86] Papyrakis, E. , Gerlagh, R. , 2006, "Resource Windfalls, Investment, and Long – term income", *Resources Policy*, Volume 31, Issue 2, Pages 117 – 128.

[87] Pittman, R. W. , 1981, "Issue in Pollution Control: Interplant Cost Differences and Economies of Scale", *Land Economics*, Vol. 57, No. 1, pp. 1 – 17.

[88] Poncet, S. , 2003, "Measuring Chinese Domestic and International Integration", *China Economic Review*, Volume 14, Issue 1, Pages 1 – 21.

[89] Qian, Y. and Weingast, B. R. , 1997, "Federalism as a Commitment to Perserving Market Incentives", *The Journal of Economic Perspectives*, Vol. 11, No. 4 , pp. 83 – 92.

[90] Qian, Y. , Roland, G. , "Federalism and the Soft Budget Constraint", *The American Economic Review*, Vol. 8, No. 5, pp. 1143 – 1162.

[91] Randall, A. , 1987, *Resource Economics – An Economic Approach to Natural Resource and Environmental Policy*, Edition 2. New York, John Wiley & Son.

[92] Randall, A. , 1987, *Resource Economics*, Wiley.

[93] Rebelo, S. , 1991, "Long Run Policy Analysis and Long run Growth", *Journal of Political Economy*, 99, pp. 500 – 521.

[94] Robert, E. , Lucas, Jr. , 1988, "On the Mechanics of Economic De-

velopment", *Journal of Monetary Economics*, Volume 22, Issue 1, July 1988, Pages 3 – 42.

[95] Sachs and Warner, 1999, "The Big Push, Natural Resource Booms and Growth", *Journal of Development Economics*, Vol. 59 (1), pp. 43 – 76.

[96] Sachs, J. and A. Warner, 2001, "The Curse of Natural Resources", *European Economic Review*, 45, 827 – 838.

[97] Sachs, J. and A. Warner, 1997, "Natural Resource Abundance and Economic Growth – Revised Version", *Development Discussion Paper*, No. 517a.

[98] *Sachs J. D. , 2003, "Institutions don't Rule: Direct Effects of Geography on per Capita Income"*, NBER Working Paper, No. 9490.

[99] Sachs, J. , and A. Warner, 1995, "Natural Resource Abundance and Economic Growth", *NBER Working Paper*, No. 5398.

[100] Saleh, J. , 2004, "Property Rights Institutions and Investment", *Policy Research Working Paper Series*.

[101] Schultz, Theodore W. , 1963, *The Economic Value of Education*, Columbia University Press, NewYork.

[102] Selden, Thomas M. and Song Daqing, 1994, "Environmental Quality and Development: Is There a Kuznets Curve for Air Pollution Emissions?", *Journal of Environmental Economics and Management*, Volume 27, Issue 2, September 1994, Pages 147 – 162.

[103] Shafik, N. , Bandyopadhyay, S. , 1992, "Economic Growth and Environmental Quality: Time Series and Cross – country Evidence", *Background Paper for World Development Report* 1992, World Bank, Washington D. C. .

[104] Soumyananda Dinda, 2004, "Environmental Ktmaets Curve Hypothesis: A Survey", *Ecological Economics*, 49 (4), pp. 431 –455.

[105] Stigler, G. J. , 1957, "Perfect Competition, Historically Contemplated", *The Journal of Political Economy*, Vol. 65, No. 1 , pp. 1 – 17.

[106] Stijins, Jean – Philippe, C. , 2001, *Natural Resource Abundance and Economic Growth Reconsidered*, Pubilished by University of California,

Berkeley.

[107] Stokey, Nancy, L. , 1998, "Are There Limits to Growth?", *International Economic Review*, 39 (1), pp. 1 – 31.

[108] Tahvonen, O. , Kuuluvainen, J. , 1993, "Economic Growth, Pollution, and Renewable Resources", *Journal of Environmental Economics and Management*, Vol. 24, No. 2, pp. 101 – 118.

[109] Thomas Osangand Jayanta Sarkar, 2008, "Endogenous Mortality, Human Capital and Economic Growth ", *Journal of Macroeconomics*, Volume 30, Issue 4, December 2008, Pages 1423 – 1445.

[110] Tiebout, C. M. , 1956, A Pure Theory of Local Expenditures, *The Journal of Political Economy*, Vol. 64, Issue 5, pp. 416 – 424.

[111] Tietenberg, T. , *Environmental and Natural Resource Economics*（第 5 版），严旭阳等译，经济科学出版社 2003 年版。

[112] Topel Robert, 1999, "Labor Market and Economic Growth", *Handbook of Labor Economics*, Vol. 3, Ed. By O. Ashenfelter and D. Card, pp. 2943 – 2984.

[113] Torvik, R. , 2002, "Natural Resources, Rent Seeking And Welfare", *Journal of Development Economics*, Volume 67, Issue 2, Pages 455 – 470.

[114] Valeria, C. , Salvatore, M. , 2008, "Environment, Human Development and Economic Growth", *Ecological Economics*, 64 (4), pp. 867 – 880 .

[115] Vogit, S. , 1999, *Explaining Constitutional Change*：*A Positive Economics Approach*, Edward Elgar Publishing.

[116] Weingast, B. R. , 2000, "The Theory of Comparative Federalism and The Emergence of Economic Liberalization In Mexico, China, and India", Hoover Institute, mimeo, February 2000.

[117] World Bank, 2001, *Engendering Development – Through Gender Equality in Rights*, Resources, and Voice, New York：Oxford University Press.

[118] Yum, K. , Kwan, Edwin L. – C. Lai, 2003, "Intelectual Property Rights Protection and Endogenous Economic Growth", *Journl of conom-*

*ic Dynamics & Contro*1，Vo1. 27，pp. 853 – 873.

[119] 阿玛蒂亚·森：《贫困与饥荒》，王宇、王文玉译，商务印书馆
2001 年版。

[120] B. A. 阿努钦：《地理学的理论问题》，蔡宗夏译，商务印书馆
1994 年版。

[121] 安东尼·哈尔、詹姆斯·梅志里：《发展型社会政策》，社会科学
文献出版社 2006 年版。

[122] 白燕：《主体功能区建设与财政生态补偿研究——以安徽省为例》，
《环境科学与管理》2010 年第 1 期。

[123] 薄贵利：《建立和完善中央与地方合理分权体制》，《国家行政学院
学报》2002 年第 1 期。

[124] 保罗·哈肯：《自然资本论》，上海科普出版社 2000 年版。

[125] 保罗·萨缪尔森、威廉·诺德豪斯：《经济学》，华夏出版社 1999
年版。

[126] 鲍大可：《中国西部四十年》，孙英春等译，东方出版社 1998
年版。

[127] 蔡宁：《经济环境协调标准及其辅助决策模型的研究》，《系统工程
理论与实践》1999 年第 1 期。

[128] 蔡增正：《教育对经济增长贡献的计量分析》，《经济研究》1999
年第 2 期。

[129] 曹敏：《抗战时期国民政府开发西北活动论述》，《人文杂志》2001
年第 4 期。

[130] 常修泽：《资源环境产权制度的缺陷对收入分配的影响及其治理
研究》，2006，http：//www. sdpc. gov. cn/tzgg/jjlygg/t20061231_
108435. htm。

[131] 陈成忠、林振山：《中国生态足迹和生物承载力构成比例变化分
析》，《地理学报》2009 年第 12 期。

[132] 陈辞：《基于主体功能区视角的生态补偿机制研究》，《生态经济学
术版》2009 年第 2 期。

[133] 陈华文、刘康兵：《经济增长与环境质量：关于环境库兹涅茨曲线
的经验分析》，《复旦学报》（社会科学版）2004 年第 2 期。

[134] 陈建军：《产业区域转移与东扩西进战略：理论和实证分析》，中

华书局 2002 年版。

[135] 陈腊娇、冯利华、徐璐：《浙江省废水排放增长的 EKC 曲线特征分析》，《城市环境与城市生态》2006 年第 4 期。

[136] 陈南岳：《国农村生态贫困研究》，《中国人口、资源与环境》2003 年第 4 期。

[137] 程连生：《中国城市投资环境分析》，《地理学报》1995 年第 3 期。

[138] 崔玉斌：《中国第二轮沿边开放的战略取向》，《俄罗斯东欧中亚市场》2009 年第 1 期。

[139] 戴维·皮尔斯、杰瑞米·沃福德：《世界无末日：经济学、环境与可持续发展》，中国财政经济出版社 1996 年版。

[140] 戴逸、张世明：《中国西部开发与近代化》，广东教育出版社 2006 年版。

[141] 邓南圣、吴峰：《工业生态学——理论与应用》，化学工业出版社 2002 年版。

[142] 董秘刚：《中国西部地区对外贸易增长的实证分析》，《中国西部经济发展报告（2005）》，社会科学文献出版社 2005 年版。

[143] 杜丽群：《资源、环境与可持续发展》，《北京大学学报》（哲学社会科学版）2003 年第 3 期。

[144] 段利民、王林雪：《基于模糊评价方法的技术创业环境评价研究——以西安市为例》，《科技与管理》2010 年第 2 期。

[145] 樊纲、王小鲁：《中国市场化指数——各地区市场化相对进程 2004 年度报告》，经济科学出版社 2004 年版。

[146] 范金：《基于广义资本的最优经济增长模型》，《江苏省数量经济与管理学会学术会议论文集》，2001 年。

[147] 方创琳、徐建华：《西北干旱区生态重建与人地系统优化的宏观背景及理论基础》，《地理科学进展》2001 年第 1 期。

[148] 冯玉广、王华东：《区域人口—资源—环境—经济系统可持续发展定量研究》，《中国环境科学》1997 年第 5 期。

[149] 冯宗宪：《经济空间场理论与应用》，陕西人民出版社 2000 年版。

[150] 冯宗宪、于璐瑶、俞炜华：《"资源诅咒"的警示与西部资源开发难题的破解》，《西安交通大学学报》（社会科学版）2007 年第 2 期。

［151］傅晓霞、吴利学：《制度变迁对中国经济增长贡献的实证分析》，《南开经济研究》2002 年第 4 期。

［152］高吉喜：《可持续发展理论探索——生态承载理论、方法与应用》，中国环境科学出版社 2000 年版。

［153］高隆昌：《系统学原理》，科学出版社 2005 年版。

［154］高培勇、崔军：《公共部门经济学》，中国人民大学出版社 2004 年版。

［155］葛家澍：《九十年代西方会计理论的一个新思潮——绿色会计理论》，《会计研究》1992 年第 5 期。

［156］龚勤林：《论产业链延伸与统筹区域发展》，《理论探讨》2004 年第 3 期。

［157］谷文明、刘瑞楠、徐太海：《基于生态足迹供给模型的生态承载力评价》，《环境科学与管理》2009 年第 1 期。

［158］顾晓安、郝歆、黄志强：《能源产业链延伸与区域经济发展》，《科技信息》2008 年第 32 期。

［159］郭爱君、贾善铭、赵培辰：《西部反贫困十年发展报告》，《中国西部经济发展报告（2009）》，社会科学文献出版社 2009 年版。

［160］郭为桂：《中央与地方关系 50 年略考：体制变迁的视角》，《中共福建省委党校学报》2000 年第 3 期。

［161］郭熙保、罗知：《论贫困概念的演进》，《江西社会科学》2005 年第 11 期。

［162］韩亚芬、孙根年、李琦：《资源经济贡献与发展诅咒的互逆关系研究——中国 31 个省区能源开发利用与经济增长关系的实证分析》，《资源科学》2007 年第 6 期。

［163］何爱平：《区域灾害经济研究》，中国社会科学出版社 2006 年版。

［164］胡鞍钢、李春波：《新世纪的新贫困：知识贫困》，《中国社会科学》2001 年第 3 期。

［165］胡健等：《油气资源开发与西部区域经济协调发展战略研究》，科学出版社 2007 年版。

［166］胡永远：《人力资本与经济增长：一个实证分析》，《经济科学》2003 年第 1 期。

［167］胡援成、肖德勇：《经济发展门槛与自然"资源诅咒"——基于我

国省际层面的面板数据实证研究》，《管理世界》2007 年第 4 期。

[168] 华民：《"入世"后如何参与国际分工》，《世界经济与政治》2002 年第 4 期。

[169] 黄繁华：《中国经济开放度及其国际比较研究》，《国际贸易问题》2001 年第 1 期。

[170] 霍有光：《策解中国水问题》，陕西人民出版社 2000 年版。

[171] 姬腊军、赵学民：《在构建和谐社会中实现公平正义》，中国社会学网，http://www.sociology.cass.cn/shxw/shzc/t20081217_19747.htm。

[172] 姜轶嵩、朱喜：《基础设施与经济增长实证研究》，《管理评论》2004 年第 9 期。

[173] 焦居仁：《生态修复的要点与思考》，《中国水土保持》2003 年第 2 期。

[174] 金玉国：《市场化进程测度：90 年代成果总结与比较》，《经济学家》2000 年第 5 期。

[175] 荆治国、周杰、齐丽彬、解修平、郎海鸥、何忠、杨林海：《基于特征参量调整法的中国省域生态足迹研究》，《资源科学》2007 年第 9 期。

[176] 孔祥智：《西部地区优势产业发展的思路和对策研究》，《农业经济研究》2003 年第 3 期。

[177] 匡后权、邓玲：《服务外包助推西部服务业发展》，《经济导刊》2007 年第 12 期。

[178] 匡耀球、黄宁生、马宪明：《广东省可持续发展进程》，广东科技出版社 2001 年版。

[179] 《评估矿产资源耗竭的风险》，2003 年编译，2006 年 11 月 17 日。

[180] 莱斯特·布朗：《生态经济——有利于地球的经济构想》，林自新等译，东方出版社 2003 年版。

[181] 李春生：《广州市环境库兹涅茨曲线分析》，《生态经济》2006 年第 8 期。

[182] 李国平、吴迪：《使用者成本法及其在煤炭资源价值折耗测算中的应用》，《资源科学》2004 年第 3 期。

[183] 李国平、杨开忠：《外商对华直接投资的产业与空间转移特征及其机制研究》，《地理科学》2000 年第 4 期。

［184］李国平、张云：《矿产资源的价值补偿模式及国际经验》，《资源科学》2005 年第 5 期。

［185］李国平、张云、吴迪：《陕北地区油气资源价值的折耗分析》，《统计与决策》2007 年第 2 期。

［186］李海舰：《跨国公司进入及其对中国制造业的影响》，《中国工业经济》2003 年第 5 期。

［187］李建国：《略论近代西北地区的陆路交通》，《历史档案》2008 年第 2 期。

［188］李进参：《中国的异地开发扶贫模式及经验》，《云南社会科学》1999 年第 3 期。

［189］李实：《论阿玛蒂亚·森与他的主要经济学贡献》，《改革》1999 年第 1 期。

［190］李实：《我国城市贫困的现状及其原因》，《经济管理文摘》2003 年第 4 期。

［191］李实：（2007）《〈纲要〉实施以来我国贫困问题的发展趋势和特征》，http：//www. cpad. gov. cn/data/2007/1204/article_ 336386. htm。

［192］李文华、井村秀文：《生态补偿机制课题组报告（2006）》，http：//www. china. com. cn/tech/zhuanti/wyh/2008 - 02/26/content_ 10728024. htm。

［193］李心芹、李仕明、兰永：《产业链结构类型研究》，《电子科技大学学报》（社会科学版）2004 年第 6 期。

［194］李秀贞：《青海湖流域生态现状及其生态保护治理措施》，《中国集体经济》2010 年第 4 期。

［195］李雪峰：《人力资本、R&D 与中国内生经济增长》，《中国科技论坛》2005 年第 6 期。

［196］李瑜琴、赵景波：《过度放牧对生态环境的影响与控制对策》，《中国沙漠》2005 年第 5 期。

［197］李宇、董锁成：《水资源条件约束下西北农村地区生态经济发展对策》，《长江流域资源与环境》2003 年第 3 期。

［198］李藻华：《孙中山开发西部的构思——为纪念辛亥革命 90 周年而作》，《娄底师专学报》2001 年第 10 期。

［199］李战奎、胡仪元：《西部生态经济开发的制度机制》，《求实》2004

年第 3 期。

[200] 李周炯：《地方保护主义对中央与地方关系格局的影响》，《国家行政学院学报》2002 年第 6 期。

[201] 林观秀：《国际产业转移与中国"世界工厂"地位的确立》，《兰州大学学报》（社会科学版）2004 年第 6 期。

[202] 林尚立：《国内政府间关系》，浙江人民出版社 1998 年版。

[203] 林毅夫：《自生能力、经济发展与转型——理论与实证》，北京大学出版社 2004 年版。

[204] 林毅夫、蔡昉、李周：《中国的奇迹：发展战略与经济改革》，上海三联书店 1999 年版。

[205] 刘洪明：《中国各地区投资环境的对比分析》，《地域研究与开发》1996 年第 2 期。

[206] 刘辉煌等：《国际产业转移的新趋向与中国产业结构的调整》，《求索》1999 年第 1 期。

[208] 刘力钢、罗元文：《资源型城市可持续发展战略》，经济管理出版社 2006 年版。

[209] 刘培哲：《可持续发展理论与〈中国 21 世纪议程〉》，《地学前缘》1996 年第 1 期。

[210] 刘萍：《民国时期的西部开发》，《中国报道》2009 年第 12 期。

[211] 刘艳梅：《西部地区生态贫困与生态型反贫困战略》，《哈尔滨工业大学学报》（社会科学版）2005 年第 11 期。

[212] 刘玥：《我国煤炭开发利用中跨区域产业联动的可行性分析》，《科技导报》2007 年第 8 期。

[213] 刘治国、李国平：《陕北地区非再生能源资源开发的环境破坏损失价值评估》，《统计研究》2006 年第 3 期。

[214] 卢中原、胡鞍钢：《市场化改革对我国经济运行的影响》，《经济研究》1993 年第 12 期。

[215] 鲁春霞、张耀军、成升魁等：《黄河大柳树水利工程开发的机会成本分析》，《水利学报》2003 年第 10 期。

[216] 鲁明泓：《中国不同地区投资环境的评估与比较》，《经济研究》1994 年第 2 期。

[217] 陆云航：《市场化与中国地区差距——基于扩展 Solow 模型的实证

研究》,《财经问题研究》2005 年第 11 期。

[218] 马力:《2009:生态移民可增 GDP 近 8000 亿》, http://news. si-na. com. cn/c/2009 - 03 - 10/044715282986s. shtml。

[219] 马世骏、王如松:《社会—经济—自然复合生态系统》,《生态学报》1984 年第 4 期。

[220] 马啸、闫庆生、白学峰:《左宗棠对近代甘肃生态环境的建设与保护》,《甘肃教育学院学报》(社会科学版) 2001 年第 4 期。

[221] 茆长宝、陈勇、程琳:《我国不同地区生态足迹差异与可持续发展的实证研究》,《农业现代化研究》2009 年第 3 期。

[222] 梅纳德·M. 哈弗斯密特:《环境·自然系统和发展》,《经济评价指南》,中国石化出版社 1988 年版。

[223] 孟凡强、于远光:《承包制下不可再生资源耗竭问题研究》,《中国人口·资源与环境》2008 年第 1 期。

[224] 孟凯中、王斌:《系统动力学在我国可持续发展战略中的研究进展》,《资源开发与市场》2007 年第 1 期。

[225] 孟召宜、朱传耿等:《我国主体功能区生态补偿思路研究》,《中国人口、资源与环境》2008 年第 2 期。

[226] 钠克斯:《不发达国家的资本形成》,谨斋译,商务印书馆 1966 年版。

[227] 诺斯:《经济史上的结构与变迁》,商务印书馆 1981 年版。

[228] 欧阳志云、王如松、赵景柱:《生态系统服务功能及其生态经济价值评价》,《应用生态学报》1999 年第 10 期。

[229] 彭水军、包群:《经济增长与环境污染》,《财经问题研究》2006 年第 8 期。

[230] 彭水军、包群:《经济增长与环境污染——环境库兹涅茨曲线假说的中国检验》,《财经问题研究》2006 年第 8 期。

[231] 彭希哲、刘宇辉:《生态足迹与区域生态适度人口——以西部 12 省市为例》,《市场人口与分析》2004 年第 4 期。

[232] 钱水苗、竺效、洪洁:《论入世后我国防止外国污染行业转移的法律对策》,《环境污染与防治》2001 年第 11 期。

[233] 秦维宪:《论左宗棠开发大西北》,《江西社会科学》2001 年第 2 期。

[234] 秦耀辰、赵秉栋、张俊军、刘建丽、程玉鸿：《河南省持续发展系统动力学模拟与调控》，《系统工程理论与实践》1997 年第 7 期。

[235] 陕西师范大学西北历史环境与经济社会发展研究中心、中国历史地理研究所：《人类社会经济行为对环境的影响和作用》，三秦出版社 2007 年版。

[236] 沈国明：《世纪的选择——中国生态经济的可持续发展》，四川人民出版社 2001 年版。

[237] 沈惠璋、顾培亮：《当代系统科学与可持续发展》，《天津商学院学报》1998 年第 5 期。

[238] 沈坤荣：《人力资本积累与经济持续增长》，《生产力研究》1997 年第 2 期。

[239] 沈满洪：《环境经济手段研究》，中国环境科学出版社 2001 年版。

[240] 史丹：《产业关联与能源工业市场化改革》，《中国工业经济》2005 年第 12 期。

[241] 世界环境与发展委员会：《我们共同的未来》，王之佳、柯金良译，夏堃堡校，吉林人民出版社 1997 年版。

[242] 孙力、马宇峰：《试析西北地区人口对生态环境的影响》，《生态经济》2004 年第 1 期。

[243] 腾有正：《环境经济问题的哲学思考——生态经济系统的基本矛盾及其解决途径》，《内蒙古环境保护》2001 年第 6、第 9、第 12 期。

[244] 田超：《公共产品的有效供给——兼论政府在市场经济中的作用》，《商场现代化》2006 年 1 月下旬刊。

[245] 万本太、邹首民：《走向实践的生态补偿》，中国环境科学出版社 2008 年版。

[246] 汪斌：《中国产业：国际分工地位和结构的战略性调整》，光明日报出版社 2006 年版。

[247] 汪戎、朱翠萍：《资源与增长间关系的制度质量思考》，《清华大学学报》（哲学社会科学版）2008 年第 1 期。

[248] 汪受宽主编：《西部大开发的历史反思》，兰州大学出版社 2009 年版。

[249] 王冬英、王恩胡：《西部特色优势资源开发与加工业发展报告》，《中国西部经济发展报告（2007）》，社会科学文献出版社 2007

年版。

[250] 王海建：《耗竭性资源管理与人力资本积累内生经济增长》，《管理工程学报》2000 年第 3 期。

[251] 王海建：《资源约束，环境污染与内生经济增长》，《复旦学报》（社会科学版）2000 年第 1 期。

[252] 王海建：《资源环境约束之下的一类内生经济增长模型预测》，《预测》1999 年第 4 期。

[253] 王合生：《区域可持续发展的理论分析》，《地域研究与开发》1999 年第 1 期。

[254] 王浣尘：《从系统工程研讨集约型增长与可持续发展》，《系统工程理论与实践》1998 年第 2 期。

[255] 王黎明：《面向 PRED 问题的人地关系系统构型理论与方法研究》，《地理研究》1997 年第 2 期。

[256] 王立平、龙志和：《中国市场化与经济增长关系的实证分析》，《经济科学》2004 年第 2 期。

[257] 王青云、丁刚、高国力：《资源型城市何去何从?》，《财经界》2004 年第 3 期。

[258] 王闰平、陈凯：《资源富集地区经济贫困的成因与对策研究》，《资源科学》2006 年第 4 期。

[259] 王善芝：《和谐的立体生态农业生产与贫困山区的脱贫致富》，《安徽农业科学》2006 年第 1 期。

[260] 王双怀：《我国历史上开发西部的经验教训》，《陕西师范大学学报》2002 年第 3 期。

[261] 王薇、李传奇：《河流廊道与生态修复》，《水利水电技术》2003 年第 9 期。

[262] 王薇、李传奇：《维持河流健康生命研究》，《人民黄河》2005 年第 1 期。

[263] 王维国、夏艳清：《辽宁省经济增长与环境污染水平关系研究》，《社会科学辑刊》2007 年第 1 期。

[264] 王圳：《重视发展区域合作推进与中亚的经贸交流》，《国际经济合作》2003 年第 1 期。

[265] 威廉·N. 邓恩：《公共政策分析导论》，中国人民大学出版社 2002

年版。

[266] 魏宏森：《现代系统论的产生和发展》，《哲学研究》1982 年第
5 期。

[267] 吴洁、胡适耕、李莉：《考虑制度因素的经济增长模型》，《系统工
程》2003 年第 5 期。

[268] 吴洁、胡适耕、李莉：《考虑制度因素的经济增长模型》，《系统工
程》2003 年第 9 期。

[269] 吴鸣、王德军：《从三线建设的经验教训看西部大开发的战略选
择》，《长沙铁道学院学报》（社会科学版）2000 年第 8 期。

[270] 吴跃明、郎东锋等：《环境—经济系统协调度模型及其指标体系》，
《中国人口、资源与环境》1996 年第 2 期。

[271] 吴忠民：《改善民生的战略意义》，《光明日报》2008 年 9 月
16 日。

[272] 肖金成、蔡翼飞：《东西合作与产业转移的机制与对策》，《中国西
部经济发展报告（2008）》，社会科学文献出版社 2008 年版。

[273] 熊德国、鲜学福、姜永东：《生态足迹理论在区域可持续发展评价
中的应用及改进》，《地理科学进展》2003 年第 6 期。

[274] 徐康宁、韩剑：《中国区域经济的"资源诅咒"效应：地区差距的
另一种解释》，《经济学家》2005 年第 6 期。

[275] 徐中民、程国栋、张志强：《生态足迹方法：可持续性定量研究的
新方法——以张掖地区 1995 年的生态足迹计算为例》，《生态学
报》2001 年第 9 期。

[276] 徐中民、张志强、程国栋、陈东景：《中国 1999 年生态足迹计算
与发展能力分析》，《应用生态学报》2003 年第 2 期。

[277] 延军平、严艳：《陕甘宁边区生态购买设计与操作途径》，《地理学
报》2002 年第 3 期。

[278] 颜泽贤、范冬萍、张华夏：《系统科学导论——复杂性探索》，人
民出版社 2006 年版。

[279] 杨昌举、蒋腾、苗青：《关注西部：产业转移与污染转移》，《环境
保护》2006 年第 15 期。

[280] 杨东、谢杨、孙美平：《中国三大地区 2005 年生态足迹计算分
析》，《国土与自然资源研究》2010 年第 1 期。

［281］杨东、杨秀琴：《区域可持续发展定量评估方法及其应用》，《西北师范大学学报》（自然科学版）2001 年第 1 期。

［282］杨立岩、潘慧峰：《人力资本，基础研究与经济增长》，《经济研究》2003 年第 4 期。

［283］杨柳青：《我国干旱区耕作制度可持续发展》，《中国耕作制度研究会·面向 21 世纪的中国农作制》，河北科学技术出版社 1998 年版。

［284］杨溪、刘强、吴宗凯：《我国西部生态环境治理主体的相关问题分析》，《理论导刊》2006 年第 5 期。

［285］杨志芳、朱亚萍：《西部中心城市服务外包产业发展战略研究——以资源共享为先导的西安服务外包发展对策分析》，《生产力研究》2009 年第 4 期。

［286］叶春：《重构煤电产业链对策》，《广东电业》2008 年第 7 期。

［287］于存海：《论中国西部贫困特区建设的内涵与制度性建构》，《内蒙古社会科学》2003 年第 2 期。

［288］于法稳：《西北地区生态贫困问题研究》，《中国软科学》2004 年第 11 期。

［289］于峰：《环境库兹涅茨曲线研究回顾与评析》，《经济问题探索》2006 年第 8 期。

［290］于立宏、郁义鸿：《基于产业链效率的煤电纵向规制模式研究》，《中国工业经济》2006 年第 6 期。

［291］余作岳、彭少麟、丁茂懋等：《热带亚热带退化生态系统植被恢复生态学研究》，广东科技出版社 1997 年版。

［292］郁义鸿：《产业链类型与产业链效率基准》，《经济与管理研究》2005 年第 11 期。

［293］袁志、白屯、韩剑锋：《论经济增长方式的环境维》，《湖南工程学院学报》（社会科学版）2003 年第 1 期。

［294］约瑟夫·熊彼特：《经济发展理论》，何畏、易家祥等译，商务印书馆 1990 年版。

［295］张车伟：《营养、健康与效率——来自中国贫困农村的证据》，《经济研究》2003 年第 1 期。

［296］张菲菲、刘刚、沈镭：《中国区域经济与资源丰度相关性研究》，

《中国人口、资源与环境》2007 年第 4 期。

[297] 张复明：《资产专用性问题需要未雨绸缪》，《中国社会科学报》2009 年第 12 期。

[298] 张海鹏、陈育宁编：《中国历史上的西部开发：2005 年国际学术研讨会论文集》，商务印书馆 2007 年版。

[299] 张三力：《投资项目绩效管理与评价》，《中国工程咨询》2006 年第 5、第 6 期。

[300] 张万钧：《整村推进：扶贫开发的有效形式》，《民族经济与社会发展》2004 年第 10 期。

[301] 张孝锋：《产业转移的理论与实证研究》，南昌大学，博士学位论文，2006 年。

[302] 张志强：《区域 PRED 的系统分析与决策制定方法》，《地理研究》1995 年第 4 期。

[303] 章家恩、徐琪：《生态系统退化的动力学解释及其定量表达探讨》，《地理科学进展》2003 年第 3 期。

[304] 赵景波、侯甬坚、黄春长：《陕北黄土高原人工森下土壤干化原因与防治》，《中国沙漠》2003 年第 6 期。

[305] 曾凡银、冯宗宪：《基于环境的我国国际竞争力》，《经济学家》2001 年第 5 期。

[306] 曾珍香：《可持续发展系统及其定量描述》，《数量经济技术经济研究》1998 年第 7 期。

[307] 郑长德：《中国西部民族地区贫困问题研究》，《人口与经济》2003 年第 1 期。

[308] 中国发展研究基金会：《中国发展报告（2007）——在发展中消除贫困》，中国发展出版社 2007 年版。

[309] 《中国科学院西部行动计划项目（群）执行情况汇报》，http://www.bre.cas.cn/xbxdjh/ 200905/ t20090527_ 230936.html。

[310] 中国政府网：《完善民族地区转移支付办法》，http://www.gov.cn/ztzl/ gclszfgzbg/ content_ 555057.htm，2007 年 3 月 19 日。

[311] 钟礼国：《西部生态经济建设的民间投资障碍分析》，《社会科学家》2004 年第 2 期。

[312] 钟晓青、赵永亮、钟山、司寰：《我国 1978—2004 年生态足迹需

求与供给动态分析》，《武汉大学学报》（信息科学版）2006 年第
11 期。

[313] 周向阳、朱恪：《左宗棠与西北生态环境的治理》，《喀什师范学院
学报》2001 年第 3 期。

[314] 周业安、赵坚毅：《市场化、经济结构变迁和政府经济结构政策转
型——中国经验》，《管理世界》2004 年第 5 期。

[315] 邹蓝：《中西部改革的发展与沿海要素西移》，《自然资源学报》
1998 年第 7 期。

[316] 朱力安、西蒙：《没有极限的增长》，四川人民出版社 1981 年版。

后　记

　　本书是我们在完成教育部人文社科重点研究基地重大项目"开放条件下西部环境治理与经济社会发展理论及方略"（03JAZJD790007）、世界银行第五期技术援助"中国经济改革实施"子项目以及陕西省哲学社会科学基金项目"西部大开发中的环境保护和环境管理问题研究"（XJ-TUKJC18）等基础上形成，并在理论研究和实证分析方面做出重大完善和充实完成的。

　　本书由冯宗宪教授牵头并确定研究和写作大纲，由组织课题组成员姜昕博士、姜忠辉教授、冯涛博士、王敏讲师协作完成，王青博士、黄建山博士，研究生李雪婷、李祥发、康军、郁德强等参加了部分章节的写作、数据计算和讨论。

　　在课题研究中，我们获得了来自陕西师范大学历史环境与经济社会研究中心的鼎力支持，以及中国科学院地理所的学者、陕西省决策咨询委的专家的热情帮助。此外，还获得国家发改委及陕西省、山西省、宁夏回族自治区、新疆维吾尔自治区等地发改委的大力支持。本书的出版还获得西安交通大学人文社科学术著作出版基金的资助，在此一并表示诚挚的感谢。

　　在本书付梓之际，作者还要衷心感谢责任编辑卢小生编审的大力支持和辛勤劳动。

作者

2014 年 12 月